分位回归
与复杂分层结构数据分析

田茂再 ● 著

知识产权出版社
全国百佳图书出版单位

图书在版编目（CIP）数据

分位回归与复杂分层结构数据分析/田茂再著.
—北京：知识产权出版社，2015.6
ISBN 978-7-5130-2717-5

Ⅰ.①分… Ⅱ.①田… Ⅲ.①统计分析 Ⅳ.① O212.1

中国版本图书馆 CIP 数据核字(2014) 第 089541 号

内容提要

具有复杂分层结构的数据在现实生活中很普遍，剖析这类数据，发现该类数据表象下的潜在规律对于统计学等科研领域很有意义。本书致力于介绍复杂分层数据分析的前沿知识，侧重于算法、仿真与实证研究，主要包括两大块内容：分位回归与分层—分位回归。

本书可作为统计学及其相关领域大学生、研究生的教学参考书，亦可供教师和科技人员参考。

责任编辑：江宜玲　　　　　　　　　　　　　　责任出版：刘译文
封面设计：回归线视觉传达

分位回归与复杂分层结构数据分析
田茂再●著

出版发行：知识产权出版社 有限责任公司	网　　址：http://www.ipph.cn		
社　　址：北京市海淀区马甸南村1号	邮　　编：100088		
责编电话：010-82000860-8339	责编邮箱：jiangyiling@cnipr.com		
发行电话：010-82000860 转 8101/8102	发行传真：010-82000893/82005070/82000270		
印　　刷：三河市国英印务有限公司	经　　销：各大网上书店、新华书店及相关专业书店		
开　　本：170mm×240mm 1/16	印　　张：23.5		
版　　次：2015 年 6 月第 1 版	印　　次：2015 年 6 月第 1 次印刷		
字　　数：468 千字	定　　价：128.00 元		
ISBN 978-7-5130-2717-5			

前　言

很多分层数据具有以下分层结构：我们用变量来描述个体，而个体嵌套在更大单元里，形成金字塔形状。以教育方面的数据为例，学生被分成班级，班级嵌套在学校里。学校上面有社区，社区上面还有省、国家等。

自 20 世纪 70 年代以来，人们开始研究分层结构数据的统计模型。比如，作为对线性模型贝叶斯估计学术方面的贡献，Lindley & Smith (1972) 和 Smith (1973) 引入了分层线性模型 (Hierarchical Linear Model) 这一术语。然而，近年来分层模型在不同的领域有不同的称谓：在社会学研究里，叫作多水平模型 (Multilevel Model)，参见 Mason，Wong & Entwistle (1983)，Goldstein (1995)；生物统计上则称为混合效应模型 (Mixed-effects Model) 或者随机效应模型 (Random-effects Model)，参见 Elston (1962)，Laird (1982)，Longford (1987) 以及 Singer (1998)；计量经济学上称为随机系数回归模型 (Random-coefficient Regression Model)，参见 Rosenberg (1973) 和 Longford (1993)；在贝叶斯统计里，我们称之为条件独立分层模型 (Conditionally Independent Hierarchical Model)，参见 Kass & Steffey (1989)。一般的统计文献则称之为协方差成分模型 (Covariance Components Model)，参见 Dempster，Rubin & Tsutakawa (1981)。Hobert (2000) 给出了目前有关拟合分层模型计算方面的热点问题综述。

在上述所提到的各种模型背后，现有的分层模型理论主要关注的是在给定预测变量 X 的条件下，拟合响应变量 Y 的条件期望。尽管在很多应用中，这些理论能够应付了，然而它们却不能完全刻画响应变量在各分位点上的情况。例如，学校平均成绩有时候可能会隐藏一些涉及差生与优等生方面的问题，因为平均数本身不能对学生成绩提供一个"谱视" (Spectral View)。

分位回归 (Quantile Regression，QR) 方法，亦称分位数回归，产生于 30 年前。由于它能够全面刻画一个条件随机变量的各分位点随协变量的变化情况，所以近年来它逐渐发展成为一种综合的分析线性和非线性模型的统计方法。目前，有大量的文献是关于分位回归研究的。在本书中，我们充分利用了分层模拟与分位回归的优点，提出分层分位回归模型 (Hierarchical Quantile Regression Models)。这类模型具有如下特点：① 能够全面刻画出给定高维解释变量的条件下响应变量的各分位点情况；② 估计出来的系数向量，即边际效应，对于响应变量的离群观测值来说，是稳健的；③ 在不同分位点上潜在的不同解具有很有用的解释意义；④ 沿袭了分层模拟与分位回归模型二者所有的优点。

　　本书致力于介绍复杂分层数据分析前沿的知识，侧重于算法、仿真与实证研究，以给读者提供一些复杂分层数据的分位回归建模知识。

　　自 2004 年中国人民大学统计学院在全国首开《分位回归》课程以来，笔者一直担任本课程的主讲老师。本书的大部分材料在课堂上讨论过。本书在写作过程中，自始至终有以下硕士生、博士生参加过翻译、校正等工作：李远、周朋朋、范洁瑜、张宁、戴成、钱政超、石恒泽、周健、安姝静、陈博钰、范博文、范燕、姜春波、马维华、苏宇楠、张圆圆、陈彦靓、郭洁、康雁飞、荣耀华、王伟、罗幼喜、储昭霁、封达道、李兆媛、司世景、夏文涛、熊巍、何静、胡亚南、黄雅丽、李茜、刘甦倩、吕爽、朱倩倩、田玉柱、梁晓琳、马春桃、马绰欣、孟令宾、王榛、杨亚琦、张亚丽、李二倩、罗静、史普欣、王晓荷、袁梦、吴延科、晏振等。在此，我对他们表示衷心的感谢！

　　本书获得以下基金部分资助：国家自然科学基金 (No.11271368)，北京市社会科学基金重大项目 (No.15ZDA17)，教育部高等学校博士学科点专项科研基金 (No.20130004110007)，国家社会科学基金重点项目 (No.13AZD064)，中国人民大学科学研究基金 (中央高校基本科研业务费专项资金资助) 项目成果 (No.15XNL008)，教育部科学技术研究重点项目 (No.108120)，北京市社会科学基金项目 (No.12JGB051) 以及兰州商学院"飞天学者特聘计划"。同时感谢教育部人文社会科学重点研究基地中国人民大学应用统计研究中心的大力支持。

2014 年 5 月
于北京

目　　录

上篇　分位回归

下篇　分层分位回归模拟

上篇

分位回归

第1章　分位回归引论

1.1　引　　言

分位回归由 Koenker & Bassett (1978) 提出，它可以看作是将经典的最小二乘方法从估计条件均值模型扩展到估计条件分位函数组合的模型。一个重要的特殊情况就是中位数回归估计量，它是最小化绝对误差的和。其他的条件分位函数的估计方法是通过计算最小化绝对误差的非对称加权和。

1.1.1　分位数

1.1.1.1　总体无条件分位数

令随机变量 Y 的累积分布函数为 $F(y)$，则它的 τ 阶分位数 (无条件的) 定义为

$$Q_\tau(Y) = \arg\inf \left[y \in \mathbb{R};\ F(y) \geqslant \tau \right] \quad (0 < \tau < 1)$$

若将分布函数 $F(x)$ 的逆定义为

$$F_Y^{-1}(\tau) = \inf \left[y \in \mathbb{R};\ F(y) \geqslant \tau \right]$$

则

$$Q_\tau(Y) = F_Y^{-1}(\tau)$$

其实，分位数这个术语与百分数是同义的；中位数是分位数一个最熟知的例子。通常，用样本中位数作为总体中位数 m 的一个估计量。总体中位数是一个量，它将分布分割成两部分。如果对于总体分布来说，一个随机变量 Y 是可以被测量的，则 $P(Y \leqslant m) = P(Y \geqslant m) = 1/2$。特别地，对于一个连续型随机变量，$m$ 是等式 $F(m) = 1/2$ 的一个解。其中，$F(y) = P(Y \leqslant y)$ 为累积分布函数。由于只有少数人赚取巨额的工资，所以工资的分布是典型右偏的。因此对于典型的工资，与均值相比，样本中位数是一个更好的概括。

更一般的，25%样本分位数可以被定义为将数据分割成 1/4 和 3/4 两部分的值。反过来，可以定义为 75%样本分位数。相应的，连续情形中总体的下 1/4 分位数和上 3/4 分位数各自为等式 $F(y) = 1/4$ 和 $F(y) = 3/4$ 的解。一般来说，对于一个比例 $\tau(0 < \tau < 1)$，在连续情形中，F 的 100τ% 分位数 (等价的，第 100τ 的百分位数) 是 $F(y) = \tau$ 的解 y，我们假定解是唯一的。

1.1.1.2   样本无条件分位数

令 $Y_{(1)} \leqslant Y_{(2)} \leqslant \cdots \leqslant Y_{(n)}$ 表示一组来自总体 $F(y)$ 的随机样本 $\{Y_i\}_{i=1}^n$ 的顺序统计量。$F(y)$ 的传统估计方法是非参数密度估计所得的经验分布函数 $F_n(y)$，则 τ 阶分位数 $F^{-1}(\tau)(0 < \tau < 1)$ 的经验估计为

$$F_n^{-1}(\tau) = X_{([n\tau])}$$

式中：符号 $[\cdot]$ 为 $\cdot$ 的取整。

我们知道样本中位数可以被定义为一个排了序的数据集合的中间值 (或是两个中间值的一半)，也就是说，样本中位数将数据分成两部分，每部分的数据个数是相等的。

在一次标准考试中，如果一个学生的成绩处在 τ 分位数，那就是说该生表现得要比 τ (例如 80%) 比例的学生好，同时比 $(1 - \tau)$ (例如 20%) 的学生差。所以，一半的学生表现得比中位数上的学生好，而另一半则表现得比中位数差。类似地，四分位数将总体分为 4 段，在每一段中所占比例是相同的。五分位数将总体分为 5 段；十分位数则将总体分为 10 段。在一般情况下，分位数又叫作百分位数，有时又称作分位数。分位回归由 Koenker & Bassett (1978) 提出，以寻求扩展这些思想去估计条件的分位函数模型。模型中响应变量条件分布的分位数标示为观察到的协变量的函数。

1.1.1.3   总体条件分位数

设有随机向量 (X, Y)，其中 Y 在给定 $X = x$ 的情况下的条件累积分布函数为 $F_{Y|X=x}(y|x)$，则将该条件随机变量 $Y|X = x$ 的 τ 阶分位数 (条件的) 定义为

$$Q_\tau(Y|X = x) = \arg\inf \left[y \in \mathbb{R}; F(y|x) \geqslant \tau \right] \quad (0 < \tau < 1)$$

1.1.2   分位回归

我们知道，均值回归研究的是给定解释变量后响应变量的平均变化趋势，而分位回归则试图全面刻画条件随机变量的各分位点随解释变量的变化情况。图 1-1 粗略地描绘了人类在其历史长河中身体各部位高度的变化分位曲线图，可以看出踝关节、膝关节、髋关节、下颌以及整个身高的变化并非呈直线趋势。同时，我们也注意到中位数回归曲线与均值回归曲线接近。

从模型角度来讲，假定我们有样本序列 $\{(X_i, Y_i), (i = 1, \cdots, n)\}$ 满足下列回归模型，即

$$Y = m(X) + \epsilon, \quad X \in \mathbb{R}^d$$

式中：X_i $(i = 1, \cdots, n)$ 为固定设计点。

图 1-1 人类进化曲线

假定误差项 ϵ_i $(i = 1, \cdots, n)$ 为独立同分布的序列，且分布情况未知，则响应变量 Y 的 τ 阶条件分位 $m_\tau(x)$ 满足 $\tau = P[Y \leqslant m_\tau(X)|X = x]$。经过简单的计算，亦可等价地定义为

$$m_\tau(x) = \arg\min_{\theta \in \mathbb{R}} \mathbb{E}\{\rho_\tau(Y - \theta)|X = x\} \tag{1.1.1}$$

式中：$\rho_\tau(u) = u[\tau I(u \geqslant 0) - (1 - \tau)I(u < 0)]$ 为检验函数；$I(\cdot)$ 为示性函数。

不包含示性函数的检验函数为

$$\rho_\tau(u) = \begin{cases} \tau u, & u \geqslant 0 \\ (\tau - 1)u, & u < 0 \end{cases}$$

式中：τ 为我们感兴趣的分位数。

检验函数是损失函数的一种，直观得知检验函数均为正值，且分位数 τ 会影响检验函数的值。

1.1.2.1 损失函数与风险函数

所谓损失函数 (Loss Function)，就是定量描述决策损失程度的函数，图 1-2 中展示了 3 种不同形式的损失函数，包括平方损失函数、绝对值损失函数和检验函数。

1. 平方损失函数 (the Square Loss Function)

平方损失函数也称为二次损失函数，通常将平方损失函数定义为 $l(y, f(x)) = [y - f(x)]^2$，均值回归估计在平方损失意义下的理论基础为 "残差平方和最小"，即最小二乘估计 (Least Square Estimate) 的基本思路。然而，平方损失函数的一个明显缺陷为异常点 (Outlier Point) 存在的情形 (Grubbs, 1969)：远离目标函数的孤立点往往对目标函数的影响极大，存在的异常点会急剧扩增或缩减 $l(\cdot)$ 的预测值。因此在经济统计、社会统计数据分析中，为了正常使用最小二乘方法，通常首先将数据净化 (Filtered Data)，即去掉异常点。

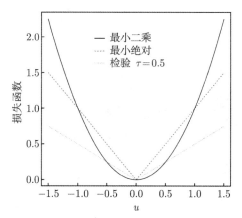

图 1-2   3 种类型的损失函数

2. 绝对值损失函数 (the Absolute Value Loss Function)

　　同平方损失类似，绝对值损失也是一种衡量对统计决策造成损失的大小的方法。由于二次损失中存在的平方效应，绝对值损失的优点显而易见。其优点就在于其波动程度比平方损失小，因此在某些情况下绝对值损失函数有其特定优势。

3. 检验函数 (Check Function)

　　分位回归领域的损失函数，我们称为检验函数。该函数与被估计模型的 τ 分位相关。因此，函数中多了分位数这一变元。在分位数回归中，分位数通常是给定的，人们感兴趣的是某一分位上的回归曲线。当然，近年来也有针对分位数选择的新方法。例如，检验函数的形式有多种，但是万变不离其宗，可表示为

$$\rho_\tau(u) = [\tau I_{[u \geqslant 0]} + (1 - \tau) I_{[u < 0]}]|u| = (\tau - I_{[u < 0]})u$$

　　由检验函数的定义以及图 1-2 中都可以看出检验函数在原点不连续，即原点不可导。

1.1.2.2　分位数的样本实现

　　分位数似乎与样本观测量的排序和分类过程密不可分。因此，我们可以通过另一个简单的方法将分位数定义为一个最优化问题。就像定义样本均值为最小化残差平方和问题的解一样，我们可以定义中位数为最小化绝对残差和的解。如果对称的绝对值函数产生中位数，我们可以简单地尝试将绝对值倾斜以便得到一个非对称加权，从而产生其他分位数。这个"弹球游戏规则"建议求解如下问题

$$\min_{\xi \in \mathbb{R}} \sum \rho_\tau(y_i - \xi) \tag{1.1.2}$$

为了看到这个问题会导致样本分位数作为它的解，就必须要计算目标函数分别从左和从右关于 ξ 的方向导数。

我们已经成功地定义无条件分位数为一个最优化问题，那么以一个相似的方式定义条件分位数就很简单了。最小二乘回归为如何进行提供了一个模型。如果对于一个给定的随机样本 $(y_1, y_2, \cdots, y_n)$，我们可以求解

$$\min_{\mu \in \mathbb{R}} \sum_{i=1}^{n} (y_i - \mu)^2 \tag{1.1.3}$$

从而得到样本平均值作为无条件总体均值 EY 的一个估计。如果我们现在将标量 μ 替换成一个参数函数 $\mu(x_i, \beta)$，并求解

$$\min_{\beta \in \mathbb{R}^p} \sum_{i=1}^{n} [y_i - \mu(x_i, \beta)]^2 \tag{1.1.4}$$

我们得到条件期望函数 $E(Y \mid x)$ 的一个估计。

在分位回归中，我们进行一个完全相同的过程。为了得到条件中位数函数的一个估计，我们简单地将式 (1.1.2) 中的标量 ξ 替换为参数函数 $\xi(x_i, \beta)$，并且令 τ 为 $1/2$。这种思想的变异由 Boscovich 在 18 世纪中期提出，后来 Laplace 和 Edgeworth 等人继续研究它。为了得到其他条件分位函数的估计，我们简单地将绝对值替换为 $\rho_\tau(\cdot)$，求解

$$\min_{\beta \in \mathbb{R}^p} \sum \rho_\tau [y_i - \xi(x_i, \beta)] \tag{1.1.5}$$

当 $\xi(x, \hat{\beta}(\tau))$ 为参数的线性函数时，所得最小化问题就可以用线性规划方法有效地解决。

1.1.3　分位回归方法的演变

1.1.3.1　从经典均值回归到分位回归

回归被用来量化一个响应变量和一些协变量之间的关系。数十年来，在应用领域当中，标准回归已经成为最重要的统计方法之一。几年前，一个大学工会想要调查教授的收入与其做教授的时间的关系。该工会共收集了 1980~1990 年间的 459 位美国统计学教授的工资以及他们当教授的年数 (Bailar，1991)。对此，一个标准的线性模型是

$$y = \boldsymbol{x}^T \boldsymbol{\beta} + \varepsilon \tag{1.1.6}$$

式中：$\boldsymbol{x} = (1, x)^T$；$\boldsymbol{\beta} = (\beta_0, \beta_1)^T$；$y$ 为工资；x 为当教授的年数；ε 是高斯误差。

更复杂的模型，像是多项式回归模型，也可以用来拟合这样的关系。图 1-3 中是相应的数据及最佳拟合的二次回归曲线。

不幸的是,图 1-3 中的曲线对于工资分布的刻画是不充分的。工资分布的形状随着做教授年数的变化并没有在曲线上显示出来。这是由于标准的回归拟合模型仅仅是工资与年数之间关系的一种平均。

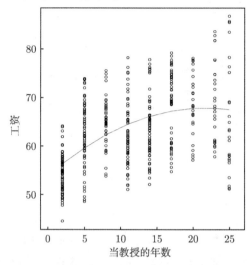

图 1-3   459 位美国统计学教授的工资与当教授年数的最佳拟合二次回归曲线

为了给出工资与当教授年数之间关系的一个更完全的刻画,在图 1-4 中我们呈现了 25%、50% 和 75% 的样本分位数。这些曲线叫作分位回归曲线。显然它们可以在某种程度上再进行平滑。然而,此时工资分布形状的变化已经比较明显地展示出来了。完整的工资的概率分布可以近似地由分位回归曲线产生。这些分位曲线对应着一系列的 p 值。下一小节里,我们会给出 $100\tau\%$ 分位回归曲线的正式定义。

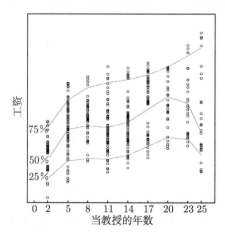

图 1-4   459 位美国统计学教授的工资与当教授年数的分位回归曲线
($\tau = 0.25, 0.50, 0.75$)

1.1.3.2　从最小二乘估计到"检查函数"

为了讨论对于分位回归估计方法的最初想法, 我们从众所周知的最小二乘估计开始。

考虑简单的回归模型 (1.1.6)。参数向量 $\boldsymbol{\beta}$ 通常由二次损失函数 $r(u) = u^2$ 估计出来, 即给定一个观测值的数据集 $\{x_i, y_i\}_{i=1}^n$, 通过对 $\boldsymbol{\beta}$ 最小化

$$\sum_{i=1}^n r(y_i - \boldsymbol{x}_i^T \boldsymbol{\beta}) = \sum_{i=1}^n (y_i - \boldsymbol{x}_i^T \boldsymbol{\beta})^2$$

得到估计值。

最小二乘回归是关于条件期望 $E[Y|\boldsymbol{X} = \boldsymbol{x}]$ 的估计, 由于条件期望是最小化平方损失函数的期望 $E[(Y - \theta)^2 | \boldsymbol{X} = \boldsymbol{x}]$ 得到的 θ 值, 并且 $\sum_{i=1}^n r(y_i - x_i^T \boldsymbol{\beta})$ 是它的一个样本估计。

同样地, 中位回归估计给定 $\boldsymbol{X} = \boldsymbol{x}$ 下 Y 的条件中位数, 并相当于对 θ 求 $E[\|Y - \theta\| | \boldsymbol{X} = \boldsymbol{x}]$ 的最小化。相关的损失函数是 $|u|$。更简便的是取损失函数为 $\rho_{0.5}(u) = 0.5|u|$, 通过在 $\boldsymbol{\beta}$ 上对 $\sum_{i=1}^n \rho_{0.5}(y_i - \boldsymbol{x}_i^T \boldsymbol{\beta})$ 最小化进行估计。我们把 $\rho_{0.5}(u)$ 重新记为

$$\rho_{0.5}(u) = 0.5uI_{(0,\,\infty)}(u) - (1 - 0.5)uI_{(-\infty,\,0)}(u)$$

其中

$$I_{\mathbf{A}}(u) = \begin{cases} 1, & u \in \mathbf{A} \\ 0, & \text{其他} \end{cases} \tag{1.1.7}$$

为集合 $\mathbf{A}$ 的通常示性函数。我们可以通过把 0.5 换成 p, 将这个定义进行推广以得到在 $\boldsymbol{x}$ 处的 $100p\%$ 分位数的一个刻画 $q_p(\boldsymbol{x})$。此时, θ 的值使得

$$E[\rho_p(Y - \theta) | \boldsymbol{X} = \boldsymbol{x}]$$

达到最小。其中

$$\rho_p(u) = puI_{(0,\,\infty)}(u) - (1 - 0.5)uI_{(-\infty,\,0)}(u) \tag{1.1.8}$$

称为检验函数。

1.1.3.3　从条件偏斜分布到分位回归

图 1-5(a) 显示了一个包含 4011 个美国女孩的样本体重与年龄 (Cole, 1988)。图 1-5(b) 展示了体重与年龄之间关系的一种直观且合理的看法, 几条光滑的分位回归曲线分别基于 $p = 0.03, 0.10, 0.25, 0.50, 0.75, 0.9, 0.97$。这些都表明相关的条件分布是右偏的。我们感兴趣的两个问题是:

(1) 作为年龄的函数，一个典型的体重分布是什么样的？

(2) 对于超重或过轻人群，体重的分布作为年龄的函数是什么样的？

标准的均值回归并不能给出第一个问题的合理答案。因为在某些特定的年龄，均值是向下拉的。因此，中位数曲线是可以展示的、更加合适的曲线。与中位回归曲线相对应的中间分位数曲线在图 1-5(b) 中显示出来。如果我们认为女生的体重位于或超过 97% 的总体曲线就是超重的，那么显示出的合适曲线就是基于 $p = 0.97$ 的分位回归。同样的，$p = 0.03$ 的分位回归曲线表明了过轻女生的体重与年龄的关系。在第 1.2 节中，我们将详细地讨论这些光滑曲线的估计问题。

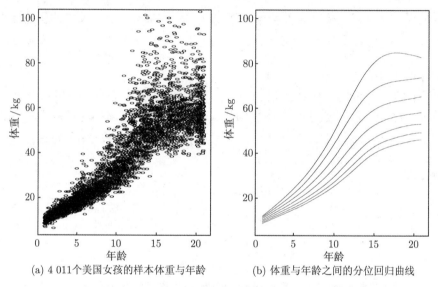

(a) 4 011个美国女孩的样本体重与年龄   (b) 体重与年龄之间的分位回归曲线

图 1-5   4011 个美国女孩样本体重与年龄的分位回归曲线

注: 分位点 p=0.03, 0.10, 0.25, 0.50, 0.75, 0.90, 0.97。这些分位回归曲线是通过核光滑方法得到的。

1.1.3.4   从高斯似然到非对称的拉普拉斯密度

对于统计推断来说，极大似然估计是最常用的方法之一。再一次考虑回归模型 (1.1.6)，其中模型误差 $\varepsilon \sim N(0, \sigma^2)$ 服从一个标准偏差 σ 已知的高斯分布。基于来自模型的一个样本 $\{x_i, y_i\}_{i=1}^n$，$\boldsymbol{\beta}$ 的似然函数为

$$L(\boldsymbol{\beta}) \propto \exp\left[-\frac{1}{2\sigma^2}\sum_{i=1}^n (y_i - \boldsymbol{x}_i^T\boldsymbol{\beta})^2\right]$$

关于 $\boldsymbol{\beta}$ 最大化 $L(\boldsymbol{\beta})$ 就得到了 1.1.3 节中提到的最小二乘估计。如果我们现在假设

模型误差 ε 有概率密度函数

$$f(\varepsilon) \propto \exp\left[-\sum_{i=1}^{n} \rho_p(y_i - \boldsymbol{x}_i^T \boldsymbol{\beta})\right]$$

式中: ρ_p 为在 1.1.2 节中给出的检验函数。

那么，最大化联合的似然函数与最小化检验函数是等价的。非对称拉普拉斯密度的标准概率密度具有如下形式，即

$$f(\varepsilon) = p(1-p)\exp[-\rho_p(\varepsilon)]$$

要从该密度模拟产生随机数 (实现值)，我们可以通过两个独立的指数随机变量 U 和 V 的简单线性组合来产生。线性组合为

$$\frac{1}{p}U - \frac{1}{1-p}V$$

式中: U 和 V 每个均值都为 1(Yu & Moyeed，2001)。

1.1.3.5　从污染数据到稳健估计

众所周知，要估计一个总体的平均位置，对于离群值来说样本中位数比样本均值更加稳健。假设一大批混合有好与坏的独立观测值 $(x_i, y_i)(i = 1, 2, \cdots, n)$，我们来估计条件均值 $E[Y|X = x]$。假设数据对 (x_i, y_i) 以概率 π 是坏的，以概率 $1 - \pi$ 是好的，并且数据的分布为

$$(X, Y) \sim \begin{cases} N(0, 0, r, 1, 1), & (x_i, y_i)\text{是好的} \\ N(0, 0, r, k, k), & (x_i, y_i)\text{是好的} \end{cases}$$

式中: $N(\mu_1, \mu_2, r, \sigma_1^2, \sigma_2^2)$ 为一个相关系数为 r 的二元正态分布，均值为 μ_1 和 μ_2，且方差为 σ_1^2 和 σ_2^2。

因此，(x_i, y_i) 是来自于一个共同的、潜在的、污染密度的独立实现值

$$f(x, y) = (1-\pi)f_1(x, y) + \pi f_2(x, y)$$

式中: f_1 和 f_2 分别为 $N(0, 0, r, 1, 1)$ 和 $N(0, 0, r, k, k)$ 的密度函数。

对于一个真正的污染分布，我们假定 $k \neq 1$。由 Yu & Jones (1998) 给出了一个简单的理论结果: 一个典型的核光滑算子的方差，例如 S-PLUS 的 Ksmooth 的方差，要比光滑分位回归曲线的方差大。这也进一步证实了: 对于分析这种污染数据，分位回归比均值回归更稳定。

到目前为止，我们已经定义了分位回归，并且找到了产生分位回归的动机。基于简单的例子给出了分位回归的一些典型应用，阐释了在许多领域中这种方法怎样得到有效的利用，构造了估计的一些方法和算法，简略提到了一些目前的研究领域，包括时间序列、统计检验、可加模型及贝叶斯推断。

1.2　估计方法和算法

下面，我们讨论一下分位回归的估计方法和算法。

1.2.1　参数分位回归模型

为了量化一个响应变量 Y 和协变量 x 之间的关系，我们通常假设 $E[Y|X=x]$ 可以被 $x^T\beta$ 的一个简单线性组合来拟合。类似地，基本的分位数回归模型确定了 Y 关于 x 的条件分位数的线性相关性。换句话说，我们假定 Y 的 $100p\%$ 分位数和协变量 x 之间的关系是由 $q_p(x)=x^T\beta$ 给出的。

给定一个数据集 $\{x_i, y_i\}_{i=1}^n$，我们可以进行最小化，得到

$$\sum_{i=1}^n \rho_p(y_i - x_i^T\beta)$$

在参数回归模型中，回归系数没有显式解。因为检验函数在零点是不可导的。然而，Pornoy & Koenker (1997) 论述了通过使用有关内点的最新方法来解决线性规划问题。用 Knenker & D'orey (1997) 提供的算法，最小化是可以实现的。S-PLUS 软件包中含有中位回归计算这种特殊情形。在 http://lib.stat.cmu.edu/可以找到一般的参数分位回归的一套函数。

Koenker & Park(1996) 发展了一般分位回归拟合的内点算法，参见 http://www.econ.uiuc.edu/roger/research/rq/rq.html.

1.2.2　Box-Cox 变换分位数模型

通过 Box-Cox 变换进行参数分位回归的估计，技巧如下：定义一个函数 $g(\lambda; y)$ 为

$$g(\lambda; y) = \begin{cases} (y^\lambda - 1)/\lambda, & \lambda \neq 0 \\ \log(y), & \lambda = 0 \end{cases}$$

令 $g^{-1}(\lambda; z)$ 是 $g(\lambda; y)$ 关于 y 的逆函数，所以如果 $\lambda \neq 0$，$g^{-1}(\lambda; z)=(\lambda z+1)^{1/\lambda}$；如果 $\lambda = 0$ 就为 $\exp(z)$。那么，如果 $g(\lambda; y)$ 的 $100p\%$ 分位数是 $q_p(g)$，则 Y 的 $100p\%$ 分位数就是 $g^{-1}[\lambda; q_p(g)]$。特别的是，如果存在 λ 的一个值使得 $g(\lambda; y)$ 和 X 是正态分布的，二元正态分布的性质告诉我们：$g(\lambda; y)$ 的 $100p\%$ 分位数具有线性形式 $\beta_0 + \beta_1 x$。其中，β_0 和 β_1 都依赖于 p。这样 Y 的 $100p\%$ 分位数就由 $g^{-1}(\lambda; \beta_0+\beta_1 x)$ 给出。软件包 StatGraphics 和 S-PLUS 都允许快速地进行 Box-Cox 变换。

当然，也可能并不存在 λ 的值将变量 Y 转变成具有正态性。如果是这种情形，我们可以利用一个基于检验函数的变换通过最小化

$$\sum_{i=1}^{n} \rho_p[y_i - g^{-1}(\lambda; \beta_0 + \beta_1 x_i)]$$

来找到 $\beta = (\beta_0, \beta_1)^T$ 以及 λ。更进一步的细节参看 Buchinsky(1995)。

在上面的变换结构中，我们也可以假设 λ 的值是随协变量 X 变化的，且在 Box-Cox 正态变换下的 Y 的 $100p\%$分位数可以通过考虑 $g^{-1}(\lambda; z)$ 而给出。所以我们不再仅仅估计 λ 的一个值，而是估计曲线 $\lambda(x)$。这样，我们需要基于核方法或平滑样条的平滑估计方法。Cole & Green(1992) 提出了一个对于 $\lambda(x)$ 的惩罚似然估计的算法。他们基于

$$l(\lambda) - \alpha \int \lambda''(x)^2 \mathrm{d}x$$

得到 $\lambda(x)$ 的估计。其中，对数似然函数为

$$l(\lambda) = \sum_{i=1}^{n} \left[\lambda(x_i) \log(y_i) - \frac{1}{2} z_i^2 \right]$$

式中：$z_i = g(\lambda; y_i)$；$\int \lambda''(x)^2 \mathrm{d}x$ 为一个粗糙度的惩罚，且 α 为一个平滑参数。

Cole 教授有执行该程序的 Fortran codes。

1.2.3 非参分位回归模型

对于分位回归来说，条件分布是其重要的组成部分。最近，Yu & Jones (1998) 和 Hall *et al.*(1999) 考虑了估计条件分布的方法。例如，$F(y|x)$ 可以通过

$$\hat{F}(y|x) = \sum_{i=1}^{n} w_i(x) I(y_i \leqslant y)$$

用非参方法估计出来。其中，w_i 是一个依赖于 x_i 和 x 的非零权函数，并满足 $\sum_{i=1}^{n} w_i(x) = 1$。

在图 1-6 中，我们给出了 Silverman (1985) 中讨论的摩托车数据集的 $q_{0.5}(x)$ (即中位数回归曲线) 的非参估计。

但是用这种核权对条件分布进行估计会产生一些问题。

（1）估计量不是一个分布函数。因为它既不是单调的，也不是仅在 0 和 1 之间取值的。据此，Hall *et al.* (1999) 论述了一个关于条件分布函数的调整 Nadaraya-

Watson 估计量，它具有如下形式

$$\hat{F}(y|x) = \frac{\displaystyle\sum_{i=1}^{n} p_i(x) K_h(x_i - x) I(y_i \leqslant y)}{\displaystyle\sum_{i=1}^{n} p_i(x) K_h(x_i - x)}$$

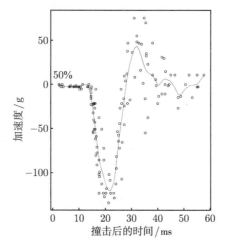

图 1-6　Silverman (1985) 讨论过的摩托车数据与 $q = 0.5$ 分位曲线估计

式中：$K_h(x_i - x) = K[(x_i - x)/h]$；窗宽为 h；核密度函数为 K；$p_i(x) \geqslant 0$，$\displaystyle\sum_{i=1}^{n} p_i(x) = 1$。

通常满足这些条件的 p_i 不是唯一的。

（2）基于 $F(y|x)$ 的这些估计量的分位数曲线可能互相之间有交叉。这当然是很荒谬的。图 1-7 显示了基于 $\hat{F}(y|x)$ 的核光滑分位回归估计。其中用到第 1 章提到的斯坦福心脏移植数据。为了解决这个问题，Yu & Jones (1998) 用了一个"双核"的方法。在这种情况下，y 和 x 一样也需要一个窗宽。基本的想法就是在上面的 $\hat{F}(y|x)$ 中用一个连续分布函数 $\Omega\left((y_i - y)/b\right)$ 来替换 $I(\mathbf{A})$，得到

$$\hat{F}(y|x) = \sum_{i=1}^{n} w_i(x) \Omega\left(\frac{y_i - y}{b}\right)$$

式中：$\Omega(q) = \displaystyle\int_{-\infty}^{q} W(v)\mathrm{d}v$ 为一个分布函数；相应的密度函数为 $W(u)$，$b > 0$ 是在 y 方向上的窗宽；$w_i(x)$ 为基于核的权函数。

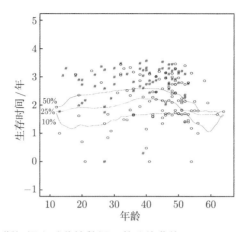

图 1-7 斯坦福心脏移植数据及其分位曲线 ($q = 0.1, 0.25, 0.5$)

注: 注意, 这些曲线有交叉现象。

如果 W 被取作均匀的核密度, $W(u) = 0.5I(|u| \leqslant 1)$, 并且如果权

$$w_i(x) = K_h(x_i - x)/\sum_{i=1}^{n} K_h(x_i - x)$$

在 x 方向的窗宽为 h, 可以看出 $\mathrm{d}\hat{q}_p(x)/\mathrm{d}p > 0$。这是因为 $\hat{q}_p(x)$ 是 p 的一个单调函数, 所以这个方法并不会产生上面提到的交叉问题。Yu & Jones (1998) 论述了用双核方法估计分位函数的迭代算法。

构造了检验函数后, 我们就可以对基于核的分位回归进行估计, 考察核权检验函数的最小化

$$\min_a \left\{ \sum_{i=1}^{n} \rho_p(y_i - a)K_h(x_i - x) \right\}$$

式中: 最小值 $\hat{a} = \hat{a}(x)$ 为 $100p\%$ 分位回归估计量。

Yu & Jones (1998) 给出了一个迭代加权最小二乘方法求解 $\hat{a}$。相关的 S-PLUS 函数可向作者索取。该算法是迭代的, 而且保证收敛。

1.2.4 窗宽选择

1.2.3 节中提到的与核拟合方法相关的重要一点就是窗宽的选择。在 x 方向上有几种不同的方法选择窗宽 h。其中一种方法就是由 Ruppert *et al.*(1995) 提出的、基于渐近的均方误差和 "plug-in" 法则, 用估计量替换渐近均方误差中一些未知的量。这样得到的窗宽是渐近最优的。然而, 因为我们总想要同时估计出几个分位回

归函数, 一种更简单的方法 ——"大拇指法则"更为吸引人, 尤其当它是基于渐近误差平方的一个直接近似时。一个选择 x 方向窗宽的方法就是仅对窗宽 h_{mean} 进行一下修正, h_{mean} 可以用于均值回归中的估计。

(1) 通过 Ruppert *et al.* (1995) 提出的方法得到 h_{mean};

(2) 计算 $h_p = C_p h_{mean}$, 其中

$$C_p = \left\{ \frac{p(1-p)}{\phi[\Phi^{-1}(p)]^2} \right\}^{1/5}$$

根据图 1-8, 我们可以立刻推断出 h_p 是关于 $p = 0.5$ 对称的, 并且 p 的值越极端, 对平滑性的要求就越高, 对于非常大或非常小的 p 值, 增长是很大的。

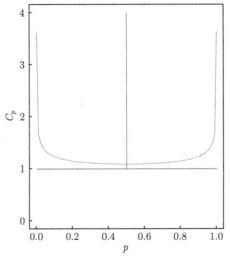

图 1-8 C_p 与 p 之间的关系

同样地, 通过窗宽 b_p, 对估计量的渐近误差平方进行最小化, 我们可以得到 b_p 和 h_p 的如下关系

$$\frac{b_p h_p^3}{b_{1/2} h_{1/2}^3} = \frac{\sqrt{(2\pi)}\phi[\Phi^{-1}(p)]}{2\left[(1-p)I\left(p \geqslant \frac{1}{2}\right) + pI\left(p < \frac{1}{2}\right)\right]}$$

更多相关细节参考 Yu & Jones (1998)。

1.2.5　半参分位回归模型

1.2.2 节描述的惩罚似然估计方法是半参拟合技术的一个例子, 就像 Cole & Green (1992) 中讨论的一样。更一般的, 响应 Y 被假定为在参数的 (线性的) 模式

下是与一些 (并非所有) 协变量相关的。通过将线性模型中的 $x^T\beta$ 替换为 $x^T\beta+g(t)$，我们可以确定出如下模型

$$q_p = x^T\beta + g(t)$$

式中：x 和 t 为关于 Y 的 $100p\%$ 分位数的协变量；β 和函数 g 是待估的。

但也会发生这种情况：一个模型在理论或经验的支持下是合适的，但随着时间或空间的变化我们对响应变量的分布的同质性仍心存疑虑。通常，我们通过最小化

$$\sum_{i=1}^{n} \rho_p[Y_i - x_i^T\beta - g(t)] + \alpha \int g''(t)^2 \mathrm{d}t$$

估计 β 和 g。Koenker *et al.*(1992) 开创了一个算法进行最小化，一些相关的 S-PLUS 函数在 http://lib.stat.cmu.edu/ 上可以找到。

1.2.6　两步法

最小化检验函数的方法就是一个迭代算法，有时可能需要花费很长的时间才能达到收敛。Yu (1999) 提出了一个两步段方法。它避开了检验函数的最小化，却与 1.2.3 节中的核估计量有着相同的渐近性质。两步段方法是这样进行的：首先在每个协变量点上通过用 k 最近邻的方法，参见 Bhattacharya & Gangopadhyay (1990)，产生一个分位数的集合；然后在这些分位数上应用简单的最小二乘核光滑，以得到最终的分位回归估计量。

1.3　分位回归应用领域

在这一章我们将给出分位回归的一些典型应用，包括医学参考图标、生存分析、经济金融、环境模拟以及异方差性的检测。

1.3.1　执行总裁年报酬与公司股本的市场价值关系

分位回归方法在一些刻画执行总裁 (Chief Executive Officer，CEO) 工资、食物的支出和婴儿出生体重的模型应用中很好地体现出它的优势。

在图 1-9 中，我们展示解决这个任务的一种基于 Tukey 箱线图的方法。每年的 CEO 报酬被划作公司股本的市场价值的函数。一个样本包括 1 660 个公司，根据他们的市场资本化，将这个样本均匀分为 10 组。对每一组的 166 个公司，我们计算出 CEO 报酬的 3 个"四分位数"，报酬有薪水、奖金和其他报酬 (包括通过期权定价模型在正式获得期权的时间评估的股票期权的价值)。对每一组，领结式的盒子表示薪水分布的中间一半位于 1/4 分位数和 3/4 分位数中间。接近每个箱子中间的水平线表示每一组中 CEO 报酬的中位数，凹槽表示对每一个中位数估计的

置信区间。每一组中,观测到的薪水的整个范围是由胡须状的虚线末端的水平线条来表示。在一些情况下,"胡须"可能会伸展到大于 1/4 分位数和 3/4 分位数之间范围的 3 倍,则它们将被截断,剩余的边远点用圆圈来表示。每一组的平均报酬也画了出来:几何平均数为"×",算数平均数为"*"。

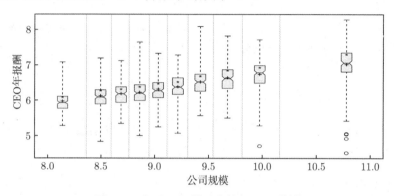

图 1-9   与公司规模对应的 CEO 薪酬

注: 这些箱线图提供了在 1999 年以来按市场资本化等级分成的 10 组公司中 CEO 年报酬分布的总结。垂直线划分了企业规模的十分位数。箱子的上限和下限表示薪水的第一个和第三个四分位数。每一组的中位数由每个箱子中间的水平条表示。两个刻度都以底为 10 求对数。所以,在垂直刻度上 6 代表年报酬为 100 万美元; 在水平刻度上 9 代表 10 亿美元的市场资本化。

在图 1-9 中,有一个明显的趋势:随着公司规模的增大,报酬也在增长。即使在取对数的尺度上,仍然有一个扩散的趋势。这可由报酬对数的 1/4 分位数和 3/4 分位数之间变大的差距看出来。如果我们考虑薪水分布的上尾和下尾,这种效果就被增强了。通过刻画每组每年报酬的整体分布,图 1-9 提供一个更加全面的景象,而仅是简单地画出每组的均值和中位数是做不到这一点的。这里我们在每一组中奢侈地拥有一个相当大的样本,因此我们能够用一个本质上的非参方法。然而,假若我们已经有了好几个协变量,那么单元里的样本量将会迅速耗尽。这就是后面将讲到的"高维灾难"问题。所以我们宁愿考虑对条件分位函数的估计参数模型,而不愿依赖非参的箱线图。

在经典的线性回归中,我们也抛弃了这样的思想,即对图 1-9 中的数据分别估计每组的均值。假定这些均值落在同一条直线上或者一些线性平面上,我们来估计这个线性模型的参数。最小二乘估计为估计这种条件的均值模型提供了一个合适的方法。同样,分位回归也为估计条件分位函数提供了合适的方法。

1.3.2   分位数恩格尔曲线 (Engel Curve)

为了说明基本的思想,我们简单地考虑一个经济学中的经典应用。Engel (1857) 分析了家庭食物支出和家庭收入之间的关系 (图 1-10)。该数据来自 235 个欧洲工薪家庭。7 条估计的分位回归线对应的是分位数 $\tau \in \{0.05, 0.1, 0.25, 0.5, 0.75, 0.9, 0.95\}$。对应于中位数 $\tau = 0.5$ 的是中间的黑实线,由最小二乘估计得到的条件均值函数被画成虚线。

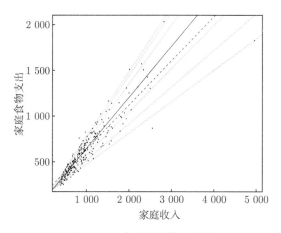

图 1-10 食品的恩格尔曲线

图 1-10 清楚地显示,随着家庭收入水平的提高,食物支出的增长呈现扩散的趋势。分位回归线之间的空间也表明食物支出的条件分布是左偏的:高分位数部分比较窄的空间表明高密度和短上尾,低分位数部分比较宽的空间表明低密度和更长的下尾。

条件中位数和均值拟合在这个例子中非常不一样。这一部分是由于条件密度的非对称性,一部分是由高收入和低食物支出这样的非正常点对最小二乘拟合产生很强的影响。这种非稳健的一个结果就是最小二乘拟合对这个样本中最穷的家庭的条件均值提供了一个相当差的估计,最小二乘虚线超过了所有非常低的收入观测值。

我们有时会错误地以为分位回归可以这样实现,即通过根据非条件分布将响应变量分割为子集,再对这个子集分别做最小二乘。很明显,在因变量上截断这种形式在这个例子中会产生灾难性的结果。一般来说,这种策略注定是要失败的。Heckman(1979) 在样本选择的工作中详细地列出了失败原因。

相比之下,根据条件的协变量将样本分割为子集总是一个有效的选择。实际上,这样的局部拟合构成了所有非参分位回归方法的基础。在最极端的情况下,我们有 p 个不同的单元对应着不同情况的协变量向量 x,这样分位回归是简单地计算每个单元普通的一元分位数。在中等的情况下,我们可能希望将这些单元的估计投影到一个参数更少的 (线性) 模型上去。这个方法的例子可以参看 Chanberlain (1994) 和 Knight,Bassett & Tam (2000),等等。

另一个变异建议我们可以估计二值响应模型族, 即响应变量超过事先确定的截断值的概率模型, 而不是去估计线性条件分位模型。这种方法将条件分位函数的参数是线性的假设替换为假设超过既定的截断值的不同概率的一些变换。例如 Logistic 变换, 可能表示为观测到的协变量的线性函数。在我们看来, 条件分位的假设更自然, 只要它镶嵌在经典的线性回归中独立同分布的误差位置漂移模型中。

1.3.3 分位回归和婴儿体重的决定因素

我们考虑 Abreveya (2001) 近期对不同人口统计学特征和母性行为对美国婴儿体重影响的研究。低出生体重被认为会导致一系列后续的健康问题, 并会导致教育水平和工作情况的种种结果。所以, 大量的研究兴趣被放到了对出生体重影响因素和公共政策上, 这也许可以有效地降低婴儿低出生体重情况的出现。

很多对出生体重的分析都基于传统的最小二乘法。但是, 人们认识到由最小二乘所得的估计对出生体重条件均值的影响不一定能反映出对出生体重尾部分布的影响大小和实质。对条件分位函数的估计, 则可以提供更加完整的协变效果图。

我们的分析基于 1997 年 6 月国家卫生统计中心发布的详细出生率数据。类似于 Abreveya (2001) 的做法, 我们的样本有如下限定: 存活且单胎, 年龄为 18~45 岁, 或者黑人或者白人的美国女性。对任何下文描述的变量, 包含缺失数据的观测值都不在考虑范围之内。这个筛选过程产生了 198 377 个婴儿样本。作为响应变量的出生体重单位为克。母亲的教育情况分为 4 个水平: 低于高中、高中、大学、研究生。低于高中的分类被剔除, 所以系数可以依照这个分类依据来解读。母亲的产前医疗护理也分为 4 个水平: 没有产前护理检查, 在孕期第一个三月期开始产前护理检查, 第二个三月期开始和从最后一个三月期开始护理检查。删除分类是从第一个三月期开始检查, 这剩下了 85% 的样本。母亲在孕期是否吸烟和每日吸烟数量的变量被包含在模型中。同时, 将母亲在孕期的体重 (单位为磅) 也考虑在内 (作为一个二次效应)。

图 1-11 展现了对这个样本的分位回归结果。与恩格尔曲线的例子不同, 我们只有一个协变量, 所以整个实证分析很容易叠加在观测值的二元散点图上。而在这个分析中, 我们有 15 个协变量加 1 个截距项。对于每 16 个系数, 我们画出了 19 个在 0.05~0.95 的分位回归估计的点线结果。对于每个协变量, 这些点估计可以理解为在保持其他变量不变的条件下, 一个协变量每增加一个单位对出生体重产生的影响。于是, 每个图形都有一个横坐标为分位数或者 τ 刻度, 纵坐标刻度是克, 它表示协变量的效果。每个图形中的虚线表示条件均值效应的最小二乘估计。两条点线表示对于最小二乘法估计传统的 90% 的置信区间。灰色的阴影部分描述了一个对于分位回归估计 90% 逐点的置信区间。

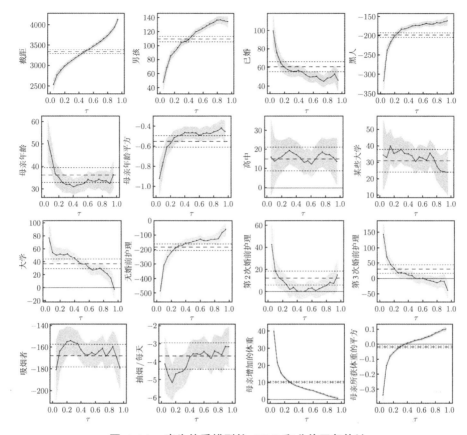

图 1-11   出生体重模型的 OLS 和分位回归估计

在图 1-11 的第一格中,模型的截距可以理解为估计的出生体重条件分位函数。自变量是一个未上高中的未婚白人母亲,年龄为 27 岁,体重 30 磅,不抽烟,并且第一次产前检查在孕期的第一个三月期情况下的估计。母亲的年龄和体重选近来用以反映这些变量在样本中的均值。注意在这一组分布于 $\tau = 0.05$ 分位时,刚好是在传统定义为低出生体重婴儿的临界值处。

我们的讨论将只局限于几个协变量。如在任何一个选定的分位下,我们可以讨论,男孩女孩相应的体重在给定其他条件变量的情况下有多大差别。第二格图形给出了答案。男孩在最小二乘法的估计下明显比女孩多了 100 克的质量,但在分位回归的结果中,这种差异在分布较低的分位数下变得非常小,而在分布上尾该差别大于 100 克。例如,男孩在 0.05 分位下大于女孩 45 克,而在 0.95 分位下,大于女孩 130 克。注意,传统的最小二乘法置信区间很难展现这种差异性。

对于黑人和白人女性生产的婴儿而言,出生体重的差异性是明显的,尤其在分布的左尾部。在条件分布的第 5 个百分位点上,这种差异大致有 1/3 千克。

母亲的年龄作为一个二次效应在模型中被考虑，在第 2 行前两个图形中展示。在母亲年龄的低分位倾向于更加凹，出生体重随着年龄 18～30 岁都在增长，但当母亲年龄超过 30 岁的时候，倾向于降低出生体重。在高分位点上，这种最优年龄逐渐变老。在第三个分位点上，最优年龄大约为 36 岁，而在 $\tau = 0.9$ 的时候大约是 40 岁。

教育水平超过高中同出生体重略微上升相关联。高中毕业的教育水平在整个分布中都存在一个非常一致的影响，大约 15 克。它将纯粹的位置漂移施加给条件分布，这是不常见的例子。对于这种效应，分位回归结果同最小二乘法的结果十分一致，但这是一个特例，不是规则。

余下的一些协变量对于公共政策有重要的效应。这些效应包括了产前护理、婚姻状况以及吸烟情况等。然而，在相应的最小二乘法的分析中，对这些变量因果关系的解释会产生争议。例如，尽管我们发现 (同预期一致) 没有产前护理的母亲的婴儿体重轻，但是我们也发现延迟产前护理检查于第二或第三个三月期的母亲的婴儿相比于第一期就开始护理的母亲来讲在低尾部有一个明显的出生体重上升。这也许可以解释为母亲对希望结果的自信程度的自我选择效应。

在图 1-11 几乎所有的格中，除了教育系数的特例，分位回归的估计都在普通最小二乘回归置信区间之外。这表明这些协变量的效应在整个独立变量的条件分布下不是常数。关于这个假说的正式假设检验见 Koenker & Machado (1999)。

1.3.4   医学中参考图表的应用

在医学中，参考 (百分位数) 图提供了一些有用的分位数集合。它们被广泛应用于初期的医疗诊断中，以识别出与众不同的个体。在某种层面上讲，就是说某些特定的测量值要位于某个适当的参考分布的尾部。就像 Cole & Green(1992) 中探讨的一样，当观测值非常强地依赖于一个协变量时 (例如年龄)，使用回归曲线就是非常必要的。而一个简单的参考范围是不够的，选出的分位数通常是一个对称子集 $\{0.03, 0.05, 0.1, 0.25, 0.5, 0.75, 0.90, 0.95, 0.97\}$。图 1-5 中就显示了一个参考图的例子。那么，这些分位回归曲线是怎样得到的呢？

拟合潜在的条件分布的一个显而易见的方法就是用大家熟知的条件分布 $F(y|x)$。$100p\%$ 分位数曲线相当于 $q_p(x) = F^{-1}(p|x)$。那么，如果这个分布是正态的，估计 $100p\%$ 分位数曲线就是很直接的。然而，普遍来说，如果这个分布是有偏的，那么通常需要做一个变换使其具有正态性。一个典型的变换就是 Box-Cox 变换，我们将在后面继续研究它；参看 Cole(1988)、Altman(1990) 以及 Royston & Wright(2000)。

对于正态性变换是不可能的情形，人们发展了参数以及非参的方法，见 Cole & Green (1992) 以及 Heagerty & Pepe (1999)。

1.3.5 在生存分析方面的应用

生存分析方面的应用包括研究某个特定的协变量关于个体生存时间的效应。在低级、中级以及高级风险人群中，一个给定的协变量可能具有不同的效应。通过考虑生存时间的几个分位数函数，我们可以了解这些效应；更具体的参看 Koenker & Geiling (2001)。图 1-12 给出了 3 条分位回归曲线 ($p = 0.1$, 0.5, 0.9)。这是根据斯坦福心脏移植调查中 184 个病人的生存时间做出的，协变量年龄从 12 岁到 64 岁 (Crowley & Hu，1977)。关于删失的中位数回归的更进一步细节参看 Yang(1999)。

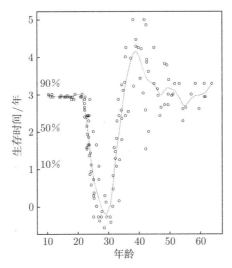

图 1-12 斯坦福心脏移植数据：分位回归曲线 ($p = 0.1$, 0.5, 0.9)

注：○ 表示完整数据，# 表示删失数据。

Cox 比例风险模型通常应用于生存分析中。也可以应用加速的失效时间方法来模拟生存时间的对数，把生存时间作为协变量的一个函数 (Yang，1999；Kottas & Gelfand，2001)。由于它的易解释性，这个方法非常直观，是具有吸引力的。

这个基本模型假定生存时间 $T_i(i = 1, \cdots, n)$ 可能是删失的，并且依赖于协变量 $\boldsymbol{X}_i$。如果没有删失，很自然地就会认为数据对$\{T_i, \boldsymbol{X}_i\}_{i=1}^n$ 是多元独立同分布样本。如果第 i 个观测值被删掉了，那么对于 T_i，我们就观测 Y_i 以代替。T_i 的对数变换使得加速失效时间模型得以建立，就是在 $\boldsymbol{X}_i$ 上对 T_i 的对数做线性回归，即

$$\log(T_i) = \boldsymbol{X}_i^T \boldsymbol{\beta} + \varepsilon_i$$

式中：$\varepsilon_i \, (i = 1, \cdots, n)$ 是独立同分布的、已知分布的函数。

ε_i 的均值并不被假定为 0，因为在删失的情况下我们观测 Y_i 替代 T_i，所以向量 $\boldsymbol{\beta}$ 中并不包含截距项。据此，对于加速失效时间方法均值回归分析并不是一个

好的估计方法。然而用以模拟生存时间的分位数分位回归方法 (或者作为协变量和
截距项的一个函数变换)，是合适的，参见 Yang (1999) 的阐释。

1.3.6　风险值、分布尾部及分位数

金融规制通常要求银行报告他们每天的风险度量，即风险价值 (VaR)。在金融
行业中，VaR 模型是最常用的衡量市场风险的模型 (Lauridsen，2000)。令 Y 是金
融收益，所以对于一个给定的 p 的较低值，如果 y 满足 $P(Y \leqslant y) = p$ 就是 VaR。
变量 Y 可能与协变量 x 有关，比如 x 表示汇率时。

显然，通过对金融收益的尾部 VaR 估计是与极端的分位数估计相关的。金融
收入的分布也可以由几个分位数刻画出来。例如，估计金融模型中一阶段收益的一
个通用方法就是预测波动性，然后做一个高斯假设，参看 Hull & White (1998)。然
而，我们时常发现市场收益比正态分布有更多的峰度。利用 1990 年 6 月 25 日到
1994 年 3 月 23 日期间，英镑、德国马克以及日元对美元的日汇率的 950 个观测
值，我们对多时期的收益分布用分位回归的方法。关于用分位回归对收益进行分析
的更广泛讨论在 Bassett & Chen (2001) 中给出。

1.3.7　经济

分位回归对于消费市场的研究是非常有用的。因为对于分别属于高、中、低消
费群体的个体来说，一个协变量的影响和作用可能是极为不同的。同样的，对于分
别属于高、中、低利润机构的公司，利率的变化对其股票价格也可能会产生不同的
结果。

在劳动经济学中，分位数回归现在被认为是研究工资和收入的一个标准分析
工具，可参考 Buchinsky (1995)。研究一个群体中成员之间的收入怎样分布也是非
常重要的，可以之确定纳税策略或实施社会政策。

其他的应用包括看家庭日常用电量与天气特征之间的关系。低分位数曲线相
当于基本的使用，而高分位数曲线可反映出一天里的活动期由于空调的使用而带
来的用电量高峰。参见 Hendricks & Koenker (1992)。

1.3.8　环境模型的应用

水文地理学是与模拟降水量及河流量相关的。可根据淡水的供给要求对干旱
的可能性进行评估来帮助水库的设计，或通过评估高降水量的可能性来设计洪水
的排泄装置。这样在水文地理统计中，对分布尾部的模拟以及极端分位数的信息就
是至关重要的。假设 $q_p(s)$ 是一个水文变量的分位函数，如每年洪水上涨的最大高
度；那么对于某个给定的高值 p_0(如 0.9)，就有 $100(1 - p_0)\%$ 的可能性超过 $q_{p_0}(x)$。
在第 k 年首次超越的发生概率是 $P(K = k) = p_0^{k-1}(1 - p_0)$。变量 K 的均值是

$1/(1-p_0)$，成为一个 $100(1-p_0)\%$ 再现事件的重现期 T。例如，如果 T 是 100 年，那么 100 年里超过 $q_{0.99}(X)$ 的洪水再现的可能性是 99%。

研究污染数据时，从公共健康的视角来讲，与用上分位数代表更极端水平的模型相比，均值的集中水平的模型可能是更不相关的。更多的讨论参考 Pandey & Nguyen (1999) 和 Hendricks & Koenker (1992)。

1.3.9 在检测异方差性上的应用

对于数据分析，识别异方差性是一个重要工作。分位数图能够提供一个有用的描述性工具。这些图不仅能够帮助我们检测异方差性，也能让我们对于给定 $X=x$ 时 Y 的条件分布的位置、发散程度及形状有一个大体的印象。

分位回归可以用来评估模型假设 $Y = x^T\beta + \varepsilon$ 的偏离。如果 ε 的分布不依赖于协变量 X 的值，那么所有回归分位都是平行的。例如，图 1-5 中关于美国女孩数据的 7 条分位曲线明显是不平行的，表明了异方差性。

1.4 其他方面的进展

现在我们简要地论述一些近来的研究领域。

1.4.1 时间序列的分位回归

分位回归的大多数研究都假定响应变量的观测值 Y 是条件独立的。近年来，一些研究人员探讨了时间序列分位回归模拟的不同方法。例如，一个基于估计条件分布的方法是由 Cai(2002) 给出的，而另一种基于检验函数的方法是由 Gannoun et al. (2003) 给出的。在 Cai (2002) 的方法中，假定时间序列 Y_i 与时间序列 X_i 的关系是通过模型 $Y_i = \mu(X_i) + \sigma(X_i)\varepsilon_i$ 建立的，这里 $\mu(X_i)$ 是回归函数且 ε_i 是模型误差。$\sigma(X_i)$ 对 X_i 的依赖性表明这个模型是异方差的。这个方法首先用 1.2.3 节的方法估计出给定 X_i 下 Y_i 的条件分布，然后通过条件分布函数的逆估计出条件分位数。在 Gannoun et al. (2003) 的方法中，给定现在和过去的记录，对一个严平稳实值过程 Z 的条件分位数进行估计，Z 的 $100p\%$ 分位数被刻画为

$$q_p(x) = \arg\min_{\theta \in \mathbb{R}}\{E[\rho_p(Z-\theta)|X=x]\}$$

然后，他们用 1.2.3 节中基于核的检验函数来进行估计。分位数回归也同样被应用于纵向数据的分析中，见 Lipsitz et al.(1997)。通过考虑遗漏计数，对 CD4 单元计数数据描述了一个有效的分位数回归方法。

1.4.2   拟合优度

　　一般文章很少关注对分位数曲线与数据拟合程度的评估，但 Konenker &
Machado (1999) 及 Royston & Wright (2000) 是两个例外。这里，典型的拟合优
度问题是评定不同多项式模型的效能以及比较参数模型与非参模型。在前一种情
况中，对于参数模型 $q_p(x) = \beta_0 + \beta_1 x_1 + \beta_2 x_2$，我们想要检测协变量 x_1 对一个响
应的 $100p\%$ 分位数是否有影响。本质上来说，我们需要对这个参数模型和另一个
更简单的参数模型 $q_p(x) = \beta_0 + \beta_2 x_2$ 进行假设检验。Koenker & Machado (1999)
着重强调了这个问题。

　　我们将通过用免疫球蛋白 G 数据作为一个实例来激发讨论。这个数据集包
括了 298 个从 6 个月大到 6 岁大的儿童的血清浓度 (克/升)，并在 Isaacs *et al.*
(1983) 中进行了更进一步的讨论。令响应变量 Y 为免疫球蛋白 G 的浓度，并对不
同的 p 值用一个关于年龄 x 的二次模型对分位回归进行拟合

$$q_p(x) = \beta_0 + \beta_1 x + \beta_2 x^2$$

我们用 1.2.1 节中的参数方法拟合模型。图 1-13 (a) 显示了数据以及 p=0.05、0.25、
0.5、0.75、0.95 时的分位数回归线。除了 0.75 曲线外，所有曲线都有一个明显的二
次形状。

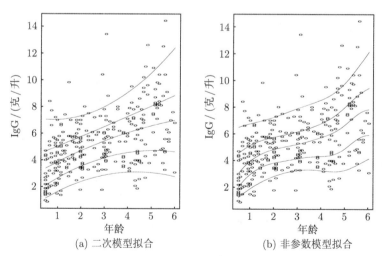

(a) 二次模型拟合　　　　　　　　　　　(b) 非参数模型拟合

图 1-13　　免疫球蛋白 G 数据：分位回归曲线 $(p = 0.05, 0.25, 0.5, 0.75, 0.95)$

　　另一种办法就是用 1.2.3 节中介绍的基于核的非参光滑方法，通过 1.2.3 节中
最后一个最小化的目标函数表达式估计潜在的分位数曲线。估计出的分位数曲线
在图 1-13(b) 中描绘出来。

通过对免疫球蛋白 G 数据的这些不同参数和非参分位回归曲线的比较，我们发现对分位回归关系的拟合优度进行评估是非常重要的。尽管有许多研究都是关于均值回归模型的拟合优度的评价，但由于分位回归模型和均值回归模型的定义及估计方法是非常不同的，那些研究对分位回归模型的拟合并不适用。几乎所有的均值回归检验统计量都是以一个二次的形式为基础的，像是 R^2 统计量，或者是残差的平方和与一个二次的损失函数相对应。

总之，我们需要判断出一个非参分位回归模型是否能够简化为一个线性的或参数分位回归模型。这个问题是作者目前研究的一个主题。我们也需要评估存在高维预测变量时一个分位回归模型的可加性。就可解释性而言，可加结构是非常重要的。

1.4.3 贝叶斯分位回归

现今，对广义线性模型用贝叶斯推断是非常流行的，参见 Besag & Higdon (1999)。与传统的推断相比，贝叶斯方法的两个优势是：① 它能导出精确的推断，而传统方法是渐近的推断；② 贝叶斯推断能更好地处理参数不确定性这种情况。即便在复杂的情况下，用 Markov chain Monte Carlo 方法获得后验分布也是相对容易的，见 Chen *et al.*(2001)。这就使得贝叶斯推断更易得到，也更具吸引力。Markov chain Monte Carlo 方法使我们能够获得感兴趣的参数 β 的完整的后验分布。

近年来，Yu & Moyeed (2001) 通过用非对称的拉普拉斯似然函数，对于分位回归开创了一个完整的贝叶斯模型方法，就像在 1.1.3 节中讨论的一样。他们的方法如下：给定观测值 $y = (y_1, \cdots, y_n)^T$，后验密度 $\pi(\beta|y)$ 如下

$$\pi(\beta|y) \propto L(y|\beta)\pi(\beta)$$

式中：$\pi(\beta)$ 为 β 的先验分布；$L(y|\beta)$ 是基于非对称拉普拉斯密度的似然函数。

Yu & Moyeed (2001) 表明，如果对 β 选择了一个不合适的均匀先验也能够得到一个合适的联合后验分布。即，如果 $\pi(\beta) \propto 1$，那么 $\pi(\beta|y)$ 也会是合适的。如果存在更多的先验信息，也可以用其他分布。

Kottas & Gelfand(2001) 提出了另一种方法，在中位数回归模型中对误差项用一个混合模型。它们的似然是基于他们引进的偏斜分布的一个参数族。

1.5 软件和标准误差

贯穿统计学的科技进步集中体现在统计软件的变化中。这对于分位回归来讲尤其如此。作为方法的可靠执行基础，线性规划算法对某些使用者来说还是很深奥的。其广泛用于实践，也使得分位回归方法对使用者来讲较为难懂。从 1950 年以

来，人们已经认识到基于最小化残差绝对值和的中位数回归方法可以表示为线性规划问题，并且可以通过单纯形算法有效求解。Barrodale & Roberts (1974) 的中位数回归算法影响巨大，可以很容易地应用于一般分位回归。Koenker & D'Orey (1987) 描述了一种方法实施。对于大规模的分位回归问题，Portnoy & Koenker (1997) 的研究表明内点方法和有效预处理方法的结合能够使分位回归计算在同等计算规模下与最小二乘法计算相媲美。

在现有应用于计量经济学的商业软件中，只有 Stata 提供了一些可以用于分位回归的基本函数。20 世纪 80 年代中期以来，我们修改了一个专为分位回归设计的开源程序包，以用于 Becker，Chambers & Wilks (1988) 的 S 语言及相关的商业程序 S-PLUS。近年来，这个软件包已经拓展成了 R 语言、S 语言的 GNU 版本，见 Koenker (1995)。这个网站统一提供了 Ox 和 MATLAB 的程序。

计量经济学的基本原则是每个严肃估计都应得到可靠的精确性评价。关于分位回归估计量的渐近行为的文献很多，不但有很多重新抽样的方法，而且还有大量基于渐近理论的推断方法。对这些方法进行比较，可以解决近期在劳动经济学中典型问题的应用中置信区间的构造问题。我们发现，现有方法之间的差异不大，而分位回归的推断比其他计量经济学中的推断方法更加稳健。Koenker & Hallock (2000) 更加细致地描述了这个练习，并且提供了近期分位回归应用于离散数据模型、时间序列、非参数模型以及其他领域的简介。这些进展已慢慢融入了标准计量经济学软件中。除了 Stata 和 Xplore，迄今还没有计量经济学软件可以进行分位回归的估计和推断，参见 Cizek (2000) 以及网络可获取的 S-PLUS 和 R。

1.6   文 献 介 绍

自从 Koenker & Bassett (1978) 提出分位回归以来，有关它的研究及应用迅猛发展。对于美国劳工市场的研究贡献包括：Buchinsky (1994，1997)；Arias，Hallock & Sosa-Escudero (2001) 利用双胞胎的数据来解释观察到的估计教育回报的奇异性。也有很多文献考虑美国以外的劳动力市场的情况，包括：Fitzenberger (1999)，Machado & Mata (2001) 对葡萄牙的研究；Garcia，Hernandez & Lopez (2001) 对西班牙的研究；Schultz & Mwabu (1998) 对南非的研究；Kahn (1998) 对国家间的比较。Machado & Mata(2001) 的工作尤其值得注意，因为其提出了一个有用的方法，即把墨西哥瓦哈卡的反事实分解法引入分位回归中，并且提出了一个从分位回归过程模拟边际分布的一般方法。Tannuri (2000) 在近期对美国移民同化的研究中应用了这个方法。在应用微观领域，Eide & Showalter (1998)，Knight、Bassett & Tam (2000) 和 Levin (2001) 提出了学校质量的问题。Poterba & Rueben (1995) 和 Mueller (2000) 研究了美国和加拿大 "公共–私有" 工资的差异。Abadie、Angrist & Imbens

(2001) 考虑了项目评估中的内生性处理效应。Koenker & Billias (2001) 探索了分位回归模型在失业时间数据的应用。Viscusi & Hamilton (1999) 的工作研究了有害废物处理的公共决策制定。在金融领域的参考文献有 Taylor (1999)，Chernozhukov & Umantsev (2001)，Engle & Manganelli (1999) 等。

　　本章主要参考 Koenker & Hallock (2011)，Engel (1857)，Cole & Green (1992)，Crowley & Hu (1997)，Yang (1999)，Yu & Lu (2003)，Su & Tian (2011) 以及 Tian & Chen (2006) 等。

第 2 章　　线性分位回归模拟

2.1　基　本　概　念

Koenker & Bassett (1978) 介绍的分位回归 (QR) 正逐渐发展为线性和非线性响应模型统计分析的综合方法。QR 的功能说明如下：① 这个模型可以用于刻画给定回归量的因变量的整体条件分布；② QR 系数估计的结果是稳健的，即对因变量观察值的离群点不敏感；③ 在误差项非正态的情况下，QR 估计量结果比 OLS 有效；④ 不同分位点上有不同的潜在解决方案可以解释为因变量对因变量条件分布的不同点上因素选择的响应差异；⑤ 一个线性规划表示 (Linear Programming, LP) 使得 QR 估计变得简单。

分位回归至少有 4 个等价的数学定义。

2.1.1　基于条件分位函数的定义

设 $q_p(x)$ 是因变量 Y 给定 $X = x$ 的 p 分位点，在这种情况下，$q_p(x)$ 可以通过解

$$F(q_p(x)|x) = P[Y \leqslant q_p(x)|X = x] = p \tag{2.1.1}$$

得到。式中：F 为 Y 的累积分布。

2.1.2　基于分位回归模型的定义

$$Y = x^T \beta + \epsilon \tag{2.1.2}$$

式中：误差项 ϵ 假设满足 $Quantile_p(\epsilon) = 0$。

在标准线性回归中，误差项假设为高斯误差。

2.1.3　基于损失函数的定义

$$\min_{\beta \in \Theta} E\left[\rho_p(Y - X'\beta)|X = x\right] \tag{2.1.3}$$

式中：$I_{\mathbf{A}}(z)$ 为集合 $\mathbf{A}$ 上的普通示性函数；Θ 是 β 的参数空间，

$$\rho_p(z) = pzI_{[0,\,\infty)}(z) - (1-p)zI_{(-\infty,\,0)}(z)$$

称为损失函数 (Koenker & Bassett，1978)。

2.1.4 基于非对称拉普拉斯密度的定义

$$f(\epsilon) \propto \exp\left[-\sum_{i=1}^{n} \rho_p(y_i - x_i^T\beta)\right] \qquad (2.1.4)$$

式中：$f(\epsilon)$ 为模型误差 ϵ 的概率密度 (Yu & Moyeed，2001)。

2.2 家庭背景因素的影响

家庭背景因素是个人生活中的一个重要部分，本节关注家庭背景因素是否会像影响差生那样改变优等生的数学成绩。使用加拿大阿尔伯塔 2000 年、2001 年、2002 年的数学成绩这个大样本，通过分位回归方法研究了这个问题。结果表明，在数学成绩条件分布的不同点上，可能有不同的家庭背景因素影响。

孩子的数学成绩一直是社会关注的问题，掌握数学已经变得比以往任何时候都更加重要。调查表明，数学领悟能力强的高中生在升学和就业中具有优势，也就是说，数学成绩是大学入学和成功就业的一把钥匙。

几十年来，很多研究集中在从影响数学成绩的很多变量中收集和调查信息，对孩子或有益或无益的社会、经济和文化因素还没有得到很好的理解和重视。在这里，我们的主要研究兴趣包括家庭背景因素的各种变量，如双亲数量、兄弟姐妹数量、母亲的社会经济地位、父亲的社会经济地位、性别、移民、语言问题、土著、少数民族等。

就性别来讲，在数学学习中，有证据表明女性很可能不相信数学对她们的生活有用 (Fennema & Sherman，1978)，她们不认为数学与思维模式有关。甚至如果继续学习数学课程的话，她们更易于发现自己不喜欢这些课程。然而，喜欢一门学科是在这门学科上取得成功的关键 (Lockhead et al.，1985)。

一些对移民学校成绩的研究表明，他们的成绩高于平均值 (Rumbaut，1996；Viadero，1997；Lapin，1998)。然而也有证据表明，移民子女尤其是西班牙裔和其他有贫穷背景的学生正遭受着大学成绩差和教育程度低之苦 (McPartland，1998；Vernez & Abrahamse，1996)。此外，最近更多的对移民子女大学成绩的研究提供了理解移民子女大学成绩变化的视角，如 Hao et al.(1998) 用社会资本的概念来解释移民子女在大学期间的表现。

众所周知，语言问题限制了移民子女对重要课程 (如数学和科学) 的学习。生活在社交和语言孤立的社区，移民子女几乎无法提高他们的语言能力。语言障碍持续到整个学生时代。另一方面，精通双语 (掌握母语和一门新语言) 对移民子女的认知成长很有帮助 (Hao & Portes，1998)。

个别学者认为，少数民族可能把数学看作白人的领域，不大可能像白人那样理解它的未来价值。他们也受到学校职员对他们和他们的工作态度的消极影响 (Mathews，1983)。政治家和政策制定者提倡的教育改革已经在实施，这有利于提高少数民族学生的数学成绩，这些改革措施包括良好的纪律和出席情况、小班授课、安排在先进班级追踪调查和发放一些确定少数民族数学成绩重要角色的材料 (Mathews，1983；Taylor，1983)。

　　总的来讲，上面提到的研究主要依赖于经典的均值回归方法，比如普通最小二乘 (OLS) 或者工具变量 (IV)。这些方法可能会遗漏关键点，如在测试分数条件分布的不同分位数水平上，家庭背景因素如何不同程度地影响数学成绩。更糟糕的是，这些方法不能用来刻画给定高维协变量 (家庭背景因素) 时数学成绩的完整条件分布，并且估计的系数向量 (边际影响) 对数学成绩离群观测点不够稳健。

　　幸运的是，这些缺点可以用分位回归 (QR) 的统计方法来克服。分位回归由 Koenker & Bassett(1978) 提出，现已成为一种广泛应用于条件分位函数线性和非线性响应模型的方法。粗略地讲，基于最小化"检测函数"残差的 QR 使得我们能够估计所有的条件分位函数，就像经典的基于最小二乘估计的线性回归技术提供一种估计条件均值函数的机制。因此，作为一种标准的统计方法，QR 逐渐兴起，在教育学、经济学 (计量经济学)、生物学、生态学、财政学、统计学和应用数学中得到了广泛应用。

　　很多研究已关注家庭背景因素，如班级大小。使用高中及以上数据的纵向研究，Ehrenberg & Brewer(1994) 估计了学校特点和教师特点影响公立学校学生在 10~12 年级从高中辍学的概率范围。Ehrenberg & Brewer(1995) 调查了学校性质对学生成绩的影响，他们发现，教师语言能力得分影响学生 (不管是黑人还是白人) 的综合成绩。Corman & Chaikind(1998) 调查了 6~15 岁出生体重不超过 2 500 克的孩子的学校成绩和行为，在保持孩子和家庭的社会经济特征不变的情况下，和一组正常出生体重的孩子做了对比。Eide & Showalter(1998) 用分位回归估计学校质量和标准化测试成绩的关系在"测试得分收益"条件分布不同点上是否不同。他们的结果表明，在测试得分收益条件分布不同点上，学校质量可能有不同的影响。Levin(2001) 使用分位回归分析了班级大小和学习成绩影响这个具有争议的主题。

　　目前还没有论著基于分位回归方法系统地处理家庭背景因素对学生数学成绩的影响。本节几个主要发现表明，一些看来对平均数学成绩无影响的家庭背景因素可能在其数学成绩条件分布点上确实重要。

2.3　数　　据

　　加拿大国家数据库高级研究中心展开了"加拿大阿尔伯塔数学参与的纵向研究"(A Longitudinal Study of Mathematics Participation in Alberta，Canada)，主要使用基于分层线性模型的经典均值回归方法，目的之一是确定高中 (10~12 年级)

学生的数学成绩与其他因素包括社会、经济和文化的关系。

选择的家庭背景因素：父母数量 (0 = 无父母；1 = 单亲；2 = 双亲)；兄弟姐妹数量 (1 = 1 个兄弟姐妹；…；9 = 9 个兄弟姐妹)；女性 (1= 是女性)；非加拿大出生 (1= 非加拿大出生)；语言问题 (1= 有语言障碍)；土著 (1= 是土著)；少数民族 (1= 是少数民族)。父亲的社会经济地位和母亲的社会经济地位用国际社会经济指数 (ISEI) 测量。

该数据集每年收集一次 (5 月或加拿大阿尔伯塔每所学校安排的其他时间)，共收集了 3 年 (2000~2003 年)。第一个工具是包括很多项家庭背景因素的学生问卷 (30 分钟)，比如双亲数量、兄弟姐妹数量、母亲的社会经济地位、父亲的社会经济地位、女性、非加拿大出生、语言问题、土著、少数民族等。

所得样本包括 35 所学校的 1454 名学生，表 2-1 包含了家庭背景因素的描述性统计 (这在接下来的分析中会用到)，清楚地说明了在经验分析中使用的变量的定义。值得提及的是，父亲的社会经济地位和母亲的社会经济地位通常用国际社会经济指数 (ISEI) 测量。这个指数基于家庭收入、父母文化程度、父母职业和社区中的社会地位。父亲的社会经济地位通常是一个国际教育指标。研究表明，具有较高社会经济地位的家庭往往在准备他们的年幼子女入学上更成功。因为他们通常有机会获得广泛的资源，以促进和支持幼儿的发展。他们能够给其年幼的孩子提供高品质的托儿、书籍和玩具，并鼓励各种家庭学习活动。并且，他们很容易获得孩子的健康信息以及社会、情感和认知能力的发展。此外，具有高社会经济地位的家庭往往搜集信息，以便于他们更好地帮助他们的年幼子女入学。

表 2-1   家庭背景因素的描述性统计

家庭背景因素	10 年级		11 年级		12 年级	
	Mean	Std	Mean	Std	Mean	Std
双亲数量	1.83	0.39	1.83	0.39	1.82	0.43
兄弟姐妹数量	2.23	1.59	2.16	1.47	2.21	1.53
母亲的社会经济地位	0.00	1.67	0.00	0.73	0.00	0.72
父亲的社会经济地位	0.00	1.73	0.00	0.75	0.00	0.75
女性	0.50	0.50	0.50	0.50	0.50	0.50
非加拿大出生	0.05	0.22	0.05	0.22	0.05	0.22
语言问题	0.05	0.21	0.05	0.21	0.05	0.21
土著	0.06	0.24	0.06	0.24	0.06	0.24
少数民族	0.08	0.27	0.08	0.27	0.08	0.27
数学成绩	23.14	7.06	25.77	7.80	27.92	8.25

表2-1中需要注意的是数学成绩从10~12年级单调增加。

2.4　估　计　结　果

本章介绍分位回归的结果与 10~12 年级家庭背景因素的线性回归假设。由此，我们看到数据给出了观察值和这些年模型变化的相互依赖的一个高度模型结构。分位回归在 5 个不同分位点 (5%，25%，50%，75%，95%) 上进行。为了进行比较，也会给出最小二乘回归的经验结果。在大部分现代统计语言中，分位回归软件都可以使用。本节选用 R 语言，它是基于 John Chambers 的 S 语言的开源软件项目。分位回归的功能由名为"Quantreg"的软件包执行，一旦在一个网络机上安装了 R 就能很方便地使用命令安装。

2.4.1　10 年级的影响估计

表 2-2 展示了 10 年级家庭背景因素条件下的分位回归和 OLS 结果，括号中的内容为估计标准误差。兄弟姐妹数量、母亲的社会经济地位、女性、非加拿大出生和少数民族这些因素，都是不显著的非零量。相对地，双亲数量、父亲的社会经济地位是正相关的，然而语言问题和土著是负相关的。

表 2-2　10 年级学生家庭背景变量比较分位回归和 OLS 结果

家庭背景因素	分位回归结果					OLS
	5%	25%	5%	75%	95%	
双亲数量	1.25	2.16*	1.88*	1.47*	1.04	1.57*
	(1.01)	(0.58)	(0.63)	(0.67)	(1.25)	(0.47)
兄弟姐妹数量	−0.14	0.11	0.05	−0.08	−0.29	0.01
	(0.22)	(0.15)	(0.13)	(0.17)	(0.20)	(0.12)
母亲的社会经济地位	0.11	0.36	0.33	0.44	0.01	0.25
	(0.32)	(0.24)	(0.22)	(0.27)	(0.30)	(0.18)
父亲的社会经济地位	1.65*	0.98*	1.06*	0.82*	0.92*	1.07*
	(0.27)	(0.24)	(0.21)	(0.26)	(0.30)	(0.18)
女性	0.05	−0.04	−0.26	−1.49*	−1.98*	−0.58
	(0.57)	(0.48)	(0.43)	(0.52)	(0.65)	(0.36)
非加拿大出生	0.18	−0.84	−0.53	−1.17	−1.94*	−1.06
	(0.62)	(1.15)	(1.29)	(1.31)	(0.85)	(0.86)
语言问题	1.06	−2.00	−2.80*	−2.34*	−1.94*	−2.07*
	(0.75)	(1.02)	(1.30)	(1.01)	(1.06)	(0.90)
土著	−2.64	−3.45*	−4.44*	−4.32*	−4.48*	−3.98*
	(2.47)	(0.99)	(1.01)	(1.04)	(0.80)	(0.76)
少数民族	−1.40	−1.04	−1.61	−0.91	−0.72	−1.16
	(0.79)	(1.15)	(1.00)	(1.14)	(0.86)	(0.69)

在分位回归的结果中,我们发现了数个重要不同点。双亲数量这一因素在数学成绩变化的条件分布的中间部分 (25%、50% 和 75% 分位点) 是正相关的。但是在分布的高低两端影响不显著。这说明处于条件分布中间阶段的似乎受益于与父母同住,而位于条件分布高低两端的并不受益。并且,与双亲住在一起的优于单亲。女性、非加拿大出生和语言问题这些因素对于处于数学成绩变化条件分布较高水平的人显著负相关;然而,对于处于分布较低水平的并无显著影响。

一般来说,父亲的社会经济地位比母亲的社会经济地位在孩子的数学成绩上影响更大。 4 个家庭因素 (双亲数量、父亲的社会经济地位、语言问题和土著) 是 10 年级数学成绩影响因素的突出部分。前两个因素对数学成绩有积极影响,而后两个因素带来消极影响。

在表 2-2 中,土著因素在 25%、50%、75% 和 95% 分位点上关于数学成绩的影响估计分别为 −3.45、− 4.44、− 4.32 和 −4.48。这说明 10 年级的土著居民在数学成绩上表现较差。

对于双亲数量这一因素,最小二乘方法在 25% 和 50% 分位点低估了其影响,但是在 75% 分位点高估了其影响。对于父亲的社会经济地位,最小二乘方法低估了其在 5% 分位点的影响大小,但是高估了在其他分位点处影响的大小。与此相对应的,它高估了土著在 25% 分位点的影响大小,并且低估了在其他分位点处影响的大小。

兄弟姐妹数量、母亲的社会经济地位和少数民族这些因素在 10 年级的数学成绩上没有显著影响。

2.4.2 11 年级的影响估计

表 2-3 展示了 11 年级家庭背景因素条件下的分位回归和 OLS 结果,括号中内容为估计标准误差。显然普通最小二乘估计与中位数 (50% 分位数) 回归估计相似,并且双亲数量、父亲的社会经济地位和土著是显著的正相关因素。 然而语言问题和少数民族的影响是负相关的,这表明土著居民在 11 年级的数学成绩上表现较好。语言问题对母语是非英语的学生是不利因素。

表 2-3 11 年级学生家庭背景变量比较分位回归和 OLS 结果

家庭背景因素	分位回归结果					OLS
	5%	25%	50%	75%	95%	
双亲数量	2.87*	4.21*	1.02	−0.84	0.45	1.57*
	(0.90)	(0.66)	(0.72)	(0.62)	(0.93)	(0.51)
兄弟姐妹数量	−0.02	−0.15	−0.07*	−0.28	−0.13	−0.08
	(0.20)	(0.12)	(0.02)	(0.18)	(0.25)	(0.14)

家庭背景因素	分位回归结果					OLS
	5%	25%	50%	75%	95%	
母亲的社会经济地位	−0.36 (0.35)	0.03 (0.24)	0.24* (0.03)	0.02 (0.30)	0.61 (0.40)	0.14 (0.17)
父亲的社会经济地位	1.67* (0.37)	1.60* (0.26)	1.41* (0.03)	1.59* (0.29)	0.65 (0.40)	1.41* (0.17)
女性	−0.24 (0.81)	0.23 (0.53)	−0.47* (0.05)	−0.98 (0.61)	−0.87 (0.78)	−0.46 (0.34)
非加拿大出生	1.65 (0.96)	−0.16 (1.42)	1.25* (0.17)	2.23 (1.77)	−0.60 (1.38)	1.23 (0.80)
语言问题	−4.98 (2.54)	−2.01 (1.09)	−1.67* (0.15)	−3.76* (1.40)	−3.36* (1.16)	−1.85* (0.85)
土著	2.54* (1.13)	1.33 (0.91)	1.99* (0.25)	3.58* (1.04)	1.21 (2.21)	1.91* (0.70)
少数民族	2.34* (0.98)	−0.75 (0.71)	−1.55* (0.13)	−1.26 (0.82)	−1.08 (1.51)	−1.43* (0.65)

注意分位回归的结果, 双亲、单亲、没有父母对数学成绩在 25%、50%、75% 和 95% 上的差异分别为 −3.45、−4.44、−4.32。也就是说, 在保持其他因素相等的条件下, 5% 分位点的单亲 11 年级学生数学成绩比没有父母的学生高 2.87, 但是低于双亲家庭的学生。在双亲数量上, 最小二乘法低估了 5% 和 25% 分位点处的影响。这意味着任何减少父母数量的因素都要为高年级中学生数学成绩差负责。

兄弟姐妹的数量、母亲的社会经济地位、女性和非加拿大出生的家庭因素在 50% 分位点 (中位数) 有显著影响, 在其他分位点处不显著。

的确, 对于非加拿大出生且母语不是英语的学生要取得满意的数学成绩, 语言依然是一个严重的问题。在 11 年级, 所有的家庭因素在不同分位点处有不同影响。

土著因素表现得非常好, 依然值得一提。并且, 父亲的社会经济地位排在它后面。同时, 少数民族在 5% 分位点的回归估计中有显著积极影响 (2.34), 这远超在其他分位点处的影响。由此我们可以看出, 分位回归估计量比最小二乘估计量更为有效。

2.4.3　12 年级的影响估计

表 2-4 展示了 12 年级家庭背景因素条件下的分位回归和 OLS 结果。

普通最小二乘估计与中位数 (50% 分位数) 回归估计相似。非加拿大出生影响最大, 双亲数量紧随其后, 然后是父亲的社会经济地位。语言问题, 即英语非母语, 依然是数学成绩的不利影响, 土著紧随其后。

表 2-4　12 年级学生家庭背景变量比较分位回归和 OLS 结果

家庭背景因素	分位回归					OLS
	5%	25%	50%	75%	95%	
双亲数量	4.08* (0.65)	5.49 * (0.70)	2.20* (0.64)	−0.99 (0.60)	0.01 (0.45)	2.51* (0.47)
兄弟姐妹数量	−0.73* (0.19)	−0.44* (0.13)	−0.25* (0.06)	0.03 (0.25)	0.08 (0.22)	−0.21 (0.14)
母亲的社会经济地位	0.03 (0.49)	0.14 (0.15)	0.10* (0.04)	−0.18 (0.28)	−0.15 (0.27)	−0.04 (0.16)
父亲的社会经济地位	0.89 (0.45)	0.95* (0.15)	1.01* (0.03)	0.87* (0.28)	0.27 (0.24)	0.64* (0.16)
女性	0.48 (0.97)	0.90* (0.30)	0.95* (0.07)	1.25* (0.56)	0.57 (0.73)	0.91* (0.32)
非加拿大出生	2.02 (1.22)	2.99* (0.33)	2.45* (0.19)	1.72 (1.05)	0.88 (1.78)	2.62* 0.77
语言问题	0.48 (1.88)	−2.34* (0.75)	−2.15* (0.10)	−2.33* (1.18)	−2.12 (2.61)	−2.21* (0.81)
土著	−3.44 (2.51)	−1.93 (1.51)	−1.75* (0.25)	−1.57 (1.26)	0.93 (1.95)	−1.77* (0.67)
少数民族	−2.31 (1.70)	−0.81 (0.47)	−0.61* (0.12)	−0.76 (1.00)	1.26 (1.63)	−1.01 (0.62)

注: 带有标记 * 的显著水平点线显示的是均值影响的普通最小二乘估计。

　　双亲差异分别在 5%, 25% 和 50% 分位点处影响显著, 分别为 4.08、5.49 和 2.20。这里, 普通最小二乘低估了在 5% 和 25% 分位点处的影响。兄弟姐妹的数量在 5%、25% 和 50% 分位点处有显著的负面影响, 分别为 −0.73、−0.44 和 −0.25。这说明在 5%、25% 和 50% 分位点处, 兄弟姐妹越多, 数学成绩越差。父亲的社会经济地位在 5%、25%、50% 和 75% 分位点处依然十分重要, 女性也一样。土著和少数民族因素在中位点处都有消极影响。

　　在图 2-1 中, 我们对家庭背景因素效应的置信区间给出了一个图示化的概要总结。每一个子图画出了三年期 (10~12 年级) 分位回归模型的 27 个系数中的一个。带有点 (用大写字母 "E" 标记) 的实线, 代表分位数 p 从 0.05 到 0.95 的 5 个

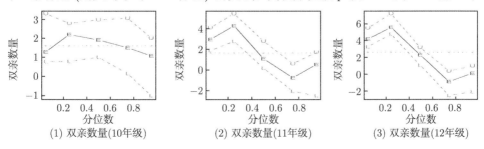

(1) 双亲数量(10年级)　　　(2) 双亲数量(11年级)　　　(3) 双亲数量(12年级)

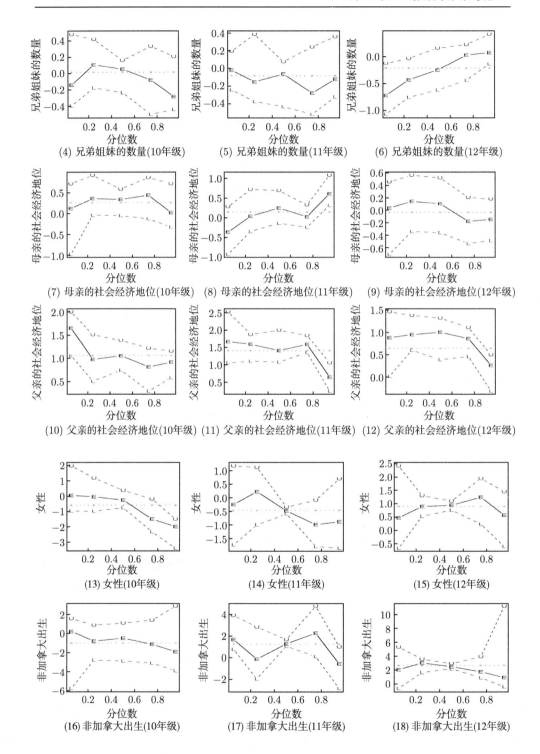

(4) 兄弟姐妹的数量(10年级)　(5) 兄弟姐妹的数量(11年级)　(6) 兄弟姐妹的数量(12年级)

(7) 母亲的社会经济地位(10年级)　(8) 母亲的社会经济地位(11年级)　(9) 母亲的社会经济地位(12年级)

(10) 父亲的社会经济地位(10年级) (11) 父亲的社会经济地位(11年级) (12) 父亲的社会经济地位(12年级)

(13) 女性(10年级)　　　　　(14) 女性(11年级)　　　　　(15) 女性(12年级)

(16) 非加拿大出生(10年级)　(17) 非加拿大出生(11年级)　(18) 非加拿大出生(12年级)

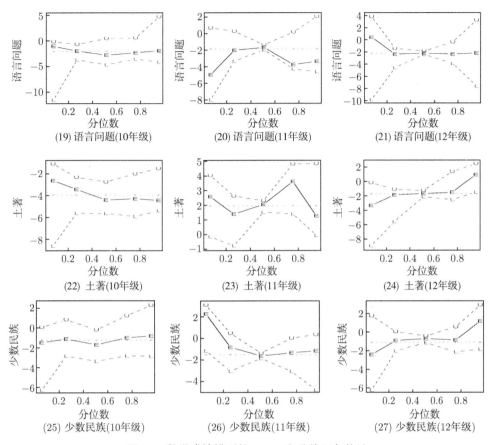

图 2-1 数学成绩模型的 OLS 和分位回归估计

注: 点–实线 (用大写字母 "E" 标注) 代表对应于不同分位点 (p 从 0.5 至 0.95) 的 5 个不同的截距点估计。分别标注有大写字母 "U" 和 "L" 的两条点–虚线构成了置信带。上下置信带之间的面积是 90% 逐点置信带。标注有 * 的水平点线表示均值最小二乘估计。

系数估计值点。两条带有大写字母 "U" "L" 点的虚线分别代表了上下置信边界。上下置信界内的区域是一个 90% 逐点置信区间。

2.5　置信区间和相关解释

2.5.1　哪一个是最好的? 双亲、单亲还是没有父母

　　多年来, 研究者困惑于单亲家庭的孩子能否有和父母在一起的孩子一样的表现。图 2-1 的第 1 行更激起了这一讨论。我们的研究结果显示, 双亲家庭因素的影响要高于单亲家庭, 并且对于 3 个年级 (10~12 年级), 单亲家庭的影响要高于没

有父母的。显然，家庭因素在 3 个年级的 95% 分位点的系数不是很显著。双亲数量的影响因素在 25% 分位点时达到了最大值，接着从 25% 分位点到 75% 分位点单调下降。这一现象也许可以理解为孩子对父母的依赖性在逐步降低。

2.5.2　为什么我们要关注兄弟姐妹关系

兄弟姐妹关系是人类最古老的问题之一。无论是东方文化还是西方文化，"手足之情"都被认为是完美感情的典型。事实上，自然条件是相反的。对父母来说，尤其困难的是使他们的孩子相互爱护如真正的兄弟。兄弟姐妹数量会对数学成绩有影响吗？答案是肯定的，图 2-1 的第 2 行证实了这一点。图 2-1 表明，在 10 年级图中兄弟姐妹数量似乎对数学成绩有很小的影响，因为在 5 个分位点上 (5%，25%，50%，75%，95%)，兄弟姐妹数量的所有系数都不显著。对于同样的变量兄弟姐妹数量，11 年级的结果图与 10 年级的是相似的，除了 11 年级的中位数效应是 -0.07。直到 12 年级，兄弟姐妹数量的负影响在 3 个低分位数 (5%，25%，50%) 上是显著的，即 -0.73、-0.44 和 -0.25。简言之，随着年级的增长，兄弟姐妹数量的负影响变得更显著。

2.5.3　父亲和母亲之间影响的区别是什么

对于任意的分位点，我们可能想要知道父亲和母亲的社会经济地位在数学成绩上的不同影响。图 2-1 的第 3 行和第 4 行回答了这个问题。很明显，在高中阶段，父亲的影响要高于母亲。在 10 年级图中，母亲的社会经济地位对孩子数学成绩的影响都很小，在不同分位点上的系数一般都不显著。与此相比，父亲的社会经济地位的影响都是正的，而且不同分位点上均表现为统计上的显著。其主导地位在一直线上，直到高中的最后一年。

2.5.4　性别上有差异吗

图 2-1 中第 5 行关于高中的研究表明，男性和女性在数学成绩上是有差别的。一般来说，前两个学年女性滞后于男性，但是在高中的最后一学年，女性表现得比男性要好。结果令人惊奇。因传统上认为，尽管女性的数学成绩在小学阶段与男性是相同的，但女性会发现高中阶段的数学成绩不易取得。

2.5.5　表现差距在哪里

在本研究中，我们检验了高中学生的数学成绩，并且测量了非加拿大出生和加拿大本土出生的学生的表现差距。图 2-1 中第 6 行给出的结果表明，非加拿大本土出生的孩子的数学成绩看起来在 10 年级时比本土出生的孩子是低一点，但是在后两个学年中又表现得好一些。比如，第 12 年级图中，非本土出生的孩子的效应在 25%、50% 分位点上的系数分别是 2.99 和 2.45，而且在统计意义上是显著的。

2.5.6　语言问题是很严重的问题吗

图 2-1 中第 7 行呈现的结果如下：10 年级图中，在条件分布的中间和上面，系数都在统计意义上显著为负，即 -2.80、-2.34、-1.94；在 11 年级图中，语言问题的系数都在统计上显著为负，即 -1.67、-3.76、-3.36；在高中的最后一年，语言问题因素的效应在 25%、50%、75% 分位点上分别为 -2.34、-2.15、-2.33。所有的这些都暗示有限的英语水平不利于非加拿大出生孩子的数学成绩。实际上，语言障碍对于这些非加拿大出生的孩子更不利。由于社交和语言上的孤立，非加拿大出生的孩子几乎不能提高他们的新语言技能，并且在整个高中学年里语言障碍都一直存在。

2.5.7　本地学生从数学教学中获益了吗

取图 2-1 中第 8 行本地学生的数学成绩的结果，我们能很容易地发现：在 10 年级中，本地的影响在 25%、50%、75%、95% 分位点的系数分别是 -3.45、-4.44、-4.32、-4.48。在 12 年级图中，本地学生的表现不比 10 年级的好，幸运的是，11 年级的本地学生表现有所提高，即在 5%，25%，50%，75%，95% 分位点的系数分别是 2.54、1.33、1.99、3.58、1.21，其中 2.54、1.99、3.58 在统计上都显著。这一发现表明对数学教学的西式方法与本地的认知和学习数学的方式是直接冲突的。也就是说，本地学生更多的是被教授复杂的任务，这需要通过长时间的观察并辅以课下的练习，而不是通过传统教学中的"反复试验"。

2.6　结　　论

以前的很多研究仅把注意力放在了家庭背景影响因素的平均表现上。这些因素效应应该被综合起来，以便于用一个固定数量来替换整个检验结果的分布。显然，了解知道家庭背景因素是否会像影响差生那样影响好学生的成绩这一点很有趣。这些问题在本节中通过分位回归方法的各个均值进行了研究。结果表明，在数学成绩的条件分布的不同分位点上，可能存在不同家庭背景因素的影响效应。

结果显示，当数学成绩条件分布的分位点从 5% 移动到 50% 时，父母的数量因素倾向于对成绩有显著的影响。这一发现说明不断上升的离婚问题会导致家庭中双亲数量的改变，进而对分位点 5% 到 50% 的数学成绩的条件分布产生灾难性的后果。一般说来，兄弟姐妹数量对学生的数学成绩有负的影响，受影响的成绩位于后两个高中学年的低分位点和中位数上。我们还注意到这样一个事实，在高中的 3 个学年里，父亲的社会经济地位对数学成绩的影响要高于母亲。大致来说，女性在高中的前两个学年表现要滞后于男性，但是在最后一学年表现又超过了男性。非加拿大出生对数学成绩的影响几乎与女性一样。确实，语言障碍是一个严重的问题。

本地学生仅仅在 11 年级时能从当前高中数学教学中获益。除了在 11 年级中 5%
分位点的影响外，少数民族的学生表现不好。

2.7 文 献 介 绍

就性别而言，在数学学习中，有证据表明女性很可能不相信数学对她们的生活
会有用 (Fennema & Sherman, 1978)。喜欢一门学科是在这门学科上取得成功的关键
(Lockhead *et al.*, 1985)。一些对移民学校成绩的研究表明，他们的成绩高于平均值，
如 Rumbaut(1996)、Viadero(1997)、Lapin(1998)。移民子女尤其是西班牙裔和其他
有贫穷背景的学生正遭受着大学成绩差和教育程度低之苦，如 McPartland(1998)。
本章主要参考 Tian (2006)。

第3章 非参数分位回归模拟

3.1 稳健局部逼近

考虑基于带有噪声的观测值的函数重构局部逼近方法。给出了局部逼近估计的相合性条件和收敛速率。确定了渐近分布，并证明了它的稳健性。

3.1.1 介绍

我们考虑重建光滑函数 $f(x)$ 和它的导数问题，基于观测值的形式

$$y_i = f(x_i) + \xi_i \quad (i = 1, \cdots, n)$$

式中：x_i 为给定的属于开区间 $X \subset \mathbb{R}^1$ 的观测点；ξ_i 为独立同分布 (Independent and Identically Distributed, IID) 于 G 的随机变量。

我们知道函数 $f: X \to \mathbb{R}^1$ 是 $l-1$ 次可微，并且它的 $l-1$ 阶导数满足常数为 L 的 Lipschitz 条件。满足这些条件的函数 f 的集合记为 $\mathbf{F}_l$。

G 的分布未知，但可以获得它的一个先验信息。关于 G 的不同类型的先验信息在下面的文章中有所描述。这里我们只需令 G 的方差或任意阶矩有界，当然这不是必须的。

假定 x 是集合 $\mathbf{X}$ 的一个固定点，$F(t)$ 是某些凸的非负非单调函数，$K(u)$ 是权重函数，$h_n \to 0$ 是正数序列，U 是一个实值变量 u 的向量值函数，定义表达式 $U^T(u) = [1, u, \cdots, u^{l-1}/(l-1)!]$。我们令 $u_{in} = (x_i - x)/h_n$；$U_{in} = U(u_{in})$。

假定存在下面形式

$$\theta_n(x) = \arg\min_{\theta \in \mathcal{R}^l} \sum_{i=1}^n F(y_i - \theta^T U_{in}) K(u_{in}) \tag{3.1.1}$$

并且假定 $f_n^{(j)}(x)$ 是 $\theta_n(x)$ 的 $j+1$ 个元除以 h_n^j，那么

$$\theta_n^T(x) = [f_n^{(0)}(x), f_n^{(1)}(x)h_n, \cdots, f_n^{(l-1)}(x)h_n^{l-1}] \tag{3.1.2}$$

局部逼近方法 (LAM) 是一个由 $f^{(j)}(x)(j = 0, 1, \cdots, l-1)$ 估计 $f^{(j)}(x)$ 的过程。那么，$f^{(j)}(x)$ 是 f 于点 x 的 j 阶导数，$f^{(0)}(x) \equiv f(x)$。

LAM 的思想是：在点 x 的邻域，条件 f 是由一个 $l-1$ 阶的泰勒多项式逼近得到，并且计算了这个多项式系数的 M 估计。权重条件界定局部性质，它只挑选出充分靠近 x 的那些点 x_i。

在一些特殊情况下,定义式 (3.1.1) 产生一些已知的估计。这样,对于 $K = $ 常数,我们有参数回归的 M 估计; 对 $l = 1$ 和 $F(t) = t^2$, 我们有非参数 Nadaraya-Watson 估计 (Nadaraya, 1964)。$l = 1$ 的情况, 参考文献 Tsybakov (1982, 1983) 和 Härdle (1984) 中有所研究。

如果导数 $\psi = F^l$ 是连续的, 那么等式

$$\sum_{i=1}^{n} U_{in}\psi[y_i - \theta_n^T(x)U_{in}] = 0$$

再加上假设 (3.1.2) 就会产生 LAM 的一个等价定义。

在 Stone (1977), Yatkovnik (1979) 和 Cleveland (1979) 中对于二次函数 F 最初提出 LAM。这种情况下所得估计关于 y_i 是线性的,并且它们有显式表达。就像所有的线性估计一样,它们对大的"摆动"都比较敏感。为了减轻对摆动的敏感性,很自然地应用不同于二次函数的 F。在此基础上, Katkovnik(1980) 对任意 F 提出了 LAM, $f_n^{(0)}(x)$ 几乎肯定收敛到 $f(x)$ 的条件可以在 Yatkovnik (1983) 中得到。

本节中我们探讨 LAM 估计的收敛性、渐近正态性和稳健性。我们给出依概率收敛 $\theta_n(x) - \theta_n^*(x) \xrightarrow{P} 0$ 的收敛条件, 其中

$$\theta_n^*(x)^T = [f(x), \ f'(x)h_n, \ \cdots, \ f^{(l-1)}(x)h_n^{l-1}]$$

与 $c_n(x) \to c^*(x)$ 的充分必要收敛条件, 其中

$$c_n(x)^T = [f_n^{(0)}(x), \ \cdots, \ f_n^{(l-1)}(x)]$$

$$c^*(x)^T = [f(x), \ \cdots, \ f^{(l-1)}(x)]$$

是对函数族 $\mathbf{F}_l$ 中的函数与它们的导数的所有可能的估计方法。LAM 估计在数量级方面拥有逐点收敛的最大速率, 已在 Tsybakov (1982) 中对 $l = 1$ 情形有所说明。Stone (1980) 考虑了 $l \geqslant 1$、二次函数 F 以及分布密度 ξ_i 的矩与导数的某些限制。如果没有这些约束条件,这些结果的得到是通过选择非二次函数 F。另外, 我们得到关于最优窗宽 $h_n = \beta n^{-1/(2l-1)}(\beta > 0)$ 下向量 $\sqrt{nh_n}[\theta_n(x) - \theta_n^*(x)]$ 的渐近分布, 同时还考虑了 LAM 估计的稳健性。我们最小化在 $l = 2$ 下关于 K 和 β 估计的渐近误差,给出了 LAM 估计和 Nadaraya-Watson 估计的比较。

3.1.2　LAM 估计的相合性

我们给出下面的假定:

1. $f \in \mathbf{F}_l$;

2. K 是一个有界函数,并且非负,在正的 Lebesgue 测度集中 $K > 0$;

3. x_i 是独立同分布的随机变量且密度函数为 μ, 存在数值 μ_1, μ_2 使得 $0 < \mu_1 \leqslant \mu(x) \leqslant \mu_2 < \infty$, $\forall x \in \mathbf{X}$, x_i 独立于 ϵ_i;

4. 函数 F 是有界凸的；

5. 存在 $u_0 > 0$，那么

$$\int [\psi(\nu + u + h) - \psi(\nu + u)]^2 \mathrm{d}G(\nu) \to 0, \ h \to 0, \ |u| \leqslant u_0$$

式中：ψ 为凸函数 F 的左导数。

我们固定点 $x \in \mathbf{X}$。在点 x 的邻域，我们给出 f 的形式

$$f(z) = \sum_{j=1}^{l-1} f^{(j)}(x)(z-x)^j / j + R(z-x)$$

$$R(z-x) = (z-x)^l \int_0^1 f^{(l)}[x(1-q) + zq](1-q)^{l-1} \mathrm{d}q/(l-1)$$

式中：$f^{(l)}$ 为函数 f 的 l 阶导数的固定修正，在 X 上处处唯一确定。

为简单起见，R 对 x 和 f 的依赖性没有界定。我们令 $R_{in} = R(u_{in}h_n)$，那么

$$f(x_i) = U_{in}\theta_n^*(x) + R_{in} = c^*(x)^T H_n U_{in} + R_{in} \tag{3.1.3}$$

式中：$\boldsymbol{H_n}$ 为一个 $l \times l$ 维矩阵

$$\boldsymbol{H_n} = \left| \begin{array}{cccc} 1 & & & \\ & h_n & \boldsymbol{0} & \\ & & \ddots & \\ & \boldsymbol{0} & & h_n^{l-1} \end{array} \right|$$

下面，我们用 C 表示有限正常数 (不必要相同)。我们约定 C 值的选取方式为后面的取值不小于前面的取值。我们通过 D 定义 K 的直径，由条件 2 知它是有界的。显然

$$\sup_{|u| \leqslant D} |U(u)| \leqslant C \tag{3.1.4}$$

$$\sup_{f \in \mathbf{F}_l} \sup_{|u| \leqslant D} |R(uh_n)| \leqslant Ch_n^l \tag{3.1.5}$$

式中：$|\cdot|$ 为欧几里得模。

不失一般性，下面我们假定式 (3.1.4) 中的 $C = 1$。

接下来，假定满足下面的条件 5。

对典型的例子 F，条件 5 在关于 G 相当自然的假定下就可以得到满足。这样如果 ψ 有不连续、有界且逐点常数，那么在不连续点邻域里 G 是一个有界密度。

我们令

$$\varphi(u) = \int \psi(u+\nu) dG(\nu)$$

$$\varphi_2(u) = \int \psi^2(u+\nu) dG(\nu)$$

让我们假定存在类 $\mathscr{G}$，G 存在其中。

3.1.3   LAM 估计的渐近分布

让我们证明随机向量 $\sqrt{nh_n}[\theta_n(x) - \theta_n^*(x)]$ 对于固定的 x 是渐近正态的。我们引入附加条件 6：

6. 函数 φ 在零的邻域是连续可微的，即

$$\varphi(0) = 0, \quad 0 < \varphi_2(0) < \infty, \quad 0 < \varphi'(0) < \infty$$

假设在点 x，$f^{(l-1)}$ 存在单边导数 $f_\pm^l(x)$。我们令

$$f^l(x;\ u) = \begin{cases} f_+^{(l)}(x), & u \geqslant 0 \\ f_-^{(l)}(x), & u < 0 \end{cases}$$

定义向量 b 和矩阵 $\boldsymbol{H}$ 为

$$b = (\beta^{l+1/2}/l!) \int U u^l K(u) f^{(l)}(x;\ u) du$$

$$\boldsymbol{H} = [V(F,\ G)/\mu(x)] \int U U^T K^2(u) du$$

式中：$V(F,\ G) = \varphi_2(0)/[\varphi'(0)]$。

定理 3.1.1   假定满足条件 $1 \sim 6$，其中 $h_n = \beta n^{-1/(2l+1)}(\beta > 0)$；密度 μ 于点 x 连续，存在单边有限导数 $f_\pm^{(l)}(x)$，则随机向量 $\sqrt{nh_n}[\theta_n(x) - \theta_n^*(x)]$ 是渐近正态的，其均值为 $\boldsymbol{B}^{-1}b$，且协方差为 $\boldsymbol{B}^{-1}\boldsymbol{H}\boldsymbol{B}^{-1}$。

3.1.4 $I = 2$ 条件下关于 K 和 β 的最优估计

假定 $l = 1$ 和 K 是对称核函数 [即 $K(u) = K(-u)$]，那么矩阵 $\boldsymbol{B}$ 和 $\boldsymbol{H}$ 是对角矩阵，并且该估计的各个元的渐近估计有如下形式

$$M\{n^{2/5}[f_n^{(0)}(x) - f(x)]\}^2 \sim \left[\int K(u) du\right]^{-2} \times \left\{\frac{\beta^4}{4}[\Delta f(+) \int u^2 K(u) du]^2 \right.$$
$$\left. + V(F,\ G) \int K^2(u) du/[\beta \mu(x)] \right\} \tag{3.1.6}$$

$$M[n^{1/5}[f_n^{(1)}(x) - f'(x)]]^2 \sim \left[\int u^2 K(u) du\right]^{-2} \times \left\{\frac{\beta^2}{4}\left[\Delta f(-) \int |u|^3 K(u) du\right]^2 \right.$$
$$\left. + V(F,\ G) \int u^2 K^2(u) du/[\beta^3 \mu(x)] \right\} \tag{3.1.7}$$

式中：$\Delta f(+) = [f_+^{(2)}(x) + f_-^{(2)}(x)]/2$；$\Delta f(-) = [f_+^{(2)}(x) - f_-^{(2)}(x)]/2$；和 $\sim$ 表示关于渐近分布计算出的期望值。

假定族 $\mathscr{G}$ 满足 Tsybakov (1984) 的条件，那么，关于 $G \in \mathscr{G}$，$f \in \mathscr{F}_2$ 的作为式 (3.1.6) 和式 (3.1.7) 的右侧最大化的结果并且替换 $F = F^*$，我们能够得到下面的函数

$$R_0(K, \beta) = \left[\iint K(u)\mathrm{d}u\right]^{-2}\left\{\frac{\beta^4 L^2}{4}\left[\iint u^2 K(u)\mathrm{d}u\right]^2 + \int K^2(u)\mathrm{d}u/[\beta\mu(x)I(p^*)]\right\}$$

$$R_1(K, \beta) = \left[\iint u^2 K(u)\mathrm{d}u\right]^{-2} \times \left\{\frac{\beta^2 L^2}{4}\left[\iint |u|^3 K(u)\mathrm{d}u\right]^2 \right.$$
$$\left. + \int u^2 K^2(u)\mathrm{d}u/[\beta^3\mu(x)I(p^*)]\right\}$$

不难看出，关于 $K \geqslant 0$ 和 $\beta > 0$ 最小化 $R_i(K, \beta)$ $(i = 0, 1)$，可以分别由下式得到

$$\beta_0^* = \{15/[L^2\mu(x)I(p^*)]\}^{1/5}, \quad K_0^* = (1 - u^2)_+$$
$$\beta_1^* = \{40/[L^2\mu(x)I(p^*)]\}^{1/5}, \quad K_1^* = (1 - |u|)_+$$

式中：$g_+ = \max\{0, g\}$。这里保证 (一致的关于 $G \in \mathscr{G}$ 与 $f \in \mathscr{F}_2$) 估计 $f(x)$ 和 $f'(x)$ 的准确性由下式分别给出

$$R_0^* = R_0(K_0^*, \beta_0^*) = n_0\{\sqrt{L}/[\mu(x)I(p^*)]\}^{4/5}$$
$$R_1^* = R_1(K_1^*, \beta_1^*) = n_1\{L^3/[\mu(x)I(p^*)]\}^{2/5}$$

式中：$n_0 = 3^{1/5}/(5^{1/5} \cdot 4)$；$n_1 = 3/(5^{3/5} \cdot 4^{2/5})$。

估计函数 f 的最优核与其导数证明是不同的。很容易证明，当用 K_1^* 替代 K_0^* 或反过来时，选出的非最优核部分元对估计的精度影响确实相当微弱。参见 Tsybakov (1982) 表 3 中类似的结论。关于 Lipschitz 常数 L 的不准确界定情况，LAM 估计仍然具有稳定性。让我们给出数值例子。假定 $\beta_i^*(L_1)$ $(i = 0, 1)$ 是系数 β_i^* 的值，其中未知 Lipschitz 常数 L 的真值由提出的一个 L_1 替代。直观计算，表 3-1 给出式 (3.1.8) 和式 (3.1.9) 对不同的 L_1/L 的值。

表 3-1 L_1/L 值

L_1/L	1/2	1/1.5	1/1.25	1.25	1.5	2
(5.3)	1.662	1.063	1.018	1.015	1.046	1.122
(5.4)	1.219	1.076	1.024	1.025	1.085	1.264

$$\frac{R_0[K_0^*, \beta_0^*(L_1)]}{R_0^*} = \frac{1}{5}\left(\frac{L}{L_1}\right)^{8/5} + \frac{4}{5}\left(\frac{L_1}{L}\right)^{2/5} \qquad (3.1.8)$$

$$\frac{R_1[K_1^*,\,\beta_1^*(L_1)]}{R_1^*} = \frac{3}{5}\left(\frac{\mathrm{L}}{\mathrm{L}_1}\right)^{4/5} + \frac{2}{5}\left(\frac{L_1}{L}\right)^{6/5} \tag{3.1.9}$$

结论是，让我们对比 Nadaraya-Watson 和 LAM 估计的均方误差，假定函数 f 是二阶连续可微的。我们记 Nadaraya-Watson 估计量为 f_n。Collomb (1977) 中已经证明在条件 2 和 3 满足的条件下，核 K 是对称的

$$\int K(u)\mathrm{d}u = 1; \quad M\xi_i = 0; \quad \sigma^2 = M\xi_1^2 < \infty; \quad h_n = \beta n^{-1/5}$$

并且密度 μ 于点 x 是连续可微的，那么

$$M\{n^{2/5}[\hat{f}_n^{(0)}(x) - f(x)]\}^2 \sim \frac{\sigma^2}{\beta\mu(x)}\int K^2(u)\mathrm{d}u +$$
$$\frac{\beta^4}{4}\left[\int u^2 K(u)\mathrm{d}u\right]^2\left[f''(x) + \frac{2\mu'(x)f'(x)}{\mu(x)}\right]^2 \tag{3.1.10}$$

考虑式 (3.1.6)，对 LAM 估计我们有 $\int K(u)\mathrm{d}u = 1$, $F(t) = t^2$

$$M\{n^{2/5}[f_n^{(0)}(x) - f(x)]\}^2 \sim \frac{\sigma^2}{\beta\mu(x)}\int K^2(u)\mathrm{d}u +$$
$$\frac{\beta^4}{4}\left[\int u^2 K(u)\mathrm{d}u\right]^2[f''(x)]^2 \tag{3.1.11}$$

3.1.5 文献介绍

本节主要参考 Tsybakov (1982，1983)，介绍了基于带有噪声的观测值的函数重构局部逼近方法，给出了局部逼近估计的相合性条件和收敛速率，确定了渐近分布，并证明了它们的稳健性。

3.2 非参数函数估计

3.2.1 引言

在回归函数的非参数估计中，大多数方法发展至今都是基于均值回归函数的。例如，Hardle (1990) 和 Wahba (1990) 中有很好的介绍，并且在一般学科领域中有有趣的应用。然而，抛开均值去考虑其他函数就会有新的发现。在本节中，我们用光滑函数 (如平均值、中位数、百分位数及其他稳健泛函) 提出了一个一般非参数的框架来研究协变量之于响应变量的效应。

要估计一个协变量之于响应变量的效应，根据研究情况，当离群点存在时，人们可以选择条件均值函数、中位数、百分位数及其他稳健模型。例如，非参数均值

回归是估计当条件均值函数光滑时，一个协变量之于一个响应变量效应的一种方法。在涉及非对称条件分布 (如收入或住房数据) 的数据分析中，人们似乎更倾向于选择条件中位数，因为这样得到的结果更容易解释。

假设选择函数 $m(\cdot)$ 用来模拟响应变量和协变量之间的关系。$m(\cdot)$ 是根据条件分布定义的。具体来说，对于 $\mathbb{R}^1$ 上一个给定的凸函数 $l(\cdot)$，它在原点具有唯一的最小值，定义 $m_l(x)$ 使下式 (关于 a 的) 最小化

$$E[l(Y-a)|X=x] \tag{3.2.1}$$

即

$$m_l(x) = \arg\min_a E[l(Y-a)|X=x] \tag{3.2.2}$$

举例来说，由 $l(z)=z^2$ 可得到回归函数 $m(x)=E(Y|X=x)$；由 $l(z)=|z|$ 可得到条件中位数函数 $m(x)=\text{med}\,(Y|X=x)$；当稳健性问题通过选择 $l(\cdot)$ 满足 $l'(\cdot)=\psi(\cdot)$ 而得以解决时，设定 $l(z)=|z|+(2p-1)z$ 可得到 p 百分位函数。具体参见 Hampel $et\ al.$(1986) 和 Huber (1981)。

一种比较流行的方法是基于局部常数拟合的思想。给定一个来自总体 (X,Y) 的随机样本 $(X_1, Y_1), \cdots, (X_n, Y_n)$，则局部常数拟合就是用估计量

$$\hat{m}_n(x) = \arg\min_a \sum_{i=1}^n l(Y_i-a)K\left(\frac{x-X_i}{h_n}\right)$$

式中：h_n 和 K 分别为窗宽和有界核函数。

在平方损失的特殊情形下，由这一方法可得到常见的 Nadaraya-Watson (1964) 估计量。将权值 $K[(x-X_i)/h_n]$ 用 Gasser-Miiller 核权代替，可得到 Gasser-Müller (1979) 估计量。基于局部中位数和局部 M 估计量的核估计量同样可由上面的局部常数拟合得到。统计学家对这些局部光滑量已做了大量研究，如 Härdle & Gasser(1984)，Tsybakov (1986)，Truong (1989)，Hall & Jones (1990) 和 Chaudhuri (1991) 等。从函数逼近的观点来看，我们用一个常数来局部逼近函数 $m_l(\cdot)$，由此得到一个一阶近似误差 $O(h_n)$。然而，有关曲线估计的文献中，多数渐近性质集中于考虑二阶偏差 $O(h_n^2)$。因此，基于局部常数拟合的方法具有严重的缺陷：渐近偏差涉及回归函数和设计密度的导数。Fan (1992, 1993) 认为基于局部常数拟合的方法无法应对高聚类设计密度问题和 Minimax 效应为 0。此外，这些方法会带来边界效应，需要做边际修正，如 Gasser & Müller (1979)，Rice(1984) 和 Hall & Wehrly(1991) 所示。再则，这些不好的特征归因于局部常数拟合。上述缺点可以通过局部线性拟合来修复。

局部线性拟合的思想是: 设点 z 在 x 邻域内, $m_l(z) = m_l(x) + m_l^{'}(x)(z - x) \equiv a + b(z - x)$ 来逼近未知函数 $m_l(\cdot)$。从局部来讲, 估计 $m_l(x)$ 等价于估计 a。这激发我们定义下式

$$\hat{m}_l(x) \equiv \hat{m}_{l,\ n}(x) = \hat{a} \tag{3.2.3}$$

其中

$$(\hat{a},\ \hat{b}) = \arg \min_{(a,\ b)} \sum_{i=1}^{n} l[Y_i - a - b(X_i - x)] K \left(\frac{x - X_i}{h_n} \right)$$

Tsybakov (1986) 也说到了这个动机, 并讨论了这一估计量。由于局部线性逼近在所有的点 (包括边界点) 都二阶逼近于未知函数 $m_l(x)$, 我们将会证明偏差总是二阶的。

之前对这一方法的研究主要集中在均值回归函数的估计, 如 Stone (1977), Cleveland (1979), Tsybakov (1986) 和 Fan (1992, 1993)。另一方面, 中位数或分位数的非线性估计量已经过多名作者的研究。Chaudhuri (1991) 考虑了利用分段多项式的基于直方图方法。在这种情形下, 最终估计在所选择区域 (Bin) 的边界点上是不连续的。Tsybakov (1986) 研究了在某种程度上受限于同方差模型的方法。他证明了渐近正态性, 并研究了局部逼近法收敛的最优速率。Fan (1992, 1993) 对均值回归的这一局部线性方法增加了更多见地。例如, 估计量 (1.3) 在所有的平滑估计量中 (包括线性、非线性及具有有界二阶导数的回归函数类) 具有极小极大效应。而且, 此估计量适用于各种各样的设计密度函数 —— 均匀的和非均匀的, 固定的还是随机设计的, 甚至无论内点还是边界点。目前, 这项研究的灵感来自于 Fan (1992, 1993) 对均值回归研究得到的一些性质。对于一个凸函数 l, 我们将要证明式 (3.2.3) 定义的估计量继承了这些优良性质, 但在此我们考虑了稳健性。

3.2.2 渐近性质

我们将建立估计量在内点和边界点的条件渐近正态性。方差项与由基于局部常数拟合的普通核方法得到的结果相同。然而, 偏差项不包含边际密度 f_1 的导数, 这一性质由普通核方法并不能得到。这具有以下 3 个含义:

(1) 估计量的偏差不受 $f_x'(x)$ 和 $m_l(x)$ 的影响;

(2) 无须额外的边界修正, 即可减小在边界点上的重大偏差;

(3) 插入式数据驱动窗宽选择机制不要求对边界密度的导数做估计。

令 $f(x) \equiv f_x(x)$ 是 X 的密度函数, $g(y|x)$ 是给定 $X = x$ 时 Y 的关于测度 μ 的条件密度函数。同时令

$$\varphi(t|x) = E\{l[Y - m_l(x) + t]|X = x\} \tag{3.2.4}$$

接下来，我们将会分别用 $\varphi'(t|x)$ 和 $\varphi''(t|x)$ 来表示 $\partial\varphi(t|x/)\partial t$ 和 $\partial^2\varphi(t|x)/\partial^2 t$。我们做如下假设

假设 3.2.1 1. 函数 $l(\cdot)$ 是凸的，且在零点具有唯一的最小值。$\varphi''(t|z)$ 是关于 t 的函数，在零点邻域内连续且在 x 邻域内点 z 一致连续。假定 $\varphi(t|z)$，$\varphi'(t|z)$ 和 $\varphi''(t|z)$ 是关于 z 的函数，对所有的 t，在 x 的邻域内有界且连续，$\varphi(0|x) \neq 0$。

2. 核 $K(\cdot) \geqslant 0$ 具有有界支撑，且满足

$$\int_{-\infty}^{+\infty} K(z)\mathrm{d}z = 1; \quad \int_{-\infty}^{+\infty} zK(z)\mathrm{d}z = 0$$

3. X 的密度函数 $f(\cdot)$ 是连续的，且 $f(x) > 0$。

4. 对每一个 y，函数 $g(y|x)$ 在 x 点是连续的。此外，存在正整数 ε、δ 和正的函数 $G(y|x)$ 使得 $\sup_{|x_n-x|\leqslant\varepsilon} g(y|x_n) \leqslant G(y|x)$ 成立，并且有

$$\int |l'[y - m_l(x)]|^{2+\delta} G(y|x)\mathrm{d}\mu(y) < \infty$$

和

$$\int [l(y-t) - l(y) - l'(y)t]^2 G(y|x)\mathrm{d}\mu(y) = o(t^2) \quad as \quad t \to 0$$

5. 函数 $m_l(\cdot)$ 有连续的二阶导数。

注： 条件假设 1 保证了式 (3.2.2) 解的唯一性。为了达到理想的收敛速度，要求 $l(\cdot)$ 光滑。在本节中，对 φ 施加光滑性使得 $l(z) = |z| + (2p-1)z$ 情形也包含在内（例如分位回归）。条件假设 2、5 和假设 3 用来证明偏差和方差分别具有需要的收敛速度。条件假设 4 是在证明渐近正态性时控制收敛定理和矩计算所要求的。

3.2.3 百分位回归和预测区间

令 $0 < p < 1$，p 阶条件分位数 $F^{-1}(p|X = x)$ 是条件分布 $F(\cdot|X = x)$ 的 p 阶分位。Hogg (1975) 称之为一个基于加权绝对误差损失或简单百分位回归的回归问题。基于局部中位数平滑的方法已被研究过，如 Janssen & Veraverbeke (1987)，Lejeune & Sarda (1988)，Truong (1989) 和 Chaudhuri (1991)。但这些估计量通常比局部线性估计量的偏差更大，边界点上更为显著。

百分位数回归有很多重要的应用。尤其让人感兴趣的是非对称分布的中位数函数 $F^{-1}(1/2|X = x)$，它是一般均值回归的一个有用替代。百分位数回归对预测区间的估计也非常有用。例如，给定协变量 $X = x$ 预测相应变量，可利用 $F^{-1}(\alpha/2|x)$ 和 $F^{-1}(1 - \alpha/2|x)$ 的估计来得到 $100\%(1 - \alpha)$ 非参数预测区间。与非参数模型方法相比，后者无法处理因模型的错分而带来的偏差。

上述定义的条件分位数可通过选择适当的函数 $l(\cdot)$ 纳入我们的框架。假定要估计 p 阶条件分位数 $\xi_p(x)$，那么令 $l(z) = |z| + (2p - 1)z \equiv l_p(z)$ 由式 (3.2.2) 可以得到 $\xi_p(x)$。令 $g(y|x)$ 为在给定 $X = x$ 下 Y 的关于测度 $\mu(y) = y$ 的条件密度。

定理 3.2.1　假定 $h_n \to 0$，且 $nh_n \to \infty$。

(内点性质) 如果条件假设 3.2.1 条件之 $2 \sim 5$ 成立，$l = l_p$，那么

$$\hat{m}_l(x) - \xi_p(x) \sim_c N\left[\beta(x)h_n^2, \; \frac{\tau^2(x)}{nh_n}\right]$$

其中

$$\beta(x) = (1/2)\xi_p''(x)\int v^2 K(v)\mathrm{d}v$$

$$\tau^2(x) = \frac{\displaystyle\int K^2(v)\mathrm{d}v}{f(x)} \frac{p(1-p)}{\{g[\xi_p(x)|x]\}^2}$$

注：使用直方图类方法 (不连续)，Chaudhuri (1991) 得到了它的概率收敛速率。上述定理对连续估计量和渐近正态性加强了这一结论。Bhattacharya & Gangopadhyay (1990) 给出了弱收敛结果；但是，他们的方法基于局部中位数，因而依赖于边际分布的平滑度，需要做边界修正。

从有关稳健性的文献中我们知道，均值对异常点非常敏感，参见 Hampel *et al.* (1986) 和 Huber (1981)。由于局部平均估计量也是一个计算平均的估计量，因此对异常值很敏感。为使此过程更为稳健，建议选择函数 $l_c(\cdot)$ 使其一阶导数由 $\psi_c(y) = \max[-1, \; \min(y/c, 1)]$ $(c > 0)$ 给出，参见 Hardle (1990) 和 Hall & Jones (1990) 对这一问题的有趣论述。

假定条件密度 $g(y|x)$ 关于 $m(x)$ 是对称的。那么 $m(x)$ 极小化式 (3.2.1)，其中 $l = l_c$。令 $\hat{a}$ 和 $\hat{b}$ 极小化式 (3.2.3)，其中 $l(\cdot) = l_c(\cdot)$。令 $\hat{m}_c(x) = \hat{a}$，则有

定理 3.2.2　令 $g(y|x)$ 关于 $m(x)$ 对称，$h_n \to 0$ 且 $nh_n \to \infty$。

(内点性质) 对于函数 $l \equiv l_c$，如果条件 $2 \sim 5$ 成立，那么有

$$\hat{m}_c(x) - m(x) \sim_c N\left[\beta(x)h_n^2, \; \frac{\tau_c^2(x)}{nh_n}\right]$$

其中

$$\beta(x) = (1/2)m''(x)\int v^2 K(v)\mathrm{d}v$$

$$\tau_c^2(x) = \frac{\displaystyle\int K^2(v)\mathrm{d}v}{f(x)} \frac{\mathrm{var}\{\psi_c[Y - m(x)]|X = x\}}{\{P[|Y - m(x)| \leqslant c|X = x]\}^2}$$

(边界点性质) 对于函数 $l \equiv l_c$,如果 Fan *et al.* (1994) 中的条件 B(ii)–(v) 成立,那么有

$$\hat{m}_c(x_n) - m(x_n) \sim_c N\left(\beta h_n^2, \frac{\tau_c^2}{nh_n}\right)$$

其中

$$x_n = \mathrm{d}h_n, \quad \beta = (1/2)\alpha(d)m''(0)$$

$$\tau_c^2 = \frac{\beta(d)}{f(0)} \frac{\mathrm{var}\{\varphi_c[Y - m(0)]|X = 0\}}{\{P[|Y - m(0)| \leqslant c|X = 0]\}^2}$$

注:关于收敛速率的结论,Hall & Jones(1990) 和 Härdle (1990) 已做了讨论。但是,他们的方法均基于局部常数拟合。其偏差依赖于边际密度的导数。此外,这些方法具有边界效应,需要做边界修正。我们集中研究局部线性估计量的渐近正态性和边界性质。这里的偏差仅仅依赖于待估函数和不受边界点影响的速率。这些结论提高了局部常数估计量的性能。

定理 3.2.2 对一般非参数回归估计 ($c = \infty$) 成立,而且这一结果在无 $g(y|x)$ 对称的条件下也是有效的。

定理的证明可参见 Fan *et al.* (1994)。

3.2.4 文献介绍

较早的研究主要集中在均值回归函数的估计,如 Stone (1977),Cleveland (1979),Tsybakov (1986) 和 Fan (1992,1993)。后来,多名作者研究过中位数或分位数的非线性估计量。例如,Chaudhuri (1991) 考虑了利用分段多项式的直方图方法。Tsybakov (1986) 研究了在某种程度上受限于同方差模型的方法。本节的主要参考文献包括 Fan,Hu & Troung (1994) 等。

3.3 局部线性分位回归

3.3.1 引言

虽然大多数回归关心的是回归均值函数 $m(x)$,即响应变量 Y 在给定预测变量 X 为 x 的条件均值,那么在给定 X 条件下 Y 条件分布的其他方面也常常引起人们的兴趣。本节关注的是 Y 在给定 $X = x$ 下的条件分位函数 $q_p(x)(0 < p < 1)$。单个分位函数,特别是条件中位数,有时候会引起人们的兴趣,但更多时候人们希望得到在给定 X 下 Y 的整个条件分布。这样在图示的时候能给出条件分位数的整体印象。另外,由一组极端条件分位数给出一个条件预测区间,人们希望多数点都

位于这个区间内。这些参考图表在医学中很常用 (Cole，1988)，对这一领域的近代统计研究工作提供了启发。

图 3-1 给出了这类问题的一个实例。图 3-1 (a) 给出了该数据集的散点图，此数据集是 1989 年旱季对冈比亚 3 个村庄 892 名女孩和年龄达到 50 岁的妇女三头肌皮褶体位调查的结果。为了了解这些测量值随年龄的正常波动，如图 3-1 (b) 所示，将已估分位数看作年龄的函数对问题的解决非常有帮助。分位值点位于 0.03、0.1、0.25、0.5、0.75、0.9 和 0.97，这些分位点是根据我们的方法得出的首选值，参见 3.3.4 节。这些条件分位数描绘了随着年龄增长三头肌皮褶发展的主要特征：无论中间还是极端的分位数都表明在 0 到 10 年期间的三头肌皮褶程度在下降。从这点开始，高阶分位数比低阶分位数增长速度更快，直至达到一个相对稳定的状态，使得妇女比女童的三头肌皮褶厚度更大。这些数据较早被 Cole & Green (1992) 出于同样的目的使用。

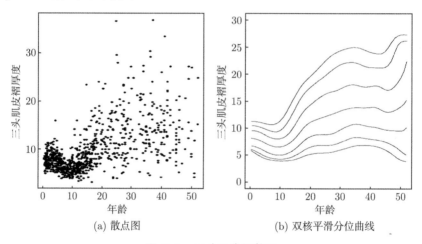

(a) 散点图   (b) 双核平滑分位曲线

图 3-1   三头肌皮褶数据

Koenker & Bassett 于 1978 年的开创性工作使得条件分位数估计向前迈进了一大步。在本章中，我们所关心的是条件分位函数的非参数估计。当然，由于 Koenker & Bassett 已经研究了这一问题，其他很多人使用了各种特别的方法和各种适应性平滑技术。对于回归平均数的估计、局部多项式拟合和其特殊情形即局部线性拟合方法变得越来越受欢迎。这一课题不断发展 (Cleveland，1979；Cleveland & Devlin，1988；Stone，1977)，而且最近的研究工作进一步明确了它具有多种优势，可参见 Cleveland & Loader (1996)，Fan (1992)，Fan & Gijbels (1992，1995)，Hastie & Loader (1993)，Ruppert & Wand (1995)，Fan & Gijbels (1996)，Wand & Jones (1995)。不出所料，局部多项式拟合特别是局部线性拟合可用于分位回归，而且保留了它们自身的优势，正如我们稍后所要描述的那样。

本节的目的是将局部线性方法扩展到分位回归，使得结论在实践中能立即适用。所使用的基本方法不是新的，但一些细节和见解是非常新颖的，参见 Chaudhuri (1991)；Fan，Hu & Truong (1994)；Fan，Yao & Tong (1996) 提供了相关理论背景。

事实上，我们提出并发展了两种可用作替代的局部线性分位回归的方法，如 3.3.4 节应用篇所示，它们的结果是等价的。虽然用户可以考虑任使用其一，但是我们更倾向于使用第二种方法，尽管第一种方法更直接。已估分位函数 $\hat{q}_p(x)$ 基于最小化 $E[\rho_p(Y-a)|X=x]$ 的局部线性核权，其中 ρ_p 是"检验函数"，即

$$\rho_p(z) = pzI_{[0,\ \infty)}(z) - (1-p)zI_{(-\infty,\ 0)}(z) \tag{3.3.1}$$

式中：p 为当前的条件分位数。

此方法涉及一个核局部函数 K，它是一个对称的概率密度函数。参数 h 是窗宽，控制着平滑度。3.3.2 节描述了动机并做了充分说明，研究渐近均方误差的性质，提出了一种新的窗宽选择机制。它立刻涵盖了所有需要的条件分位数。后者得以完全实现并成功使用。

在 3.3.3 节中，我们首先通过用核权局部线性方法估计条件分布函数，平行开发了条件分位估计的一个替代"双核"方法。在这种情况下，我们允许使用两个窗宽，即在已有的"x 方向"上的窗宽再引入了一个"y 方向"上的窗宽。在 3.3 节中，我们具体说明了"大拇指法则"如何同 3.2.3 节所述 x 方向上的窗宽协同工作的。3.2 节的理论研究和实践经验均显示了第二个窗宽的准确值。但我们仍然需要在这里给出一个实践准则 (依赖于 p)，虽然这一步并不十分关键。下面定义双核分位数估计量 $\tilde{q}_p$

$$p = \frac{1}{\sum\limits_j w_j(x;\ h_1)} \sum_j w_j(x;\ h_1)\Omega\left[\frac{\tilde{q}_p(x) - Y_j}{h_2}\right] \tag{3.3.2}$$

式中：Ω 为核密度函数 W 的分布函数；$w_j(x;\ h_1)$ 为与局部线性拟合相关的权函数

$$w_j(x;\ h_1) = K\left(\frac{x-X_j}{h_1}\right)[S_{n,\ 2} - (x-X_j)S_{n,\ 1}] \tag{3.3.3}$$

其中

$$S_{n,\ l} = \sum_{i=1}^n K\left(\frac{x-X_j}{h_1}\right)(x-X_j)^l \quad (l=1,\ 2)$$

式中：h_1 和 h_2 分别为 x 和 y 平滑方向上的两个窗宽。

式 (3.3.2) 的右边是条件分布函数的一个双核局部线性估计。此外，这一等式定义了其逆为条件分位估计量。有关 $\tilde{q}_p$ 的更多细节将在 3.3.2 节中给出。

我们对 $\tilde{q}_p$ 而非 $\hat{q}_p$ 的偏好是由于前者更加顺畅的外观, 模拟中均方误差的特性较优, 并且解决了 $\hat{q}_p$ 分位数可能交叉的问题。

3.3.2 局部线性检验函数的最小化

3.3.2.1 方法

假设 (X_1, Y_1), $\cdots$, (X_n, Y_n) 是一组独立观测, 服从一些潜在的分布 $F(x, y)$, 其密度函数为 $f(x, y)$; 在给定 $X = x$ 情况下, Y_i 来自条件分布 $F(y|x)$, 密度函数为 $f(y|x)$。p 阶条件分位数 $q_p(x)$ 定义如下

$$q_p'(x) = \arg\min_a E[\rho_p(Y-a)|X=x]$$

式中: ρ_p 由式 (3.3.1) 给出。

它的 "局部常数" 简单形式如下

$$\bar{q}_p(x) = \arg\min_a \sum_{i=1}^n \rho_p(Y_i-a)K\left[\frac{x-X_i}{h}\right]$$

式中: h 和 K 分别为窗宽和核函数。

然而在均值回归估计中, 现在一般认为局部线性拟合要优于局部常数拟合 (参考文献在第一节中已列出)。因此我们考虑前面提到的局部线性拟合, 在条件分位估计下局部常数和局部线性方法的直接比较参见 Yu & Jones (1997)。局部线性拟合的思想就是用 x 邻域内关于 z 的线性函数 $q_p(z) = q_p(x) + q_p'(x)(z-x) \equiv a + b(z-x)$ 来逼近未知的 p 分位数 $q_p(x)$。从局部来讲, 估计 $q_p(x)$ 等价于估计 a, 而估计 $q_p'(x)$ 等价于估计 b。这激发我们定义估计量 $\hat{q}_p(x) = \hat{a}$, 其中 $\hat{a}$ 和 $\hat{b}$ 使得下式为最小

$$\sum_{i=1}^n \rho_p[Y_i - a - b(X_i-x)]K\left(\frac{x-X_i}{h}\right) \tag{3.3.4}$$

就像 3.3.2.2 节中所证明的, 这一估计方法保留了局部线性均值拟合的各种优点, 如在条件分位下的适应性和在边界点的良好性质。式 (3.3.4) 已被 Chaudhuri (1991), Fan et al.(1994) 和 Koenker, Portnoy & Ng(1992) 做了讨论。

为了估计 $\hat{q}_p$, 我们使用迭代重加权最小二乘算法, 算法细节 Yu (1997) 已做了证明。

3.3.2.2 均方误差

评估 $\hat{q}_p(x)$ 性能的一个重要方法就是计算其均方误差 MSE (条件的或非条件的)。对于局部线性条件分位拟合, $MSE[\hat{q}_p(x)]$ (随着 $n \to \infty$, $h = h(n) \to 0$, $nh \to \infty$) 的渐近形式已由 Fan et al.(1994) 给出。因为在下面的章节中我们会用到,

所以这里我们再现了这一结果。在 Fan *et al.*(1994) 给定的某些条件下，这包括 x 不是太靠近设计支撑的边界以及一些关于 $q_p(x)$ 的光滑条件，那么

$$MSE[\hat{q}_p(x)] \simeq \frac{1}{4}h^4\mu_2(K)^2 q_p''(x)^2 + \frac{R(K)p(1-p)}{nhg(x)f[q_p(x)|x]^2} \quad (3.3.5)$$

式中：$\mu_2(K) = \int u^2 K(u)\mathrm{d}u$；$R(K) = \int K^2(u)\mathrm{d}u$；$g$ 为 "设计密度"，即 X 的边际密度。

同样，根据 Fan *et al.*(1994)，假如 $x = ch$，$0 < c < 1$ 是边界点 (且 K 的支撑集为 $[-1, 1]$，g 的支撑集为 $[0, 1]$)，那么

$$MSE[\hat{q}_p(ch)] \simeq \frac{1}{4}h^4\alpha_c^2(K)q_p''(0+)^2 + \frac{\beta_c(K)p(1-p)}{nhg(0+)f[q_p(0+)|0+]^2}$$

其中

$$\alpha_c(K) = \frac{a_2^2(c;\ K) - a_1(c;\ K)a_3(c;\ K)}{a_0(c;\ K)a_2(c;\ K) - a_1^2(c;\ K)}$$

$$\beta_c(K) = \frac{\displaystyle\int_{-1}^{c}[a_2(c;\ K) - a_1(c;\ K)u]^2 K(u)\mathrm{d}u}{[a_0(c;\ K)a_2(c;\ K) - a_1^2(c;\ K)]^2}$$

$$a_l(c;\ K) = \int_{-1}^{c} u^l K(u)\mathrm{d}u \quad (l = 0,\ 1,\ 2)$$

当然有

$$g(0+) = \lim_{z \to 0} g(z)$$

MSE 的这些表达式反映了局部线性拟合的两个主要优点，并证明了这些优势像均值回归估计一样适用于分位回归问题。这两个优点包括：①渐近偏差不依赖于设计密度 g，而仅仅依赖于简单分位曲率函数 q_p''；②在边界点至少在数量级上，性能优良，而不需要做进一步的边界修正。

3.3.2.3 窗宽选择

有了基本模式，我们必须面对的重要问题就是窗宽选择，因为曲线估计的好坏敏感地依赖于 h 的选择。从应用方面来说，我们希望得到一个方便有效的基于数据的规则。然而，有关 $q_p(x)$ [Fan & Gijbels (1996) 指出了另一条可行的路径] 的估计问题迄今为止几乎还没有取得任何研究成果。并且，即使在核密度估计非常简单的情形下，选择问题依然非常困难 (Jones, Marron & Sheather, 1996)。

我们的出发点是渐近最优 (内点) 窗宽，参见 3.3.2 节，即

$$h_p^5 = \frac{R(K)p(1-p)}{n\mu_2(K)^2 q_p''(x)^2 g(x)f[q_p(x)|x]^2} \quad (3.3.6)$$

上式给出了最优窗宽和不同 p 值之间的关系

$$\left(\frac{h_{p_1}}{h_{p_2}}\right)^5 = \frac{p_1(1-p_1)}{p_2(1-p_2)} \frac{q_{p_2}''(x)^2 f[q_{p_2}(x)|x]}{q_{p_1}''(x)^2 f] q_{p_1}(x)|x]} \tag{3.3.7}$$

现在我们通过逼近未知相关分位数来简化 h_{p_1} 和 h_{p_2} 之间的关系。在某些情况下，这些逼近会远离真实，但它提供了一个 "大拇指法则"。其实用性在实践和模拟中可以看到。首先，即使 $q_p(x)$ 本身可能会根据曲率随 x 变化很大，但任两条分位函数在任一点的二阶导数总是很近似的。例如，如果下面两个参数回归模型的一般型具有相同的分布误差，则它们的分位函数就会平行，因此它们的二阶导数相等。更一般地，一阶逼近取 $q_{p_1}''(x) = q_{p_2}''(x)$ 似乎也是合理的。但是这等式对 $f[q_p(x)|x]$ 的逼近不合适，因为对于不同的 p，这一结果可能会大不一样。不过，我们可以在这个阶段假设一个正态分布 (条件的)，借助 "大拇指法则" 进行计算。假设此刻，f 是均值为 μ_x、方差为 σ_x^2 的正态分布密度函数，那么，如果 ϕ 和 Φ 是标准正态密度和分布函数，$f[q_p(x)|x] = \sigma_x^{-1}\phi[\Phi^{-1}(p)]$，所以

$$f[q_{p_2}(x)|x]/f[q_{p_1}(x)|x] = \phi[\Phi^{-1}(p_2)]/\phi[\Phi^{-1}(p_1)]$$

由式 (3.3.22) 去逼近可得到

$$\left(\frac{h_{p_1}}{h_{p_2}}\right)^5 = \frac{p_1(1-p_1)}{p_2(1-p_2)} \frac{\phi[\Phi^{-1}(p_2)]^2}{\phi[\Phi^{-1}(p_1)]^2}$$

它给出了一个整齐、明确、实用的修正 h (有关 p 的) 的方法。

特别地，当 $p_2 = 1/2$ 时，我们有

$$h_p^5 = \pi^{-1} 2p(1-p)\phi[\Phi^{-1}(p)]^{-2} h_{1/2}^5$$

接下来要做的就是，对中位数寻找一个窗宽选择方法。事实上，我们可以根据 h_{mean}、均值回归估计中 h 的最优选择来表示自动窗宽 $h_{1/2}$，其自动选择机制已在其他文献中做了研究 (Fan & Gijbels，1995；Ruppert，Sheather & Wand，1995)。由 Fan(1993)，有

$$h_{mean}^5 = \frac{R(K)\sigma^2(x)}{n\mu_2(K)^2[m''(x)]^2 g(x)}$$

式中：$m(x)$ 和 $\sigma^2(x)$ 为条件均值和方差。

由此得出结论

$$\left(\frac{h_{mean}}{h_{1/2}}\right)^5 = \frac{4q_{1/2}''(x)^2 \sigma^2(x) f[q_{1/2}(x)|x]^2}{m''(x)^2}$$

就像前面所讨论的, $q''_{1/2}(x)$ 和 $m''(x)$ 应该近似且可以设为相同, 由正态分布 $\sigma^2(x)$ $f[q_{1/2}(x)|x]^2$ 应该替代为 $\phi[\Phi^{-1}(1/2)]^2 = (2\pi)^{-1}$。因此使用

$$\left(\frac{h_{mean}}{h_{1/2}}\right)^5 = \frac{2}{\pi}$$

总之, 平滑条件分位数的自动窗宽选择机制如下:

(1) 使用较先进的已有方法来选择 h_{mean}; 这里使用 Ruppert *et al.*(1995) 技术。

(2) 使用 $h_p = h_{mean}\{p(1-p)/\phi[\Phi^{-1}(p)]^2\}^{1/5}$, 从 h_{mean} 得到所有其他的 h_p。

为了看清窗宽是如何随分位数的不同而变化的, 图 3-2 给出了

$$b(p) = \{p(1-p)/\phi[\Phi^{-1}(p)]^2\}^{1/5}$$

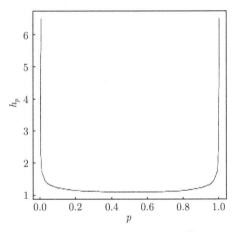

图 3-2 h_p/h_{mean} 与 p 的关系曲线

随 p 的变化曲线, 表 3-2 列出了选定的值。这些数据显示了预期对中位数的最小平滑, 且非中间分位数逐渐增加光滑性。当然, 在 p 和 $1-p$ 这种增加是对称的。然而, 对中等大小的 p, 这种变化很小。只有当 p 接近 0 或 1 时, 变化才变得明显。事实上, $\lim_{p\to 0} b(p) = \lim_{p\to 1} b(p) = \infty$。

表 3-2 "大拇指法则"下 h_p 与 h_{mean} 之间的关系

p	h_p
0.025 或 0.975	1.48 h_{mean}
0.030 或 0.970	1.44 h_{mean}
0.050 或 0.950	1.34 h_{mean}
0.100 或 0.900	1.24 h_{mean}

p	h_p
0.250 或 0.750	1.13 h_{mean}
0.500	1.10 h_{mean}

3.3.3   局部线性双核平滑

3.3.3.1   方法

引入另外一个对称核密度 W 及其分布函数 Ω, 并记

$$\int_{-\infty}^{y} W_{h_2}(Y_j - u)\mathrm{d}u = \Omega\left(\frac{y - Y_j}{h_2}\right)$$

随着窗宽 $h_2 \to 0$,

$$E\left[\Omega\left(\frac{y - Y}{h_2}\right)\Big|X = x\right] \approx F(y|x)$$

此外, 用局部线性方法做进一步逼近

$$\begin{aligned} E\left[\Omega\left(\frac{y - Y}{h_2}\right)\Big|X = z\right] &\approx F(y|z) \\ &\approx F(y|x) + \dot{F}(y|x)(z - x) \\ &\equiv a + b(z - x) \end{aligned}$$

式中: $\dot{F}(y|x) = \partial F(y|x)/\partial x$。

接下来定义 $\tilde{F}_{h_1,\,h_2}(y|x) = \tilde{a}$, 其中

$$(\tilde{a},\ \tilde{b}) = \arg\min \sum_i \left[\Omega\left(\frac{y - Y_i}{h_2}\right) - a - b(X_i - x)\right]^2 K\left(\frac{x - X_i}{h_1}\right)$$

这一条件分布函数估计量与 Fan *et al.*(1996) 的条件密度函数估计量密切相关。明确地说

$$\tilde{F}_{h_1,\,h_2}(y|x) = \frac{1}{\sum\limits_j w_j(x;\ h_1)} \sum_j w_j(x;\ h_1)\Omega\left(\frac{\tilde{y} - Y_j}{h_2}\right) \tag{3.3.8}$$

式中: 权重 $w_j(x;\ h_1)$ 由式 (3.3.3) 给出。

注意, 此估计可在范围 $[0, 1]$ 之外。解式 (3.3.9), $0 < p < 1$, 并没有算法上的困难。另外, $\tilde{F}_{h_1,\,h_2}$ 是连续的, $\tilde{F}_{h_1,\,h_2}(-\infty|x) = 0$; $\tilde{F}_{h_1,\,h_2}(\infty|x) = 1$。

因此, 要得到条件分位数估计, 定义 $\tilde{q}_p(x)$ 原则上满足 $\tilde{F}_{h_1,\,h_2}(\tilde{q}_p(x)|x) = p$ 使得

$$\tilde{q}_p(x) = \tilde{F}_{h_1,\,h_2}^{-1}(p|x) \tag{3.3.9}$$

但 $\tilde{F}_{h_1,\,h_2}(y|x)$ 在每一个 y 点很偶然地可能不单调。为了解决这一问题，在执行过程中，我们只需选择 $\tilde{q}_{1/2}(x)$ 满足式 (3.3.9)。于是对于 $p > 1/2$，我们取满足式 (3.3.9) 的最大 $\hat{q}_p(x)$；同理，对于 $p < 1/2$，选择使得式 (3.3.9) 成立的最小 $\hat{q}_p(x)$。

尽管 $\hat{q}_{p_1}$ 和 $\hat{q}_{p_2}$ 很可能相互交叉，但是上述算法确保了这种情况不可能发生在 $\tilde{q}_{p_1}$ 和 $\tilde{q}_{p_2}$ 之间。这就是 $\tilde{q}$ 相对于 $\hat{q}$ 的吸引人之处。算法细节参见 Yu (1997)。

这种替代方法借助条件分布函数很有说服力，但它的缺点是必须指定窗宽 h_1 和 h_2。h_1 同 3.3.2 节中的窗宽 h 发挥同样的功能。不出所料，估计量对 h_2 不敏感。我们在 3.3.3 节提供了一个"大拇指法则"。但是选择 $h_2 = 0$ 对我们而言并不具有说服力，因为由它会得到一个非连续条件分位估计 (这是不好的，至少在小样本情况下)。

3.3.3.2　均方误差

这里我们需要以下条件 (Fan，1992；Fan & Gijbels，1995)，在均值估计情况下，这些条件也是 Fan *et al.* (1994) 条件的合适的具体化：

1. $F(x, y)$，$f(x, y)$ 和 $g(x)$ 的偏导数存在，且在内点和边界点上有界并连续；
2. $g(x) > 0$，条件密度函数 $f(y|x) > 0$ 且有界；
3. 全局条件分位数 $q_p(x)$ 是唯一的；
4. 两个窗宽均具有如下形式：$dn^{-\beta}(0 < \beta < 1)$；
5. 核 W 与 K 分别是二阶对称的。

记

$$F^{ab}[q_p(x)|x] = \frac{\partial^{ab}}{\partial z^a \partial y^b} F(y|z)|_{x,\,q_p(x)}$$

我们假定 x 不是边界点，给出以下关于 $\tilde{q}_p(x)$ 的逐点性质。

定理 3.3.1　在条件 1~5 下，如果 $h_1 \to 0$，$h_2 \to 0$ 且 $nh_1 \to \infty$，那么

$$MSE(\tilde{q}_p(x))$$
$$\simeq \frac{1}{4}\{\mu_2(K)h_1^2 F^{20}[q_p(x)|x]/f[q_p(x)|x] + \mu_2(W)h_2^2 F^{20}[q_p(x)|x]/f[q_p(x)|x]\}^2$$
$$+ \frac{R(K)}{nh_1 g(x) f^2[q_p(x)|x]}\{p(1-p) - h_2 f[q_p(x)|x]\alpha(W)\} + o(h_1^4 + h_2^4 + h_2/nh_1)$$

式中：$\alpha(W) = \int \Omega(t)[1 - \Omega(t)]\mathrm{d}t$。

至于估计量在边界点上的性质，我们给出定理 3.3.2。不失一般性，我们考虑左边界点 $x = ch_1(0 < c < 1)$。

定理 3.3.2　假定定理 3.3.1 的条件成立，$q_p(x)$ 在 $[0, 1]$ 上有界，且在零点右连续。那么，估计量 $\tilde{q}_p(x)$ 在边界点上的 MSE 值如下式

$$
MSE(\tilde{q}_p(ch_1))
$$
$$
\simeq \frac{1}{4}\{\alpha_c(K)h_1^2 F^{20}[q_p(0+)|0+]/f[q_p(0+)|0+] +
$$
$$
\mu_2(W)h_2^2 F^{02}[q_p(0+)|0+]/f[q_p(0+)|0+]\}^2 +
$$
$$
\frac{\beta_c(K)}{nh_1 g(0+)f^2[q_p(0+)|0+]}\{p(1-p) - h_2 f[q_p(0+)|0+]\alpha(W)\} +
$$
$$
o(h_1^4 + h_2^4 + h_2/nh_1)
$$

这些定理的有关证明见 Yu & Jones (1998)。

如果我们选择 $h_1 \gg h_2$，那么 $\tilde{q}_p(x)$ 的 MSE 值的首项基本上就是定理 3.3.1 中检验函数方法的平方偏差和方差项，且仅与 h_1 有关。事实上，以上项仅在一个方面不同于式 (3.3.5)：定理 3.1.1 的偏差项 $F^{20}[q_p(x)|x]/f[q_p(x)|x]$ (涉及条件分布函数关于 x 的二阶导数) 代替了 $q_p''(x)$ (分位函数本身关于 x 的二阶导数)。定理 3.1.1 中 MSE 表达式的其余部分告诉我们如何选择 h_2。$\tilde{q}_p$ 的窗宽选择放在下一节。

3.3.3.3　窗宽选择

关于 h_1 的选择，我们仍然可以使用"大拇指法则"；仅仅在式 (3.3.6) 和式 (3.3.7) 中用 $F^{20}[q_p(x)|x]/f[q_p(x)|x]$ 替代 $q_p''(x)$，因此"大拇指法则"对这一函数像以前一样继续有效。

这就是说，到目前为止，我们所解释的就是一个最优化的收敛速度，就是在定理 3.1.1 中选择尽可能大的 $h_2(h_2 \to 0)$ 来保证第二个方差项非正且偏差不增大。这意味着 $h_2 \sim h_1$ 特别地让 $h_2 = h_1$。但这样的结果就是用 $\{F^{20}[q_p(x)|x] + F^{02}[q_p(x)|x]\}/f[q_p(x)|x]$ 来代替 h_1 最优化公式中的 $F^{20}[q_p(x)|x]/f[q_p(x)|x]$。后者的表达式，我们就不再保证 h_1 "大拇指法则"的论述。这在执行过程中是个至关重要的问题。

因此，我们要寻求 h_2 (假定 $h_2 < h_1$) 的一个替代"大拇指法则"，它在 MSE 中是 $n^{-4/5}$ 阶的。直观地说，在任何情况下，h_2 的选择不应该那么重要。因为，它在分布函数水平上关注的是平滑性。此外，我们已经在实践中尝试了 h_2 的各种方法，至少在 h_2 微小变化时，几乎没有什么影响。但是在实践中，还是需要指定 h_2 的一个值，并确保所选值不那么极端以致带来不必要的影响。同时，我们从实际计算中发现 h_2 相对于 h_1 不应指定太小。

因此，我们关注 $MSE[\tilde{q}_p(x)]$ 中阶数为 $h_1^2 h_2^2 + h_2/(nh_1)$ 的项。尽管后者总是负的，但前者对不同的 x 可正可负。最优 h_2 或者为 $h_2 = \infty$ 或者

$$h_2 = \frac{R(K)\alpha(W)}{\mu_2(K)\mu_2(W)} \frac{f[q_p(x)|x]}{g(x)F^{20}[q_p(x)|x]F^{02}[q_p(x)|x]} \frac{1}{nh_1^3} \qquad (3.3.10)$$

我们关注后者 (必要时关注后者的模) 代表整个模拟 (即使是次优的, 它仍然是一个合理的值)。把 h_1 和 h_2 作为 p 的函数, 有

$$\frac{h_{2,\,p_1}h_{1,\,p_1}^3}{h_{2,\,p_2}h_{1,\,p_2}^3} = \frac{f[q_{p_1}(x)|x]|F^{20}[q_{p_2}(x)|x]F^{02}[q_{p_2}(x)|x]|}{f[q_{p_2}(x)|x]|F^{20}[q_{p_1}(x)|x]F^{02}[q_{p_1}(x)|x]|} \qquad (3.3.11)$$

正如 3.3.2 节我们考虑 h_1 的自动选择机制一样, 这里我们假设 $|F^{20}[q_{p_1}(x)|x]| = |F^{20}[q_{p_2}(x)|x]|$, 并对 $f[q_{p_2}(x)|x]$ 和 $|F^{02}[q_p(x)|x]|$ 做一个参数逼近。这次我们采取双指数分布而不是正态分布, 因为后者在中位数点导数为 0, 即 $f[q_p(x)|x] = \lambda[(1-p)I(p \geqslant 1/2) + pI(p < 1/2)]$, $|F^{02}[q_p(x)|x]| = \lambda^2[(1-p)I(p \geqslant 1/2) + pI(p < 1/2)]$。特别地, 由此产生了极为简单的逼近 $(h_{2,\,1/2}h_{1,\,1/2}^3)^{-1}h_{2,\,p}h_{1,\,p}^3 = 1$。我们的自动选择还没有完成。这一步我们选定 $h_{2,\,1/2} = h_{1,\,1/2}^2$。这样做的主要理由是要确保 $h_{2,\,p}$ 的速率如式 (3.3.10) 所述, 即 $h_{1,\,p} \to 0$, 来保证 $h_{2,\,p} \ll h_{1,\,p}$。但有时在实践中, $h_{1,\,p} > 1$, 导致 $h_{2,\,p}$ 可能会大于 $h_{1,\,p}$。我们不允许这种情况发生, 而且 $h_{2,\,p}$ 相对于 $h_{1,\,p}$ 不能太小 (阻止极端行为; 对 $h_{2,\,p}$ 中间值的敏感性不强) 来产生关于 $h_{2,\,p}$ 的下式。

如果 $h_{1,\,1/2} < 1$, 则

$$h_{2,\,p} = \max\left(\frac{h_{1,\,1/2}^5}{h_{1,\,p}^3}, \frac{h_{1,\,p}}{10}\right)$$

否则

$$h_{2,\,p} = \frac{h_{1,\,1/2}^4}{h_{1,\,p}^3} \qquad (3.3.12)$$

这一想法的非最优性在这里是显而易见的, 但需要重复强调的是, 我们需要 h_2 的一个合理公式。该公式是在一些其他条件界定的情况下通过大量实验得到的。

3.3.4 实际性能

首先, 我们用两个从文献中获取的数据集来说明我们的方法, 然后报告一些模拟结果。自始至终, 在所有的计算中所用的正态核为 K, 均匀核为 W (如需要)。针对这两种分位数迭代计算方法, 这里给出了两个 S 程序, 还给出了两个其他的计算局部线性拟合回归均值及其导数的 S 程序。

3.3.4.1 实例

(1) 关于三头肌皮褶厚度 (第 1 节已做描述)。检验函数方法的条件分位数如图 3-3 所示。由我们的选择方法得到的窗宽是 $h_{mean} = 2.5$, $h_{0.5} = 2.73$, $h_{0.75} = $

$h_{0.25} = 2.82$, $h_{0.9} = h_{0.1} = 3.1$, $h_{0.97} = h_{0.03} = 3.6$。这些应该与图 3-1 (b) 给出的由双核方法得到的条件分位数做比较。那些分位数利用 h_1 的前值,而 h_2 的值由式 (3.3.12) 得到。

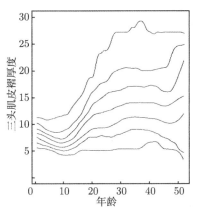

图 3-3   三头肌皮褶厚度的条件分位数

注: 由单核平滑方法得到 3rd, 10th, 25th, 50th, 75th, 90th 和 97th 分位曲线。

(2) 年龄在 6 个月至 6 岁的儿童免疫球蛋白的血清浓度 (单位:克/升)。Royston & Altman (1994) 只用了这个数据集 $n = 298$ 个样本量,而 Dr. Royston 用了其中的 $n = 300$ 个样本点。我们将用上所有的样本。图 3-4 给出了一个散点图。这个数据集最初来自 Isaacs, Altman, Tidmarsh, Valman & Webster (1983),旨在为儿童某些免疫球蛋白的血清浓度建立分位参照图。由检验函数和"大拇指法则"窗宽选择双核方法得到的分位函数估计,在图 3-5 (a) 与图 3-5 (b) 中已经给出。在这种情形下的窗宽 h 或 h_1 为 $h_{mean} = 0.5$, $h_{0.5} = 0.54$, $h_{0.75} = h_{0.25} = 0.56$,$h_{0.9} = h_{0.1} = 0.62$, $h_{0.95} = h_{0.05} = 0.67$。

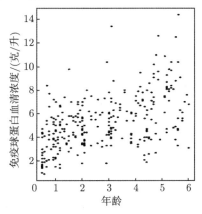

图 3-4   免疫球蛋白血清浓度数据的散点图

从这些图像及其他未展出的例子获得的第一印象与由检验函数和双核方法得到的条件分位数的信息大致相似。也就是说，双核方法比检验函数的结果更加平滑。看来在垂直方向上，核方法似乎更为有效，至少由它可以得到更多美观的图片。

图 3-1(a)、图 3-3 与 Cole & Green (1992) 的图 3-2 的比较显示我们的方法同他们的方法 (包括惩罚函数的一个非常有趣的半参数方法) 在很大程度上相似。我们所观察到的一个普遍事实是双核拟合比较保守地拓宽了极端分位数，而基于检验函数分位数拟合所得到的曲线之间比较"窄"。

图 3-5 同 Royston & Altman (1994) 的图 5(其中均值回归由参数方法估计得到) 的有趣比较表明：所有的分位数包括中位数在年龄较大点显示为峰值。而这在 Royston & Altman 模型中并不明显。与 Isaacs *et al.* (1983) 结果的比较也是如此，主要的区别是：在右边界附近，他们的结果看起来有点过于光滑，因此过于平坦。

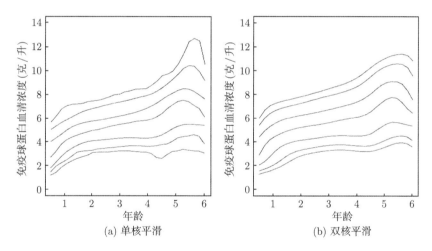

图 3-5 免疫球蛋白血清浓度的拟合分位曲线

在其他未展示出的实例中，一些已估分位数由检验函数方法得到的结果相互交叉，但由我们的双核方法不会出现这一结果。

3.3.4.2 模拟

令 Z 表示一个服从 $N(0,1)$ 的随机变量，E 表示一个均值为 1 的指数型随机变量，每一个 Z 或 E 独立于设计变量 X。从以下 4 个模型产生随机数：

(1) 近似线性分位，异方差

$$Y = \sin(0.75X) + 1 + 0.3\sqrt{[\sin(0.75X) + 1]}Z, \quad X \sim N(0, 0.0625)$$

(2) 平滑曲线分位，同方差

$$Y = 2.5 + \sin(2X) + 2\exp(-16X^2) + 0.5Z, \quad X \sim N(0，1)$$

(3) 简单分位，偏态分布

$$Y = 2 + 2\cos(X) + \exp(-4X^2) + E, \quad X \sim N(0，1)$$

(4) 简单分位，异方差

$$Y = 2 + X + \exp(-X)(E - \log 2.6), \quad X \sim U[0，5]$$

在每一种情形下，样本量分别为 $n = 100$ 和 $n = 500$，重复 100 次。考虑了 3 个分位数 $p = 0.1$、0.5 和 0.9。积分平方误差 (ISEs) 的计算范围几乎覆盖了所有数据 (对重复的模拟结果取平均值)；这些范围包括 $[-0.5, 0.5]$、$[-2, 2]$、$[-2, 2]$、和 $[0, 5]$。比较检验函数估计量 $\hat{q}_p$ 与双核估计量 $\tilde{q}_p$，结果见表 3-3。

表 3-3   检验函数估计量 $\hat{q}_p$ 与双核分位估计量 $\tilde{q}_p$ 的比较结果

模型	估计量	$n = 100$			$n = 500$		
		$p = 0.1$	$p = 0.5$	$p = 0.9$	$p = 0.1$	$p = 0.5$	$p = 0.9$
1	$\hat{q}_p$	2.89	1.23	5.35	0.92	0.79	1.25
	$\tilde{q}_p$	1.87	1.00	4.93	0.51	0.48	0.93
2	$\hat{q}_p$	279.1	267.2	287.8	247.7	191.3	262.6
	$\tilde{q}_p$	259.2	256.0	262.1	217.3	171.3	207.2
3	$\hat{q}_p$	296.5	284.0	306.7	197.7	131.0	216.6
	$\tilde{q}_p$	304.2	276.8	312.6	182.9	127.4	218.7
4	$\hat{q}_p$	72.5	56.0	98.2	60.2	32.8	80.7
	$\tilde{q}_p$	74.9	51.4	81.0	67.1	30.4	67.4

注: 在大多数情况下，双核方法的 ISE 值比检验函数方法的要低，有时候低很多。在 $\hat{q}_p$ 较好的情形下，差别就不那么大了。与其他方法的比较，Yu (1997) 已做了研究。

3.3.5   文献介绍

Koenker & Bassett 于 1978 年的开创性工作使得条件分位数估计向前迈进了一大步。后来 Cleveland (1979)，Cleveland & Devlin (1988)，Stone (1977) 的研究工作进一步明确了它具有多种优势，可参见 Cleveland & Loader (1996)，Fan (1992)，Fan & Gijbels (1992，1995)，Hastie & Loader (1993)，Ruppert & Wand (1995)，Fan & Gijbels (1996)，Wand & Jones (1995)。

本节主要参考 Yu & Jones (1998)，介绍了将局部线性方法扩展到分位回归，使得结论在实践中能立即适用。

3.4 教育数据分析

考虑到数学及科学成绩对于青年学生的重要性，近几十年来，采用了许多方法策略并进行了很多研究，以解决美国高中生逐年下降的数学和科学成绩问题。本节中，我们用双核的非参分位回归方法对美国青年学生进行了深入的纵向研究。该方法具有两个非常明显的优势：①它能保证条件函数的 Nadaraya-Waston 估计量仍是一个分布函数，但在其他情况下，这类估计量既不是单调的，也并不在 0 和 1 之间取值；②它能保证基于 Nadaraya-Waston 估计量的分位曲线不会相互交叉。而之前的工作大多局限于均值回归和参数分位回归。在本研究中，我们得到了许多有趣的结果。

近年来，随着生活节奏的加快，人们已越来越认识到青年学生数学及科学成绩的重要性。我们日常的生活决策都需要有广泛的数学及科学的知识和能力。数学和科学知识也塑造并决定着我们的日常生活、历史和文化。数学和科学是我们终身学习以及社会文明进步的主要源泉。

"作为一个民族，我们必须立刻采取行动，在这个国家的每个教室提高数学和科学教学质量"，前美国参议员及 NASA 宇航员 John Glenn 在他的报告中阐述道："如果我们耽搁了，我们将会把我们经济的持续增长和未来的科学发展置于危险之中。"

然而，在过去的几十年里，美国学生在数学和科学考试中的分数正逐年下降，这些悲观的表现使人们更加紧张。根据第三国际数学和科学研究报告 (TIMSS)，在全世界范围内，4 年级的美国学生在数学评估中是处于领先地位的，但这些学生高中毕业后，他们的数学成绩却落后于其他 41 个国家。根据美国的国民教育发展评估报告 (NAEP)，在 4 年级、8 年级和 12 年级的学生中，仅有少于 1/3 的学生表现达到或超过熟练水平，而有约 1/3 的学生还未达到基础水平。

在该领域早期比较有争议的研究中，Coleman (1966) 研究了学校投入包括班级规模对学术成就的影响，并得出结论：学校教育的投入对学术成就有着不可或缺的影响。Hanushek (1986) 给出了一个分析各种投入因素对公共教育班级规模的影响，发现班级规模的约化 (更一般的，增加对教育的开支) 对于学术成就的提高是模糊的，根据研究的不同有积极或消极的影响。许多研究考察了学校教育质量对学生成绩的影响 (如 Ehrenberg & Brewer，1994，1995；Hanushek，1996)。这些研究表明提高教育资源并不能提高学生在标准成绩测试中的表现，这与传统的世俗观点相违背。而之前的工作主要关注的是基于传统的最小二乘方法的平均效应。

近年来，由 Koenker & Bassett (1982) 引入的分位数回归已经逐渐演变成线性模型或非线性模型统计分析的全面方法，并且在许多研究领域中有着广泛的应用。最近的几个研究应用分位回归方法将学生在测验中的表现模拟成了许多因素的函数。这些因素包括父母的社会经济地位、父母及兄弟姐妹的数量、班级规模、教师资格等。例如，Eddie & Showalter (1998) 应用分位回归方法对学校质量和学生在测验中的表现的关系进行估计，他们想要探测该关系在不同的点是否是不同的。Levin(2001) 提出了关于班级规模约化这个比较有争议的话题，并且对班级规模这个变量通过许多可观察的特征以及潜在的内生性进行控制，这样一个教育生产函数就通过分位回归的方法估计出来了。结果表明：由于新的认同的同伴效应的奇异性，班级规模约化是一个潜在的回归政策测度。Tian (2006) 通过分位回归方法考察了家庭背景因素是否会对数学成绩上的表现有所改变，也就是说该因素是否会对家庭背景强的学生和背景较弱的学生有着同样的影响。Tian 的结果表明，在数学成绩的条件分布中，在不同点上可能存在不同的家庭背景因素效应。

本节中，我们利用双核的非参分位回归方法 (Yu & Jones, 1998) 给出了一个全面深入的、关于美国青年的纵向研究。该方法的两大优势是：①确保条件函数的 Nadaraya-Waston 估计量仍是一个分布函数，而在某些情况下，该类估计量既不是单调的，也不会在 0 和 1 之间取值；②确保基于 Nadaraya-Waston 估计量的分位数曲线不会相互交叉。而之前的工作仅仅关注均值回归和参数分位回归方法。

3.4.1　数据

该数据来自于北伊利诺伊大学 (Northen Illinois University) 的公共意见实验室 (参考 http://www.lsay.org)，表示 1987~1992 年 7~12 年级学生的科学和数学成绩样本。LSAY 是一个关于公共初高中学生的纵向面板研究，开始于 1987 年的秋天。在这 52 所学校中，大约每所学校随机抽取 60 个 7 年级学生，总的样本大小为 3116 名学生。对这些学生进行了 6 年的跟踪：从 7~12 年级，每年进行数学和科学成绩的测验，并完成学生的调查问卷。有关学生、家长及老师的信息也包含在该研究中。

结果变量为 7 项成绩得分：基础数学技能 (BAS)，代数 (ALG)，几何 (GEO)，数理能力 (QLT)，生物 (BIO)，物理 (PHY) 以及环境科学 (ENV)。

BAS 这个子测度测量了基础数学技能的成绩，用以测量对基本数学技能的理解等。前 4 项成绩得分分别衡量了带有测量误差的、潜在的、真实的数学成绩得分。后 3 项得分测量了相应的带有测量误差的理科成绩得分。

每个学科的每项得分都是估算的分数，这些变量在数据集中都以连续变量进行储存。在每个学校每个科目的不同年级下，该分数都是可比的，也存在缺失数据 (由于有些学生在某些测验中缺席)。然而所有可得到的学生成绩分数在我们的研究中都是作为因变量的。

3.4.2 方法

3.4.2.1 双核法

纵向研究的特点是个体在不同时间被重复测量。在纵向数据分析中，我们常常对产生观测值的潜在曲线的估计感兴趣。

近年来，分位回归方法在纵向研究的应用中越来越常见。这是因为它具有以下 4 个优点：①给定预测子时，模型可以展现出相应变量完整的条件分布；②计算资源和已有的线性规划算法都使估计变得简单；③系数估计结果是稳健的；④在误差项不服从正态分布时，分位回归估计比起最小二乘估计更为有效。

分位回归也可以通过多个方面来研究，比如参数、非参数和半参数分位回归模型。众所周知，对于参数模型主要关心的问题是如何使用有限数量的参数，得到一个合适的参数模型，使它能够给出数据的合理拟合。这很可能是一项困难的工作，因为对于数据产生的内在机制几乎没有先验信息。

条件分布是分位回归中一个至关重要的部分。Yu & Jones (1998) 和 Hall *et al.* (1999) 近年来考虑了几种估计条件分布的方法。在本节中，我们使用 Yu & Jones (1998) 提出的局部线性双核光滑方法。特别地，假设 $\{(X_1, Y_1), \cdots, (X_n, Y_n)\}$ 是来自潜在分布 $F(x, y)$ 的一组独立样本，密度函数为 $f(x, y)$，我们关心的响应变量 Y_i 的中心可以看作是给定 $X = x$ 时，Y 的条件分布 $F(y|x)$ 和条件密度 $f(y|x)$。定义 $\widehat{F}_{h_1, h_2}(y|x) = \widehat{a}$。其中

$$(\widehat{a}, \widehat{b}) = \arg\min \sum_i \left[\Omega\left(\frac{y - Y_i}{h_2}\right) - a - b(X_i - x) \right]^2 \times K\left(\frac{x - X_i}{h_1}\right)$$

式中：h_1 和 h_2 分别为 x 和 y 方向上的窗宽；函数 K 和 Ω 为两个核函数。

3.4.2.2 窗宽选择

窗宽选择是核拟合方法中一个重要的问题。有几种不同的选择 x 方向窗宽的方法。有一个修正均值回归中窗宽 h_{mean} 的简单法则，步骤如下：

(1) 使用 Ruppert，Sheater & Wand (1995) 的方法得到 h_{mean}。这个方法基于渐近均方误差 (Asymptotic Mean Square Error，AMSE)，并应用 "plug-in" 法则，将 AMSE 中的一个未知量用估计替代。

(2) 计算 $h_p = h_{mean} \left\{ \dfrac{p(1-p)}{\phi[\Phi^{-1}(p)]^2} \right\}$，这里 ϕ 和 Φ 是标准正态分布的密度函数及分布函数。

相似地，通过关于 y 方向的窗宽 b_p 最小化估计量的 AMSE，b_p 可以根据下式选择

$$\frac{b_p h_p^3}{b_{1/2} h_{1/2}^3} = \frac{\sqrt{2\pi}\phi\left[\Phi^{-1}(p)\right]}{2\left[(1-p)I(p \geqslant 1/2) + pI(p < 1/2)\right]}$$

式中：$b_{1/2}$ 设为 $h_{1/2}$；$I(\cdot)$ 为一个普通的示性函数。

详见 Yu & Jones (1998)。

3.4.3 科学成绩

3.4.3.1 描述性统计

科学成绩的描述性统计量如表 3-4 所示。注意到科学量表评分结果的平均值从 7~11 年级是单增的，但 12 年级的平均值却减小了。另外一点也值得注意，即只有 11 年级的平均科学成绩超过了 60 分 (61.44)。总的来说，高中时期 (7~11 年级) 学生在科学上的表现是比较差的。

表 3-4 科学成绩的描述性统计量

年级	人数	最小值	最大值	均值	标准差
7	3 077	26.62	89.99	50.41	10.22
8	2 742	16.85	87.41	52.28	12.77
9	2 440	24.80	96.62	57.81	12.50
10	2 250	17.97	97.23	59.12	14.51
11	1 838	18.09	99.84	61.44	15.60
12	1 485	13.23	103.24	59.84	19.07

表 3-4 清晰地展现了从 7~12 年级平均分的变化趋势。不同年级间平均分的显著变化出现在 8 年级，学生的平均分提高了将近 6 分，从 52.28 提高到 57.81。6 个年级的平均分的最大值和最小值相差 $61.44 - 50.41 = 11.03$。

3.4.3.2 科学成绩的双核分位回归曲线

近年来，分位回归已成为对学生的标准化考试成绩建模的一个标准分析工具：将成绩作为一个社会经济特征的函数，参考家庭背景因素以及政策变量 (班级大小、学校经费和教师质量等) 因素。这样做的一个原因是在协变量的高水平和低水平下，其影响可能相差很大，并且不同分位点可能产生的不同结果可以解释为回归中响应变量相对于因变量的条件分布在不同点上的变化。此处感兴趣的协变量是时间，即年级。

图 3-6 描绘了 5 个分位回归曲线，其中 $p = 0.05, 0.25, 0.5, 0.75, 0.95$。叠加在图上的由实心点 (以 "#" 标记) 标示的直线表示最小二乘估计得到的均值效应。从图 3-6 中，我们可以粗略地观察到不同年级的 5 个分位点的不同趋势。注意：数据具有非线性和一定程度的异方差性。实际上，分位图给出了给定 $X = x$ 时，Y 的位置、范围和形状的简明印象。特别地，假设 $Y = m(X) + \varepsilon$。如果误差项是同

方差的, 所有的分位回归曲线都应是平行的。换句话说, 不平行的分位回归曲线表明误差项具有异方差性。

另外, 我们可以看到在较高分位点如 0.75, 0.95 处, 科学成绩的增长更为陡峭。实际上, 在分布的中间部分如中位数处, 只有非常小的增长出现。很显然, 在 1987~1992 年, 从 7~12 年级, 科学成绩较高的学生数量在增长, 而科学成绩较低的学生数量在减小。基于此, 可以得到一个结论: 好的更好, 差的更差。这个结果与 Buchinsky (1998, 2001), Chaudhuir & Samarov (1997) 以及 Bailar (1991) 在分析经济现象时得到的结果 "富的更富, 穷的更穷" 相似。

现在让我们关注最小二乘的结果。最小二乘估计展现出的效应是线性的, 截距为 34.628, 斜率为 2.345。这个线性效应本质上是对于某些分位点的可忽略的二次效应, 比如 0.25 和 0.5 分位点。然而, 分位回归估计给出了一个非常不同的结果。总体而言, 最小二乘估计低估了较高分位点 (如 0.75 和 0.95 分位点) 的此类效应, 而高估了较低分位点 (如 0.05 和 0.25) 的此类效应。

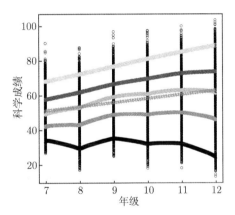

图 3-6　美国 7~12 年级学生科学成绩的分位回归曲线

注: $p = 0.05$、0.25、0.5、0.75 和 0.95。

3.4.3.3　以一阶自回归的角度: 今天和昨天

对于我们来说, 对学生的过去做真实的了解是重要且有趣的事情。6 个年级中, 学生的科学成绩变化趋势如何? 为什么学生的历史成绩很重要?

图 3-7 是 6 个年级的科学成绩数据的散点图; 这是以自回归的视角画的, 横轴为上一年的科学成绩。数据有在 45° 倾斜直线周围聚集的较强趋势, 这可以解释为当年的科学成绩或多或少都与上一年成绩的较高分位点相近。

图 3-8 展现了一些分位回归曲线的估计: $p = 0.025$, 0.075, 0.125, 0.175, 0.225, 0.275, 0.325, 0.375, 0.425, 0.475, 0.525, 0.575, 0.625, 0.675, 0.725,

0.775，0.825，0.875，0.925，0.975。

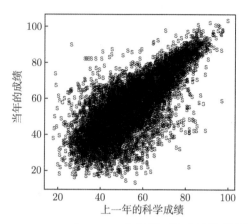

图 3-7　1987～1992 年 7～12 年级美国学生科学成绩的散点图

注: 数据几乎都聚集在 45° 线附近, 表示在较高分位点处, 当年的科学成绩大致与上一年的成绩接近。

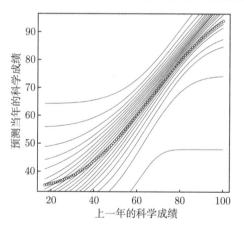

图 3-8　预测科学成绩的分位回归曲线

注: 实线表示估计的条件分位回归曲线点线表示经典的最小二乘估计。

　　从图 3-8 中, 我们可以得出结论: 在低科学成绩的条件下, 比如未能及格 (低于 60 分), 曲线急剧地分散开。还有一点很有趣: 如果一个学生上一年未能通过考试, 他当年几乎不可能通过。

　　但是, 在高科学成绩的条件下 (高于 60 分), 所有的分位回归曲线都在 45° 线左右成群出现, 除了少数例外。

　　简而言之, 对于科学成绩, 如果一个学生上一年表现得比较好, 他的成绩大概有两个趋势: 一个是对于很高的分位点 (>95%) 大体与上一年成绩接近, 另一个是下降很多 (<5%)。

另外，以点线表示的经典最小二乘回归曲线的趋势揭示出有几个点的上一年成绩高而当年成绩低。这些点体现在最小二乘拟合上的效应很强。这种不稳健性所带来的一个结果是经典最小二乘估计对样本中最差的学生提供了一个相当不准确的条件均值估计。

3.4.4 数学成绩

3.4.4.1 描述性统计

表 3-5 给出了关于数学成绩的描述性统计分析。可以看到，7~11 年级数学平均得分是直线上升的；但到 12 年级出现了下降。很显然，在数学得分方面，高中生比初中生做得要好一些。对于所有学生的数学平均成绩来说，高中的 3 个年级平均分都过了 60 分，但初中生平均分就在 60 分以下。表 3-5 揭示了 7~12 年级的数学平均得分的趋势。对于所有的 6 个年级来说，数学平均成绩的最大值和最小值分别为 11 年级的 64.76 和 7 年级的 50.40。

表 3-5　数学成绩的描述性统计

年级	人数	最小值	最大值	均值	标准差
7	3 065	27.56	86.92	50.40	10.22
8	2 749	23.49	92.58	52.92	11.75
9	2 435	22.87	98.59	57.36	14.01
10	2 264	23.18	101.35	61.59	16.01
11	1 832	25.48	104.70	64.76	17.26
12	1 467	23.05	106.90	64.25	19.07

3.4.4.2 双核回归分位曲线

图 3-9 展示了分位数分别为 $p = 0.05$、0.25、0.5、0.75、0.95 的 5 条分位曲线。仅有的一条直线 (用 * 标注) 代表均值效应的普通最小二乘估计。这幅图似乎印证了那句话：好的越来越好，差的越来越差。

特别地，我们看到对于 0.05 分位数，随着 7~12 年级，估计的大小是单调递减的。对于中间部分，比如 0.25 和 0.5 分位数，估计的大小从 7~11 年级是单调递增的，但其后到最后的 12 年级是单调递减的。再者，对于更高的分位数，例如 0.75 和 0.95 分位，估计的大小从 7~12 年级就一直是单调递增的。

对一些分位数 (如 0.25 和 0.50 分位) 来说，普通最小二乘估计暗示了一个潜在的可以忽略的二次效应。然而，分位回归估计给出了一个非常不同的图形。一般来说，普通最小二乘估计在较高分位点 (如 0.75 和 0.95) 上低估了这些效应的大小，而在较低分位点 (如 0.05 和 0.25) 处又高估了这些效应的大小。

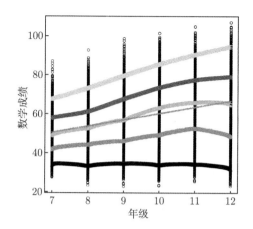

图 3-9   美国 7~12 年级青少年的数学成绩关于其年级的分位曲线

3.4.4.3   今天和昨天的相关性分析

对于 6 年的数学成绩数据，当年数学成绩和上一年数学成绩两个变量的散点图显示，数据点有沿着 45° 倾斜直线聚集的趋势，这就表明当年的数学成绩和上一年的数学成绩非常接近。

图 3-10 展示了 $p = 0.025$，0.075，0.125，0.175，0.225，0.275，0.325，0.375，0.425，0.475，0.525，0.575，0.625，0.675，0.725，0.775，0.825，0.875，0.925，0.975 的估计的分位回归曲线。虚线是最小二乘拟合线。这些图形表明，几乎所有的分位曲线都被紧紧地捆绑在 45° 倾斜直线的周围，而且分位数越大，倾向性越是明显。

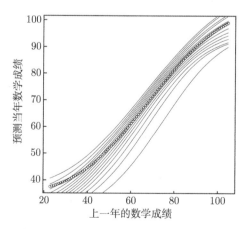

图 3-10   预测数学成绩的条件分位函数

注: 散点图中的实线是被估的条件分位函数。

在这个数据中，条件中位数和条件均值拟合几乎是一样的。这可以从这堆数据中缺少极值点和条件密度的对称性中获得解释。

图 3-10 的形状表明，当年和上一年的数学成绩是类似的。学习数学所取得成绩的前后一致性可以从数学的本质中获得解释。

3.4.5 科学成绩和数学成绩的关系

众所周知，数学是其他学科的一门工具性学科，特别是对科学来说。所以，有必要研究一下数学成绩对于科学成绩的效应。在这一部分中，我们展示了数学投入给科学成绩变化带来的效应的线性分位回归估计。

表 3-6 展示了分位回归和普通最小二乘结果在数学成绩条件下的比较。估计得到的标准偏差报告在圆括号中。首先我们注意到，数学成绩对科学成绩是非常显著的正效应，仅仅在分位数为 5% 的截距项是个负值 (-1.19)。这可以解释为一个数学成绩为 0 的学生，他的科学成绩的估计的分位函数。也就是说，没有数学背景，对于学习科学的效应接近为 0。

表 3-6   分位回归和普通最小二乘结果在数学成绩条件下的比较

描述	分位回归结果					普通最小二乘
	5%	25%	50%	75%	95%	
截距	-1.19	4.54*	12.08*	20.53*	34.97*	14.01*
	(0.83)	(0.38)	(0.33)	(0.39)	(0.60)	(0.30)
数学	0.74*	0.80*	0.77*	0.72*	0.61*	0.73*
	(0.02)	(0.01)	(0.01)	(0.01)	(0.01)	(0.00)

注：选择数学为预测变量，科学为响应变量。

从分位回归结果中，我们注意到它与普通最小二乘回归的以下不同点。因子"数学"的效应在所有分位数上，对于科学成绩变化的条件分布来说都是正的，而且非常显著。在分位数 5%，25%，50%，75%，95% 上的估计的效应分别为 0.74，0.80，0.77，0.72 及 0.61。显然，"数学"因子对科学的最大边际效应在 25% 分位数处得到。除了 5% 分位数，估计值的大小从一个较低分位到一个较高分位上是单调递减的 (例如从 25% 到 95%)。普通最小二乘在 5% 分位数到中位数 50% 这些较低分位上低估了这些效应的大小，而在从 75% 到 95% 这些较高分位上又高估了这些效应。

随着分位数从低到高，有和没有数学背景的科学成绩差别分别为 0.74，0.80，0.77，0.72，0.61。

图 3-11、图 3-12 给出了这些数据的线性分位回归结果的一个简洁的直观总结。图 3-11 描述了模型的截距，图 3-12 描述了模型中"数学"的斜率。布满点的实线

(分别用大写字 "I" 和 "E" 标记) 表示分位数 τ 从 0.05 变化到 0.95 时 "数学" 的效应的 5 个点估计。在两幅图中，分别用大写字母 "U" 和 "L" 标记的布满点的两条虚线，表示较低和较高的两条置信带。较低和较高的两条置信带之间的区域是一个 90% 的逐点的置信带。布满 * 标记的水平点线表示均值效应的普通最小二乘估计。

模型的截距可以被解释为一个没有数学背景的学生的估计的科学成绩分布的条件分位函数。从图 3-11 中，我们可以发现，估计得到的条件分位函数是单调递增的。

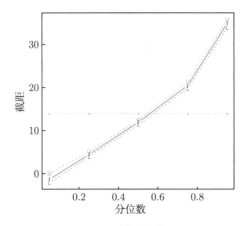

图 3-11 模型的截距

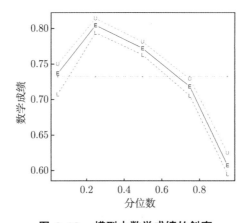

图 3-12　模型中数学成绩的斜率

分别在 95% 和 5% 分位数上得到的最大和最小值的差是 $34.97 - (-1.19) = 36.16$。"数学" 的斜率实际上是边际效应。图 3-12 显示，从低分位到高分位上边际

效应是单调递减的 (5% 分位除外)。分别在 25% 和 95% 分位上取得的最大和最小值的差为 $0.80 - 0.61 = 0.19$。

3.4.6 文献介绍

在该领域早期比较有争议的研究中，Coleman (1966) 研究了学校投入包括班级规模对学术成就的影响。Hanushek (1986) 给出了一个分析各种投入因素对公共教育班级规模的影响，许多研究考察了学校教育质量对学生成绩的影响。例如，Ehrenberg & Brewer (1994，1995)，Hanushek (1996)。Eddie & Showalter (1998) 应用分位回归方法对学校质量和学生在测验中的表现的关系进行了估计。Levin (2001) 提出了关于班级规模约化这个比较有争议的话题。Tian (2006) 通过分位回归方法考察了家庭背景因素是否会对数学成绩的表现有所改变，也就是说该因素是否会对家庭背景强的学生和背景较弱的学生有着相同影响。本节主要参考文献包括 Yu & Jones (1998) 和 Tian，Wu，Li & Zhou (2008)，描述了在科学和数学成绩回归中使用的数据，介绍了分位回归中的双核权方法，讨论了估计结果以及关于科学成绩和数学成绩的解释。

第4章 适应性分位回归模拟

4.1 局部常数适应性分位回归

4.1.1 引言

分位回归具有一些有用的特质，因而渐渐发展成为一种综合的分析线性和非线性模型的统计方法。目前，已经有大量关于分位回归的文章。在所有这些贡献中，条件非参数分位回归曲线估计在统计学理论和实践前沿扮演着重要的角色。

确切地说，假设一列独立同分布的随机样本 $\{(X_i, Y_i)\}_{i=1}^n$ 满足下列模型

$$Y_i = f(X_i) + \epsilon_i, \qquad X_i \in \mathbb{R}^d \tag{4.1.1}$$

式中：$X_i(i = 1, \cdots, n)$ 为设计点。

本节的主要兴趣点在于得到 τ 阶条件分位曲线的精确估计，定义

$$\theta_\tau(x) = \arg\min_{\theta \in \Theta} \mathbb{E}[\rho_\tau(Y - \theta)|X = x] \tag{4.1.2}$$

式中：$\rho_\tau(u) = u[\tau I(u \geqslant 0) - (1 - \tau)I(u < 0)]$ 称为损失函数；τ 为感兴趣的分位点。

一种流行的估计方法是基于如下局部常数拟合的思想

$$\hat{\theta}_\tau(x) = \arg\min_{\theta \in \Theta} \sum_{i=1}^n \rho_\tau(Y_i - \theta)K\left[\frac{X_i - x}{h(x)}\right] \tag{4.1.3}$$

式中：$K(\cdot)$ 为 $\mathbb{R}$ 上的核函数，$h(x)$ 为在估计点 x 处的变化窗宽函数。

例如局部光滑程序已经由 Tsybakov (1986)，Troung (1989)，Hall & Jones (1990)，Chaudhuri (1991)，Fan *et al.* (1994)，Yu & Jones (1998)，Tian & Chen (2006) 研究过。相对于常数窗宽 $h(x) = constant$，式 (4.1.3) 中变化的核函数允许在局部水平上的光滑。然而，文献中的现有方法通常要求在计算偏差时运用函数的高阶导数的估计，显然这一点相对于原初对函数本身估计来说更困难，因此也很复杂。现存的对于条件分位回归模型的估计方法，是基于对真实函数的光滑假设之上的，但在间断点和尖锐边界并不满足，这导致了过拟合问题。参见 Müller (1992)，Wu & Chu (1993)，Banerjee & Rosenfeld (1993) 和 Speckman (1994)，等等。

对于均值回归 (相对于分位回归)，已经提出了许多处理间断点和尖锐边界问题的方法。例如 Polzehl & Spokoiny (2000，2003) 针对带有可加误差的局部多项

式模型，提出了一种适应性加权光滑方法。适应性加权光滑是一种迭代适应于数据的光滑方法，是为光滑不连续回归函数而设计的。它的基本假设为：回归函数可以通过一个简单函数来逼近，如局部常数或者局部多项式函数。另一方面，边缘估计问题已经研究过，如 Korostelev & Tsybakov (1993)，Scott (1992)，Donoho (1999)，Polzehl & Spokoiny (2000)，还有其中的参考文献。然而，据我们所知，目前并没有在条件分位回归中研究过类似问题。

在本节中，通过局部常数近似，我们将适应性加权光滑方法扩展到条件分位曲线的估计中。我们建立了一个自动选择局部适应性窗宽的标准。

4.1.2 适应性估计

4.1.2.1 逼近

在本小节，τ 阶条件分位数 $\theta_\tau(x)$ 将通过一类简单的可测函数来逼近。首先，我们定义 $\theta_\tau(x)$ 的正部为

$$\theta_\tau^+(x) = \max\{\theta_\tau(x),\ 0\} \tag{4.1.4}$$

$\theta_\tau(x)$ 的负部为

$$\theta_\tau^-(x) = \max\{-\theta_\tau(x),\ 0\} \tag{4.1.5}$$

注意 $\theta_\tau^+(x)$ 和 $\theta_\tau^-(x)$ 为非负的 Borel 函数

$$\theta_\tau(x) = \theta_\tau^+(x) - \theta_\tau^-(x) \tag{4.1.6}$$

式中：$|\theta_\tau(x)| = \theta_\tau^+(x) + \theta_\tau^-(x)$。

引理 4.1.1 对于正部 $\theta_\tau^+(x)$，令在式 (4.1.4) 中定义的 $\theta_\tau^+(x)$ 为在 $(\mathbb{R}^d,\ \mathcal{B}^d)$ 上的 τ 阶条件分位函数，其中 $\mathbb{R}^d$ 为 Borel σ 域。那么，$\theta_\tau(x)$ 为 $(\mathbb{R}^d,\ \mathcal{B}^d)$ 上一列简单函数的极限。其中，$0 \leqslant \varphi_1(x) \leqslant \varphi_2(x) \leqslant \cdots \leqslant \theta_\tau(x)$，$\lim\limits_{n\to\infty} \varphi_n(x) = \theta_\tau(x)$。简单函数定义为 $\varphi_n(x) = \sum\limits_{i=1}^{n} a_i \mathbb{I}_{\boldsymbol{A}_i}(x)(n = 1,\ 2,\ \cdots)$。其中，$\boldsymbol{A}_1,\ \cdots,\ \boldsymbol{A}_n \in \mathcal{B}^d$ 为 $\mathbb{R}^d$ 上的可测集；$a_1,\ \cdots,\ a_n$ 为某些实数值。$\mathbb{I}_{A_i}(\cdot)$ 为 $\boldsymbol{A}_i$ 的示性函数。

证明 与 Shao (2003)§1.6 中的习题 17 类似。

对于在式 (4.1.5) 中定义的负部有类似的结果。通过式 (4.1.6)，假设在式 (4.1.2) 中定义的真实的条件分位回归函数 $\theta_\tau(x)$ 可以由下式逼近

$$\theta_\tau(x) \approx \sum_{i=1}^{\mathcal{L}} a_i \mathbb{I}_{\boldsymbol{A}_i}(x) \tag{4.1.7}$$

式中：$\boldsymbol{A}_1,\ \cdots,\ \boldsymbol{A}_{\mathcal{L}} \in \mathcal{B}^d$ 为 $\mathbb{R}^d$ 的一个剖分。

如 A_i 互不相交且 $A_1 \cup \cdots \cup A_{\mathcal{L}} = \mathbb{R}^d$, 不同的 a_i 刻画此剖分。显然, 当每个区域 A_i 只包括一个点时, 假设式 (4.1.7) 正好是潜在的分位回归函数。注意: 在实际中, a_i 的真值、区域 A_i、$\mathcal{L}$ 数都是未知的且需要估计。

4.1.2.2 估计

事实上, 式 (4.1.7) 中定义的条件分位回归函数 $\theta_\tau(x)$ 的重构依赖于两步:

(1) 估计 $a_1, \cdots, a_{\mathcal{L}}$ 的值;

(2) 界定包含 X_i 的区域 A_i。具体地

$$\hat{a}_i(X_i) = \arg\min_{\theta_i \in \Theta} \sum_{X_j \in A_i} \rho_\tau(Y_i - \theta_i) K\left(\frac{X_i - X_j}{h_i}\right) \quad (i = 1, \cdots, \mathcal{L}) \qquad (4.1.8)$$

式中: h_i 为某一常数, 称为窗宽。

因此, 给定一个剖分 $A_1, \cdots, A_{\mathcal{L}} \in \mathcal{B}^d$, 容易得到潜在的条件分位函数 $\hat{\theta}_\tau(x) = \sum_{i=1}^{\mathcal{L}} \hat{a}_i \mathbb{I}_{A_i}(x)$ 的估计。

同时, 我们必须考虑其逆问题: 给定潜在条件分位函数 $\theta_\tau(x)$ 的一个估计 $\hat{\theta}_\tau(x)$, 我们怎么确定分割 $A_1, \cdots, A_{\mathcal{L}} \in \mathcal{B}^d$? 对于每一对 X_i 和 X_j, 我们可以考虑绝对偏离误差 (ADE)。其中, $ADE_i \equiv |\hat{\theta}_\tau(X_i) - \hat{\theta}_\tau(X_j)|$。如果 ADE_i 比 $\hat{\theta}_\tau(X_i)$ 的标准偏差大, 那么我们称这两个点在不同的区域, 这引导我们定义

$$\hat{A}_i = \left[X_j : \left|\hat{\theta}_\tau(X_i) - \hat{\theta}_\tau(X_j)\right| \leqslant \eta \hat{V}(X_i)\right] \qquad (4.1.9)$$

式中: η 为某一控制参数; $\hat{V}(X_i)$ 为 $\sqrt{\mathrm{var}(\hat{\theta}_\tau(X_i))}$ 的估计。

显然有

$$\hat{V}^2(X_i) = \frac{\tau(1-\tau)}{N_i h_i \hat{a}_i(X_i)\{g[\hat{a}_i(X_i)|x]\}^2} \int_{\hat{A}_i} K^2(v)\mathrm{d}v \qquad (4.1.10)$$

式中: $N_i = \sharp A_i$ 为在 $A_i(i = 1, \cdots, \mathcal{L})$ 中的点数; $g(y|x)$ 为 Y 在给定 $X = x$ 下的条件密度。

基于已得到的估计 $\hat{A}_i$, 我们可以给出一个新估计量 $\hat{\theta}_\tau(X_i) = \sum_{i=1}^{\mathcal{L}} \hat{a}_i^{(1)}(X_i) \mathbb{I}_{\hat{A}_i}(X_i)$, 其中

$$\hat{a}_i^{(1)}(X_i) = \arg\min_{\theta_i \in \Theta} \sum_{X_j \in \hat{A}_i} \rho_\tau(Y_i - \theta_i) K\left(\frac{X_i - X_j}{h_i}\right) \quad (i = 1, \cdots, k) \qquad (4.1.11)$$

而后重复式 (4.1.8) 到式 (4.1.11), 直到在某种意义下收敛。

4.1.3   实现

在本节中，我们提供一种实施这个过程的算法。在没有造成混乱的情况下，我们丢掉标记 $f(x) \equiv f_X(x)$。令 $g(y|x)$ 为关于测度 μ 在给定 $X = x$ 下 Y 的密度。

4.1.3.1   初始化

对于每一个 X_i，我们考虑与一个小窗宽 h_0 对应的初始窗口 $\Delta_0(X_i) = [X_i - h_0, \; X_i + h_0]$，计算

$$\hat{a}_i^{(0)}(X_i) = \arg\min_{\theta_i \in \Theta} \sum_{X_j \in \Delta_0(X_i)} \rho_\tau(Y_i - \theta_i) K\left(\frac{X_i - X_j}{h_0}\right) \tag{4.1.12}$$

然后估计 $\mathrm{var}[\hat{a}_i^{(0)}(X_i)]$ 通过

$$\hat{V}_{\Delta_0(X_i)}^2 = \frac{\tau(1-\tau)}{N_0 h_0 f(X_i)\{g[\hat{a}_i^{(0)}(X_i)|x]\}^2} \int_{\Delta_0(X_i)} K^2(v) \mathrm{d}v \tag{4.1.13}$$

式中：$N_0 = \sharp \Delta_0(X_i)$ 为在 $\Delta_0(X_i)$ 中的点数。

4.1.3.2   齐次性检验

更多关于齐次性检验的细节，我们参考 Tian & Chan (2010) 和其中的参考文献。给定试点的估计 $\hat{a}_i^{(0)}(X_i)$，很自然地利用这个估计来覆盖一个更大的包括 X_i 的齐性区域。记 $\Delta_1(X_i) = [X_i - h_1, \; X_i + h_1]$，其中 $h_1 = 2h_0$，$N_1 = \sharp \Delta_1(X_i)$ 为 $\Delta_1(X_i)$ 中的点数。计算

$$\hat{a}_i^{(1)}(X_i) = \arg\min_{\theta_i \in \Theta} \sum_{X_j \in \Delta_1(X_i)} \rho_\tau(Y_i - \theta_i) K\left(\frac{X_i - X_j}{h_1}\right) \tag{4.1.14}$$

$$\hat{V}_{\Delta_1(X_i)}^2 = \frac{\tau(1-\tau)}{N_i h_i f(X_i)\{g[\hat{a}_i^{(1)}(X_i)|x]\}^2} \int_{\Delta_1(X_i)} K^2(v) \mathrm{d}v \tag{4.1.15}$$

如果是齐次性假设，或者等价地 $|\hat{a}_i^{(1)}(X_i) - \hat{a}_i^{(0)}(X_i)| \leqslant \eta \hat{V}_{\Delta_0(X_i)}$，没有被拒绝，将 $\Delta_1(X_i)$ 扩展为 $\Delta_2(X_i) = [X_i - h_2, \; X_i + h_2]$，$h_2 = 3h_0$，而后重复这个过程。

4.1.3.3   迭代

假设我们有估计 $\hat{a}_i^{(s-1)}(X_i)$。记 $\Delta_s(X_i) = [X_i - h_s, \; X_i + h_s]$，$h_s = (s+1)h_0$，$N_s = \sharp \Delta_s(X_i)$。计算

$$\hat{a}_i^{(s)}(X_i) = \arg\min_{\theta_i \in \Theta} \sum_{X_j \in \Delta_s(X_i)} \rho_\tau(Y_i - \theta_i) K\left(\frac{X_i - X_j}{h_s}\right) \tag{4.1.16}$$

$$\hat{V}^2_{\Delta_s(X_i)} = \frac{\tau(1-\tau)}{N_i h_i f(X_i)\{g[\hat{a}_i^{(s)}(X_i)|x]\}^2} \int_{\Delta_s(X_i)} K^2(v)\mathrm{d}v \qquad (4.1.17)$$

如果对于所有的 $l < s$，有 $|\hat{a}_i^{(s)}(X_i) - \hat{a}_i^{(l)}(X_i)| > \eta \hat{V}_{\Delta_s(X_i)}$ 成立，那么停止迭代，令 $\hat{\boldsymbol{A}}_i = \Delta_{s-1}(X_i)$，$\hat{\theta}_\tau(X_i) = \hat{a}_i^{(s-1)}(X_i)$。

4.1.4　理论性质

4.1.4.1　齐次性的适应性方法的精确性

在本小节中，我们展示在齐性区域对于分位回归所提出的适应性方法的品质。对于每一个设计点 X_i，我们有一列区间 $\Delta_k(X_i) = [X_i - h_k,\ X_i + h_k](k = 0,\ 1,\ \cdots,\ k^*)$，使得 $\Delta_k(X_i) \subseteq \Delta_{k+1}(X_i) \subseteq \boldsymbol{A}_i$。这里，$k^*$ 为使用区间的最大下标。记
$$\overline{\omega}_f(x,\ k) = \sup_{x \in \Delta_k(X_i) \cup \Delta_k(X_j)} f(x),\quad \underline{\omega}_f(x,\ k) = \inf_{x \in \Delta_k(X_i) \cup \Delta_k(X_j)} f(x),\quad \overline{D}_K(x,\ k) = $$
$$\int_{\Delta_k(X_i) \cup \Delta_k(X_j)} K^2(v)\mathrm{d}v,\quad \underline{D}_K(x,\ k) = \int_{\Delta_k(X_i) \cap \Delta_k(X_j)} K^2(v)\mathrm{d}v。$$

定理 4.1.1　令潜在的条件分位回归函数 $\theta_\tau(x) = \sum_{i=1}^{\mathcal{L}} a_i \mathbb{I}_{\boldsymbol{A}_i}(x)$，其中 $\boldsymbol{A}_1,\ \cdots,\ \boldsymbol{A}_{\mathcal{L}} \in \mathcal{B}^d$ 是 $\mathbb{R}^d$ 的一个剖分，即 $\boldsymbol{A}_i$ 互不相交，$\boldsymbol{A}_1 \cup \cdots \cup \boldsymbol{A}_{\mathcal{L}} = \mathbb{R}^d$，$\mathbb{I}_{\boldsymbol{A}_i}(\cdot)$ 是 $\boldsymbol{A}_i$ 的示性函数。另 $\Delta_{k^*}(X_i) \subseteq \boldsymbol{A}_i$ 为通过第三节所述适应性方法所选出来的最大区间。对某个正常数 C_2，令 $C_{k^*}^* = \mathrm{C}_2\left[1 + \dfrac{\overline{\omega}_f[x,\ k^*]}{\underline{\omega}_f(x,\ k^*)}\dfrac{\overline{D}_K(x,\ k^*)}{\underline{D}_K(x,\ k^*)}\right]$ 且对某一 ϱ 有 $\eta^2 \geqslant (2C_{k^*} + \varrho)\log(n)$。那么，对所有的 $k \leqslant k^*$ 和 $X_j \in \Delta_{k^*}(X_i)$，有

$$P[|\hat{\theta}^{(k^*)}(X_i) - \hat{\theta}^{(k^*)}(X_j)| < \eta \hat{V}_{\Delta_{k^*}(X_i)},\ i \neq j] > 1 - d_{k^*}^* \qquad (4.1.18)$$

其中
$$\hat{V}^2_{\Delta_{k^*}(X_i)} = \frac{\tau(1-\tau)}{N_{k^*} h_{k^*} f(X_i)[\hat{a}_i^{(k^*)} - \xi_\tau]^2} \int_{\Delta_{k^*}(X_i)} K^2(v)\mathrm{d}v$$

且
$$d_{k^*}^* = \sum_{k=1}^{k^*} n N_k \exp\left(-\frac{\eta^2}{2C_k^*}\right)$$

定理 4.1.1 展示了在使用最大临域的情况下，在齐次区间上的适应性估计以很大的概率为常值。

4.1.4.2　非齐性适应性估计的精确性

在本节中，我们考虑了不同的区域 A_i 和 $A_l(i \neq l)$，差别为 $a_i - a_l$。记
$$\{\nu^{(1)}(x,\ k)\}^2 = \sup_{x \in \Delta_0^{(1)}(X_i)} \frac{\tau(1-\tau)}{N_k h_k f(x)(a_i - \xi_\tau)^2} \int_{\Delta_0^{(1)}(X_i)} K^2(v)\mathrm{d}v$$

且

$$\{\nu^{(2)}(x,\, k)\}^2 = \sup_{x \in \Delta_0^{(2)}(X_l)} \frac{\tau(1-\tau)}{N_k h_k f(x)(a_i - \xi_\tau)^2} \int_{\Delta_0^{(2)}(X_l)} K^2(v) \mathrm{d}v$$

定理 4.1.2 令潜在的条件分位回归函数 $\theta_\tau(x) = \sum\limits_{i=1}^{\mathcal{L}} a_i \mathbb{I}_{\boldsymbol{A}_i}(x)$, 其中 $\boldsymbol{A}_1,\, \cdots,$ $\boldsymbol{A}_{\mathcal{L}} \in \mathcal{B}^d$ 是 $\mathbb{R}^d$ 的一个分割, 即 $\boldsymbol{A}_i$ 互不相交, 且 $\boldsymbol{A}_1 \cup \cdots \cup \boldsymbol{A}_{\mathcal{L}} = \mathbb{R}^d$, $\mathbb{I}_{\boldsymbol{A}_i}(\cdot)$ 是 $\boldsymbol{A}_i$ 的示性函数。假设对于常数 C 有 $\sum\limits_{k=1}^{k^*} N_k = Cn$。那么, 对于任何设计点 $X_i \in \Delta_{k^*}^{(1)}(X_i) \subseteq \boldsymbol{A}_i$, $X_l \in \Delta_{k^*}^{(2)}(X_l) \subseteq \boldsymbol{A}_l$, $i \neq l$ 和 $k \leqslant k^*$, 我们有

$$P[|\hat{\theta}_{k^*}(X_i) - \hat{\theta}_{k^*}(X_l)| \geqslant \hat{V}_{\Delta_{k^*}(X_i)}] \geqslant 1 - \mathcal{C}_{k^*} \qquad (4.1.19)$$

式中: $\hat{V}_{\Delta_{k^*}(X_i)}^2 = \dfrac{\tau(1-\tau)}{N_{k^*} h_{k^*} f(X_i)[\hat{a}_i^{(k^*)} - \xi_\tau]^2} \displaystyle\int_{\Delta_{k^*}(X_i)} K^2(v) \mathrm{d}v$;

$$\mathcal{C}_{k^*} = Cn^2 \exp\left(-\frac{\left\{|a_i - a_l| - \eta[2\nu^{(1)}(x,\, 0) + \nu^{(2)}(x,\, 0)]\right\}^2}{2\left\{[\nu^{(1)}(x,\, 0)]^2 + [\nu^{(2)}(x,\, 0)]^2\right\}}\right)$$

定理 4.1.2 展示了在非齐性区间的情形, 对不同区域的适应性估计以很大的概率不同。

4.1.5 蒙特卡洛研究

4.1.5.1 模型

本节我们通过大量的模拟来展示说明所提出的方法。令 $\{(X_i,\, Y_i)\}_{i=1}^n$ 是来自以下非参数模型的随机样本

$$Y_i = m(X_i) + \varepsilon_i$$

具有 i.i.d. 对称的拉普拉斯误差 $\varepsilon_i \sim Laplace(\mu = 0,\; \sigma = 1)$。注意到误差分布为拉普拉斯分布, 然而先前的文章中使用正态分布。$m(\cdot)$ 为定义在 $[0,\, 1]$ 上的回归函数。我们已经考虑了大量不同类型的回归函数, 在此仅报告 4 类具有代表性 R 函数: 跳跃 (Block)、分段 (Bump)、正弦函数 (HeaviSine)、多普勒函数 (Doppler)。参见 Donoho & Johnstone (1994, 1995), Goldenshluger & Nemirovski (1997) 等。选择这 4 个函数是由于它们捕捉了空间多变函数, 这些函数出现于成像、光谱和其他科学信号处理中。所有这些例子都能呈现各式各样的空间非齐性现象。对于本节中的结果, 我们做了 100 次模拟。

在下面的模拟中, 核函数为高斯核 $K(u) = \dfrac{1}{\sqrt{2\pi}} \exp(-u^2/2)$, $h_0 = 0.0001$。对所有的中位数 $\tau = 50\%$, $\eta = 1$; 对所有的 $\tau = 25\%$ 和 75%, $\eta = 10\%$; 对所有的 $\tau = 5\%$ 和 95%, 有 $\eta = 0.01$。设计点 $X_i = i/n$, $i = 0,\, 1,\, \cdots,\, n = 2048$。

4.1.5.2　Block

带有跳跃点的分段函数选择如下

$$m(x) = 4\sum h_j K(x - t_j), \quad K(x) = \{1 + \text{sgn}(x)\}/2, \qquad x \in [0,\ 1] \qquad (4.1.20)$$

式中：$(t_j) = (0.1,\ 0.13,\ 0.15,\ 0.23,\ 0.25,\ 0.40,\ 0.44,\ 0.65,\ 0.76,\ 0.78,\ 0.81)$；
$(h_j) = (4,\ -5,\ 3,\ -4,\ 5,\ -4.2,\ 2.1,\ 4.3,\ -3.1,\ 2.1,\ -4.2)$。

分段函数经常被认为是地球物理学中分层介质声阻抗的一种模仿，见图 4-1。

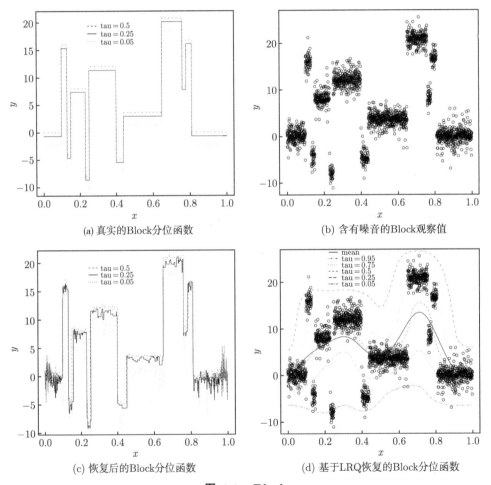

(a) 真实的Block分位函数　　　　　　　　(b) 含有噪音的Block观察值

(c) 恢复后的Block分位函数　　　　　　　(d) 基于LRQ恢复的Block分位函数

图 4-1　Block

注：$(N = 2048)$ 左上图和右上图分别是真实的分位曲线和观测到的受干扰的 Block 值。左下图和右下图
　　分别是基于局部适应性分位回归方法 (AQR) 和局部线性分位回归方法 (LQR) 恢复后的 Block 曲线
　　图。

4.1.5.3 Bump

这里选择的函数是 Block 给出的分段函数在相同位置的加和，高度和宽度都在变化且个体的跳跃形式为 $K(u) = (1 + |u|)^{-4}$，见图 4-2。

$$m(x) = 12 \sum h_j K(x - t_j/w_j), \quad K(x) = (1 + |x|)^{-4}, \quad x \in [0, 1] \qquad (4.1.21)$$

式中：$(t_j) = (0.1，0.13，0.15，0.23，0.25，0.40，0.44，0.65，0.76，0.78，0.81)$，$(h_j) = (4，5，3，4，5，4.2，2.1，4.3，3.1，5.1，4.2)$；$(w_j) = (0.005，0.005，0.006，0.01，0.01，0.03，0.01，0.01，0.005，0.008，0.005)$。

跳跃点指的是出现在红外线和吸收分光中的一种光谱描述。

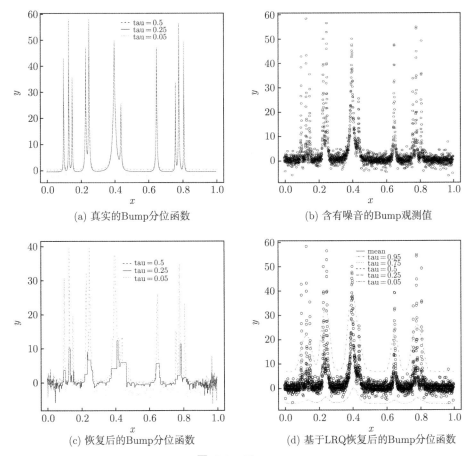

(a) 真实的Bump分位函数　　　　　　(b) 含有噪音的Bump观测值

(c) 恢复后的Bump分位函数　　　　　(d) 基于LRQ恢复后的Bump分位函数

图 4-2　Bump

注：($N = 2048$) 左上图和右上图分别是真实的分位曲线和观测到的受干扰的 Bump 值。左下图和右下图分别是基于局部适应性分位回归方法 (AQR) 和局部线性分位回归方法 (LQR) 恢复后的 Bump 曲线图。

4.1.5.4　HeaviSine

1 个周期带有两个跳跃点的正弦函数设定如下

$$m(x) = 2[4\sin 4\pi x - \operatorname{sgn}(x - 0.3) - \operatorname{sgn}(0.72 - x)], \quad x \in [0, 1] \tag{4.1.22}$$

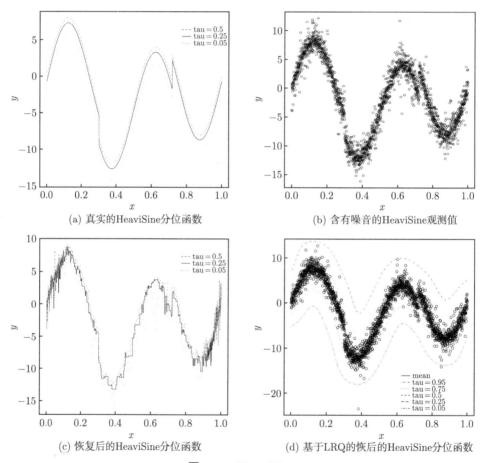

(a) 真实的HeaviSine分位函数　　　　(b) 含有噪音的HeaviSine观测值

(c) 恢复后的HeaviSine分位函数　　　(d) 基于LRQ的恢后的HeaviSine分位函数

图 4-3　HeaviSine

注:$(N = 2048)$ 左上图和右上图分别是真实的分位曲线和观测到的受干扰的 HeaviSine 值。左下图和右下图分别是基于局部适应性分位回归方法 (AQR) 和局部线性分位回归方法 (LQR) 恢复后的 HeaviSine 曲线图。

4.1.5.5　Doppler

变频信号选择如下

$$m(x) = 10[x(1-x)]^{1/2} \sin[2\pi(1+\mathrm{e})/(x+\mathrm{e})], \ \mathrm{e} = 0.05 \quad x \in [0, 1] \tag{4.1.23}$$

我们可以从图 4-1 至图 4-4 中很清晰地看到对于 4 个函数 AQR 表现出的理想的适应性结果。作为对比，也同样考虑了局部线性分位回归 (LQR) 方法。

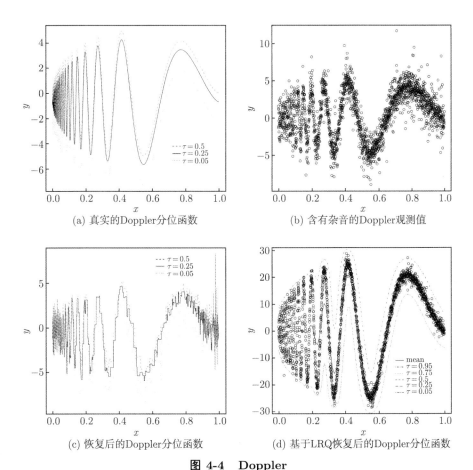

(a) 真实的Doppler分位函数   (b) 含有杂音的Doppler观测值

(c) 恢复后的Doppler分位函数   (d) 基于LRQ恢复后的Doppler分位函数

图 4-4　Doppler

注: (N =2048) 左上图和右上图分别是真实的分位曲线和观测到的受干扰的 Doppler 值。左下图和右下图分别是基于局部适应性分位回归方法 (AQR) 和局部线性分位回归方法 (LQR) 恢复后的 Doppler 曲线图。

4.1.6　不同方法的比较

为了说明本节所提出方法的局部表现 (将其记为"AQR")，利用蒙特卡洛模拟 4.1.5 节中的 4 种模型，我们对比了所提出方法的效果。对每个分位点，我们计算 MAE，定义如下

$$\frac{1}{n}\sum_{i=1}^{n}\left|\hat{\theta}_\tau(X_i) - \theta_\tau(X_i)\right| \tag{4.1.24}$$

式中：$\tau = 0.05$，0.25，0.5，0.75，0.95，$n = 2048$。

4 种方法为：

(1) 回归分位数 (RQ) (Koenker & Bassett，1978)；

(2) ICI 准则 (ICI) (Tsybakov，1986；Katkovnik *et al.*，2003)；

(3) 稳健非参函数估计方法 (NQR)；

(4) 局部线性分位回归 (LQR) (Yu & Jones，1998)。

表 4-1 展示了当分位点从 $\tau = 0.05$ 到 $\tau = 0.95$ 变化的 5 种方法的模拟，且每种情形模拟 100 次的比较结果。正如期望的那样，我们指出在分位数从中位数到低阶分位数 (如 $\tau = 0.5$，0.25，0.05) 或到更高阶分位数 (如 $\tau = 0.75$，0.95) 变化时，平均绝对误差 (MAE) 迅速地减小。一般来说，AQR 在所有的情形中表现最好。

表 4-1　基于 MAE 测度的 5 种条件分位回归方法之比较

分位点	分位回归方法	Block	Bump	HeaviSine	Doppler
0.05	AQR	1.509 2	3.070 0	1.261 4	1.227 9
	RQ	10.941 8	5.060 2	9.699 3	5.335 4
	ICI	5.576 5	4.988 7	4.440 1	3.771 8
	NQR	9.975 4	6.772 1	6.966 8	15.113 8
	LQR	9.902 5	6.740 0	6.062 9	15.078 2
0.25	AQR	1.004 4	2.717 8	0.657 9	0.707 0
	RQ	7.263 3	4.006 5	6.013 1	3.177 8
	ICI	2.597 1	3.110 1	2.200 7	2.224 8
	NQR	6.338 8	4.451 0	3.656 0	9.455 4
	LQR	6.143 1	4.442 4	3.111 7	9.339 5
0.50	AQR	0.642 4	1.166 3	0.511 8	0.679 3
	RQ	6.078 9	3.784 6	4.649 5	2.550 5
	ICI	1.962 3	2.001 0	0.908 9	1.408 0
	NQR	3.592 1	2.557 7	1.024 4	5.888 4
	LQR	3.593 0	2.453 4	0.947 6	5.663 3
0.75	AQR	1.929 1	2.271 8	0.643 1	0.690 5
	RQ	9.100 3	4.501 9	5.571 4	3.070 0
	ICI	2.371 8	3.008 4	2.202 3	2.112 1
	NQR	5.104 5	4.999 5	3.378 1	9.878 7
	LQR	5.125 0	4.817 1	3.160 1	9.257 9
0.95	AQR	1.627 4	5.887 7	1.087 2	1.189 3
	RQ	13.253 3	17.468 4	7.375 3	4.628 7
	ICI	5.887 4	7.701 9	3.808 8	4.098 0
	NQR	9.577 5	10.090 1	6.718 8	14.899 1
	LQR	9.558 9	9.019 7	6.099 3	14.859 3

4.1.7　局部适应性窗宽的自动选择

非参数分位回归的一个重要方面即是窗宽的选择。传统的方法依赖于通过窗口局部化，带有常数窗宽的核权或两者的混合。在本节中，窗宽选择依赖于齐次

性检验。也就是说，对于每个设计点 X_i，我们选取其周围的一列临域。记 $\Delta_\nu = [X_i - h_\nu, \quad X_i + h_\nu]$ ($\nu = 1, 2, \cdots, \infty$)。其中，$\Delta_\nu \subset \Delta_{\nu+1}$ 包含点 X_i。计算 $\hat{a}_i^{(\nu)}(X_i)$，$\hat{a}_i^{(\nu+1)}(X_i)$ 和 $\hat{V}_{\Delta_\nu}$。更多细节详见 4.1.3 节。如果齐次性检验或者等价的 $|\hat{a}_i^{(\nu+1)}(X_i) - \hat{a}_i^{(\nu)}(X_i)| \leqslant \eta \hat{V}_{\Delta_\nu}$ 被拒绝了，那么我们得到了对于点 X_i 的适应性窗宽。

图 4-5～图 4-8 描绘了使用自动选择程序得到的在不同点的局部适应性窗宽的动态变化。它与常数窗宽选择和局部变化窗宽选择不同。图像也很清晰地展示了在潜在的函数逐点为常数时或者可以用逐点常数函数逼近时，窗宽函数的变化将不那么剧烈。

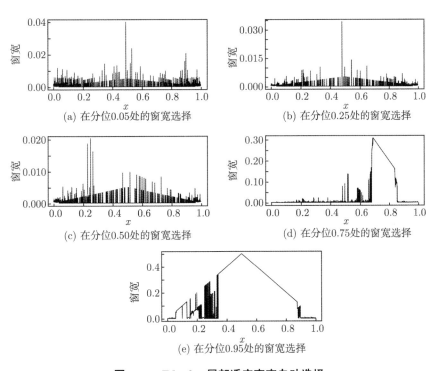

(a) 在分位0.05处的窗宽选择   (b) 在分位0.25处的窗宽选择

(c) 在分位0.50处的窗宽选择   (d) 在分位0.75处的窗宽选择

(e) 在分位0.95处的窗宽选择

图 4-5　Block: 局部适应窗宽自动选择

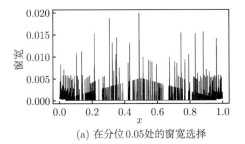

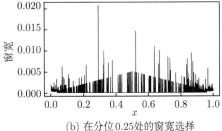

(a) 在分位 0.05处的窗宽选择   (b) 在分位 0.25处的窗宽选择

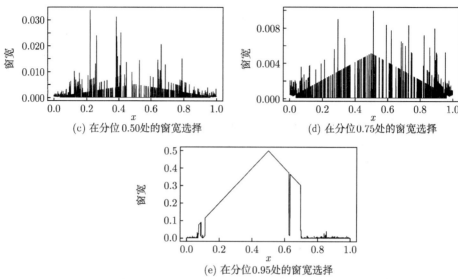

图 4-6　Bump: 局部适应窗宽自动选择

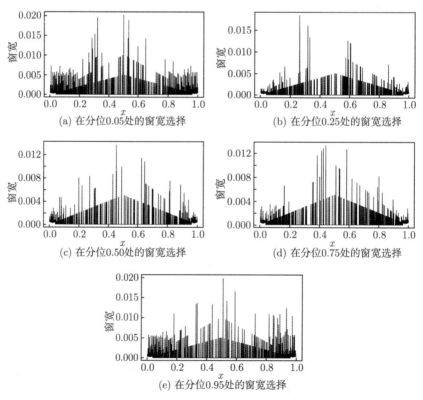

图 4-7　HeaviSine: 局部适应窗宽自动选择

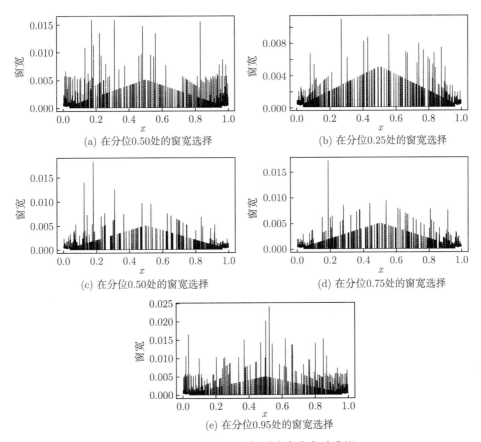

(a) 在分位0.50处的窗宽选择

(b) 在分位0.25处的窗宽选择

(c) 在分位0.50处的窗宽选择

(d) 在分位0.75处的窗宽选择

(e) 在分位0.95处的窗宽选择

图 4-8　Doppler：局部适应窗宽自动选择

4.1.8　应用

在本节中，我们考虑所提方法的实际应用。真实的数据集来自于一个大学工会。为了考察教授的收入与当教授年数之间的关系，该工会收集了 1980~1990 年 459 位美国统计学家的收入以及当教授的年数，参见 Bailar (1991)。

图 4-9 描述了 5 条分位曲线 ($\tau = 0.95$，0.75，0.50，0.25，0.05)。这些曲线是通过本节所提的局部适应性光滑方法产生的。图 4-9 表述了一个有趣的现象：富者越富，穷者越穷。

4.1.9　文献介绍

局部光滑方法有很多，参见 Tsybakov (1986)，Troung (1989)，Hall & Jones (1990)，Chaudhuri (1991)，Fan *et al.* (1994)，Yu & Jones (1998)，Tian & Chen (2006)，Müller (1992)，Wu & Chu (1993)，Banerjee & Rosenfeld (1993) 和 Speckman (1994) 等。另一方面，有关边界估计问题的研究包括 Korostelev & Tsybakov (1993)，Scott (1992)，Donoho (1999)，Polzehl & Spokoiny (2000) 以及其他参考文献。本节主要参考 Tian & Chan (2013)，通过局部常数近似，我们将适应性加权光滑方法扩展到条件分位曲线的估计中，并建立了一个自动选择局部适应性窗宽的准则。我们介绍了对于条件非参数分位回归模拟的适应性方法，给出了具体实施细节，研究了该方法的理论性质，进行了模拟研究，并分析了教授的收入与他们当教授年数的关系这一实际数据。

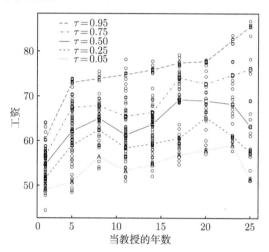

图 4-9   459 位美国统计学教授的薪水与当教授年数的分位曲线

4.2   局部线性适应性分位回归

4.2.1   介绍

对比均值回归，条件分位回归这种方法能够看到在高维预测变量给定的时候，响应变量的整个条件分布情况，因此它应用广泛。假定有样本序列 $\{(X_i, Y_i), i = 1, \cdots, n\}$ 满足如下模型

$$Y_i = m(X_i) + \epsilon_i, \quad X_i \in \mathbb{R}^d, \ \mathbb{E}(\epsilon_i | X = x) = 0, \ \mathrm{var}(\epsilon_i | X = x) = \sigma^2 \quad (4.2.1)$$

式中：$X_i (i = 1, \cdots, n)$ 为设计点。

假定 ϵ_i 是独立同分布于未知分布的变量。响应变量 Y 的 τ 阶条件分位 $m_\tau(x)$ 被定义为 $\tau = P[Y \leqslant m_\tau(X) | X = x]$ 的解。即

$$m_\tau(x) = \arg\min_{\theta \in \mathbb{R}} \mathbb{E}\{\rho_\tau(Y - \theta) | X = x\} \quad (4.2.2)$$

式中：$\rho_\tau(u) = u[\tau I(u \geqslant 0) - (1-\tau)I(u < 0)]$ 叫作检验函数。它是一种损失函数。τ 为感兴趣的分位数。

大量文献关注的是带有不变窗宽的局部常数拟合

$$\theta_\tau(x) = \arg\min_{\theta \in \mathbb{R}} \mathbb{E}[\rho_\tau(Y - \theta)|X = x]K\left(\frac{X - x}{h}\right) \tag{4.2.3}$$

式中：h 和 $K(\cdot)$ 分别为不变窗宽与有界核函数。

已证明局部常数拟合存在如下缺点：① 渐近偏差包括回归和设计密度的导数；② 这种方法不适用于高聚集型的设计密度，并且有值为 0 的 MiniMax 效率；③ 它存在边际效应，并且需要边界修正。

另一方面，许多文献考虑到关于变窗宽的局部线性估计方法。局部线性拟合的思想是我们应用点 x 上 $\theta_\tau(z)$ 的泰勒展开。也就是说，$\theta_\tau(z) \approx \theta_\tau(x) + \theta_\tau'(x)(z - x)\Delta qa + b(z - x)$ 于 x 点邻域 z。$\theta_\tau(x)$ 的局部估计等价于估计 a，估计 $\theta_\tau'(x)$ 等价于估计 b

$$(\hat{a}, \hat{b}) = \arg\min_{(a, b) \in \mathbb{R}^{d+1}} \sum_{i=1}^{n} \rho_\tau[Y_i - a - b(X_i - x)]K\left(\frac{x - X_i}{h_{(x)}}\right) \tag{4.2.4}$$

式中：$h(x)$ 是变化的窗宽，它在不同情况下是适应性的。

式 (4.2.4) 给出了 $[\hat{a}(x), \hat{b}(x)]$。我们可以从 Fan $et\ al.$ (1994)，Tian (2006，2009) 和 Yu(1998) 中了解更多。

然而，很多文章中所提出的方法在计算偏差时常需要计算出待估函数的高阶导数。这显然比最初的分位函数估计给我们带来的困难多，因此更复杂。更进一步地说，分位回归模拟的现有方法都是基于对待估函数的平滑假设条件下进行的，然而这些假设在不连续点和边界都是不满足的，常会导致过度平滑等问题，举例参见 Polzehl & Spokoiny (2000，2003)。本节中，我们提出了一种带有局部适应性窗宽选择的方法来对分位回归曲线进行局部线性拟合。

4.2.2 局部线性适应性估计

首先我们通过正部 $\theta_\tau^+(x) = \max\{\theta_\tau(x), 0\}$ 和负部 $\theta_\tau^-(x) = \max\{-\theta_\tau(x), 0\}$ 来定义 $\theta_\tau(x)$，其中 $\theta_\tau^+(x)$ 和 $\theta_\tau^-(x)$ 为非负 Borel 可测函数。那么，条件分位函数为 $\theta_\tau(x) = \theta_\tau^+(x) - \theta_\tau^-(x)$。从实值函数的基本知识，我们知道 $\theta_\tau(x)$ 可能由一族可测的局部线性函数逼近

$$\theta_\tau(X_i) \approx \sum_{i=1}^{\ell} [a_i + b_i(X_i - x)]\mathbb{1}_{\mathbf{D}_i}(x) \tag{4.2.5}$$

式中：$\mathbb{I}(\cdot)$ 为 $\mathbf{D}_i$ 上的示性函数；$\mathbf{D}_1, \cdots, \mathbf{D}_\ell \in \mathcal{B}^d$ 为 $\mathbb{R}^d$ 的剖分。

那么，$\mathbf{D}_1 \cup \cdots \cup \mathbf{D}_\ell = \mathbb{R}^d$。事实上，实值 a_i 和 b_i，区域 $\mathbf{D}_i$ 和 ℓ 是未知的且需要估计的。

现在，为了要估计由式 (4.2.5) 定义的条件分位函数 $\theta_\tau(X)$，我们首先估计 $(a_1, \cdots, a_\ell)$ 和 $(b_1, \cdots, b_\ell)$；接着，确定点 X_i 所在的区域 $\mathbf{D}_i$。定义

$$[\hat{a}_i(X_i),\ \hat{b}_i(X_i)]$$

$$= \arg \min_{a_i,\ b_i \in \mathbb{R}^{d+1}} \sum_{x \in \mathbf{D}_i} \rho_\tau[Y_i - a_i - b_i(X_i - x)] K\left(\frac{x - X_i}{h_i}\right) (i = 1, \cdots, \ell) \quad (4.2.6)$$

式中：$\mathbf{D}_1, \cdots, \mathbf{D}_\ell \in \mathcal{B}^d$ 为 $\mathbb{R}^d$ 的一个剖分，即有 $\mathbf{D}_1 \cup \cdots \cup \mathbf{D}_\ell = \mathbb{R}^d$。

在实际中，实值 a_i 和 b_i，区间 $\mathbf{D}_i$ 和 ℓ 都是未知并且需要估计的。其中，$h_1 < h_2 < \cdots$ 为适应性窗宽序列，它们与式 (4.2.3) 和式 (4.2.4) 中的定义不同。对于给定的剖分 $\mathbf{D}_1, \cdots, \mathbf{D}_\ell \in \mathcal{B}^d$，易估计出条件分位回归函数。也就是说，$\hat{\theta}_\tau(X_i) = \sum_{i=1}^{\ell}[\hat{a}_i + \hat{b}_i(X_i - x)]\mathbb{I}_{\mathbf{D}_i}(x)$。另一方面，对给定的分位回归估计 $\hat{\theta}_\tau(x)$，如何识别出剖分 $\mathbf{D}_1, \cdots, \mathbf{D}_\ell$ 呢？对于每个点对 (X_i, X_j)，我们考虑下面定义的绝对值偏差 $ADE_i \equiv |\hat{\theta}_\tau(X_i) - \hat{\theta}_\tau(X_j)|$。如果 ADE_i 比标准偏差 $\hat{\theta}_\tau(X_i)$ 大，那么这两点显然处于不同区域。所以我们对每个设计点 X_i，定义如下齐性区域

$$\hat{\mathbf{D}}_i = [X_j : |\hat{\theta}_\tau(X_i) - \hat{\theta}_\tau(X_j)| \leqslant \delta \hat{V}(X_i)] \quad (4.2.7)$$

式中：δ 为一个控制参数；$\hat{V}(X_i)$ 为 $\sqrt{Var(\hat{\theta}_\tau(X_i))}$。

Fan *et al.* (1994) 和 Yu *et al.* (1998) 给出了一个类似的表达

$$\hat{V}^2(X_i) = \frac{\tau(1-\tau)R(K_i)}{n_i h_i g(X_i)\{f[\hat{\theta}_\tau(X_i) \mid X_i = x]\}^2} \quad (4.2.8)$$

式中：$R(K_i) = \int_{\mathbf{D}_i(x)} K^2(u)\mathrm{d}u$。

每个区域 $\mathbf{D}_i(i = 1, \cdots, \ell)$ 中点的个数为 n_i，且 $f(y|x)$ 是 Y_i 给定 X_i 情况下的条件密度。$g(x)$ 是 X_i 的边际密度。基于式 (4.2.7) 中估计的区域，我们能够得到估计量

$$[\hat{a}_i^{(1)}(X_i),\ \hat{b}_i^{(1)}(X_i)] \quad (4.2.9)$$

$$= \arg \min_{a_i,\ b_i \in \mathbb{R}^{d+1}} \sum_{X_j \in \hat{\mathbf{D}}_i} \rho_\tau[Y_j - a_i - b_i(X_j - X_i)] K\left(\frac{X_i - X_j}{h_i}\right) (i = 1, \cdots, n)$$

式中：n 为区域中设计点的个数。

继续迭代步骤式 (4.2.6) 至式 (4.2.9)，直到某种意义下收敛为止。

4.2.3 算法

算法步骤如下。

4.2.3.1 初值的选择

对每个设计点 X_i，基于"大拇指法则"，我们选出最小的初始窗宽 h_0，得到最初的最小区域 $\mathbf{D}_0(X_i) = [X_i - h_0, \ X_i + h_0]$。接着计算

$$[\hat{a}_i^{(0)}(X_i), \ \hat{b}_i^{(0)}(X_i)]$$

$$= \arg \min_{a_i, \ b_i \in \mathbb{R}^{d+1}} \sum_{X_j \in \mathbf{D}_0(X_i)} \rho_\tau [Y_i - a_i - b_i(X_i - X_j)] K\left(\frac{X_i - X_j}{h_0}\right) \quad (4.2.10)$$

$Var[\hat{\theta}_i^{(0)}(X_i)]$ 的估计是

$$\hat{V}_{\mathbf{D}_0(X_i)}^2 = \frac{\tau(1-\tau)R_{\mathbf{D}_0}(K)}{n_0 h_0 g(X_i)\{f[\hat{\theta}_i^{(0)}(X_i)|x]\}^2}$$

$$R_{\mathbf{D}_0}(K) = \int_{\mathbf{D}_i(X_i)} K^2(u)\mathrm{d}u \quad (4.2.11)$$

4.2.3.2 局部线性齐性检验

参见 Tian & Chan(2009) 对于齐性检验的更多讨论。对给定的 $\hat{a}_i^{(0)}(X_i)$ 和 $\hat{b}_i^{(0)}(X_i)$，我们想要得到包括点 X_i 的最大齐性区域。记 $\mathbf{D}_1(X_i) = [X_i - h_1, \ X_i + h_1]$，$h_1 = 2h_0$，其中 n_1 表示区域 $\mathbf{D}_1(X_i)$ 中 X_i 的个数。

$$[\hat{a}_i^{(1)}(X_i), \ \hat{b}_i^{(1)}(X_i)]$$

$$= \arg \min_{a_i, \ b_i \in \mathbb{R}^{d+1}} \sum_{X_j \in \mathbf{D}_1(X_i)} \rho_\tau [Y_i - a_i - b_i(X_i - X_j)] K\left(\frac{X_i - X_j}{h_1}\right) \quad (4.2.12)$$

其中

$$\hat{V}_{\mathbf{D}_1(X_i)}^2 = \frac{\tau(1-\tau)R_{\mathbf{D}_1}(K)}{n_1 h_1 g(X_i)\{f[\hat{\theta}_i^{(1)}(X_i)|x]\}^2}$$

$$R_{\mathbf{D}_1}(K) = \int_{D_1(X_i)} K^2(u)\mathrm{d}u \quad (4.2.13)$$

4.2.3.3 迭代

假定我们得到估计 $\hat{a}_i^{(t-1)}(X_i)$，记 $\mathbf{D}_t(X_i) = [X_i - h_t, \ X_i + h_t]$，其中 $h_t = (t+1)h_0$，n_t 为区域 $\mathbf{D}_t(X_i)$ 中 X_i 的个数，那么

$$[\hat{a}_i^{(t)}(X_i), \ \hat{b}_i^{(t)}(X_i)]$$

$$= \arg \min_{a_i, \ b_i \in \mathbb{R}^{d+1}} \sum_{X_j \in \mathbf{D}_t(X_i)} \rho_\tau [Y_i - a_i - b_i(X_i - X_j)] K\left(\frac{X_i - X_j}{h_t}\right) \quad (4.2.14)$$

$$\hat{V}_{\mathbf{D}_t}^2(X_i) = \frac{\tau(1-\tau)R_{\mathbf{D}_t}(K)}{n_1 h_1 g(X_i)\{f[\hat{\theta}_i^{(t)}(X_i)|x]\}^2}$$

$$R_{\mathbf{D}_t}(K) = \int_{\mathbf{D}_t(X_i)} K^2(v)\mathrm{d}v \tag{4.2.15}$$

如果存在一个指标 $t' < t$，那么 $|\hat{a}_i^{(t)}(X_i) - \hat{a}_i^{(t')}(X_i)| > \delta \hat{V}_{\mathbf{D}_{t'}(X_i)}$，停止迭代。则令集合 $\hat{\mathbf{D}}_t = \hat{\mathbf{D}}_{t-1}$；$\hat{\theta}_\tau^{(t)}(X_i) = \hat{\theta}_\tau^{(t-1)}(X_i)$。

4.2.4　理论性质

在这个部分，我们建立新方法的理论性质。文献中有大量关于局部线性分位回归方法的类似介绍，参见 Fan *et al.* (1992，1993，1994)。

4.2.4.1　渐近性质

在这个子部分，我们讨论式 (4.2.6) 中定义的渐近正态性质。下面的结果有如下假定。

1. 非负核函数 $K(\cdot)$ 的紧支撑集为 [-1, 1]，并且满足

$$\int_{-\infty}^{+\infty} K(x)\mathrm{d}x = 1; \qquad \int_{-\infty}^{+\infty} xK(x)\mathrm{d}x = 0$$

2. X_i 的边际密度函数 $g(\cdot)$ 是连续的且为正。

3. 给定点 X_i 中 Y_i 条件密度 $f(y|x)$ 关于测度 μ 是连续的。也就是说，存在正的常数 ϵ 和 δ 与常数 $F(y|x)$，那么 $\sup_{\mathbf{D}_i(x)} f(y|x) \leqslant F(y|x)$ 有

$$\int |\rho'[y - \theta_\tau(x)]|^{2+\delta} F(y|x)\mathrm{d}\mu(y) < \infty \tag{4.2.16}$$

和

$$\int \left[\rho(y-t) - \rho(y) - \rho'(y)t\right]^2 F(y|x)\mathrm{d}\mu(y) = o(t^2) \tag{4.2.17}$$

4. 函数 $\theta_\tau(\cdot)$ 于 x 附近是连续的，且有二阶导数。

5. 窗宽 h_i 满足 $h_i \to 0$；$n_i h_i \to \infty$。

定理 4.2.1　假定 1~5 下，我们有下面的估计量的渐近正态

$$\sqrt{n_i h_i}[\hat{\theta}(x) - \theta(x)] \xrightarrow{\mathcal{L}} \mathrm{N}\left\{\frac{h_i^2}{2}\theta_\tau''(x)\mu_2(K_i) + o(h_i^2), \quad \frac{\tau(1-\tau)R(K_i)}{g(x)f^2[\theta(x)|x]}\right\} \tag{4.2.18}$$

式中：$\mu_2(K_i) = \int_{\mathbf{D}_i(x)} u^2 K(u)\mathrm{d}u$；$R(K_i) = \int_{\mathbf{D}_i(x)} K^2(u)\mathrm{d}u$。

证明这里省略。类似的讨论我们可以参见 Fan *et al.* (1992，1993，1994) 和 Cai *et al.* (2008)。

4.2.4.2 非渐近精确风险界

在这个部分，我们以一种精确非渐近风险界的方式给出我们的结论。对每个设计点 X_i，我们有邻域序列 $\mathbf{D}_k(X_i) = [X_i - h_k, \ X_i + h_k](k = 0, 1, \cdots, k^*)$，则 $\mathbf{D}_k(X_i) \subseteq \mathbf{D}_{k+1}(X_i) \subseteq \mathbf{D}_i$。我们记 k^* 为邻域的最大下标。

我们考虑不同的区域 $\mathbf{D}_i$ 和 $\mathbf{D}_l(i \neq l)$。记

$$[\nu(X_i, \ k)]^2 = \sup_{x \in \mathbf{D}_0(X_i)} \frac{\tau(1-\tau)R_{\mathbf{D}_{k(X_i)}}}{n_k h_k g(X_i)[\hat{a}_i^{(k)} - \xi_\tau]^2}$$

式中：$R_{\mathbf{D}_{k(X_i)}} = \int_{\mathbf{D}_{k(X_i)}} K^2(u)\mathrm{d}u$。

定理 4.2.2 令潜在的分位回归函数 $\theta_\tau(x) = \sum_{i=1}^{\mathcal{L}}(a_i + b_i x)\mathbb{I}_{\mathbf{D}_i}(x)$，其中 $\mathbf{D}_1, \cdots, \mathbf{D}_{\mathcal{L}}$ 是 $\mathcal{R}^d$ 的剖分，并且 $\mathbb{I}_{\mathbf{D}_i}(\cdot)$ 是关于 $\mathbf{D}_i$ 的示性函数。记 $\mathbf{D}_{k^*}(X_i) \subseteq \mathbf{D}_i$ 是由 4.2.3 节的算法选出的最大邻域。假定对于常数 C，有 $\sum_{k=1}^{k^*} N_k = Cn$，那么对于任意设计点 $X_i \in \mathbf{D}_{k^*}(X_i) \subseteq \mathbf{D}_i$ 和 $X_l \subseteq \mathbf{D}_l(i \neq l)$，我们有

$$P[|\hat{a}_{k^*}(X_i) - \hat{a}_{k^*}(X_l)| \geqslant \hat{V}_{\mathbf{D}_{k^*}(X_i)}] \geqslant 1 - \mathcal{C}_{k^*} \tag{4.2.19}$$

式中：$\hat{V}_{\mathbf{D}_{k^*}(X_i)}^2 = \dfrac{\tau(1-\tau)R_{\mathbf{D}_{k^*(X_i)}}}{n_{k^*} h_{k^*} g(X_i)[\hat{a}_i^{(k^*)} - \xi_\tau]^2}$；$R_{\mathbf{D}_{k^*(X_i)}} = \int_{\mathbf{D}_{k^*(X_i)}} K^2(u)\mathrm{d}u$；

$$\mathcal{C}_{k^*} = CN^2 \exp\left(-\frac{\left\{|a_i - a_l| - \eta[2\nu(X_i, \ 0) + \nu(X_l, \ 0)]\right\}^2}{2\left\{[\nu(X_i, \ 0)]^2 + [\nu(X_l, \ 0)]^2\right\}}\right)$$

注： 定理 4.2.1 表明对于 $\hat{a}_i$ 的精确风险界是以一种非渐近的方式从不同的非齐性区域当中的两点得到的。结论证明不同区域上的适应性估计不一样的概率很高。

4.2.5 蒙特卡洛模拟

在这部分，针对来自非参数模型 $Y_i = m(X_i) + \epsilon_i$ 的随机样本 $\{(X_i, Y_i)\}_{i=1}^n$，其中残差 ϵ_i 是独立同分布于对称的拉普拉斯分布，即 $\epsilon_i \sim Laplace(\mu = 0, \ \sigma = 1)$。作为举例，我们考虑多普勒函数作为 $m(x)$，该函数广泛应用于雷达探测、医用超声波检查等。例如，可用超声多普勒法诊断心脏病，观察致命性的心脏跳动。交通警察可通过向行进中的车辆发射频率已知的超声波，同时测量反射波频率，根据反射波频率的变化就能知道车辆的速度。因此，研究多普勒函数有很好的理论和现实意义。

我们的核函数采用最普遍的 Gaussian 核，$K(u) = \dfrac{1}{\sqrt{2\pi}}\exp(-u^2/2)$，初始窗宽选择 $h_0 = 0.0001$，设计点 $X_1, X_2, \cdots, X_{2048}$ 是从 $[0,\ 1]$ 的均匀分布中产生的。$\epsilon_1, \cdots, \epsilon_{2048}$ 是从标准拉普拉斯分布中生成的，并且重复模拟 100 次。

根据经验，对中位数回归我们选门槛变量 $\delta = 1$ 和 $\eta = 1$，选出的变量频率信号由下式产生

$$m(x) = 10[x(1-x)]^{1/2}\sin[2\pi(1+\mathrm{e})/(x+\mathrm{e})],\ \ \mathrm{e} = 0.05, \quad x \in [0,\ 1] \quad (4.2.20)$$

我们比较了局部适应性分位回归 (AQR)，局部线性分位回归 LPRQ (Koenker R.,2004) 和普通的分位回归 (Koenker & Bassett，1978) 在 5%，25%，50%，75% 和 95% 分位点上的 MSE 与 MAE 的大小。结果见表 4-2：基本在所有分位上，相应的 AQR 的 MSE 和 MAE 值显著地比其他两种方法小。其中，$MSE(\hat{\nu}) = \mathrm{E}[(\hat{\nu}-\nu)^2]$；$MAE(\hat{\nu}) = \mathrm{E}[|\hat{\nu}-\nu|]$。从图 4-10 我们也能看出：当数据集中存在高频信号的情况下，LPRQ 方法在 50% 分位上的表现没有 AQR 那样好。

表 4-2   基于 MSE 和 MAE 准则下的 3 种方法的比较

分位	MSE			MAE		
	AQR	LPRQ	RQ	AQR	LPRQ	RQ
5%	2.665463	7.179369	38.15595	1.246197	2.192682	5.450281
25%	1.049778	6.479582	14.13346	0.7240684	2.070502	3.13978
50%	0.886975	6.403618	9.497475	0.6544126	2.00235	2.523247
75%	1.119725	6.430081	15.5131	0.7461714	2.037455	3.090338
95%	2.594033	5.992894	29.22746	1.224142	1.977872	4.527308

注：3 种方法为 AQR (适应性分位回归)，LPRQ (局部多项式分位回归) 和 RQ (分位回归)。

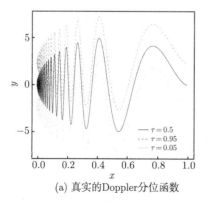

(a) 真实的Doppler分位函数

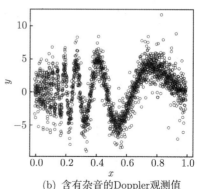

(b) 含有杂音的Doppler观测值

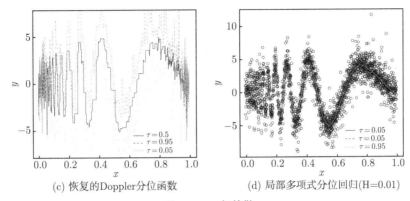

(c) 恢复的Doppler分位函数　　　　(d) 局部多项式分位回归(H=0.01)

图 4-10　多普勒

注:　$(N = 2048)$ 第 1 行从左到右的图片是真实分位回归曲线和带噪声的多普勒函数。第 2 行从左到右是
　　基于自适应分位回归方法的 (AQR) 恢复的分位函数曲线和局部多项式线性 (LPRQ) 展开的分位函
　　数曲线。

4.2.6　文献介绍

关于适应性窗宽选择有很多文献, 例如 Fan *et al.* (1994), Tian (2006, 2009),
Yu(1998) 及 Polzehl & Spokoiny (2000, 2003)。本节主要参考 Su & Tian (2011),
介绍了一种带有局部适应性窗宽选择的方法来对分位回归曲线进行局部线性拟合,
引入自适应条件分位回归的估计方法, 并给出了适应性窗宽选择的法则, 给出了计
算机模拟算法、理论性质以及一个拓展与系统化的对比研究的蒙特卡洛模拟。

第5章　可加性分位回归模拟

5.1　高维协变量下可加条件分位回归

5.1.1　引言

令 $(\boldsymbol{X}_i, \boldsymbol{Y}_i;\ i \geqslant l)$ 是一个严格平稳的随机向量的序列。这个序列在 $\mathbb{R}^d \times \mathbb{R}$ 空间中取值，其中 $d \geqslant 2$。自然地，这种假设包含了以下一种情况：所有的组对 $(\boldsymbol{X}_j, \boldsymbol{Y}_j)$ 是独立同分布的。假设 $\boldsymbol{Y}$ 代表响应变量，它依赖于随机协变量序列 $\boldsymbol{X} = (X_1, \cdots, X_d)^T$。其中，$T$ 表示矩阵或者向量的转置。典型地，在时间序列的背景之下，$\boldsymbol{X}_i$ 代表由 Y_i 的滞后项所组成的向量。对于一确定的 $\alpha \in (0, 1)$，在给定 $\boldsymbol{x} = (x_1, \cdots, x_d)^T$ 的条件下，Y 的 α 条件分位数定义为 $\theta_\alpha(\boldsymbol{x})$，使得

$$\theta_\alpha(\boldsymbol{x}) = \inf[t \in \mathbb{R} : F(t|\boldsymbol{x}) \geqslant \alpha]$$

式中：$F(\cdot|\boldsymbol{x})$ 为在给定 $\boldsymbol{X} = \boldsymbol{x}$ 条件下 Y 的条件分布。

同样地，$\theta_\alpha(\boldsymbol{x})$ 可以看成是

$$\theta_\alpha(\boldsymbol{x}) = \arg\min_{\alpha \in \mathbb{R}} E[p_\alpha(Y - a)|\boldsymbol{X} = \boldsymbol{x}]$$

的任意一个解。其中，$P_\alpha(z) = 0.5[|z| + (2\alpha - 1)z]$ 就是所谓的"检验函数"。

当 $\boldsymbol{X}$ 和 Y 之间的关系涉及 Y 的分布时，那么条件分位便成了一种描述整个分布的自然工具。但是只考虑条件均值，数据中的很多信息会丢失。这是因为它暗含了假设：$\boldsymbol{X}$ 对 Y 的条件分布的影响是不重要的。例如，我们考虑波士顿地区的业主自用住房的价值 Y 与 4 个潜在相关解释变量之间的相关关系。实证分析表明协变量的影响会随着 Y 的分位数的变化而不同。只处理条件均值的统计模型并不能提供上面这些信息。因此，就因变量和潜在的协变量之间的相关关系而言，条件分位数可以提供一种独特的洞察，而且这种方法可以对我们手头的问题提供有意义的提示。

假设有 $(\boldsymbol{X}, Y)$ 的 n 个观测值，记为 $\{(\boldsymbol{X}_1, Y_1), \cdots, (\boldsymbol{X}_n, Y_n)\}$。其中，$\boldsymbol{X}_i = (X_{1, i}, \cdots, X_{d, i})^T (i = 1, \cdots, n)$。实际上，这种问题就是如何使用样本中的信息来估计 $\theta_\alpha(\boldsymbol{x})$。当处理这种估计问题时，到目前为止最常用的方法是用线性模型 $\theta_\alpha(\boldsymbol{x}) = \boldsymbol{\beta}_\alpha^T \boldsymbol{x}$[其中，$\boldsymbol{\beta}_\alpha = (\beta_\alpha^{(1)}, \cdots, \beta_\alpha^{(d)})^T$] 来模拟 $\theta_\alpha(\boldsymbol{x})$ 和 $\boldsymbol{X}$ 之间的关系。在这种方法中，估计条件分位数的问题转变成估计有限维欧几里得的参数问题。这种

线性分位的方法最初是由 Koenker & Bassett (1978) 提出的，从那时起就越来越广泛地应用于计量经济学中。但是，在很多现实的情况中，这种条件分位数的线性模型不能充分挖掘出响应变量 Y 的分位数和协变量 X 之间的关系。事实上，一些或者全部的成分可能是高度非线性的。

另外一种估计条件分位数的方法是非参数的方法 (Chaudhuri，1991；Fan，Hu & Truong，1994；De Gooijer，Gannoun & Zerom，2002)。在这种方法中，唯一的假设是 $\theta_\alpha(x)$ 为一个合适的平滑函数，而不是假设 $\theta_\alpha(x)$ 有一个有限维的线性参数模型。理论上，非参数条件分位数估计量对较大的 d 而言仍然是相合的。但在实际中，因为"维数祸根"的问题，$\theta_\alpha(x)$ 的估计是很困难的。这种问题即使在样本量适中的条件下也会发生。再者，在高维的条件下因为条件分位数是高维曲面，所以描述它的图形是困难的，这使得探究用途时的作用比在一维条件下的作用小了很多。

受以上想法的启发，我们提出了一个条件分位数方案，它通过允许是协变量的任意平滑函数来局部扩展线性分位的方法。即

$$\theta_\alpha(\boldsymbol{x}) = \delta + \sum_{u=1}^{n} \theta_u(x_u) \tag{5.1.1}$$

式中：δ 为一个常数；$\theta_\alpha(x_u)$ $(u=1,\cdots,d)$ 为与每个协变量都相关的 Y 的 α 分位数函数。

这种条件分位的可加结构 Doksurn & Koo (2000) 也考虑过。目标函数是可加的这种假设能够减轻维数的灾难，正如最初由 Stone (1985，1986) 指出的一样。受到 Stone 降维原理的启发，Chaudhuri (1991) 提出了这样一个问题：当 $\theta_\alpha(\cdot)$ 如式 (5.1.1) 所示是可加的，是否可以构造 $\theta_\alpha(\cdot)$ 的估计量，使得这个估计量的收敛速度与 $d=1$ 时的最优非参数的收敛速度相同？本节将证明这个确实是可能的。因此通过对高维非参数分位函数提供一种低维逼近方法，可加性可以作为降维的工具。除了可以对付缓解维数祸根之外，从数据分析的角度看，附加项的方案也非常有吸引力。我们注意到每个协变量都是单独出现的，所以这种模型也就保留了线性模型的一种重要解释性质，即每个协变量对于条件分位的影响不依赖于其他协变量的值。在实际中，这意味着，一旦可加模型拟合了数据，我们可以分别画出 d 个坐标函数以单独地检验协变量在预测 α 分位数时的作用 (见 5.1.5 节)。

由 Hastie & Tibshirani (1990) 提出的后拟合算法已经广泛应用于估计可加条件均值模型。这种方法是建立在反复迭代计算一维平滑器基础之上的，直到满足某个收敛标准 (见第 4 部分)。另一种可以代替后拟合算法建立在边缘积分基础之上的方法是由 Tjestheim & Auestad (1994)，Newey (1995) 与 Linton & Nielsen (1995) 独立提出的。从那时开始，产生了很多对边缘积分方法的有用修改。本节中，我们

主要讨论使用边缘积分方法来估计式 (5.1.1) 中相加项 $\theta_u(x_u)$ $(u = 1, \cdots, d)$。特别地，我们把 Fan, Härdle & Mammen (1998) 与 Cai & Fan (2000) 的论文延伸到了条件分位的内容中，称为"平均分位估计量"。本节证明了平均分位估计量是以一维 $(d = 1)$ 最优收敛速度渐近正态的。从现实的角度出发，这个估计量是很简单的。因为它只需要一步计算就可以得到，从而避免了迭代的需要。从这种意义上说，这种方法为计算机计算的快速执行提供了方便，使得它适合于"常规的"数据分析。

5.1.2　方法

5.1.2.1　平均分位数估计量

令 $\mathbf{X}^u = (X_1, \cdots, X_{u-1}, x_u, X_{u+1}, \cdots, X_d)^T$；$\mathbf{X}^{-u} = (X_1, \cdots, X_{u-1}, X_{u+1}, \cdots, X_d)^T (u = 1, \cdots, d)$。假设 $W_u(\cdot)$ 是一个已知的权函数，它满足：$W_u(\cdot): \mathbb{R}^{(d-1)} \to \mathbb{R}$，使得 $E[W_u(\mathbf{X}^u)] = 1$。考虑

$$\theta_u^*(x_u) = E[\theta_\alpha(\mathbf{X}^u)W_u(\mathbf{X}^{-u})] \tag{5.1.2}$$

权函数 $W_u(\cdot)$ 的引入是为了在渐近的意义上来提高 $\theta_u(x_u)$ 的估计量的有效性 (见 5.1.3 节的注)。

如果实际分位数函数具有式 (5.1.1) 中的加和形式，那么在通常的约束 $E[\theta_\alpha^{(u)}(X_u)] = 0$ 之下，对 $u = 1, \cdots, d$，$\theta_u^*(x_u)$ 简化为

$$\theta_u^*(x_u) = \delta_u + \theta_u(x_u)$$

式中：$\delta_u = \delta + \Sigma_{j \neq u} E\{\theta_j[X_j W_u(\mathbf{X}^{-u})]\}$。

因此，除了差一个常数项外，$\theta_u^*(x_u)$ 与条件分位模型的 $\theta_u(x_u)$ 部分相吻合。引入 $\theta_u^*(x_u)$ 的目的是为了帮助给出可加条件分位数的边际成分的相合估计，然而这个量即使在式 (5.1.1) 不成立的条件下仍然是有意义的。通过构造，它度量了第 u 个协变量对响应变量 Y 的条件分位数的平均效应。这种度量在本质上与 Chaudhuri, Doksum & Samarov (1997) 平均导数分位数方法类似。

假设我们得到了 n 个观测值 $\{(\mathbf{X}_i, Y_i): i = 1, \cdots, n\}$。实际上，我们估计 $\theta_u^*(x_u)$ 的自然方法是用相合估计量 $\hat{\theta}_\alpha(\cdot)$ 来代替式 (5.1.2) 中的 $\theta_\alpha(\cdot)$，即

$$\hat{\theta}_u^*(x_u) = n^{-1} \sum_{i=1}^n \hat{\theta}_\alpha(\mathbf{X}_i^u)W_u(\mathbf{X}_i^{-u}) \tag{5.1.3}$$

其中

$$\mathbf{X}_i^u = (X_{1,\,i}, \cdots, X_{u-1,\,i}, x_u, X_{u+1,\,i}, \cdots, X_{d,\,i})^T$$
$$\mathbf{X}_i^{-u} = (X_{1,\,i}, \cdots, X_{u-1,\,i}, X_{u+1,\,i}, \cdots, X_{d,\,i})^T$$

我们称 $\hat{\theta}_u^*(x_u)$ 为平均分位数估计量。最后可加成分是通过下式计算得到

$$\hat{\theta}_u(x_u) = \hat{\theta}_u^*(x_u) - n^{-1} \sum_{i=1}^{n} \hat{\theta}_u^*(X_{u,\,i}) \tag{5.1.4}$$

与后拟合算法不同，它是通过迭代得到的，我们对于可加成分的估计量是明确定义的。人们普遍认为，后拟合算法的隐含定义使得这种方法很难揭示估计量的理论性质。相比之下，平均分位数估计量的明确表达形式可以直接分析它的统计性质 (参见 5.1.3 节)。

5.1.2.2 估计量的计算

在本节中，我们通过条件分布函数的逆来计算全维估计量 $\hat{\theta}_\alpha(\cdot)$，即通过求解 $\hat{F}(\hat{\theta}_\alpha(\cdot)|\cdot) = \alpha$ 得到 $\hat{\theta}_\alpha(\cdot)$。其中，$\hat{F}(\cdot|\cdot)$ 是 $F(\cdot|\cdot)$ 的一个估计量。对于这种方法的选择不仅受到我们在条件分位数上早期工作的影响 (De Gooijer *et al.*，2001，2002)，而且受到了 Hall，Wolff & Yao (1999) 和 Cai (2002) 工作的影响。但在原则上，也可以利用第一部分提到的检验函数等价地计算出 $\hat{\theta}_\alpha(\cdot)$。

从 $\hat{\theta}_u^*(x_u)$ 的定义，我们可以观察到：对于可加项的每个成分 $u \in (1,\,\cdots,\,d)$ 都需要一个不同的估计量 $\hat{\theta}_\alpha(\mathbf{X}_i^u)$。这里我们列出了利用式 (5.1.3) 中的定义概述 $F(\cdot|\cdot)$ 的估计步骤。以 $d = 2$ 为例，并且考虑在 $u = 1$ 方向上的估计。类似地，我们可以得到 $u = 2$ 时的情形。

我们通过在固定点 x_1 处的线性项和在固定点 x_2 处的常量项来考虑 $F(t|\boldsymbol{x})$ 的逼近。

$$F(t|\boldsymbol{x}) \approx a(\boldsymbol{x}) + b(\boldsymbol{x})(X_1 - x_1)$$

注意到，与通常的局部线性方法 LL 不同，我们这里仅在选定的感兴趣的方向 (如 $u = 1$) 上使用 LL 近似。在多余的方向上，我们使用的是局部常量近似 (Fan *et al.*，1998)。给定 n 个样本观察值，$F(t|\boldsymbol{x})$ 的 LL 估计量定义为 $\hat{a}(\boldsymbol{x}) = \hat{a}$，其中 $(\hat{a},\,\hat{b})$ 为使下式最小化的值

$$\sum_{i=1}^{n} (\mathbf{1}[(Y_i \leqslant t) - a - b(X_{1,\,i} - x_1)]^2 K_{h_1,\,n}(x_1 - X_{1,\,i}) L_{h_2,\,n}(x_2 - X_{2,\,i})$$

式中：$K_{h_1,\,n}(\cdot) = K(\cdot/h_1,\,n)/h_1,\,n$；$L_{h_2,\,n}(\cdot) = L(\cdot/h_2,\,n)/h_2,\,n$；$K(\cdot)$ 和 $L(\cdot)$ 为 $\mathbb{R}^1$ 中的核函数，而且 $h_1,\,n$ 和 $h_2,\,n$ 为两个核函数各自的窗宽；$\mathbf{1}(\mathbf{A})$ 表示集合 $\{\mathbf{A}\}$ 的示性函数。

在前面的方法中，待估计的局部参数的个数减少到两个。而如果 LL 逼近在两方向中都使用，那么我们需要估计 3 个参数。因此，有选择的 LL 近似能够简化条件分布函数估计量的计算，尤其在 d 比较大时。

尽管 LL 方法的性质吸引人, 但是 LL 方法不能总是保证给出的分布函数估计是单调递增或者取值于 0 和 1 之间的。因为我们估计条件分位数的方法需要条件分布的逆, 所以单调性和正函数性质是尤其必须的。Hall(1999) 提出了再加权的 Nadaraya-Waston 平滑器 (RNW), 这种 RNW 平滑器的主要优势是它不仅保持了 LL 方法中很好的性质, 而且给出了在 0 和 1 之间取值的单调分布函数。

条件分布函数的 RNW 的定义如下 (Hall *et al.*, 1999)。与 Hall *et al.* (1999) 的 RNW 方法的唯一不同之处在于我们的 RNW 方法只在感兴趣的方向 (即 $u = 1$ 时) 才使用 LL 逼近。令 $\tau_i(\boldsymbol{x})$ 代表类似概率的因子, 满足 $\tau_i(\boldsymbol{x}) \geqslant 0$, $\sum_{i=1}^{n} \tau_i(\boldsymbol{X}) = 1$, 而且

$$\sum_{i=1}^{n} \tau_i(\boldsymbol{x})(X_{1,\,i} - x_1)K_{h_1,\,n}(x_1 - X_{1,\,i})L_{h_2,\,n}(x_2 - X_{2,\,i}) = 0 \qquad (5.1.5)$$

在实际情况中, 我们需要选择因子 $\tau_i(\boldsymbol{x})$。首先我们引入经验对数似然函数, 其中 $L = \sum_{i=1}^{n} \log[\tau_i(\boldsymbol{x})]$, 通过在约束下最大化 L(最大化时的取值可以通过拉格朗日乘法得到), 容易得到

$$\tau_i(\boldsymbol{x}) = n^{-1}[1 + \lambda(X_{1,\,i} - x_1)K_{h_1,\,n}(x_1 - X_{1,\,i})L_{h_2,\,n}(x_2 - X_{2,\,i})]^{-1} \qquad (5.1.6)$$

式中: λ 为数据和 $\boldsymbol{x}$ 的函数。

在使用了这些权值后, 条件分布函数的 RNW 估计量定义如下

$$\hat{F}(t|\boldsymbol{x}) = \frac{\displaystyle\sum_{i=1}^{n} \mathbf{1}(Y_i \leqslant t)\tau_i(x)K_{h_1,\,n}(x_1 - X_{1,\,i})L_{h_2,\,n}(x_2 - X_{2,\,i})}{\displaystyle\sum_{i=1}^{n} \tau_i(\boldsymbol{x})K_{h_1,\,n}(x_1 - X_{1,\,i})L_{h_2,\,n}(x_2 - X_{2,\,i})} \qquad (5.1.7)$$

容易看出, λ 是最小化下式的唯一最小化值

$$-\sum_{i=1}^{n} \log[1 + \lambda(X_{1,\,i} - x_1)K_{h_1,\,n}(x_1 - X_{1,\,i})L_{h_2,\,n}(x_2 - X_{2,\,i})]$$

5.1.2.3　蒙特卡洛实验

在全维条件分位数 $\theta_\alpha(\cdot)$ 对协变量而言是纯粹加和形式时, 我们要考虑提出的估计量 $\hat{\theta}_u^*(x_u)$ 是否能恢复为条件分位数的成分 $\theta_u(x_u)$。特别地, 我们考虑由非线性自回归模型产生的一元时间序列过程 $\{Z_t\}$

$$Z_t = \theta_1(Z_{t-1}) + \theta_2(Z_{t-2}) + \theta_3(Z_{t-3}) + 0.4\varepsilon_t \qquad (5.1.8)$$

式中：$\theta_1(x_1) = x_1 \exp(-0.9x_1^2)$；$\theta_2(x_2) = 0.6x_2$；$\theta_3(x_3) = \sin(0.5\pi x_3)$；$\{\varepsilon_t\}$ 独立同分布于 $N(0, 1)$。

将式 (5.1.8) 应用于回归方案中，我们定义 $Y_t = Z_t$，$\boldsymbol{X}_t = (X_{1,\,t}, X_{2,\,t}, X_{3,\,t})^T$，其中 $X_{k,\,t} = Z_{t-k}$ $(k = 1, 2, 3; t > k)$。显然，在 $\boldsymbol{X}_t = \boldsymbol{x}$ 的条件下，$x = (x_1, x_2, x_3)^T$，Y_t 的 α 阶分位数可简化为

$$\theta_\alpha(\boldsymbol{x}) = \delta + \theta_1(x_1) + \theta_2(x_2) + \theta_3(x_3)$$

式中：常量 $\delta = 0.4\Phi^{-1}(\alpha)$；$\Phi(\cdot)$ 为标准正态分布函数。

我们考虑在 $\alpha = 0.5$(也就是中位数) 条件下的一个例子。在这个特殊的例子中，我们选取哪个 α 值为条件分位数的成分并不重要，因为所有的 α 都是一个常数值。

从式 (5.1.8) 我们产生样本量为 200 的 25 个样本，因此这次试验要进行 25 次。在计算中，我们使用高斯核函数，在不同的组合中，我们发现 $\hat{h}_{1,\,n} = 0.27$，$\hat{h}_{2,\,n} = 0.61$ 和 $\hat{h}_{3,\,n} = 0.27$，这种带宽能更好地拟合真实的条件分位数成分。

图 5-1 展示了 25 个样本的基于 RNW 估计值 $\hat{\theta}_u(x_u)(u = 1, 2, 3)$，并同时带有真实的分位成分，见图 5-1(a)，(c) 和 (e)。为了帮助体会在感兴趣的方向中 LL 逼近的作用，我们也展示这些成分的估计值，见图 5-1(b)，(d)，(f)，其中 $\hat{\theta}(x)$ 是通过局部常量方法，或者根据条件分布的 NW 平滑器计算出来的。综上所述，无论 $\hat{\theta}(x)$ 是怎样估计的，当真实条件分位数是可加的形式时，我们提出的方法在识别条件分位数成分中表现很好。但是就成分估计的精确性而言，就像在 RNW 平滑算子中所反映的一样，LL 逼近产生了作用。注意局部常数估计量是怎样产生一致偏离的，而同时 RNW 估计量却是以真实可加成分为中心的，因此暗示了它们有利的偏差特征 (见下一节注 2)。

5.1.3 渐近性质

在这一部分中，我们将推导在 α 混合条件下的平均分位数估计量的渐近性质。α 混合条件比很多其他混合模式和依赖条件更弱。为了简化表达方式，我们考

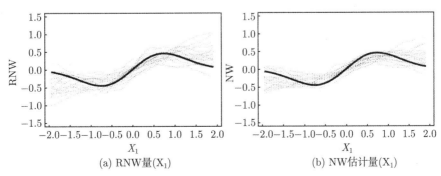

(a) RNW量(X_1)   (b) NW估计量(X_1)

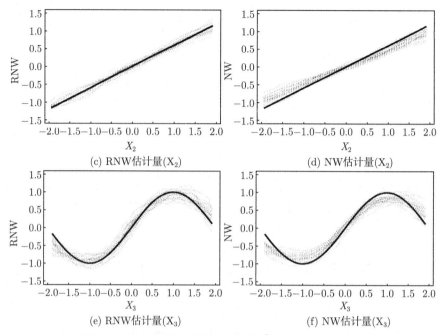

图 5-1　可加条件分位数的估计值 $\hat{\theta}_u(x_u)(u = 1,\ 2,\ 3)$

注: 实线表示真实的成分值; 虚线表示估计值。

虑 X 是二元随机变量的情况。特别地, 在没有限制实际条件分位函数 $\theta_\alpha(\boldsymbol{x})$ 是可加的形式下, 我们得到了 $\hat{\theta}_1^*(x_1)$ 的渐近理论。

令 $\boldsymbol{x}^i = (x_1,\ X_{2,\ i})^T$, 利用式 (5.1.3), 得到我们感兴趣的估计量

$$\hat{\theta}_1^*(x_1) = n^{-1}\sum_{i=1}^{n}\hat{\theta}_\alpha(x^i)W(X_{2,\ i}) \tag{5.1.9}$$

式中: $\hat{\theta}_\alpha(x) = \inf\{t \in \mathbb{R} : \hat{F}(t \mid x) \geqslant \alpha\}$。

为了标记上的方便, 我们从 $W_1(X_{2,\ i})$ 中去掉了下标 1。现在我们定义 $\sigma_t^2(x) = \mathrm{var}(Z \mid x)$, 其中对于某些 $t \in \mathbb{R}$ 而言, $Z = \mathbf{1}(Y \leqslant t)$。令 $p(x)$ 表示 X 的联合密度函数, 令 $p_1(x_1)$ 和 $p_2(x_2)$ 分别代表 X_1 和 X_2 边际密度函数, 同时令 $f(t \mid \boldsymbol{x})$ 表示在给定的 $X = x$ 条件下 Y 的条件密度函数。在满足附录中的条件 1° – 9° 以及令 $n \to \infty$ 的条件下, 下面的定理是把 Fan *et al.* (1998) 以及 Cai & Fan (2000) 的结果推广到了条件分位数的背景之下。

定理 5.1.1　假设满足 Gooijer & Zerom (2003) 附录中的条件 1° – 9°, 定义常量 $k_1 = \int u^2 K(u)\mathrm{d}u$ 和 $k_2 = \int K^2(u)\mathrm{d}u$, 如果选择的带宽使得 $h_{1,\ n} \to 0$, $h_{2,\ n} \to 0$ 时 $nh_{1,\ n}^5 = O(1)$, $nh_{2,\ n}^5 = o(1)$ 和 $nh_{1,\ n}h_{2,\ n} \to \infty$ 成立, 那么

$$(nh_1,\,_n)^{1/2}\big\{\hat{\theta}_1^*(x_1) - \theta_1^*(x_1) - \mathrm{bias}[\hat{\theta}_1^*(x_1)]\big\} \xrightarrow{D} N[0,\,v(x_1)] \qquad (5.1.10)$$

式中：偏差和方差通过下式给出

$$\mathrm{bias}[\hat{\theta}_1^*(x_1)] = \frac{1}{2}h_1^2,\,_n k_1\theta_1''(x_1) \qquad (5.1.11)$$

而且

$$v(x_1) = k_2 p_1(x_1)\alpha(1-\alpha)E[\Gamma^2(X)\mid X_1 = x_1] \qquad (5.1.12)$$

其中

$$\Gamma(\boldsymbol{x}) = \frac{p_2(x_2)W(x_2)}{p(\boldsymbol{x})f[\theta_\alpha(\boldsymbol{x})\mid\boldsymbol{x}]} \qquad (5.1.13)$$

注 1 上述的定理表明函数估计量 $\hat{\theta}_1^*(x_1)$ 是以 $n^{2/5}$ 的收敛速度渐近正态的，这个估计量在从一个 $n^{2/6}$ 相合估计量 $\hat{\theta}_\alpha(x)$ 中产生 $n^{2/5}$ 收敛速度。本节中只考虑逐点收敛。

注 2 注意到，当 LL 方法用于估计 $\theta_\alpha(\boldsymbol{x})$ 时，式 (5.1.11) 中 $\hat{\theta}_1^*(x_1)$ 的偏差也就是可加估计量的渐近偏差。在这种意义下，RNW 平滑算子也能具有 LL 方法优良的偏差性质。对于小样本时的表现，请看第二部分的模拟例子。

注 3 能够使得渐近均方误差 (MSE) 最小的最优带宽通过下式给出

$$h_1^* = \left[\frac{v(x_1)}{k_1\theta_1''(x_1)}\right]^{(1/5)} n^{-1/5} \qquad (5.1.14)$$

推论 5.1.1 如果选择的权函数能使方差 $v(x_1)$ 达到最小值，那么在定理 5.1.1 的所有条件下，

$$(nh_1,\,_n)^{1/2}\big\{\hat{\theta}_1^*(x_1) - \theta_1^*(x_1) - \mathrm{bias}[\hat{\theta}_1^*(x_1)]\big\} \xrightarrow{D} N[0,\,v^*(x_1)] \qquad (5.1.15)$$

其中

$$v^*(x_1) = \frac{k_2\alpha(1-\alpha)}{p_1(x_1)E\{f^2[\theta_\alpha(X)\mid X]\mid X_1 = x_1\}}$$

注 4 运用拉格朗日乘子法，限定 $\int W(x_2)p_2(x_2)\mathrm{d}x_2 = 1$，我们可以看到最优的权重是

$$\boldsymbol{W}(X_2) = \frac{f^2[\theta_\alpha(x_1,\,X_2)\mid(x_1,\,X_2)]}{E\{f^2[\theta_\alpha(X)\mid X]\mid X_1 = x_1\}}\frac{p(x_1,\,X_2)}{p_1(x_1)p_2(X_2)} \qquad (5.1.16)$$

将这个最优权带入 $v(x_1)$，推论成立。

注 5   本节中的估计量涉及了权函数 $W(\cdot)$。另一种代替的方法是使用不加权的平均。在后者的这一类中，Linton & Nielsen (1995)，Masry & Tjestheim (1997) 及 Cai & Masry (2000) 可以被提及的论文都是在条件均值背景下提出的。不加权的估计量的问题在于它不一定是有效的估计量。解决这个问题的一个方法是引入权函数 (就像这里所做的一样)，从而在减小可加成分估计量的方差意义下，为提高效率创造空间。事实上，正如在推论中指出的那样，当权函数是按照式 (5.1.16) 的方法来选择时，那么估计量就可以达到最优的效率。Linton (1997) 和 Cai (2002) 也提出了一个两阶段估计量来作为一种替代的方法。

注 6   有可能将定理和推论推广到维数 $d > 2$ 的情况。正如我们在定理中所做的，为了达到一维非参数最优收敛速度，我们必须对带宽序列加以限制。假设一个普通的带宽 $h_{2,\,n}$ 被用于协变量向量，即 $(X_2, X_3, \cdots, X_d)^T$。需要的条件是：① $h_{2,\,n} = o(1)n^{-1/5}$；② $nh_{1,\,n}h_{2,\,n}^{d-1} \to \infty$。但是我们注意到条件①和②对于带宽参数 $h_{1,\,n}$ 也施加了某种限制。特别的，一元变量最优阶 $nh_{1,\,n}^5 = O(1)$ 只有在 $d < 5$ 时才能获得。为了处理 $d \geqslant 5$ 时的情况，我们必须进一步减小在不感兴趣方向上的偏差。这通过令核函数 $L(\cdot)$ 为 q 阶，窗宽为 $h_{2,\,n} = O(1)n^{-1/2q+1}$ 达到。在这种情况下，平均分位数估计量 $\hat{\theta}_1^*(x_1)$ 在任意维数 d 下是一元变量收敛速度最优的。

5.1.4   与后拟合方法在数值表现上的比较

因为后拟合方法和平均分位数估计量完全不同的解释，当真实分位数函数不是可加形式时，这两种方法的表现是无法比较的。由于这个原因，我们把比较限制在可加形式的模型。首先，我们大体介绍一下如何应用于估计可加条件均值成分的后拟合方法推广到条件分位数的背景之下。

我们来看一个二维条件下的例子，假如真实的 α 分位数函数是可加形式的，即 $\theta_\alpha(x_1,\ x_2) = \delta + \theta_1(x_1) + \theta_2(x_2)$。给定数据 $\{X_{1,\,i},\ X_{2,\,i},\ Y_i;\ i = 1, \cdots, n\}$，后拟合方法中的 θ_1 和 θ_2 的迭代估计量通过下面的方法得到。

5.1.4.1   初步估计值

$$\hat{\delta} = \arg\min_{\delta} \sum_{i=1}^{n} \rho_\alpha(Y_i - \delta)$$

$$(\hat{a},\ \hat{b}) = \arg\min_{a,\,b} \sum_{i=1}^{n} \rho_\alpha[Y_i - \hat{\delta} - a - b(X_{1,\,i} - x_1)] \times K_{h_{1,\,n}}(x_1 - X_{1,\,i})$$

而且我们设 $\hat{\theta}_1^{*,\,(0)}(x_1) = \hat{a}$，同时像式 (5.1.4) 中那样来中心化 $\hat{\theta}_1^{*,\,(0)}(x_1)$ 以获得 $\hat{\theta}_1^{(0)}(x_1)$

$$(\hat{c}, \hat{d}) = \arg\min_{c, d} \sum_{i=1}^{n} \rho_\alpha [Y_i - \hat{\delta} - c - d(X_{2, i} - x_2)] \times K_{h_2, n}(x_2 - X_{2, i})$$

我们还是设 $\hat{\theta}_2^{*, (0)}(x_2) = \hat{c}$，并且中心化 $\hat{\theta}_2^{*, (0)}(x_2)$ 以获得 $\hat{\theta}_2^{(0)}(x_2)$。

5.1.4.2 迭代计算

$$(\hat{a}, \hat{b}) = \arg\min_{a, b} \sum_{i=1}^{n} \rho_\alpha [Y_i - \hat{\delta} - \hat{\theta}_2^{(0)}(X_{2, i}) - a - b(X_{1, i} - x_1)] K_{h_1, n}(x_1 - X_{1, i})$$

设 $\hat{\theta}_1^{*, (1)}(x_1) = \hat{a}$，而且中心化 $\hat{\theta}_1^{*, (1)}(x_1)$ 以获得 $\hat{\theta}_1^{(1)}(x_1)$

$$(\hat{c}, \hat{d}) = \arg\min_{c, d} \sum_{i=1}^{n} \rho_\alpha [Y_i - \hat{\delta} - \hat{\theta}_1^{(0)}(X_{1, i}) - c - d(X_{2, i} - x_2)] L_{h_2, n}(x_2 - X_{2, i})$$

设 $\hat{\theta}_2^{*, (1)}(x_2) = \hat{c}$，而且中心化 $\hat{\theta}_2^{*, (1)}(x_2)$，以获得 $\hat{\theta}_2^{(1)}(x_2)$。

5.1.4.3 循环第 2 步直到收敛

假设 Y 有如下模型形式

$$Y_i = \theta_1(X_{1, i}) + \theta_2(X_{2, i}) + 0.25\varepsilon_i \quad (i = 1, \cdots, n) \tag{5.1.17}$$

其中

$$\theta_1(x_1) = 0.75x_1$$

和

$$\theta_2(x_2) = 1.5\sin(0.5\pi x_2)$$

协变量 $X \sim N(0, \sum)$。其中，$\sum(j, j) = 1$，对任意的 $j \neq k$，有 $\sum(j, k) = \gamma$ 成立。随机误差项 $\{\varepsilon_i\}$ 独立同分布于标准正态分布 $N(0, 1)$，而且它们与协变量之间是相互独立的。我们考虑样本量 $n = 100, 200, 400, 800$ 和 $1\,600$ 的情况。考虑 $\alpha = 0.5$，我们的蒙特卡洛实验的目的是比较平均分位数估计量和后拟合方法在估计 $\theta_1(x_1)$ 和 $\theta_2(x_2)$ 时的数值表现。这种对比是分别在协变量之间的相关系数在较低相关 ($\gamma = 0.2$) 和较高相关 ($\gamma = 0.8$) 这两种情况下检验的。我们重复使用模型 (5.1.17)41 次，每次都用这两种方法来计算 $\hat{\theta}_1$ 和 $\hat{\theta}_2$。在这些计算中，核函数 $K(\cdot)$ 和 $L(\cdot)$ 都是高斯核函数。在这两种方法中，我们没有使用任何的自动带宽选择方法来确定涉及的带宽，我们只是简单地设定带宽为 $h_{l, n} = 3\hat{\sigma}_1 n^{-\frac{1}{5}}$ 和 $h_{2, n} = 3\hat{\sigma}_2 n^{-\frac{1}{5}}$。其中，$\hat{\sigma}_n$ 为 $X_u (u=1, 2)$ 标准差的估计。平均分位数估计中，我们使用常数权函数 $W(\cdot)$。

为了评价估计量，我们首先在每次重复抽样时计算每个估计函数 u 的绝对离差值 (ADE)，记为

$$ADE_r(u) = \frac{1}{|\mathbf{I}^u|} \sum_{i \in \mathbf{I}^u} |\hat{\theta}_u^{(r)}(X_{u, i}^{(r)}) - \theta_u(X_{u, i}^{(r)})|(u = 1, 2; r = 1, \cdots, 41)$$

式中: $I^u(r) = \{i \in \mathbb{N} : 1 \leqslant i \leqslant n,\ X_{u,\ i}^{(r)} \in [-2,\ 2]\}$。

我们把这种对比限制在区间 $[-2, 2]$, 这是为了避免数据的稀疏。这里的上下限是通过 X_1 和 X_2 的散点图来确定的。对所有的重复计算取平均值, 每个 u 就有平均绝对离差 (AADE), 记为 $AADE(u)$。这是在评价中使用的误差评价标准。表 5-1 给出了在每个相关结构 γ 和样本大小 n 下的 $AADE(u)$ 的值。括号内的值是利用后拟合方法得到的 $AADE(u)$ 值。

表 5-1　在每个相关结构 γ 和样本大小 n 下的 $AADE(u)$ 值

可加成分 u	n	γ	
		0.2	0.8
1	100	0.137 4(0.059 7)	0.136 5(0.112 4)
	200	0.106 6(0.051 1)	0.109 3(0.126 3)
	400	0.073 4(0.043 1)	0.098 5(0.109 9)
	800	0.062 5(0.026 4)	0.088 2(0.078 0)
	1600	0.052 3(0.019 6)	0.087 0(0.063 0)
2	100	0.181 8(0.142 5)	0.486 5(0.178 3)
	200	0.127 2(0.112 0)	0.435 0(0.176 7)
	400	0.09 36(0.088 9)	0.400 9(0.146 7)
	800	0.070 3(0.070 4)	0.369 0(0.112 4)
	1600	0.054 6(0.057 2)	0.333 0(0.090 8)

当 $\gamma = 0.2$ 时, 除了在 $n \leqslant 200$ 时用后拟合方法可以更好地估计 θ_1 的值, 这两种方法在有限样本下的表现是相当的。在 n 较小时后拟合方法有明显的优势, 这可能是因为我们需要去估计二维平滑算子 (这时的收敛速度明显比一维条件下的慢了很多)。当 $\gamma = 0.8$ 时, 这两种方法在估计 θ_1 时的精度是相似的, 而且这时的估计与 $\gamma = 0.2$ 时相差不大。但是在 $\gamma = 0.8$ 时, 用这两种方法对于 θ_2 的估计值的质量都出现了明显的恶化。尤其是对平均分位数估计量而言, 这时估计量的收敛速度是相当慢的。不像 $\gamma = 0.2$ 时的 θ_2 的估计量在样本量 $n = 400$ 能够达到一个令人满意的水平。这个例子说明平均分位数估计量的性能在很大程度上依赖于协变量之间的依赖程度。现实中经常碰到的样本量 n 并不足以补偿协变量之间的强相关带来的影响。作为对比, 在使用后拟合方法的例子中, 把样本量 n 增加到 1 600, 与 $\gamma = 0.2$ 时样本量为 400 的估计量相同的精度就可以达到了。尽管见效缓慢, 增加样本量 n 有助于弥补协变量间的强相关。为了更好地理解表 5-1 的讨论, 图 5-2 阐述了在样本量分别为 400 和 1 600 时典型样本中 θ_2 的估计量。我们选取典型的样本 r, 使得这个样本的 $ADE_r\ (u = 2)$ 等于 41 个样本的中位数。

从上面的模拟实验中, 我们可以推断出当协变量之间存在高相关时, 平均分位数估计量 (没有加权) 的表现不如后拟合方法。在一个详细的模拟实验中, Sperlich, Linton & Härdie (1997) 在可加条件均值估计量的背景下也得到了同样的结论。但

是，我们从式 (5.1.16) 可以注意到

$$W(X_2) \propto \frac{p(x_1, X_2)}{p_1(x_1)p_2(X_2)}$$

在这种意义下，权函数有关注协变量之间依赖关系的作用，因而可以提高平均条件分位数估计量的精度。但是，从数据中得到近似权函数的实际有效方法还有待于进一步研究。

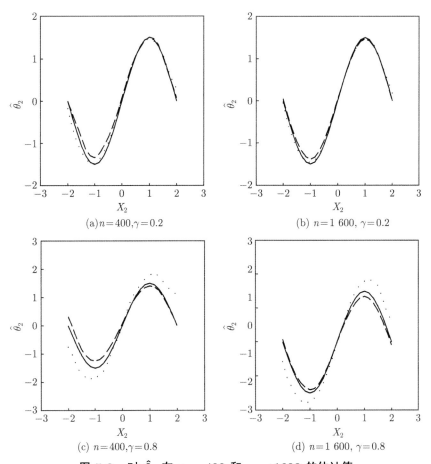

图 5-2 对 $\hat{\theta}_2$ 在 $n=400$ 和 $n=1600$ 的估计值

注: —表示真实值; · · · 表示平均分位数估计值; — — 表示后拟合估计值。

5.1.5 例子

在这一部分中，我们将用一个例子来说明在实际数据的分析中如何计算和解释可加条件分位数模拟。数据来自波士顿地区的住房数据集。这个数据集包括 14 个协变量，这些协变量是关于众多标准的，比如到城市便利设施的距离、污染和

犯罪率。这些因素都会影响房屋的价格。Breiman & Friedman (1985)，Doksum & Samarov (1995)，Chauduri (1997) 等人都对这个数据集进行过分析。Sperlich 等人 (1999) 也用这个数据集来阐明他们的可加条件均值方法。在我们的分析中，我们 考虑了以下 4 个协变量：城镇的人均犯罪率 (X_1)，居住地平均房屋的数目 (X_2)，5 个波士顿就业中心的加权距离 (X_3) 和下层人口的百分比 (X_4)。响应变量 (Y) 是 业主住宅价值的中位数。对于每个协变量，都有 490 个观测值。在计算之前，我们 先对协变量进行预先标度，从而避免在各坐标上散布的极端不同。具体地，协变量 线性变化后会有单位协方差矩阵。响应变量 Y 标准化后的均值为 0，方差为 1。

　　Chaudhuri et al.(1997) 也使用相同的响应变量 Y 以及 3 个协变量 (X_2, X_3, X_4) 来研究每个协变量在 Y 的分布中各分位数的影响，从而来阐明平均导数分位回 归方法。本节与 Chaudhuri 的研究目的是相同的，但使用的是在第二节引入的方法。我 们的目的是探索 4 个协变量与 Y 的分位数 $\alpha = 0.1$, 0.5, 0.9 之间的相关关系。

　　在这个例子中，对于所有的 α，我们取 $h_{1,\,n} = h_{2,\,n} = h_{3,\,n} = h_{4,\,n} = h_n$。 我们尝试过对带宽 h_n 取定不同的值，了解带宽选择对相应估计量的影响。当带宽 $\hat{h}_n$ 在 0.75 和 1.5 之间变化时，我们发现各估计值很相似。在这里，我们只报告取 $\hat{h}_n = 1$ 的最终结果。与模拟中的说明一样，这里的核函数也是高斯核函数。

　　图 5-3 呈现了 3 个 α 水平下 $\hat{\theta}_u(x_u)(u = 1, 2, 3, 4)$ 的曲线。为了避免由于边 界问题可能产生的虚假特征，我们展示的曲线中只对应于 X_u 的 5% 和 95% 之间 的那部分 x_u。从曲线中可以发现，$\hat{\theta}_u(x_u)$ 关于 α 不是单调的，因此如果这些曲线 被放在同一坐标系中，就有可能相交。这也不足为奇，因为这些曲线度量的是在给 定 α 下的部分条件分位数效应。实际上，我们可以做线性分位回归线的平行线，在 线性回归中的系数估计不需要关于 α 单调。

　　图 5-3 还报告了以可加项成分估计值为中心的 90% 的置信区间。因为方差式 (5.1.12) 的表达形式是复杂的，我们建议使用刀切法 (没有误差修正) 而不是渐近 正态的结果。当 $u = 1$ 时，计算步骤如下：

　　(1) 对于一个特别的 α，计算全局误差 $\hat{\epsilon}_{\alpha,\,i} = Y_i - \sum\limits_{u=1}^{4} \hat{\theta}_u^*(X_{u,\,1})$，然后中心 化它们使其均值为 0。

　　(2) 从 $\{\epsilon_{\alpha,\,i}\}$ 再抽样以建立序列 $\{\epsilon_{\alpha,\,i}^*\}$。

　　(3) 建立 $Y_{1,\,i}^* = \hat{\theta}_1(x_1) + \epsilon_{\alpha,\,i}^*$。

　　(4) 对于刀切法的样本 $(X_{1,\,i}, Y_{1,\,i}^*)$，我们使用如下的一维核函数平滑的方法

$$\bar{\theta}_1(x_1) = \arg\min_{a \in \mathbb{R}} \sum_{i=1}^{n} \rho_\alpha(Y_i^* - a)K_{h_{1,\,n}}(x_1 - X_{1,\,i}) \tag{5.1.18}$$

这是对于条件分位的检验函数刻画的 NW 平滑算子 (Yu & Jones, 1998)。它的最 小化可以通过迭代加权最小二乘法得到。重复最后 3 步 100 次，然后选择 100 个

刀切法的估计值 $\bar{\theta}_1(x_1)$ 的 5% 样本分位数作为置信区间的下界。置信区间的上界也是用类似方法确定的。

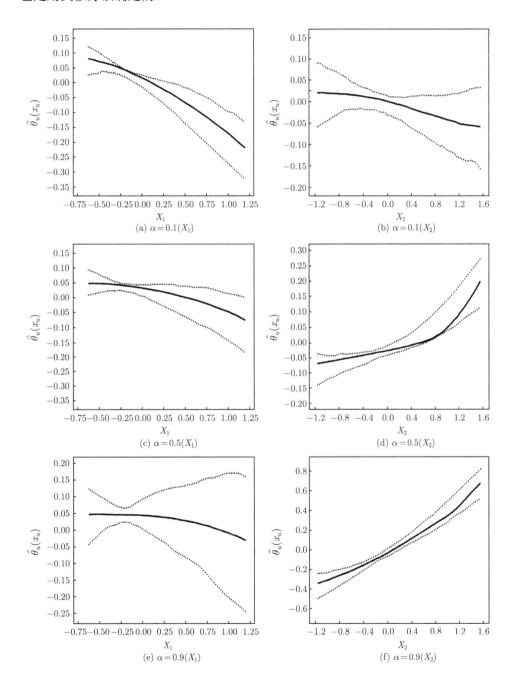

(a) $\alpha = 0.1(X_1)$

(b) $\alpha = 0.1(X_2)$

(c) $\alpha = 0.5(X_1)$

(d) $\alpha = 0.5(X_2)$

(e) $\alpha = 0.9(X_1)$

(f) $\alpha = 0.9(X_2)$

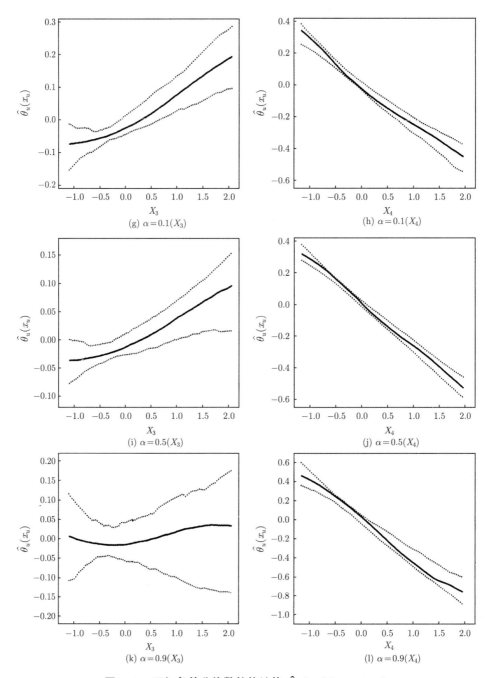

图 5-3　可加条件分位数的估计值 $\hat{\theta}_u(x_u)(u = 1, 2)$

注: 散点线代表置信区间的上下界。

图 5-3 似乎展示了各成分估计的非线性迹象。我们也发现协变量对于 Y 的影响很不同。不仅在大小上，而且在某种程度上，在 Y 的各个分位数，符号也不相同。例如，X_2(每户住宅中的房屋数) 对 Y 的 0.1 分位数几乎没有任何影响，但是对于 Y 的中位数和上尾有显著的影响。同时也发现，在 Y 的分位数从较小到较大的变化过程中，X_2 对 Y 的影响的符号不断变化。但这个可能不是真实的情况，因为呈现出来的负效应是可以忽略的。然后发现，随着 α 的不断增大，X_1 和 X_3 的影响显著下降，而 X_2 和 X_4 的影响则在显著增加。就相对的贡献而言，我们可以考察 $\hat{\theta}_u(x_u)$ 的取值范围。很显然，在所有的 α 水平下，X_4 对 Y 的分位数的影响最大。只有在 $\alpha = 0.9$ 时，我们才看到 X_2 的影响接近于 X_4。

很有意思的是，我们也可以通过逐点的置信区间的宽度来确定协变量的相对贡献。比如，当 $\alpha = 0.9$ 时，X_3 的置信区间是最大的。因此，在 $\alpha = 0.9$ 的条件下它是最不重要的协变量。相似的，在 $\alpha = 0.5$ 时，X_1 的置信区间最大，所以在这个分位水平下，它是最不重要的协变量。我们对成分函数估计的置信区间的解释，与对线性分位回归的系数标准误差的解释相似：即一个协变量与响应变量的相关关系越大，那么它的标准误差就越小，因此它的对称置信区间的长度也就越小。

5.1.6 文献介绍

有一种估计条件分位数的方法是非参数的，比如 Chaudhuri(1991)；Fan, Hu& Truong (1994)；De Gooijer, Gannoun & Zerom (2002)。对于条件分位数方案，它是通过允许协变量的任意平滑函数来局部扩展线性分位的方法。条件分位的可加结构被 Doksurn & Koo (2000) 考虑过。目标函数是可加的这种假设能够减轻维数的灾难，正如最初由 Stone (1985, 1986) 指出的一样。Chaudhuri (1991) 也提出了可加性问题。由 Hastie & Tibshirani (1990) 提出的后拟合算法已经广泛应用于估计可加条件均值模型。另一种可以代替后拟合算法的方法建立在边缘积分基础之上。这种方法是由 Tjestheim & Auestad (1994)，Newey (1995) 与 Linton & Nielsen (1995) 独立提出的。从那时开始产生了很多对边缘积分方法的有用修改。本节主要参考 Fan, Hardie & Mammen (1998)；Cai & Fan (2000) 及 Horowitz & Lee (2005)。

5.2 可加分位回归的非参数估计

本节关注的是非参数可加分位回归模型的可加部分估计。当可加部分对于某个 $r \geqslant 2$ 是 r 阶连续可导时，我们得到的估计量是渐近正态分布的，它依概率收敛速度为 $n^{-r/(2r+1)}$。不管协方差的维数如何，这个结果总是成立的。所以这个新的估计量没有维数祸根问题。此外，该估计量具有 Oracle 性质，而且可以很容易通过一个连接函数推广到广义可加分位回归模型上去。数值方面的性能和估计量的价值将通过蒙特卡洛实验和一个实例来解释说明。

5.2.1 　介绍

考虑下面分位回归模型中关于函数 $m_{1,\alpha}$, $\cdots$, $m_{d,\alpha}$ 的非参数估计

$$Y = \mu_\alpha + m_{1,\alpha}(X^1) + \cdots + m_{d,\alpha}(X^d) + U_\alpha \qquad (5.2.1)$$

式中: Y 为一个实值依赖变量; 对于某个有限的 $d \geqslant 2$, X^j $(j = 1, \cdots, d)$ 为随机向量 $\boldsymbol{X} \in \mathbb{R}^d$ 的第 j 个分量; μ_α 为未知常数; $m_{1,\alpha}$, $\cdots$, $m_{d,\alpha}$ 为未知函数; U_α 为观测不到的随机变量。

对于几乎每一个 x, 其在 $\boldsymbol{X} = x$ 处的 α 条件分位数为 0。估计是基于 $(Y, \boldsymbol{X})$ 的独立同分布的随机样本 $\{(Y_i, X_i) : i = 1, \cdots, n\}$ 进行的。当 $m_{j,\alpha}$ 为 r 次连续可导时, 可加部分 $m_{1,\alpha}$, $\cdots$, $m_{d,\alpha}$ 的估计量逐点以 $n^{-r/(2r+1)}$ 的收敛速度概率收敛, 结果没有考虑 $\boldsymbol{X}$ 的维数, 所以渐近地不存在维数祸根的问题。更好的是, 我们的估计有着 Oracle 性质。特别地, 每个可加部分的中心化标准化估计量是渐近正态分布的, 有相同的均值和方差, 且在其他部分已知的情况下每个可加成分都可以得到。最后, 可以将我们的估计量直接推广到广义可加模型

$$G(Y) = \mu_\alpha + m_{1,\alpha}(X^1) + \cdots + m_{d,\alpha}(X^d) + U_\alpha$$

式中: G 为一个已知的严格递增函数。

可加建模在多元非参数均值或者分位回归中是一个重要的降维方法。在很多应用中, 简单的参数模型不能很好地拟合已有的实际数据, 从而需要一个更灵活的估计方法, 如 Härdle (1990), Horowitz (1993), Horowitz & Lee (2002), Horowitz & Savin (2001)。完全非参估计虽然避免了拟合较差问题, 但是它通常在多元背景中不受欢迎。因为维数问题通常导致了完全非参估计在实际应用中由于样本量小而变得非常不准确。非参可加模型减少了估计问题的有效维数, 所以与完全非参方法相比, 能达到更好的估计精度, 而与参数模型相比又能提供更为灵活的回归函数形式。当简单的参数模型不能很好地拟合数据时, 可加模型就受到欢迎。其他降维的方法有指标模型, 例如对于均值回归模型的研究方面有 Ichimura (1993), Powell *et al.* (1989), Hristache *et al.* (2001); 关于分位回归模型的研究有 Chaudhuri *et al.* (1997), Khan (2001); 对于均值部分线性模型有 Robinson (1988); 对于分位回归部分线性模型有 He & Shi (1996), Lee (2003)。它们不能与可加模型嵌套, 因此不可替代。非参数可加模型的应用实例有 Hastie & Tibshirani (1990), Fan & Gijbels (1996), Horowitz & Lee (2002) 及其他一些。

就我们所知, 有 3 种已有的方法估计模型: 样条法、BackFitting 和边际积分估计法。Doksom & Koo (2000) 考虑了样条估计量, 但是没有提供逐点收敛速度或

者渐近分布。这给推断样条估计量带来困难，尽管这在样本量充分大的时候不是必要的。Bertail *et al.* (1999) 告诉我们当估计量渐近分布和逐点收敛速度都不知道时，如何利用子样抽样进行推断。但是不知道样条估计能否达到最优逐点收敛速度。Huang (2003) 讨论了在可加非参均值回归模型中样条估计得到逐点渐近正态的性质是十分困难的。Fan & Gijbels (1996) 建议式 (5.2.1) 的 BackFitting 估计。然而，和样条估计量一样，BackFitting 估计的收敛率和其他渐近分布的性质也未知。De Gooijer & Zerom (2003) 得到了式 (5.2.1) 的边际积分估计量。该估计量是渐近正态的，所以可以使推断显得相对直接。但是边际积分来自于一个无约束的 d 维非参数分位回归模型。因此，边际积分会遇到维数祸根问题，且当 d 很大的时候估计的可能会变得很不精确，参见 De Gooijer & Zerom (2003) 中的评注 6 关于 $d \geqslant 5$ 时在讨厌参数方向减少偏差的必要。总而言之，对于已经存在的估计式 (5.2.1) 的方法而言，要么不能得到逐点收敛速度与渐近分布，这使得推断很困难；要么就有维数祸根的问题，这使得对于多元问题这些估计量很不精确。

本章提出了式 (5.2.1) 的一个估计量，它是渐近正态分布的，所以可以在应用中允许相对简单的推断，避免了维数祸根问题。我们通过理论计算和蒙特卡洛实验证明了当 d 很大的时候该估计量比边际积分估计量更加精确。与边际积分估计量的比较十分重要，因为边际积分是唯一现存的其他方法，它具有已知收敛速度和渐近分布。

这里呈现出的估计基于 Horowitz & Mammen (2004) (以下简称为 HM) 的工作，他们给出了带有连接函数的非可加均值模型可加部分的一个估计量。当可加部分二阶连续可导时，HM 估计量的逐点依概率收敛速度是 $n^{-2/5}$，这不考虑 X 的维数。因此该估计量没有维数祸根的问题。这篇文章将 HM 的方法推广到可加分位回归模型。仿照 HM 那样，我们使用二阶段估计方法。该方法不需要全部维数、非限制非参估计量。在第一阶段，可加部分被一系列分位回归估计量所估计，该估计量置入了可加结构式 (5.2.1)。第二阶段每个可加部分的估计量由一维的局部多项式分位回归模型得到，其中别的部分用第一阶段得到的估计量替代。虽然这里提出的估计方法和 HM 估计方法在概念上很类似，但是均值回归和分位回归很不相同，所以推广并不简单，也需要特殊对待。

我们的估计量避免维数祸根问题的关键是开始就强调可加性。第一阶段的估计量与全维的非参数估计相比有更快的收敛偏差。虽然该序列估计量的方差收敛相对较慢，第二个估计步骤产生了一个减少方差的平均效应，因此可以得到最优的收敛率。这里用到的方法与典型的两阶段估计不同。它通过更新初始的相合估计而达到估计单个参数的目的。这里有几个未知的函数，但是我们只是更新其中的一个。我们可以证明，渐近的其他函数的估计误差并不出现在我们感兴趣的函数的更新估计中。

5.2.2 估计量的正式描述

这一节描述了估计 $m_j(\cdot)$ 的两阶段过程。对于任意的 $x \in \mathbb{R}^d$，定义 $m(x) = m_1(x^1) + \cdots + m_d(x^d)$，其中 x^j 是 x 的第 j 个分量，假设 $\mathbf{X}$ 支撑是 $\mathcal{X} \equiv [-1, 1]^d$，并且标准化 $m_1, \cdots, m_d$，使得

$$\int_{-1}^{1} m_j(v)\mathrm{d}v = 0 \quad (j = 1, \cdots, d)$$

该标准化并不失一般性，因为 m_j 没有更进一步的限制是不可识别的。

为了描述第一阶段的序列估计，首先令 $\{p_k : k = 1, 2, \cdots\}$ 代表 $[-1, 1]$ 上光滑函数的一组完整正交基。基函数必须满足的条件在第四部分中给出。对于任何正整数 k，定义

$$P_k(x) = [1, p_1(x^1), \cdots, p_k(x^1), p_1(x^2), \cdots, p_k(x^2), p_1(x^d), \cdots, p_{\boldsymbol{k}}(x^d)]'$$

于是对于 $\theta_k \in \mathbb{R}^{kd+1}$，$P_k(x)'\theta_k$ 是 $\mu + m(x)$ 的序列近似。为了得到渐近结果，κ 必须在 $n \to \infty$ 时满足一定的条件。κ 的上下界在第四部分给出。对于一个随机样本 $\{(Y_i, X_i) : i = 1, \cdots, n\}$，令 $\hat{\theta}_{nk}$ 可以看作是下式的解

$$\min_{\theta} S_{nk}(\theta) \equiv n^{-1} \sum_{i=1}^{n} \rho_\alpha[Y_i - P_k(X_i)'\theta] \tag{5.2.2}$$

式中：$\rho_\alpha(u) = |u| + (2\alpha - 1)u$ 对于 $0 < \alpha < 1$ 是检验函数。

第一阶段 $\mu + m(x)$ 的估计量定义成

$$\widetilde{\mu} + \widetilde{m}(x) = P_k(x)'\hat{\theta}_{nk}$$

式中：$\tilde{\mu}$ 为 $\hat{\theta}_{nk}$ 的第一个分量。

对于任意 $j = 1, \cdots, d$ 和任意的 $x^j \in [-1, 1]$，序列估计量 $m_j(x^j)$ 的估计 $\tilde{m}_j(x^j)$ 是 $\hat{\theta}_{nk}$ 适当成分与 $[p_1(x^j), \cdots, p_k(x^j)]$ 的乘积。相同的基函数 $\{p_1, \cdots, p_k\}$ 用来逼近 $m_j(\cdot)$。由于式 (5.2.1) 的可加形式，交叉乘积并不需要。

为了描述，比如说，$m_1(x^1)$ 的第二阶段估计量，定义

$$m_{-1}(\tilde{\mathbf{X}}_i) = m_2(X_i^2) + \cdots + m_d(X_i^d)$$

以及

$$\tilde{m}_{-1}(\tilde{\mathbf{X}}_i) = \tilde{m}_2(X_i^2) + \cdots + \tilde{m}_d(X_i^d)$$

式中：$\tilde{\mathbf{X}}_i = (X_i^2, \cdots, X_i^d)$。

假设 m_1 在 $[-1, 1]$ 上至少 r 阶连续可微，那么 $m_1(x^1)$ 的第二阶段估计量是一个 $r-1$ 阶的局部多项式估计，只是 $m_{-1}(\tilde{\mathbf{X}}_i)$ 被第一阶段的估计量 $\tilde{m}_{-1}(\tilde{\mathbf{X}}_i)$

所替代。特别地，$m_1(x^1)$ 的估计量 $\hat{m}_1(x^1)$ 定义成 $\hat{m}_1(x^1) = \hat{b}_0$。其中，$\hat{\mathbf{b}}_n = (\hat{b}_0, \hat{b}_1, \cdots, \hat{b}_{r-1})$。最小化

$$S_n(b) \equiv (n\delta_n)^{-1} \times \sum_{i=1}^{n} \rho_\alpha \Big[Y_i - \tilde{\mu} - b_0 - \sum_{k=1}^{r-1} b_k [\delta_n^{-1}(X_i^1 - x^1)]^k - \tilde{m}_{-1}(\tilde{X}_i) \Big] \times$$

$$K\Big(\frac{x^1 - X_i^1}{\delta_n} \Big) \tag{5.2.3}$$

式中：核函数 K 为 $[-1, 1]$ 上的概率密度函数；δ_n (窗宽) 当 $n \to \infty$ 时为趋于 0 的一列实数。

K 和 δ_n 的正则条件在第四部分给出。$m_2(x^2)$，$\cdots$，$m_d(x^d)$ 的第二阶段估计量同样可以得到。回归曲面估计量是 $\tilde{\mu} + \hat{m}_1(x^1) + \cdots + \hat{m}_d(x^d)$。式 (5.2.3) 中 r 的值会根据正在估计的可加部分 m_j 的不同而不同，如果已知不同的部分有不同的微分阶数。如果 $m_j's$ 的可微阶数未知，那么我们建议令 $r = 2$ (局部线性估计)，从而实现降维并且得到合理的精度而不需要假设高阶导数的存在。

因为分位回归等同于 Y 的单调变换 (也就是说，Y 的单调变换的分位数等于 Y 分位数的单调变换)，所以可以直接将式 (5.2.1) 的估计量推广到如下形式的广义可加模型

$$G(Y) = \mu + m_1(X^1) + \cdots + m_d(X^d) + U \tag{5.2.4}$$

式中：G 为已知的严格递增函数；在 $X = x$ 的条件下，U 的 α 阶分位数对每一个 x 为零。

在 $X = x$ 的条件下，Y 的 α 阶分位数可以由式 $G^{-1}[\tilde{\mu} + \hat{m}_1(x^1) + \cdots + \hat{m}_d(x^d)]$ 得到。其中，$\tilde{\mu} + \hat{m}_1(x^1) + \cdots + \hat{m}_d(x^d)$ 由前面提到的估计过程得到，用 $G(Y_i)$ 替代 Y_i。

我们通过提及该估计过程的计算方面来结束本节。第一阶段和第二阶段估计最小化问题式 (5.2.2) 和式 (5.2.3) 的过程都是线性规划问题，并且可以用线性分位回归模型提出的算法轻而易举地予以解决。再者，新的估计量不需要迭代 (Back-Fitting) 方法或者 n 个一阶段估计 (边际积分)。

5.2.3　一个经验例子

Yafeh & Yosha (2003) 用日本化工产业公司的一个例子来检验是否 "集中持股伴随着较低的管理私人利益的活动支出"。在这部分，我们只关心 Yafeh & Yosha (2003) 考虑的一个回归。依赖变量 Y 代表销售中一般销售和管理费用 (在本章中记为 MH5)。该度量是 5 个活动支出度量中的一个，范围是管理私人利益。协变量包括所有权集中制的度量 (记为 TopTen，最大 10 家股东的累计持股) 以及公司

特征：财产的对数、公司年龄以及杠杆 (即负债比上负债加股权)。Yafeh & Yosha (2003) 使用的回归模型是

$$MH5 = \beta_0 + \beta_1 \text{TopTen} + \beta_2 \log(\text{Assets}) + \beta_3 \text{Age} + \beta_4 \text{Leverage} + U \qquad (5.2.5)$$

这个样本量大小是185。数据来自于Economic Journal 的网站 http://www.res.org.uk。

　　我们用两阶段估计量来估计可加条件中位数函数。其他条件分位函数的估计结果也可以得到。在估计开始之前，标准化协变量使其均值为 0，且方差为 1。标准化以后的协变量没有 $[-1, 1]$ 支撑，但这不影响估计结果的有效性。在这篇文章的理论部分，我们假设协变量属于 $[-1, 1]$，从而减少渐近理论的记号上的复杂性，但是不难修改结果，使其与支撑为任何有界区间的协变量相对应。第一阶段用 B-splines 方法，$\kappa_n = 4$，它等同于 $\hat{\kappa}_n + 1$，其中 $\hat{\kappa}_n = 3$ 最小化下面的 Schwarz 型信息准则 (He& Shi, 1996; Doksum & Koo, 2000)。

$$QBIC(k_n) = n \log \left\{ \sum_{i=1}^{n} \rho_\alpha [Y_i - P_k(\mathbf{X}_i)' \hat{\theta}_{nk}] \right\} + 2(\log n)k_n \qquad (5.2.6)$$

需要过度拟合来减少渐近误差，见假设 5.2.8(a)。对于每个可加部分的估计，将局部线性拟合用于第二阶段估计，使用窗宽 $\delta_n = (0.42, 0.40, 0.45, 0.47)$。该带宽 δ_n 的选择用了 Fan & Gijbels (1996) 中的一个简单经验法则。核函数 K 取定的是截断标准正态密度函数 (左右在 -3.5 和 3.5 处截断)。δ_n 从 $0.75\delta_n$ 变化到 $1.25\delta_n$，并没有显著改变估计结果。本节中所有的计算都是在 R 中用 Libraries "Splines"进行 (产生 B-spline Basis) 和 "Quantreg"[解决式 (5.2.2)，式 (5.2.3)] 得到。R 语言软件可以从 http://www.r-project.org 上免费得到。

　　图 5-4 汇总了估计结果。每一个小图显示了我们所感兴趣的估计函数和 90% 对称逐点估计的置信区间 (没有修正偏差)。置信区间用定理 5.2.1 中渐近正态逼近得到。定理 5.2.1 中渐近方差中未知分量由核函数估计量得到。

　　可以看到所有权集中制(TopTen)的影响是非线性的，说明基于公司特征的MH5和TopTen 之间的关系不能用一个线性位置漂移模型得到。公司规模 $\log(\text{Assets})$ 效应也是高度非线性的。这可能是由于 MH5 包含的活动支出和管理私人财富无关。公司年龄长短效应也是非线性的，这表明新公司和成熟的公司有很大的不同，而杠杆效应是相当线性的。

　　估计结果表明，线性模型是错误界定的。为证明这一点，我们使用 Horowitz & Spokoiny (2002) 的中位数回归模型的线性检验。该检验给出统计量的值是 2.192，其 5% 的临界值为 1.999。因此该检验在 5% 显著水平上拒绝了线性中位数模型。拒绝线性不一定意味着可加模型可以很好地拟合数据。为了检验可加模型是不是一个好的拟合，我们考虑非正式的图示法。图 5-5 显示了估计残差值对协变量的

图。可以看到残差的散点图，并且没有明显的证据显示模型是错分的，虽然图中显示有一些偏度。正式地检验可加性需要一个具体的检验。文献中现在还没有一个很好的方法，而创建检验方法超出了本节的范围。检验均值分位回归模型的可加性方法可以得到 (如 Gozalo & Linton，2001)，但是这些还没有拓展到分位回归。

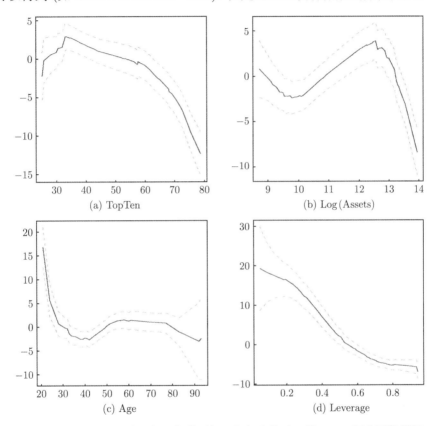

图 5-4 **非参数可加中位数回归模型的可加部分估计及其 90% 逐点置信区间**

总的来说，我们的估计结果表明：需要提出一个比线性中位数回归模型更灵活的方法来研究集中持股和管理层私人利益支出之间的联系。

5.2.4 渐近结果

这部分给出了第二部分描述的估计量的渐近结论。我们需要一些额外的记号，对于任何的 $\mathbf{A}$，令 $\|\mathbf{A}\| = [\text{trace}(\mathbf{A}'\mathbf{A})]^{1/2}$ 为欧几里得范数。令 $d(\kappa) = \kappa d + 1$ 和 $b_{\kappa 0}(\mathbf{x}) = \mu + m(\mathbf{x}) - P_\kappa(\mathbf{x})'\theta_{\kappa 0}$。

为了建立渐近理论，我们需要下面的条件：

假设 5.2.1 数据 $\{(Y_i, X_i) : i = 1, \cdots, n\}$ 是独立同分布的，并且对于几乎

所有的 $\mathbf{x} \in \mathcal{X}$，在给定条件 $\mathbf{X} = \mathbf{x}$ 下 Y 的 α 阶分位数为 $\mu + m(\mathbf{x})$。

假设 5.2.2　$\mathbf{X}$ 的支撑是 $\mathcal{X} \equiv [-1, 1]^d$。$\mathbf{X}$ 的分布在 Lebesgue 测度下绝对连续。$\mathbf{X}$ 的密度函数 [记为 $f_{\mathbf{X}}(\mathbf{x})$] 有界，且不为零，在 $\mathcal{X}$ 的内点二阶连续可微，并且在 $\mathcal{X}$ 的边界上有连续二阶次单边导数。

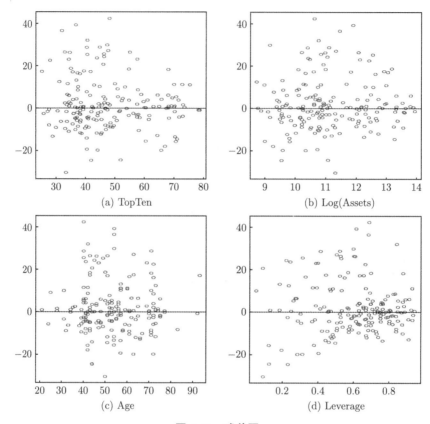

图 5-5   残差图

注: 估计的残差与每个协变量图。

假设 5.2.3　设 $F(u|\mathbf{x})$ 是在 $\mathbf{X} = \mathbf{x}$ 的条件下 U_α 的分布函数。假设 $F(0|\mathbf{x}) = \alpha$ 对几乎所有的 $\mathbf{x} \in \mathcal{X}$ 成立，且 $F(\cdot|\mathbf{x})$ 有概率密度函数 $f(\cdot|\mathbf{x})$。这里存在一个常数 $\mathrm{L_f} < \infty$，使得对所有 0 邻域里的 u_1 和 u_2 以及所有的 $\mathbf{x} \in \mathcal{X}$，都有 $|f(u_1|\mathbf{x}) - f(u_2|\mathbf{x})| \leqslant \mathrm{L_f}|u_1 - u_2|$。另外，存在常数 $\mathrm{c_f} > 0$ 和 $\mathrm{C_f} < \infty$，使得 $\mathrm{c_f} \leqslant f(u|\mathbf{x}) \leqslant \mathrm{C_f}$ 对所有 0 邻域里的 u 以及所有的 $\mathbf{x} \in \mathcal{X}$ 都成立。

假设 5.2.4　对每个 j，$m_j(\cdot)$ 在区间 $[-1, 1]$ 内点都是 r 阶连续可微的，在 $[-1, 1]$ 的边界上有 r 阶单边导数，这里 $r \geqslant 2$。

假设 5.2.5　定义 $\boldsymbol{\Phi}_\kappa = E[f(0|\mathbf{X})P_\kappa(\mathbf{X})P_\kappa(\mathbf{X})']$。对于所有的 κ，$\boldsymbol{\Phi}_\kappa$ 的最小特

征根都不是 0，并且对于所有的 κ，$\boldsymbol{\Phi}_\kappa$ 最大特征根都有界。

假设 5.2.6 定义 $\zeta_k = \sup\limits_{\mathbf{x} \in \mathcal{X}} \|P_\kappa(x)\|$。基函数 $\{p_k : k = 1, 2, \cdots\}$ 满足下面的条件：

1. 每一个 p_k 都是连续的；

2. $\int_{-1}^{1} p_k(v) \mathrm{d}v = 0$；

3. $\int_{-1}^{1} p_j(v) p_k(v) \mathrm{d}v = \begin{cases} 1, & j = k, \\ 0, & j \neq k; \end{cases}$

4. 当 $\kappa \to \infty$ 时，

$$\zeta_\kappa = O(\kappa^{1/2}); \tag{5.2.7}$$

5. 存在向量 $\theta_{\kappa 0} \in \mathbb{R}^{d(\kappa)}$ 使得当 $k \to \infty$ 时，

$$\sup_{\mathbf{x} \in \mathcal{X}} |\mu + m(\mathbf{x}) - P_\kappa(\mathbf{x})'\theta_{\kappa 0}| = O(\kappa^{-r}) \tag{5.2.8}$$

假设 5.2.7 $(\kappa^4/n)(\log n)^2 \to 0$ 和 κ^{1+2r}/n 有界。

假设 5.2.1 定义了数据生成过程。如果必要的话，假设 5.2.2 中的有界支撑条件可以通过对 $\mathbf{X}$ 进行单调变换得到满足，只要变换后的 $\mathbf{X}$ 的概率密度函数不为零。另外，假设 5.2.3 要求在 $\mathbf{x}$ 的某个邻域里 $f(\cdot|\mathbf{x})$ 一致地不为 0。这是建立渐近理论一个很方便的条件。没有这个条件，收敛速度可能会降低，这个渐近分布可能是非正态的。例如，参见 Knight(1998) 在有关 $f(u|\mathbf{x})$ 的更一般假设下线性中位数回归估计量的渐近结果。假设 5.2.3 中关于 $F(u|\mathbf{x})$ 光滑性假设以及假设 5.2.4 中有关 $m_j(\cdot)$ 的假设在广泛应用中都是合理的，而且包括绝大多数 $F(u|\mathbf{x})$ 和 $m_j(\cdot)$ 的参数界定作为其特例。正如在 Newey (1997) 的工作和 HM 中那样，假设 5.2.5 保证了第一阶段估计量渐近形式的协方差矩阵是非奇异的。假设 5.2.6 对于基函数施加了限制。当 $f_{\mathbf{X}}$ 不为 0，且 m_j 是 r 阶连续可微时，则假设 5.2.6 的条件由 B 样条满足。假设 5.2.6 中条件 5 限定了渐近偏差的阶数。由于式 (5.2.1) 的可加结构，式 (5.2.8) 中的一致渐近误差阶数为 $O(\kappa^{-r})$，这不管 X 的维数如何。这使第二阶段的估计避免了维数祸根问题。

我们需要额外的假设：

假设 5.2.8 1. $\kappa = \mathrm{C}_\kappa n^v$ 对于某个满足 $0 < C_\kappa < \infty$ 的常数 C_κ 成立，且 v 满足

$$\frac{1}{2r+1} < v < \frac{2r+3}{12r+6}$$

2. $\delta_n = \mathrm{C}_\delta n^{-1/(2r+1)}$ 对于某个满足 $0 < \mathrm{C}_\delta < \infty$ 的常数 C_δ 成立。

假设 5.2.9　函数 K 是在 $[-1, 1]$ 上有界连续的概率密度函数，关于零对称。

假设 5.2.8 中条件 1 需要 $r \geqslant 2$。假设 5.2.8 中条件 2 和假设 5.2.9 在非参估计中是标准假设。

定义

$$\bar{P}_\kappa(\tilde{\mathbf{x}}) = [1, \underbrace{0, \cdots, 0}_{\kappa}, p_1(x^2), \cdots, p_\kappa(x^2), \cdots, p_1(x^d), \cdots, p_\kappa(x^d)]'$$

式中：$\tilde{\mathbf{x}} = (x^2, \cdots, x^d)$。

下面的条件用来建立二阶段估计量的极限分布。

假设 5.2.10　$E[\bar{P}_\kappa(\tilde{\mathbf{X}})\bar{P}_\kappa(\tilde{\mathbf{X}})' | X^1 = x^1]$ 的最大特征值对所有的 κ 有界，且 $E[\bar{P}_\kappa(\tilde{\mathbf{X}})\bar{P}_\kappa(\tilde{\mathbf{X}})' | X^1 = x^1]$ 的每一个分量关于 x^1 都是二阶连续可微的。

令 $\mu_j = \int_{-1}^{1} u^j K(u)\mathrm{d}u$ 为 K 的矩，并且令 $\boldsymbol{S}(K)$ 为 $r \times r$ 维矩阵，其 (i, j) 分量是 μ_{i+j-2}。另外，令 $\boldsymbol{e}_l = (1, 0, \cdots, 0)$ 为单位向量。仿照 Ruppert & Wand (1994) 以及 Fan & Gijbels (1996) 那样，令 $K_*(u) = \boldsymbol{e}_1' \boldsymbol{S}(K)^{-1}(1, u, \cdots, u^{r-1})' K(u)$ 为 "等价核"。对于偶数 r，则 K_* 是 r 次核；对于奇数 r，则 K_* 是 $r+1$ 次核。等价核的高阶性质对分析高阶局部多项式拟合很有用。令 $f_{X^1}(x^1)$ 为 X^1 的概率密度函数，令 $f_1(u|x^1)$ 为在 $X^1 = x^1$ 条件下 U_α 的条件密度函数，令 $D^k m_j(x^j)$ 为 m_j 的 k 阶导数。则本章的主要结果如下。

定理 5.2.1　令假设 5.2.1-5.2.10 成立，并且假设 $r \geqslant 2$ 是偶数，其中 r 定义在假设 5.2.4 中。于是当 $n \to \infty$ 时，对于任何 x^1 满足 $|x^1| \leqslant 1 - \delta_n$ 有如下结果成立：(1) $|\hat{m}_1(x^1) - m_1(x^1)| = O_p[n^{-r/(2r+1)}]$；(2) $n^{r/(2r+1)}[\hat{m}_1(x^1) - m_1(x^1)] \xrightarrow{d} N[B(x^1), V(x^1)]$，其中

$$B(x^1) = \left[\int_{-1}^{1} u^r K_*(u)\mathrm{d}u \right] (r!)^{-1} C_\delta^r D^r m_1(x^1)$$

以及

$$V(x^1) = \left\{ \int_{-1}^{1} [K_*(u)]^2 \mathrm{d}u \right\} C_\delta^r \alpha(1-\alpha)/\{f_{X^1}(x^1)[f_1(0|x^1)]^2\}$$

(3) 如果 $j \neq 1$，则 $n^{r/(2r+1)}[\hat{m}_1(x^1) - m_1(x^1)]$ 以及 $n^{r/(2r+1)}[\hat{m}_j(x^j) - m_j(x^j)]$ 对任意满足 $|x^j| \leqslant 1 - \delta_n$ 的 x^j 是渐近独立正态分布的。

关于定理 5.2.1 的证明，参见 Horowitz & Lee(2005)。

这个定理暗示着第二阶段估计量对于 r 阶可导函数的非参数估计量达到最优收敛速度。另外，如果 $m_2, \cdots, m_d$ 已知，那么它有应该有的同样的渐近分布。定理 5.2.1 的条件 2 和 3 部分暗示了 $m_1(x^1), \cdots, m_d(x^d)$ 的估计量是渐近独立分布的。由于假设 5.2.8 中条件 1，需要 m_j 至少二阶连续可微。该可微性与 $\mathbf{X}$ 的维数

独立, 因此我们的估计量避免了维数祸根问题。虽然定理 5.2.1 只是建立在 $\mathcal{X}$ 的内点上, 但是有望第二阶段估计量并不需要修改边界。参见 Fan, Hu & Truong(1994) 对于边界处局部线性分位回归估计量渐近性质的讨论。

对于偶数 $r \geqslant 2$, 在式 (5.2.3) 中当我们使用 $r-2$ 次局部多项式拟合时 (如局部常数估计量在 $r=2$ 的假设下被使用), 定理的结论可能是一样的, 除了渐近偏差依赖于 $Df_{X^1}(x^1)/f_{X^1}(x^1)$, 因此不是设计自适应性的。具体地讲, 在这种情况下, 定理 5.2.1 中的 $B(x^1)$ 具有如下形式

$$B(x^1) = \left[\int_{-1}^{1} u^r K_*(u)\mathrm{d}u \right] \times \left[\frac{D^{r-1}m_1(x^1)Df_{X^1}(x^1)}{(r-1)!f_{X^1}(x^1)} + \frac{D^r m_1(x^1)}{r!} \right] C_\delta^r$$

当 $r \geqslant 2$ 是奇数时, 对于任何满足 $|x^1| \leqslant 1 - \delta_n$ 的 x^1, 可以证明

$$n^{(r+1)/(2r+3)}[\hat{m}_1(x^1) - m_1(x^1)] \stackrel{d}{\to} N[B(x^1), V(x^1)]$$

此处

$$B(x^1) = \left[\int_{-1}^{1} u^{(r+1)} K_*(u)\mathrm{d}u \right] \times \left[\frac{D^r m_1(x^1)Df_{X^1}(x^1)}{r!f_{X^1}(x^1)} + \frac{D^{r+1}m_1(x^1)}{(r+1)!} \right] C_\delta^{r+1}$$

以及

$$V(x^1) = \left\{ \int_{-1}^{1} [K_*(u)]^2\mathrm{d}u \right\} \times C_\delta^{-1}\alpha(1-\alpha)/\{f_{X^1}(x^1)[f_1(0|x^1)]^2\}$$

对于某个满足 $0 < \mathrm{C}_\delta < \infty$ 的常数 C_δ, 有 $\delta_n = \mathrm{C}_\delta n^{-1/(2r+3)}$。另外渐近方差还是相同的, 但是渐近偏差包括 $Df_{X^1}(x^1)/f_{X^1}(x^1)$。参见 Ruppert & Wand(1994), Fan & Gijbels(1996) 对于局部多项式均值回归模型中估计量的渐近偏差和方差的讨论。

5.2.5 蒙特卡洛实验

这一小节只报告一小部分蒙特卡洛实验结果, 其中我们比较两阶段估计量和两个已有的估计量的小样本性能。首先我们比较二阶段估计量和 Gooijer & Zerom (2003) 提出的边际积分估计量, 在 $d=2$ 和 $d=5$ 下进行实验。进行 $d=2$ 的实验设计与 De Gooijer & Zerom (2003) 中的设计完全一致。具体地讲, 实验设计到了估计下式中的 m_1 和 m_2

$$Y = m_1(X^1) + m_2(X^2) + 0.25\varepsilon \tag{5.2.9}$$

式中: $m_1(x^1) = 0.75x^1$; $m_2(x^2) = 1.5\sin(0.5\pi x^2)$。

协变量 X^1 和 X^2 是二元正态分布, 其均值为 0, 方差为单位矩阵, 相关系数为 ρ。我们考虑 $\alpha = 0.5$ 以及样本量 $n = 100$ 和 $n = 200$ 的情况。仿照 De Gooijer

& Zerom (2003)，该实验取 $\rho = 0.2$ (协变量之间低相关性) 以及 $\rho = 0.8$ (协变量之间高相关性)。

　　B-splines 用于 $\kappa_n = 4$ 情况下二阶段估计的第一阶段，而局部线性拟合用于第二阶段。另外核函数 κ 选定为正态密度函数。带宽 $\delta_{1n} = 3\hat{\sigma}_{X^1} n^{-1/5}$ 用于估计 m_l，且 $\delta_{2n} = \hat{\sigma}_{X^2} n^{-1/5}$ 用于估计 m_2，其中 $\hat{\sigma}_{X^j}$ 是 $X^j (j = 1, 2)$ 的样本标准差。正态密度函数不满足假设 5.2.9 中有限支撑条件，但是核函数和带宽的选择和 De Gooijer & Zerom (2003) 中一样，用来比较二阶段估计量和 De Gooijer & Zerom (2003) 中报告的边际积分与 BackFitting 方法这两种方法的有限样本性能。

　　为了看二阶段估计量在有限样本中是否避免了维数祸根问题，在式 (5.2.9) 中加入了 3 个额外的协变量。在 $d = 5$ 条件下的实验包括估计下式中的 m_1 和 m_2

$$Y = m_1(X^1) + m_2(X^2) + X^3 + X^4 + X^5 + 0.25\varepsilon$$

式中：X^j 独立同分布于 $U[-1, 1](j = 3, 4, 5)$。

　　由于使用了局部线性拟合，所以二阶段估计量有 $n^{-2/5}$ 收敛速度而不需要考虑维数 d。

　　每个实验中重复 100 次蒙特卡洛模拟，且计算了区间 $[-2, 2]$ 上每个估计函数的绝对偏差误 (ADE)。Gooijer & Zerom (2003) 利用了平均 ADEs (AADE) 这一准则。

　　表 5-2 中给出了 d, ρ 和 n 组合所对应的边际积分与二阶段估计量的 AADE 值。我们通过检验函数方法直接计算边际积分估计量的先锋 (Pilot) 估计，而 De Gooijer & Zerom (2003) 则是通过求条件分布函数的逆得到先锋估计。与 De Gooijer & Zerom (2003) 中类似，我们在感兴趣的方向上采用局部线性逼近，而在讨厌的方向上采用局部常数逼近。边际积分估计量的渐近分布是相同的，不管两个备选先锋估计的选择如何。正如 De Gooijer & Zerom (2003) 报告的那样，边际积分估计当协变量之间有高度相关性的时候效果很差。当 $d = 2$ 和 $\rho = 0.8$ 时，两阶段估计量比边际积分估计量的有限样本性能要好很多。另外，两阶段估计量当 $d = 2$ 时在 $\rho = 0.2$ 和 $\rho = 0.8$ 下是可比的。同样地，在同时满足 $\rho = 0.2$ 和 $\rho = 0.8$ 的条件下比较 $d = 2$ 和 $d = 5$，也是可比的。这些结果和 5.2.4 节建立的渐近结果一致，因为二阶段估计的极限分布不依赖于 d 或者 ρ。然而，边际积分估计量在当 $d = 5$ 和 $\rho = 0.8$ 时表现得很差。在那种情况下，边际积分估计量的 AADE 值比二阶段估计的两倍还多。

　　我们现在比较两阶段估计和样条估计量的有限样本性能。我们采用 $d = 2$ 这一相同的蒙特卡洛设计。用 B 样条来得到样条估计，使用依赖于数据选择的 $\hat{\kappa}_n$。具体地讲，$\hat{\kappa}_n$ 通过最小化式 (5.2.5) 给出的 Schwarz 型信息准则来得到。对于二阶段估计的第一阶段，我们用 $\hat{\kappa}_n + 1$，因为渐近结果需要过度拟合。二阶段估计的第二阶段，我们用 Fan & Gijbels (1996) 描述的简单经验法则选择带宽 δ_n。这次每个实验有 1000 次蒙特卡洛重复数，因为样条估计和二阶段估计不需要很长的计算时间。表 5-2 也给出了组合 ρ 和 n 后样条估计和二阶段估计的 AADE 值。注意到对于 m_l 的估计而言，二阶段估计量比样条估计的有限样本性能显著要好，而对于 m_2 两个估计量实际上一样好。我们可以用更新的 m_1(第二阶段的) 估计量来估计 m_2，反之亦然。我们为这种方法进行蒙特卡洛实验，发现在有限样本性能方面这种额外的更新没有提高 (全部结果这里没有显示，如需要可以索取)。

表 5-2 d, ρ 和 n 组合所对应的边际积分与二阶段估计量的 AADE 值

d	ρ	n	关于 m_1 的结果		关于 m_2 的结果		关于 m_1 的结果		关于 m_2 的结果	
			MI	$2S$	MI	$2S$	S	$2S$	S	$2S$
2	0.2	100	0.0834	0.0783	0.1430	0.1497	0.0758	0.0708	0.1089	0.1104
		200	0.0560	0.0519	0.0964	0.1125	0.0536	0.0492	0.0798	0.0803
	0.8	100	0.1638	0.0920	0.2957	0.1620	0.0842	0.0798	0.1133	0.1153
		200	0.1331	0.0621	0.2602	0.1146	0.0599	0.0557	0.0825	0.0834
5	0.2	100	0.1268	0.0688	0.1914	0.1466				
		200	0.0917	0.0534	0.1293	0.1176				
	0.8	100	0.1810	0.0893	0.4060	0.1618				
		200	0.1650	0.0638	0.3578	0.1208				

注: 这里所给的值是边际积分 (MI)，样条 (S) 以及两阶段 $(2S)$ 估计量的 AADEs。

总的来说，我们的实验结果暗示了当协变量之间存在高度相关性或者协变量的维数相对大的时候，两阶段估计量超过边际积分估计。实验结果还说明二阶段估计有更好或者一样好的性质，鉴于此可能很难进行推断。

5.2.6   文献介绍

可加建模在多元非参数均值或者分位回归中是一个重要的降维方法。例如 Härdle(1990)，Horowitz(1993)，Horowitz & Lee (2002)，Horowitz & Savin (2001)。其他降维方法的例子有指标模型，关于均值回归模型的研究有 Ichimura(1993)，Powell *et al.* (1989)，Hristache *et al.* (2001)；关于分位回归模型的研究有 Chaudhuri *et al.* (1997)，Khan (2001)；均值部分线性模型有 Robinson (1988)；分位回归部分线性模型有 He & Shi (1996)，Lee (2003)。它们不能与可加模型嵌套，因此不可替代。非参数可加模型的应用实例有 Hastie & Tibshirani (1990)，Fan & Gijbels (1996)，Horowitz & Lee (2002) 等。Doksom & Koo (2000) 考虑了样条估计量，Huang (2003) 讨论了在可加非参均值回归模型中样条估计得到逐点渐近正态的性质是十分困难的。Fan & Gijbels (1996) 建议采用 BackFitting 估计。De Gooijer & Zerom (2003) 中的注 6 关于 $d \geqslant 5$ 时在讨厌参数方向减少偏差的必要。Horowitz & Mammen (2004) 的工作，给出了带有连接函数的非参可加均值模型可加部分的一个估计量。本节主要参考了 Horowitz & Lee (2005) 的文章，介绍了两阶段估计量及其性质等，并应用到了实例中。

第6章　变系数分位回归模拟

6.1　适应性变系数分位回归

6.1.1　引言

变系数模型的提出旨在克服数据的高维灾难,探测数据的动态特性。这种模型推广了经典的非参数回归模型,使之在过去的十几年间得到了广泛关注。该模型已成功地应用到局部多维回归分析, 如 Cleveland *et al.* (1992),Hastie & Tibshirani (1993),Carroll *et al.* (1998),Fan *et al.* (1999),Fan *et al.* (2000),Kauermann & Tutz (1999),Zhang & Lee (2000) 等。函数数据分析如 Ramsay & Silverman(1997);纵向数据分析如 Hoover *et al.* (1998),Wu *et al.* (1998);非线性时间序列分析如 Nicholls & Quinn (1982),Chen & Tsay(1993),Cai *et al.* (2000);变系数广义线性模型如 Cai *et al.* (2000)。在以上的变系数模型中,研究者大多探讨响应变量的条件均值与所对应的预测变量间的关系。这些模型假定条件均值函数存在,实际可能并非如此,例如柯西分布的有限阶矩是不存在的。即使条件均值存在,但在某些应用中条件期望的估计可能是不稳健或不合适的,参见 Lawrence (2008)。例如,在研究经济不平等性及流动性等问题时,人们对贫穷 (下尾) 与富裕 (上尾) 的情况更感兴趣。所以作为均值的替代,这时我们愿意考虑一系列的条件分位数。

Koenker & Bassett (1978) 引入的分位回归,逐渐成为经济、医学、生物等领域非常有用的工具。简单来讲,这种模型就是将条件分位作为预测变量的函数。与传统线性回归模型不同,分位回归模型不是考察当协变量变化时因变量的条件均值的变化,而是考察因变量的条件分位的变化。所以,该模型可以根据研究者的需要探测数据分布的任意预定位置。如果要了解更多关于分位回归模型的发展,可以参考 Koenker & Bassett(1982),Koenker & D'Orey (1993),Fan *et al.* (1994),Tian & Chen (2006),Tian *et al.* (2009),Wu & Tian (2008),Yu & Jones (1998,2003)。近年来,在分位回归框架下的变系数模型得到越来越多的关注。针对独立时间序列数据,Honda(2004) 提出了变系数分位回归模型的局部多项式方法。Kim (2007) 提出利用局部样条方法来估计变系数分位回归模型。Cai & Xu (2009) 使用了局部多项式和局部常数方法来估计分位回归模型的光滑系数。

在本节,我们考虑采用局部多项式方法来逼近分位回归系数函数。局部多项式方法由 Honda (2004) 和 Cai & Xu (2009) 等引入并发展。相比较而言,本节的创新之处在于提出了一种更有效的局部自适应窗宽方法来确定用于局部线性逼近的特定齐性邻域。而且，Polzehl & Spokoiny (2003) 只是将自适应加权光滑方法用到了均值回归，并没有涉及分位回归。将他们的方法拓展到条件分位回归问题是相当有挑战性的。其实在条件分位回归的背景下，推导自适应加权光滑估计量的性质更加困难。我们得到了在一些更弱条件下的结论。比如，在实际情况中，有很多误差项并不能满足 Polzehl & Spokoiny (2003) 的假设，因为矩是不存在的。所以，将该方法拓展到更普遍的情形是非常有必要的。再则，我们考虑了多种误差分布，包括重尾分布、半重尾分布，甚至那些方差或均值根本就不存在。另外，与 Polzehl & Spokoiny (2003) 相比，本节在估计量的提出和解释方面要更加简洁、清楚。

6.1.2　自适应估计

6.1.2.1　模型

假定有独立同分布的随机样本 $[(Y_i,\ X_i,\ U_i)]_{i=1}^n$，其中 $Y_i \in \mathbb{R}$，$X_i \in \mathbb{R}^{p+1}$，$U_i \in \mathbb{R}$，X_i 和 U_i 是观测到的协变量。对于任意的 $0 < \tau < 1$，给定 $(X^T,\ U) = (x^T,\ u)$ 时，Y 的 τ 阶条件分位定义为

$$q_\tau(x,\ u) = \arg\min_{a \in \mathbb{R}} E[\rho_\tau(Y - a)|X = x,\ U = u]$$

式中：$\rho_\tau(z) = z[\tau - I_{(z<0)}]$ 为检验函数。

变系数分位回归模型的形式如下

$$q_\tau(X_i,\ U_i) = \sum_{l=0}^p X_{il}\beta_{l,\ \tau}(U_i)\Delta q X_i^T \beta_\tau(U_i)$$

式中：U_i 为光滑变量；$X_i = (X_{i0},\ \cdots,\ X_{ip})^T$ 且 $X_{i0} \equiv 1$；$[\beta_{l,\ \tau}(\cdot)]$ 为光滑系数函数，$\beta_\tau(\cdot) = [\beta_{0,\ \tau}(\cdot),\ \cdots,\ \beta_{p,\ \tau}(\cdot)]^T$。

在实际应用中，我们关心的是对于任意给定的 $(x,\ u)$ 得到 $q_\tau(x,\ u)$ 的估计。这样，我们可以转化为对于任意点 u，系数函数 $\{\beta_{l,\ \tau}(u)\}$ 的估计。

6.1.2.2　估计

在这一节中，我们给出了变系数向量函数 $\beta_\tau(\cdot)$ 的估计量。这个基于自适应加权光滑方法的估计量是很容易通过计算得到的。

如果 $\{\beta_{l,\ \tau}(\cdot)\}$ 是 $q+1$ 阶可微，则在任意给定点 u 的领域内，$[\beta_{l,\ \tau}(\cdot)]$ 可以由多项式函数

$$\beta_{l,\ \tau}(U) \approx \beta_{l,\ \tau}(u) + \beta'_{l,\ \tau}(u)(U - u) + \cdots + \beta_{l,\ \tau}^{(q)}(u)(U - u)^q/q!$$

近似得到，而且

$$q_\tau(X_i,\ U_i) \approx \sum_{l=0}^p X_{il}\left[\sum_{k=0}^q \alpha_{kl,\ \tau}(u)(U_i - u)^k\right] = \sum_{l=0}^p \sum_{k=0}^q X_{il}\alpha_{kl,\ \tau}(u)(U_i - u)^k$$

式中：$\alpha_{kl,\ \tau}(u) = \dfrac{\beta_{l,\ \tau}^{(k)}(u)}{k!}$。

这就激发我们定义估计量

$$\hat{\beta}_{l,\ \tau}(u) = \hat{\alpha}_{0l,\ \tau}(u);\ \hat{\beta}_{l,\ \tau}^{(k)}(u) = k!\hat{\alpha}_{kl,\ \tau}(u)(k = 1,\ \cdots,\ q;\ l = 1,\ \cdots,\ p)$$

式中：$\hat{\alpha}_{kl,\ \tau}(u)$ 为 $\alpha_{kl,\ \tau}(u)$ 的估计量。

然后，这个估计可以由最小化下式得到

$$\sum_{U_j \in \mathbf{A}_i} \rho_\tau \left[Y_j - \sum_{l=0}^{p} \sum_{k=0}^{q} X_{jl}\alpha_{kl,\ \tau}(u)(U_j - u)^k \right] K\left(\frac{U_j - u}{h_i}\right) \tag{6.1.1}$$

式中：$\{\mathbf{A}_1,\ \cdots,\ \mathbf{A}_L\}$ 为 $\mathbb{R}$ 的一个剖分（$\mathbf{A}_i$ 互不相交，$\mathbf{A}_1 \cup \cdots \cup \mathbf{A}_L = \mathbb{R}$）；$u \in \mathbf{A}_i$；$K(\cdot)$ 为核函数；h_i 为区间 $\mathbf{A}_i$ 内的窗宽。

当 u 沿着向量函数 $\beta_\tau(\cdot)$ 的支撑移动时，就可以得到整个曲线 $\beta_\tau(u)$ 的估计量 $\hat{\beta}_\tau(\cdot)$。在通常的应用中，Fan & Gijbels (1996) 建议使用局部线性拟合 $q = 1$ 就已经足够。考虑到这一点，本节主要讨论 $q = 1$（局部线性拟合）的情况，局部多项式的情况可以类似推广。现在，最小化问题就转化为下式的最小化

$$\sum_{U_j \in \mathbf{A}_i} \rho_\tau \left\{ Y_j - \sum_{l=0}^{p} X_{jl}[\alpha_{0l,\ \tau}(u) + \alpha_{1l,\ \tau}(u)(U_j - u)] \right\} K\left(\frac{U_j - u}{h_i}\right)$$

记 $a_l(\cdot) = \alpha_{0l,\ \tau}(\cdot)$；$b_l(\cdot) = \alpha_{1l,\ \tau}(\cdot)$。这样，我们得到

$$\arg \min_{[a(u),\ b(u)] \in \mathbb{R}^{(p+1) \times 2}} \sum_{U_j \in \mathbf{A}_i} \rho_\tau \left\{ Y_j - \sum_{l=0}^{p} X_{jl}[a_l(u) + b_l(u)(U_j - u)] \right\} K\left(\frac{U_j - u}{h_i}\right)$$

式中：$a(\cdot) = [a_0(\cdot),\ \cdots,\ a_p(\cdot)]^T$；$b(\cdot) = [b_0(\cdot),\ \cdots,\ b_p(\cdot)]^T$。

假定 $\{\beta_{l,\ \tau}(u)\}$ 是局部线性函数，我们可以用

$$\hat{\beta}(u) = \sum_{i=1}^{\mathcal{L}} \hat{a}(u)I_{\mathbf{A}_i}(u) \tag{6.1.2}$$

来逼近向量 $\beta_\tau(u)$。其中，$I_{\mathbf{A}_i}(\cdot)$ 为区间 $\mathbf{A}_i$ 内的示性函数。值得注意的是，$\hat{a}(u)$ 和区间 $\mathbf{A}_i$ 都是未知的，也是需要我们去估计的。

注 1：众所周知，在经典的非参数回归中，核函数的使用是基于潜在函数光滑的假设下，而在不连续点的邻域并不满足这一假设。这经常会导致函数在这样的区间过于光滑或光滑不足。基于核函数方法的其他缺点还包括边界问题、窗宽选择困难问题，这是由于在计算偏差时需要用到潜在函数的高阶导问题，而这显然比最初的信号估计更复杂。

本节提出的方法可以有效地解决上述问题。在我们的方法中，不需要确定以上形式的窗宽，而是用数据驱动的方法确定所感兴趣的 u 点的齐性邻域，且不需要潜在函数的先验信息。我们的方法并不依赖于潜在函数的维数，所以有望应用到高维问题中去。我们需要做的就是将 $\mathbb{R}$ 剖分为 $\mathbf{A}_1$，$\mathbf{A}_2$，$\cdots$，$\mathbf{A}_L$，这是基于潜在函数是分段常数函数这一假设的。显然，这一假设对于区间 $\mathbf{A}_i$ 甚至只包含一个点的情况也是有效的。

6.1.2.3 步骤

由式 (6.1.2)，我们可以看到本节中变系数函数 $\beta(u)$ 的估计主要依赖于两步：①$\hat{a}(u)$ 值的估计；②每个 U_i 的齐性区间 $\mathbf{A}_i$ 的识别。为了更好地阐述我们的方法，首先考虑剖分 $\{\mathbf{A}_i\}$ 已知的情况。这样，对于每一个 U_i，估计量 $\hat{a}(U_i)$ 可以由下式得到

$$\arg\min_{[a(U_i),\ b(U_i)]\in\mathbb{R}^{(p+1)\times 2}} \sum_{U_j\in\mathbf{A}_i}\rho_\tau\left\{Y_j-\sum_{l=0}^p X_{jl}\left[a_l(U_i)+b_l(U_i)(U_j-U_i)\right]\right\}K\left(\frac{U_j-U_i}{h_i}\right)$$

所以，对于已知剖分 $\mathbf{A}_1$，$\cdots$，$\mathbf{A}_L$，潜在函数在给定点 U_i 的估计可以由 $\hat{\beta}(U_i)=\sum_{i=1}^{\mathcal{L}}\hat{a}(U_i)I_{\mathbf{A}_i}(U_i)$ 轻松得到。同时，也可以得到 $\hat{b}(U_i)$ 的估计。

接下来，我们考虑逆问题：给定了 $\hat{a}(U_i)$ 和 $\hat{b}(U_i)$ 的估计，如何识别剖分 $\mathbf{A}_1$，$\cdots$，$\mathbf{A}_L$。对于每个 U_i 和 U_j $(i\neq j)$，我们考虑 $D_{\mathbf{A}}^{il}\Delta q|\hat{a}_l(U_i)-\hat{a}(U_j)|$ 和 $D_{\mathbf{B}}^{il}\Delta q|\hat{b}_l(U_i)-\hat{b}_l(U_j)|(l=0,\cdots,p)$。如果存在某个 l，使得 $D_{\mathbf{A}}^{il}$（或 $D_{\mathbf{B}}^{il}$）大于标准偏差 $\sqrt{\mathrm{var}[\hat{a}_l(U_i)]}$（或者 $\sqrt{\mathrm{var}[\hat{b}_l(U_i)]}$），那么，我们就可以将这两点划分到不同的区间。所以区间 $\mathbf{A}_i$ 的估计可以这样得到

$$\hat{\mathbf{A}}_i=\left\{U_j:\left|\hat{a}_l(U_i)-\hat{a}_l(U_j)\right|\leqslant\eta_1\hat{V}_{a_l}(U_i),\ \left|\hat{b}_l(U_i)-\hat{b}_l(U_j)\right|\leqslant\eta_2\hat{V}_{b_l}(U_i)(l=0,\cdots,p)\right\}$$

式中：η_1 和 η_2 为调整参数；$\hat{V}_{a_l}(U_i)=\{\mathrm{var}[\hat{a}_l(U_i)]\}^{\frac{1}{2}}$；$\hat{V}_{b_l}(U_i)=\{\mathrm{var}[\hat{b}_l(U_i)]\}^{\frac{1}{2}}$。在这些估计区间的基础上，我们可以得到 $\hat{a}(U_i)$ 和 $\hat{b}(U_i)$ 新的估计，这样一直迭代下去。关于 $\mathrm{var}[\hat{a}_l(U_i)]$ 和 $\mathrm{var}[\hat{b}_l(U_i)]$，我们可以从 Cai & Xu (2009) 中得到

$$\mathrm{var}[\hat{a}_l(U_i)]=(N_ih_i)^{-1}\tau(1-\tau)\hat{\sigma}_l(U_i)\int_{\mathbf{A}_i}K^2(v)\mathrm{d}v \tag{6.1.3}$$

$$\mathrm{var}[\hat{b}_l(U_i)]=(N_ih_i)^{-1}\tau(1-\tau)\hat{\sigma}_l(U_i)\int_{\mathbf{A}_i}v^2K^2(v)\mathrm{d}v \tag{6.1.4}$$

式中：$\hat{\sigma}_l(U_i)=\left[\hat{\omega}^*(U_i)\right]^{-2}\hat{\omega}(U_i)$；$\hat{\omega}^*(U_i)=N_i^{-1}\sum_{U_j\in\mathbf{A}_i}\hat{f}_{Y|(x,\ u)}[\hat{q}_\tau(X_j^T,\ U_j)]X_{jl}^2K_{h_i}$

$(U_j - U_i)$；$\hat{\omega}(U_i) = N_i^{-1} \displaystyle\sum_{U_j \in \mathbf{A}_i} X_{jl}^2 K_{h_i}(U_j - U_i)$；$N_i = \sharp \mathbf{A}_i$ 为区间 $\mathbf{A}_i$ 内点的个数

$(i = 1, \cdots, L)$；$\hat{f}_{Y|(x, u)}$ 为给定 (x, u) 时 Y 的条件密度估计。

条件密度估计 $\hat{f}_{Y|(x, u)}$ 的计算在很多文章中都可以找到，如 Fan *et al.* (1996) 的 Nadaraya-Watson 型 (或局部线性) 双核方法，Koenker & Xiao (2004) 的微商方法等。

注 2: 通常变系数函数

$$\beta(U) = [\beta_0(U_0), \beta_1(U_1), \cdots, \beta_p(U_p)]^T$$

也可能会随其他变量值的变化而发生一些微小变化，我们称之为 "效果修正因子"(Hastie & Tibshirani, 1993)。在某些情况下，变量 U_j 是互不相同的。不失一般性，本节中我们只考虑 U_j 为特别统一变量的情况，比如 "时间"。

理论上，我们应该考虑多维核函数 $K(u_0, \cdots, u_p)$，该核函数的一个特例就是乘积核函数。本节中核函数就可以是 $\left[K\left(\dfrac{U-u}{h}\right) \right]^{p+1}$，而该核函数等价于 $\left[K\left(\dfrac{U-u}{h^*}\right) \right]$，对于某个 h^*。

从本质上来讲，我们可以用一般的权重 $\omega_{i, j}$ 来代替核权，即

$$\arg \min_{[a(u), b(u)] \in \mathbb{R}^{(p+1) \times 2}} \sum_{U_j \in \mathbf{A}_i} \rho_\tau \left\{ Y_j - \sum_{l=0}^{p} X_{jl} \left[a_l(u) + b_l(u)(U_j - u) \right] \right\} \omega_{i, j}$$

所以，类似的表达式在其他文章中也曾出现，如 Cai & Xu(2009)。

6.1.2.4 渐近性质

本节中我们将给出自适应加权估计量的渐近性质。首先，我们给出估计量满足相合性和渐近正态性的正则条件。令 $\mu_j = \int u^j K(u) \mathrm{d}u$；$\nu_j = \int u^j K^2(u) \mathrm{d}u$；$\Omega(u) \equiv E[XX^T|U=u]$；$\Omega^*(u) \equiv E[XX^T f_{Y|(x, u)}[q_\tau(X, u)]|U=u]$；$f_U(u)$ 是 U 的边际密度函数；I 是单位矩阵。下面是要用到的 7 个假设:

1. $\beta(u)$ 在任意点 u_0 的邻域内二阶连续可微;
2. $f_U(u)$ 连续，且 $f_U(u_0) > 0$;
3. $f_{Y|(x^T, u)}(y)$ 有界，且满足 Lipschitz 条件;
4. 核函数 $K(\cdot)$ 对称，且有一个紧支撑;
5. $\Omega(u)$ 在 u_0 的邻域内正定且连续;
6. $\Omega^*(u)$ 在 u_0 的邻域内正定且连续;
7. 窗宽 h_i 满足 $h_i \to 0$，$N_i h_i \to \infty$。其中，$N_i = \sharp \mathbf{A}_i$ 为区间 $\mathbf{A}_i$ 内点的个数；h_i 是齐次性区间 $\mathbf{A}_i$ 内使用的局部窗宽 $(i = 1, \cdots, \mathcal{L})$。

我们有下面的定理。

定理 6.1.1(渐近正态性) 在假设 1~7 下，对于 $u \in \mathbf{A}_i$，我们得到渐近正态性质

$$\{N_i h_i\}^{1/2} \left\{ H \left[\begin{array}{c} \hat{a}(u) - a(u) \\ \hat{b}(u) - b(u) \end{array} \right] - \frac{h_i^2}{2} \left[\begin{array}{c} \beta''(u)\mu_2 \\ 0 \end{array} \right] \right\} \longrightarrow N[0, \Sigma(u)]$$

式中：$\sum(u) = \mathrm{diag}\left[\tau(1-\tau)v_0 \sum_{\beta}(u),\ \tau(1-\tau)v_2 \sum_{\beta}(u) \right]$；$\boldsymbol{H} = \mathrm{diag}\{\boldsymbol{I},\ h_i\boldsymbol{I}\}$；

$$\sum_{\beta}(u) = \frac{[\Omega^*(u)]^{-1}\Omega(u)[\Omega^*(u)]^{-1}}{f_U(u)} \circ$$

特别地，

$$\{N_i h_i\}^{\frac{1}{2}} \left[\hat{a}(u) - a(u) - \frac{h_i^2 \mu_2}{2} \beta''(u) \right] \longrightarrow N\left[0,\ \tau(1-\tau)v_0 \sum_{\beta}(u) \right]$$

6.1.2.5 执行

本节中，我们对算法的执行步骤给出简单的描述。

1. 初始化

对每一个 U_i，我们首先考虑很小的窗宽 h_0 所构成的区间 $\Delta_0(U_i) = [U_i - h_0,\ U_i + h_0]$。通过下式计算 $\left[\hat{a}^{(0)}(U_i),\ \hat{b}^{(0)}(U_i) \right]$

$$\arg \min_{(a,\ b) \in \mathbb{R}^{(p+1)\times 2}} \sum_{U_j \in \Delta_0(U_i)} \rho_\tau \left\{ Y_j - \sum_{l=0}^{p} X_{jl} \left[a_l(U_i) + b_l(U_i)(U_j - U_i) \right] \right\} K\left(\frac{U_j - U_i}{h_0} \right)$$

然后，利用式 (6.1.3) 和式 (6.1.4) 得到 $\mathrm{var}[\hat{a}_l^{(0)}(U_i)]$ 和 $\mathrm{var}[\hat{b}_l^{(0)}(U_i)]$ (对所有 l)。

2. 齐性检验

给定初始估计 $[\hat{a}^{(0)}(U_i),\ \hat{b}^{(0)}(U_i)]$，我们使用该估计去寻找包含 U_i 的更大的齐性区间。记 $\Delta_1(U_i) = [U_i - h_1,\ U_i + h_1](h_1 > h_0)$，通过下式计算 $[\hat{a}^{(1)}(U_i),\ \hat{b}^{(1)}(U_i)]$

$$\arg \min_{(a,\ b) \in \mathbb{R}^{(p+1)\times 2}} \sum_{U_j \in \Delta_1(U_i)} \rho_\tau \left\{ Y_j - \sum_{l=0}^{p} X_{jl} \left[a_l(U_i) + b_l(U_i)(U_j - U_i) \right] \right\} K\left(\frac{U_j - U_i}{h_1} \right)$$

然后利用式 (6.1.3) 和式 (6.1.4) 得到 $\mathrm{var}\left[\hat{a}_l^{(1)}(U_i) \right]$ 和 $\mathrm{var}\left[\hat{b}_l^{(1)}(U_i) \right]$ ($l = 0,\ \cdots,\ p$)。如果不能拒绝齐性假设 (即对于每个 U_i 和 l，我们将得到的新估计 $\hat{a}_l^{(1)}(U_i)$、$\hat{b}_l^{(1)}(U_i)$ 和原来的估计 $\hat{a}_l^{(0)}(U_i)$、$\hat{b}_l^{(0)}(U_i)$ 进行比较。如果对于任意的 l，不能拒绝 $|\hat{a}_l^{(1)}(U_i) -$

$\hat{a}_l^{(0)}(U_i)| \leqslant \eta_1 \hat{V}_{\Delta_1}[\hat{a}_l(U_i)]$ 和 $|\hat{b}_l^{(1)}(U_i) - \hat{b}_l^{(0)}(U_i)| \leqslant \eta_2 \hat{V}_{\Delta_1}[\hat{b}_l(U_i)]$，则将 U_i 的齐性区间由 $\Delta_1(U_i)$ 扩大到 $\Delta_2(U_i) = [U_i - h_2,\, U_i + h_2]$，其中 $h_2 > h_1$。然后重复上面的步骤。

3. 迭代

已知估计 $[\hat{a}^{(s-1)}(U_i),\, \hat{b}^{(s-1)}(U_i)]$，在区间 $\Delta_s(U_i) = [U_i - h_s,\, U_i + h_s]$（$h_s > h_{s-1}$）内计算 $[\hat{a}^{(s)}(U_i),\, \hat{b}^{(s)}(U_i)]$：

$$\arg \min_{(a,\,b)\in\mathbb{R}^{(p+1)\times 2}} \sum_{U_j\in\Delta_s(U_i)} \rho_\tau\left\{Y_j - \sum_{l=0}^p X_{jl}[a_l(U_i)+b_l(U_i)(U_j - U_i)]\right\} K\left(\frac{U_j - U_i}{h_s}\right)$$

然后计算 $\mathrm{var}[\hat{a}_l^{(s)}(U_i)]$ 和 $\mathrm{var}[\hat{b}_l^{(s)}(U_i)]$。对于任意的 l，如果存在至少一个指标 $s' < s$，使得 $|\hat{a}_l^{(s)}(U_i) - \hat{a}_l^{(s')}(U_i)| > \eta_1 \hat{V}_{\Delta_s}[\hat{a}_l(U_i)]$ 或 $|\hat{b}_l^{(s)}(U_i) - \hat{b}_l^{(s')}(U_i)| > \eta_2 \hat{V}_{\Delta_s}[\hat{b}_l(U_i)]$，则停止迭代。最终的齐性区间 $A_i = \Delta_{s-1}(U_i)$，最终的估计 $\hat{a}(U_i) = \hat{a}^{(s-1)}(U_i)$，$\hat{b}(U_i) = \hat{b}^{(s-1)}(U_i)$。

6.1.2.6　参数选择

接下来，我们将讨论以上小节中提到的参数选择问题，并建议在模拟过程中使用一些默认值。一般来讲，围绕默认值的微小变化，并不会给我们的估计带来很大影响。初始窗宽 h_0 的选择非常重要，它直接决定了初始区间内设计点的个数 N_0（参考 6.1.3 节）。初始窗宽的选择必须使初始区间内能够包含足够多的设计点。在本节里核函数 $K(u)$ 的默认选择是高斯核函数 $K(u) = \{2\pi\}^{\frac{-1}{2}}\mathrm{e}^{\frac{-u^2}{2}}$。选择参数 η_1 和 η_2 是为了防止算法丢失先前探测到的不连续性（参考 6.1.3 节）。η_1 和 η_2 比较合适的值是 3 和 4 之间（Polzehl & Spokoiny，2000）。我们在后面的模拟中统一使用了 3。

6.1.3　理论性质

6.1.3.1　齐性情形

本节中，我们证明齐性区间内变系数分位回归模型的自适应估计方法的理论性质。对于每个设计点 U_i，我们有一系列的邻域 $\Delta_k(U_i) = [U_i - h_k,\, U_i + h_k]$（$k = 0,\cdots,k^*$），且 $\Delta_k(U_i) \subseteq \Delta_{k+1}(U_i) \subseteq A_i$。这里，$k^*$ 是所用到邻域的最大指标。记

$$\bar{G}_{\hat{\sigma}_l}(u,\,k) = \sup_{u\in\Delta_k(U_i)\cup\Delta_k(U_j)} \hat{\sigma}_l(u), \quad \underline{G}_{\hat{\sigma}_l}(u,\,k) = \inf_{u\in\Delta_k(U_i)\cup\Delta_k(U_j)} \hat{\sigma}_l(u)$$

$$\bar{D}_K(u,\,k) = \int_{\Delta_k(U_i)\cup\Delta_k(U_j)} K^2(v)\mathrm{d}v, \quad \underline{D}_K(u,\,k) = \int_{\Delta_k(U_i)\cap\Delta_k(U_j)} K^2(v)\mathrm{d}v$$

$$\bar{E}_K(u,\,k) = \int_{\Delta_k(U_i)\cup\Delta_k(U_j)} v^2 K^2(v)\mathrm{d}v, \quad \underline{E}_K(u,\,k) = \int_{\Delta_k(U_i)\cap\Delta_k(U_j)} v^2 K^2(v)\mathrm{d}v$$

定理 6.1.2 潜在的变系数函数的估计 $\hat{\beta}(u) = \sum_{i=1}^{\mathcal{L}} \hat{a}(u) I_{A_i}(u)$, 其中 A_1, $\cdots$, $A_{\mathcal{L}}$ 是 $\mathbb{R}$ 的一个剖分, $I_{A_i}(\cdot)$ 是 A_i 的示性函数。令 $\Delta_{k^*}(U_i) \subseteq A_i$ 是由自适应算法所得到的最大邻域。令

$$C_{a_l, k}^* = C_{2, l}\left[1 + \frac{\bar{D}_K(u, k)}{\underline{D}_K(u, k)} \frac{\bar{G}_{\hat{\sigma}_l}(u, k)}{\underline{G}_{\hat{\sigma}_l}(u, k)}\right]$$

$$C_{b_l, k}^* = C_{2, l}'\left[1 + \frac{\bar{E}_K(u, k)}{\underline{E}_K(u, k)} \frac{\bar{G}_{\hat{\sigma}_l}(u, k)}{\underline{G}_{\hat{\sigma}_l}(u, k)}\right]$$

对正常数 $C_{2, l}$ 和 $C_{2, l}'$, 且对某个 ϱ_1, ϱ_2 满足 $\eta_1^2 \geqslant (2C_{a_l, k^*} + \varrho_1)\log(n)$, $\eta_2^2 \geqslant (2C_{b_l, k^*} + \varrho_2)\log(n)(l = 0, \cdots, p)$。则对于所有的 $k \leqslant k^*$ 及所有的 U_i 及 $U_j \in \Delta_{k^*}(U_i)$, 我们有

$$pr\{|\hat{a}_l^{(k)}(U_i) - \hat{a}_l^{(k)}(U_j)| < \eta_1 \hat{V}_{a_l, \Delta_k(U_i)}, \ |\hat{b}_l^{(k)}(U_i) - \hat{b}_l^{(k)}(U_j)| < \eta_2 \hat{V}_{b_l, \Delta_k(U_i)}\} > 1 - d_{k^*}^*$$

$(l = 0, \cdots, p; \ i \neq j)$
其中

$$\hat{V}_{a_l, \Delta_k(U_i)}^2 = \{N_k h_k\}^{-1} \tau(1-\tau)\hat{\sigma}_l(U_i)\int_{\Delta_k(U_i)} K^2(v)\mathrm{d}v$$

$$\hat{V}_{b_l, \Delta_k(U_i)}^2 = \{N_k h_k\}^{-1} \tau(1-\tau)\hat{\sigma}_l(U_i)\int_{\Delta_k(U_i)} v^2 K^2(v)\mathrm{d}v$$

$$d_{k^*}^* = \sum_{k=1}^{k^*} 2(p+1)\max\left[nN_k\exp\left(-\frac{\eta_1^2}{2C_{a_l, k-1}^*}\right), \ nN_k\exp\left(-\frac{\eta_2^2}{2C_{b_l, k-1}^*}\right)(l=0, \cdots, p)\right]$$

注 3: $d_{k^*}^*$ 应该比较小以满足: 对于某些 ϱ_1、ϱ_2, $\eta_1^2 \geqslant (2C_{a_l, k^*} + \varrho_1)\log(n)$, $\eta_2^2 \geqslant (2C_{b_l, k^*} + \varrho_2)\log(n)$。定理 6.1.2 表明, 如果使用的是齐性邻域, 则由自适应方法得到的估计在齐性区间内为线性函数的概率是很大的。

6.1.3.2 非齐性情形

本节中, 我们将考虑不同区间 A_i、A_j $(i \neq j)$ 的情况。记

$$\{v_l^{(1)}(u, k)\}^2 = \sup_{u \in \Delta_0^{(1)}(U_i)} \hat{V}_{a_l, \Delta_0^{(1)}(U_i)}^2$$

$$\{v_l^{(2)}(u, k)\}^2 = \sup_{u \in \Delta_0^{(2)}(U_j)} \hat{V}_{a_l, \Delta_0^{(1)}(U_j)}^2$$

$$\{\psi_l^{(1)}(u, k)\}^2 = \sup_{u \in \Delta_0^{(1)}(U_i)} \hat{V}_{b_l, \Delta_0^{(1)}(U_i)}^2$$

$$\{\psi_l^{(2)}(u, k)\}^2 = \sup_{u \in \Delta_0^{(2)}(U_j)} \hat{V}_{b_l, \Delta_0^{(1)}(U_j)}^2$$

定理 6.1.3　潜在变系数函数的估计 $\hat{\beta}(u) = \sum\limits_{i=1}^{\mathcal{L}} \hat{a}(u) I_{A_i}(u)$，其中 A_1，$\cdots$，$A_{\mathcal{L}}$ 是 $\mathbb{R}$ 的一个剖分，$I_{A_i}(\cdot)$ 是区间 A_i 的示性函数。假定对某一常数 C，有 $\sum\limits_{k=1}^{k^*} N_k = Cn$。则对于任意的设计点 $U_i \in \Delta_{k^*}^{(1)}(U_i) \subseteq A_i$，$U_j \in \Delta_{k^*}^{(2)}(U_j) \subseteq A_j (i \neq l)$ 及所有 $k \leqslant k^*$ 有

$$pr\left\{ |\hat{a}_l^{(k)}(U_i) - \hat{a}_l^{(k)}(U_j)| > \eta_1 \hat{V}_{a_l,\ \Delta_0^{(1)}(U_i)} \right.$$

或者

$$\left. |\hat{b}_l^{(k)}(U_i) - \hat{b}_l^{(k)}(U_j)| > \eta_2 \hat{V}_{b_l,\ \Delta_0^{(1)}(U_i)} (l = 0,\ \cdots,\ p) \right\} \geqslant 1 - C_{k^*}$$

其中

$$\hat{V}^2_{a_l,\ \Delta_0^{(1)}(U_i)} = \{N_0 h_0\}^{-1} \tau(1-\tau) \hat{\sigma}_l(U_i) \int_{\Delta_0^{(1)}(U_i)} K^2(v) dv$$

$$\hat{V}^2_{b_l,\ \Delta_0^{(1)}(U_i)} = \{N_0 h_0\}^{-1} \tau(1-\tau) \hat{\sigma}_l(U_i) \int_{\Delta_0^{(1)}(U_i)} v^2 K^2(v) dv$$

且

$$C_{k^*} = Cn^2 \exp\left(-\frac{\left\{ |b_{i0} - b_{j0}| - \eta_1 \left[2\psi_0^{(1)}(u,\ 0) + \psi_0^{(2)}(u,\ 0) \right] \right\}^2}{2 \left\{ \left[\psi_0^{(1)}(u,\ 0) \right]^2 + \left[\psi_0^{(2)}(u,\ 0) \right]^2 \right\}} \right)$$

注 4: 定理 6.1.3 表明，如果使用的是非齐性邻域，则由自适应方法得到的来自不同区间的估计量不同的概率很大。

6.1.4　实证例子

6.1.4.1　模拟研究

本节中，我们通过模拟来阐述所提出方法的优点。变系数函数 $\beta(\cdot)$ 是定义在 [0，1] 上的回归函数。我们考虑了很多类型的回归函数，但这里只呈现 4 种在文献中会经常使用的比较有代表性的函数：Bump，Block，HeaviSine，Doppler，参见 Donoho & Johnstone (1994，1995)，Goldenshluger & Nemirovski (1997)。之所以选取这 4 种回归函数是因为它们能从空间上捕捉成像学、光谱学和信号处理等学科中的变系数函数。这些例子都可以代表各种不同的空间非齐性情况。

我们通过数据模拟将自适应估计方法与已有的局部线性估计、B 样条估计 (样条函数阶数 $m = 1$) 进行比较。$\{Y_i, X_i, U_i\}_{i=1}^n$ 是随机样本，由非参数模型 $Y_i = \beta(U_i)X_i + \varepsilon_i$ 产生，且误差项为独立同分布的对称拉普拉斯分布，$\varepsilon_i \sim \text{Laplace}(\mu = 0, \sigma = 1)$。这里，$U_i$ 是在区间 (0，1) 内选择的等间距点，X_i 是由标准正态分布 $N(0，1)$ 随机生成的，$\beta(\cdot)$ 是定义在 [0，1] 上的光滑函数。初始窗宽 h_0 为 0.001。

我们使用蒙特卡洛模拟对 3 种方法进行比较, 每次模拟的样本量为 200, 重复 1 000 次。在模拟过程中, 我们使用的样条函数为分段线性, 节点均匀分布, 节点数由式 (6.1.2) 中提到的 Kim (2007) 中的 SIC 方法确定。该方法与标准的执行方法非常相似, 其中样条阶数和节点位置是非自适应选择, 而节点数是自适应选择。这里使用的是分段线性样条函数, 更多内容可参考 Kim (2007)。

事实上, 我们考虑了多种光滑函数, 但这里只报告了两种在文献中经常使用的典型函数 Doppler 和 HeaviSine 的结果。

为比较不同估计方法对于有限样本的效果, 我们计算了模型的绝对平均误差 (MADE) 和均方误差 (MSE)

$$\text{MADE} = n^{-1} \sum_{i=1}^{n} \left| \hat{\beta}(u_i) - \beta(u_i) \right|$$

$$\text{MSE} = n^{-1} \sum_{i=1}^{n} \left[\hat{\beta}(u_i) - \beta(u_i) \right]^2$$

式中: $\hat{\beta}(\cdot)$ 为 $\beta(\cdot)$ 的任一估计, 样本量 n 为 200。

对每一分位 $\tau = 0.05, 0.25, 0.50, 0.75$ 和 0.95 重复 1 000 次模拟。最后, 对于每个光滑函数我们计算这 1 000 个 MADE 和 MSE 的平均值。首先, 考虑有剧烈波动的光滑函数 Doppler 函数

$$\beta(u) = 12[u(1-u)]^{1/2} \sin[2\pi(1+\text{e})/(u+\text{e})], \quad \text{e} = 0.05, \quad u \in [0, 1]$$

然后, 我们考虑有不连续点的光滑函数 HeaviSine 函数

$$\beta(u) = 4[4\sin 4\pi u - \text{sgn}(u - 0.5) - \text{sgn}(0.1 - u)], \quad u \in [0, 1]$$

表 6-1、表 6-2 分别给出了函数 Doppler 和 HeaviSine 的模拟结果。该结果清晰地展现了我们提出的自适应局部线性估计方法的优点。针对所考虑的两种类型的函数, 自适应估计的方法得到的 MADE 和 MSE 都是最小的。我们的方法能更好地探测不连续点和剧烈的波动, 从而在较光滑区域调节到较大窗宽, 所以能够得到比较好的估计效果。图 6-1 和图 6-2 给出了两个系数函数在分位 $(\tau = 0.05, 0.50, 0.95)$ 的自适应估计、局部线性估计及 B 样条估计以及它们的真实值 $(n = 200)$。可以看到, 与局部线性方法、B 样条方法相比, 自适应方法的效果更好, 尤其是在系数函数剧烈波动或不连续的区域。

6.1.4.2 实际数据

该数据包含 500 个观测样本, 来源于挪威公路管理部门的一项研究空气污染与道路、车流量及风速关系的数据 (StatLib)。该数据集来源于 Brinkman & Ethanol

(1981)，Cleveland *et al.* (1992) 等考察的关于乙醇燃料发动机排出废气的 88 个观测 (Brockmann，1993)。受这些文章的启发，Hastie & Tibshirani (1993) 分析了这个数据集，并提出了变系数模型。响应变量 Y 代表每小时空气中 NO_2 含量的对数值，观测时间从 2001 年 10 月到 2003 年 8 月，地点是挪威奥斯陆的 Alnabru。预测变量为每小时车辆数的对数值 (X_1)、风速 (米/秒)(X_2) 及每天的时间 (U)。这里，我们用如下的模型拟合该数据

$$q_\tau(X_{i1}, X_{i2}, U_i) = \beta_{1,\tau}(U_i)X_{i1} + \beta_{2,\tau}(U_i)X_{i2} \quad (1 \leqslant i \leqslant n = 500) \quad (6.1.5)$$

式中：U_i 为区间 $(0, 1)$ 上等距离的网格点；初始窗宽 h_0 为 0.001。

表 6-1   1000 个 MADE 和 MSE 的平均值 (Doppler)

τ		Adaptive	B-spline	Local linear
0.05	MADE	1.2508 50	1.7265 62	2.1256 58
	MSE	3.9605 51	6.9125 36	8.2063 72
0.25	MADE	1.1405 22	1.6283 02	2.0999 87
	MSE	3.3293 41	6.0657 37	7.5510 65
0.50	MADE	1.1040 30	1.5838 42	2.0952 03
	MSE	3.1601 19	5.6721 98	7.4243 58
0.75	MADE	1.1369 37	1.6250 17	2.0834 20
	MSE	3.2994 59	5.9707 72	7.4758 32
0.95	MADE	1.2581 99	1.7361 90	2.0541 51
	MSE	3.9723 93	6.9241 66	8.8664 42

表 6-2   1000 个 MADE 和 MSE 的平均值 (HeaviSine)

τ		Adaptive	B-spline	Local linear
0.05	MADE	0.84339 48	1.04636 64	1.8304 86
	MSE	1.71875 83	2.25295 22	10.822 12
0.25	MADE	0.72647 28	0.97206 64	1.8700 24
	MSE	1.32063 52	1.98930 42	7.2192 51
0.50	MADE	0.69061 08	0.93869 28	2.0855 66
	MSE	1.21889 51	1.88938 57	7.9688 45
0.75	MADE	0.71941 78	0.96928 51	2.0477 87
	MSE	1.30610 82	1.99141 61	7.9428 13
0.95	MADE	0.84211 08	1.04653 74	1.9543 09
	MSE	1.73984 91	2.23885 25	12.339 74

在模型拟合过程中，我们使用的样条函数是自适应选择节点数的分段线性样条函数。节点数的选择方法是式 (6.1.2) 中提到的 SIC 方法，更多细节可以参考 Kim (2007)。

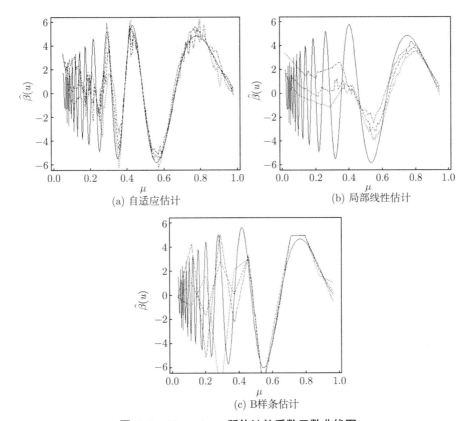

图 6-1 Doppler: 所估计的系数函数曲线图

注: 分位数分别为 $\tau = 0.05$ (点线), $\tau = 0.50$ (短画线), $\tau = 0.95$ (点–短画线) 及真实函数曲线 (实线)。

由图 6-3(a) 我们观察到, 车辆数和 NO_2 含量总是正相关的。这与 NO_2 含量随着车辆数的增加而增加这一事实是一致的。而且, 我们看到系数函数曲线基本上是关于时间 $U = 12$ 对称的。特别地, 当 U 介于 0 和 12 之间时, 曲线 (a) 逐渐下降; 而介于 12 和 24 之间时, 曲线逐渐上升。这表明晚上车辆数增加对 NO_2 含量的影响要大于白天。

由图 6-3(b) 我们观察到, 风速和 NO_2 含量总是负相关的。另外, 对于 $\tau = 0.05$, 当 U 介于 12 和 20 之间时, 风速和 NO_2 的相关性非常小。这表明, 当上午 NO_2 含量较低时, 风速增加对 NO_2 含量的影响较小。最后, 我们发现 3 条分位曲线有重叠, 这表明分位函数的结构比较复杂, 可能存在异方差的情况。

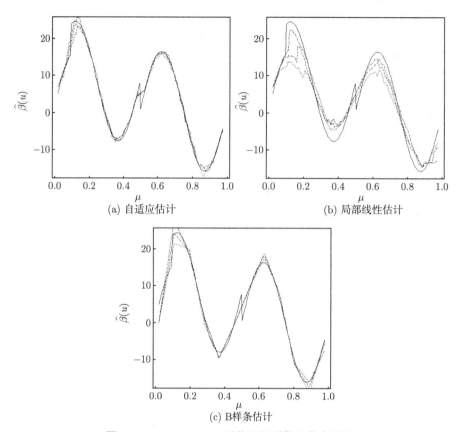

图 6-2   HeaviSine: 所估计的系数函数曲线图

注: 分位数分别为 $\tau = 0.05$ (点线), $\tau = 0.50$ (短画线), $\tau = 0.95$ (点–短画线) 及真实函数曲线 (实线)。

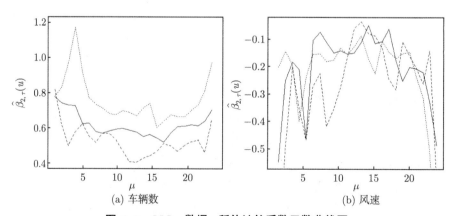

图 6-3   NO$_2$ 数据: 所估计的系数函数曲线图

注: 分位数分别为 $\tau = 0.05$ (短画线), $\tau = 0.50$ (实线), $\tau = 0.95$ (点线)。

6.1.5 文献介绍

变系数模型的提出旨在克服数据的高维灾难，探测数据的动态特性。参见 Cleveland *et al.* (1992)，Hastie & Tibshirani (1993)，Carroll *et al.* (1998)，Fan *et al.* (1999)，Fan *et al.* (2000)，Kauermann & Tutz (1999)，Zhang & Lee (2000) 等。函数数据分析见 Ramsay & Silverman(1997)；纵向数据分析见 Hoover *et al.*(1998)；Wu *et al.*(1998)；非线性时间序列分析见 Nicholls & Quinn (1982)，Chen & Tsay(1993)，Cai *et al.* (2000)；变系数广义线性模型见 Cai *et al.* (2000)。在某些应用中，条件期望的估计可能是不稳健或不合适的，见 Lawrence (2008)。如果要了解更多关于分位回归模型的发展，可以参考 Koenker & Bassett(1982)，Koenker & D'Orey (1993)，Fan *et al.* (1994)，Tian & Chen (2006)，Tian *et al.* (2009)，Wu & Tian (2008)，Yu & Jones (1998，2003)。近年来，在分位回归框架下的变系数模型受到越来越多的关注。针对独立时间序列数据，Honda(2004) 提出了变系数分位回归模型的局部多项式方法。Kim (2007) 提出利用局部样条方法来估计变系数分位回归模型。Cai & Xu (2009) 使用了局部多项式和局部常数方法来估计分位回归模型的光滑系数。本节主要参考了张圆圆、邓文礼和田茂再 (2012)，采用局部多项式方法来逼近分位回归系数函数，提出了一种更有效的局部自适应窗宽方法来确定用于局部线性逼近的特定齐性邻域，得到了在一些更弱条件下的结论。

6.2 异方差变系数分位回归

6.2.1 引言

变系数模型是经典线性模型的一个推广，可用于研究回归系数是否随某些变量变化。变系数模型的主要优点是模型偏差可大大减小，并且可避免高维灾难等问题。此外，变系数模型也具有很好的解释性。如 Hastie & Tibshirani (1993)，Fan & Zhang (1999，2000，2008)，Honda (2004)。在变系数模型中，一般假设系数是某个变量的函数，该变量一般叫光滑变量。在很多情况下，模型中有异方差性，故本节主要考虑异方差变系数模型。异方差性主要是指误差的方差随观测值发生变化。为了简单化，我们主要考虑误差的方差随光滑变量变化的情况。当然，该模型可推广到更普遍的情况。

关于系数函数的估计，现已有多种方法。Hastie & Tibshirani (1993) 考虑了 L_2 估计方法与惩罚最小二乘方法。Fan & Zhang (1999) 提出了两步局部多项式最小二乘的估计方法。Chiang *et al.* (2001) 提出了光滑样条的方法。当模型具有异方差性时，若异方差的形式与大小已知，一般可用局部多项式加权最小二乘去估计系数函数。然而，在很多情况下，异方差的形式与大小是未知的，这就使得加权的方法不可行，因为关于异方差的估计是非常重要的。为了估计异方差，很多文献都用两步的方法，即先计算估计残差，然后利用残差估计异方差，如 Muller (1987)，Zhao (2001)，Tian & Chan (2010)。不过，已有的方法都不能实现系数函数与异方差的同时估计，此外，两者的估计都相互影响。因此，找到一个能同时且独立估计系数函数与异方差的方法显得非常重要。

Koenker & Bassett (1978) 提出的分位回归可用于估计条件分位函数，该方法比一般的均值回归更加稳健。如 Koenker (2005)，Tian (2006，2009)。基于分位回归，Zou & Yuan (2008) 考虑了下列线性模型

$$Y = \sum_{j=1}^{p} X_j \beta_j + \varepsilon$$

并提出了一种新的估计方法，即复合分位回归 (CQR)。令

$$\rho_{\tau_k}(s) = s[\tau_k - I(s < 0)](k = 1, 2, \cdots, q)$$

为 q 个损失函数。式中：这 q 个分位点为 $\tau_k = k/(q+1)$。

通过最小化下式便可得 β 的估计

$$(\hat{b}_1, \cdots, \hat{b}_q, \hat{\beta}^{CQR}) = \arg \min_{b_1, \cdots, b_q, \beta} \sum_{k=1}^{q} \left[\sum_{i=1}^{n} \rho_{\tau_k}(Y_i - b_k - X_i^T \beta) \right]$$

式中：b_k 为 ε 的 $100\tau_k\%$ 分位。

已有文献证明，在任何误差分布下，CQR 估计量对最小二乘估计量的相对有效性都要大于 70%。此外，CQR 比最小二乘有效得多。

基于 CQR，Kai et al. (2010) 提出了一种新的非参回归方法，即局部复合分位回归光滑方法。当误差为非正态分布时，该方法比局部多项式回归估计有效得多。当误差为正态分布时，前者与后者一样有效。由于局部 CQR 方法具有这些优良性质，我们将利用该方法估计异方差变系数模型中的系数函数。

在本节中，我们提出了一种新的估计方法，即复合分位回归与分位比平均，去同时估计系数函数与异方差。我们分别利用局部线性 CQR 与局部二次 CQR 去估计系数函数与其导数。为了估计异方差性，我们构造了一个新的估计量，即平均分位比估计量 (AQR)。该估计量由于已有的两步估计量，不失一般性，我们研究了 m 阶多项式 CQR-AQR。在估计系数函数时，本节的估计方法不需要任何关于 ε 的假设，然而在最小二乘方法中需要对 ε 进行相关的假设。

由数值模拟的结果，我们发现 CQR-AQR 估计方法是非常有效与稳健的。通过与加权局部多项式及一般的最小二乘比较，当误差 ε 为非正态分布时，局部 CQR 估计更为有效与稳健；同时在正态分布的情况下，它也同样有效。此外，系数函数

的估计精度不受异方差的影响。通过与三角加权 k-NN 估计方法比较，AQR 估计更为有效与准确，虽然在某些跳跃点表现得不是很好。因此，对于异方差变系数模型而言，局部 CQR-AQR 是一个非常有效且通用的估计方法。此外，我们的估计方法对于分位点个数 q 的选取也不敏感。不过，如果误差为同方差，可选取一个相对较小的 q；若存在异方差性，则选取一个相对较大的 q。

6.2.2 局部线性 CQR-AQR 估计

6.2.2.1 估计

假设独立同分布的样本 $\{(T_i,\ X_i,\ Y_i) : i = 1,\ \cdots,\ n\}$ 来自于总体 $(T,\ X,\ Y)$，其中 $T_i \in \mathbb{R}$, $X_i = (X_{i1},\ X_{i2},\ \cdots,\ X_{ip})^T \in \mathbb{R}^p$, $Y_i \in \mathbb{R}$。T_i, X_i 为观测值。

当给定 $(T_i,\ X_i)$，我们假设异方差变系数模型可表示如下

$$Y_i = X_i^T \beta(T_i) + \sigma(T_i)\varepsilon_i \tag{6.2.1}$$

式中：T_i 为光滑变量；$\beta(\cdot) = [\beta_1(\cdot),\ \cdots,\ \beta_p(\cdot)]^T \in \mathbb{R}^p$ 为未知光滑函数；$\sigma(T_i)$ 为可能的异方差，且其为未知正函数。

变量 T 与变量 X 相互独立。假设 ε_i 独立同分布，来自于总体 $N(0,\ 1)$，此外 ε_i 与 $(T_i,\ X_i)$ 独立。我们的目的主要是得到关于 $\beta(T_i)$ 与 $\sigma(T_i)$ 的估计与统计推断。

我们记 ε 的 $100\tau_k\%$ 分位数为 c_{τ_k}，其中 $\tau_1,\ \tau_2,\ \cdots,\ \tau_q$ 满足 $0 < \tau_1 < \tau_2 < \cdots < \tau_q < 1$。一般地，我们用等间距的分位：$\tau_k = k/(q+1)(k = 1,\ 2,\ \cdots,\ q)$。我们假设 ε 的密度函数在任何地方都不消失。因此，c_{τ_k} 对任何 $0 < \tau_k < 1$ 都是唯一确定的。

在模型 (6.2.1) 中，如果 $\beta(T_i)$ 是 $(m+1)$ 阶可微的，在任何一个给定点 t 的邻域内，它可用多项式函数逼近，即 $\beta(T_i) \approx \beta(t) + \beta'(t)(T_i - t) + \cdots + \beta^{(m)}(t)(T_i - t)^m/m!$。同时，$\sigma(T_i)$ 可用 $\sigma(t)$ 近似。因此，利用局部复合分位回归，我们可通过最小化下式得到 $\beta^{(j)}(t)$ 与 a_{τ_k} 的估计。其中，$j = 0,\ \cdots,\ m$；$k = 1,\ \cdots,\ q$。

$$\sum_{k=1}^{q} \sum_{i=1}^{n} \rho_{\tau_k} \left\{ Y_i - a_{\tau_k} - X_i^T \left[\sum_{j=0}^{m} \beta^{(j)}(t)(T_i - t)^j/j! \right] \right\} K\left(\frac{T_i - t}{h}\right) \tag{6.2.2}$$

式中：$K(\cdot)$ 为核函数；h 为窗宽；a_{τ_k} 为 $\sigma(t)\varepsilon$ 的 $100\tau_k\%$ 分位数 $(k = 1,\ \cdots,\ q)$。一般情况下，Fan & Gijbels (1996) 建议用局部线性展开即可。因此，我们可考虑如下的局部线性 CQR 问题

$$\sum_{k=1}^{q} \sum_{i=1}^{n} \rho_{\tau_k} \left\{ Y_i - a_{\tau_k} - X_i^T \left[\beta(t) + \beta'(t)(T_i - t) \right] \right\} K\left(\frac{T_i - t}{h}\right) \tag{6.2.3}$$

通过最小化上述目标函数, 我们可得 $\beta(t)$, $\beta'(t)$ 与 a_{τ_k} 的估计 $(k = 1, \cdots, q)$。$\hat{a}_{\tau_k}$ 是 $\sigma(t)\varepsilon$ 的 $100\tau_k\%$ 分位数估计, c_{τ_k} 是 ε 的 $100\tau_k\%$ 分位数, 因此我们可用 $\hat{a}_{\tau_k}$ 与 c_{τ_k} 的比值去估计 $\sigma(t)$。我们将这个比值叫作分位比估计 (Quantile-ratio-Estimate)$(k = 1, \cdots,)q$。如果 $c_{\tau_k} \neq 0$, 基于 CQR 的思想, 我们同时利用所有 q 个分位比 $\hat{a}_{\tau_k}/c_{\tau_k}(k = 1, \cdots, q)$, 提出了一个新的关于 $\sigma(t)$ 的估计, 即将这 q 个不同的分位比估计值进行平均, 我们称该估计量为 AQR。在下文中, $\beta(t)$ 的估计量记为 CQR, $\sigma(t)$ 的估计量记为 AQR, 因此我们所提出的新估计方法可记为 CQR-AQR。

$\sigma(t)$ 的估计量 AQR 可用下式定义:

如果对任意 $k = 1, \cdots, q$, $c_{\tau_k} \neq 0$, 那么

$$\hat{\sigma}(t) = \frac{1}{q} \sum_{k=1}^{q} \frac{\hat{a}_{\tau_k}}{c_{\tau_k}} \tag{6.2.4}$$

如果对于某个 $j \in \{1, \cdots, q\}$, 有 $c_{\tau_j} = 0$, 那么 AQR 可定义为

$$\hat{\sigma}(t) = \frac{1}{q-1} \sum_{\substack{k=1 \\ k \neq j}}^{q} \frac{\hat{a}_{\tau_k}}{c_{\tau_k}} \tag{6.2.5}$$

通过最小化目标函数式 (6.2.3) 并利用 AQR 估量, 我们能同时得到 $\beta(t)$ 与 $\sigma(t)$ 的估计。迄今为止, 没有文献提出同时估计系数函数与异方差的方法。为了简单化, 我们在下文中只研究了估计量式 (6.2.4) 的统计推断, 不过关于估计量 (6.2.5) 的统计推断是类似的。由于估计量 AQR 结合了关于 $\sigma(t)$ 的所有 q 个不同的分位比估计, 故该估计量非常有效与稳健, 即使是对于那些跳跃很大的异方差的估计。

6.2.2.2　CQR 估计量的渐近性质

在本节, 我们建立了 $\hat{\beta}(t)$ 渐近性质。令 $f_T(\cdot)$ 为 T 的边际密度函数, 令 $F(\cdot)$ 与 $f(\cdot)$ 分别为 ε 的累积分布函数与密度函数。首先, 我们加入以下正则条件:

1. $\beta(t)$ 在 t 的邻域内 $(m+1)$ 阶连续可微;
2. $\sigma(t)$ 是正的连续函数;
3. $f_T(t)$ 为连续函数且 $f_T(t) > 0$;
4. 核函数 $K(\cdot)$ 为具有紧支撑的对称函数;
5. $E(XX^T \mid T = t)$ 是正定的, 且在 t 的邻域内是连续的;
6. 窗宽 h 满足 $h \to 0$, $n \to \infty$ 时, $nh \to \infty$。

在这里, 我们用以下记号

$$\mu_j = \int u^j K(u)\mathrm{d}u,$$

$$\nu_j = \int u^j K^2(u) \mathrm{d}u \quad (j = 0,\ 1,\ 2,\ \cdots)$$

与

$$R_1(q) = \frac{\displaystyle\sum_{k=1}^{q} \sum_{k'=1}^{q} \tau_{kk'}}{\left[\displaystyle\sum_{k=1}^{q} f(c_{\tau_k})\right]^2}$$

与

$$R_2(q) = \frac{1}{q^2} \sum_{k=1}^{q} \sum_{k'=1}^{q} \frac{1}{c_{\tau_k} c_{\tau_{k'}}} \frac{\tau_{kk'}}{f(c_{\tau_k}) f(c_{\tau_{k'}})}$$

式中: $\tau_{kk'} \equiv \min(\tau_k,\ \tau_{k'}) - \tau_k \tau_{k'}$。

令 $\mathbf{c} = \dfrac{1}{q} \displaystyle\sum_{k=1}^{q} \dfrac{1}{c_{\tau_k}}$, $\Xi = E(X^T \mid T = t)$, $\displaystyle\sum_X = \mathrm{var}(X \mid T = t)$, $\Psi = E(XX^T \mid$

$T = t)$ 和 $\Omega = E(X^T \mid T = t) \left[\mathrm{var}(X^T \mid T = t)\right]^{-1} E(X \mid T = t)$, 而 $\mathcal{D}$ 是 (X, T) 生成的 σ 域 (代数)。

在下述定理中, 我们分别研究了 $\hat{\beta}(t)$ 的渐近条件偏差、方差与渐近性质, 其证明请见附录。

定理 6.2.1 在正则条件 1~6 下, 估计量 $\hat{\beta}(t)$ 的渐近条件偏差与方差分别为

$$\mathrm{bias}\{\hat{\beta}(t) \mid \mathcal{D}\} = \frac{1}{2} \beta''(t) \mu_2 h^2 + o_p(h^2)$$

$$\mathrm{cov}\{\hat{\beta}(t) \mid \mathcal{D}\} = \frac{\nu_0 \displaystyle\sum_X^{-1} \sigma^2(t)}{nh f_T(t)} R_1(q) + o_p\left(\frac{1}{nh}\right)$$

此外, 我们可得 $\hat{\beta}(t)$ 的渐近正态性

$$\sqrt{nh} \left[\hat{\beta}(t) - \beta(t) - \frac{1}{2} \beta''(t) \mu_2 h^2\right] \xrightarrow{d} N\left[\mathbf{0},\ \frac{\nu_0 \displaystyle\sum_X^{-1} \sum^2(t)}{f_T(t)} R_1(q)\right]$$

式中: $\xrightarrow{d}$ 为依分布收敛。

由定理 6.2.1 我们可得

$$\mathrm{MSE}[\hat{\beta}(t)] = \frac{1}{4} \beta''^T(t) \Psi \beta''(t) \mu_2^2 h^4 + \frac{\nu_0 \sigma^2(t) \mathrm{tr}\left\{\Psi \displaystyle\sum_X^{-1}\right\}}{nh f_T(t)} R_1(q)$$

当 $h \to 0$, $nh \to \infty$, 通过直接计算, 我们可得 $\hat{\beta}(t)$ 的局部最优窗宽为

$$h_{lopt_\beta} = \left(\frac{\nu_0 \sigma^2(t) R_1(q)}{f_T(t) \mu_2^2} \frac{\mathrm{tr}\{[\mathrm{var}(X \mid T)]^{-1}\}}{\mathrm{tr}[\beta''(t)\beta''^T(t)]} \right)^{\frac{1}{5}} n^{-\frac{1}{5}} \sim n^{-\frac{1}{5}}$$

我们可通过最小化 $\mathrm{MISE}[\hat\beta(t)] = \int \mathrm{MSE}[\hat\beta(t)]\mathrm{d}t$ 得到全局最优窗宽。$\hat\beta(t)$ 的全局最优窗宽为

$$h_{opt} = \left[\frac{\nu_0 R_1(q) \mathrm{tr}(\Psi \sum\limits_{X}^{-1})}{\mu_2^2} \frac{\int \sigma^2(t)\mathrm{d}t}{\int \beta''^T(t) \Psi \beta''(t) f_T(t)\mathrm{d}t} \right]^{\frac{1}{5}} n^{-\frac{1}{5}} \sim n^{-\frac{1}{5}} \tag{6.2.6}$$

6.2.2.3　AQR 估计量的渐近性质

在本节中，我们主要研究如式 (6.2.4) 所示的 $\hat\sigma(t)$ 的渐近性质。估计量式 (6.2.5) 的统计性质类似可得。在下述定理中，我们给出了 $\hat\sigma(t)$ 的渐近条件偏差、方差与渐近正态性，其证明见附录。

定理 6.2.2　在正则条件 1~5 下，估计量 $\hat\sigma(t)$ 的渐近条件偏差与方差为

$$\mathrm{bias}\{\hat\sigma(t) \mid \mathcal{D}\} = \frac{1}{2}\Xi\beta''(t)\mu_2 h^2 \mathbf{c}(1-\Omega) + o_p(h^2)$$

$$\mathrm{var}\{\hat\sigma(t) \mid \mathcal{D}\} = \frac{1}{nh}\frac{\nu_0\sigma^2(t)}{f_T(t)}[R_2(q) - R_3(q)\Omega] + o_p\left(\frac{1}{nh}\right)$$

此外，我们可得 $\hat\sigma(t)$ 的渐近正态性

$$\sqrt{nh}\left[\hat\sigma(t) - \sigma(t) - \frac{1}{2}\Xi\beta''(t)\mu_2 h^2 \mathbf{c}(1-\Omega)\right] \xrightarrow{d} N\left\{\mathbf{0}, \frac{\nu_0\sigma^2(t)}{f_T(t)}[R_2(q) - R_3(q)\Omega]\right\}$$

式中：$\xrightarrow{d}$ 为依分布收敛。

由定理 6.2.2，我们可得

$$\mathrm{MSE}[\hat\sigma(t)] = \frac{1}{4}[E(X^T \mid T)\beta''(t)]^2 \mu_2^2 h^4 \left(\frac{1}{q}\sum_{k=1}^{q}\frac{1}{c_{\tau_k}}\right)^2 +$$

$$\frac{1}{nh}\frac{\nu_0\sigma^2(t)}{f_T(t)}R_2(q) + o_p(h^4) + o_p\left(\frac{1}{nh}\right)$$

当 $h \to 0$，$nh \to \infty$，通过直接计算，我们可得 $\hat\sigma(t)$ 的局部最优窗宽为

$$h_{lopt_\sigma} = \left\{ \frac{\nu_0\sigma^2(t)R_2(q)}{\mu_2^2\left(\dfrac{1}{q}\sum\limits_{k=1}^{q}\dfrac{1}{c_{\tau_k}}\right)^2 f_T(t)[E(X^T \mid T)\beta''(t)]^2} \right\}^{\frac{1}{5}} n^{-\frac{1}{5}} \sim n^{-\frac{1}{5}}$$

我们可通过最小化 $\mathrm{MISE}[\hat{\sigma}(t)] = \int \mathrm{MSE}[\hat{\sigma}(t)]\mathrm{d}t$ 得其全局最优窗宽。$\hat{\sigma}(t)$ 的全局最优窗宽为

$$h_{opt_\sigma} = \left\{ \frac{\nu_0 R_2(q) \int \sigma^2(t) f_T^{-1}(t)\mathrm{d}t}{\mu_2^2 \left(\frac{1}{q} \sum_{k=1}^{q} \frac{1}{c_{\tau_k}} \right)^2 \int [E(X^T \mid T)\beta''(t)]^2 \mathrm{d}t} \right\}^{\frac{1}{5}} n^{-\frac{1}{5}} \sim n^{-\frac{1}{5}}$$

6.2.3 局部二次 CQR-AQR 估计

6.2.3.1 估计

在很多情况下，我们对系数函数的导数估计也很感兴趣，虽然我们在 6.2.2 节中可得到关于 $\beta'(t)$ 的估计，但是在估计导数函数时，二次回归更加理想。因此，$\beta'(t)$ 的估计可通过局部二次 CQR 得到进一步改善。

在 t 的邻域内，我们考虑 $\beta(T)$ 的局部二次逼近，$\beta(T) \approx \beta(t) + \beta'(t)(T-t) + \frac{1}{2}\beta''(t)(T-t)^2$。那么，我们可得下列局部二次 CQR 的问题：最小化

$$\sum_{k=1}^{q} \sum_{i=1}^{n} \rho_{\tau_k} \left\{ Y_i - a_{\tau_k}(t) - X_i^T \left[\beta(t) + \beta'(t)(T_i - t) + \frac{1}{2}\beta''(t)(T_i - t)^2 \right] \right\} K\left(\frac{T_i - t}{h} \right)$$
$$(6.2.7)$$

那么，我们可得 $\beta'(t)$ 的估计。

6.2.3.2 渐近性质

在本节，我们建立了 $\hat{\beta}'(t)$ 的渐近性质。在下述定理中，我们给出了 $\hat{\beta}'(t)$ 的渐近条件偏差、方差与渐近正态性，其证明见附录。

定理 6.2.3 在正则条件 1~6 下，估计量 $\hat{\beta}'(t)$ 的渐近条件偏差与方差为

$$\mathrm{bias}\{\hat{\beta}'(t) \mid \mathcal{D}\} = \frac{1}{6}\beta'''(t)h^2 \frac{\mu_4}{\mu_2} + o_p(h^2)$$

$$\mathrm{cov}\{\hat{\beta}'(t) \mid \mathcal{D}\} = \frac{1}{nh^3} \frac{\nu_2 \Psi^{-1} \sigma^2(t)}{\mu_2^2 f_T(t)} R_1(q) + o_p\left(\frac{1}{nh^3} \right)$$

此外，我们可得 $\hat{\beta}'(t)$ 的渐近正态性

$$\sqrt{nh^3}\left[\hat{\beta}'(t) - \beta'(t) - \frac{1}{6}\beta'''(t)h^2 \frac{\mu_4}{\mu_2} \right] \xrightarrow{d} N\left[\mathbf{0}, \frac{\nu_2 \Psi^{-1} \sigma^2(t)}{\mu_2^2 f_T(t)} R_1(q) \right]$$

式中：$\xrightarrow{d}$ 为依分布收敛。

由定理 6.2.3，我们可得

$$\mathrm{MSE}[\hat{\beta}'(t)]$$
$$= \frac{1}{36}\beta'''(t)\beta'''^T(t)h^4 \frac{\mu_4^2}{\mu_2^2} + \frac{1}{nh^3} \frac{\nu_2 [E(XX^T \mid T)]^{-1}\sigma^2(t)}{\mu_2^2 f_T(t)} R_1(q) + o_p(h^4) + o_p\left(\frac{1}{nh^3} \right)$$

当 $h \to 0$, $nh \to \infty$，通过直接计算，我们可得 $\hat{\beta}'(t)$ 的局部最优窗宽为

$$h_{lopt_{\beta'}} = \left(\frac{27\nu_2\sigma^2(t)R_1(q)}{\mu_4^2 f_T(t)} \frac{\text{tr}\{[E(XX^T \mid T)]^{-1}\}}{\text{tr}[\beta'''(t)\beta'''^T(t)]} \right)^{\frac{1}{7}} n^{-\frac{1}{7}} \sim n^{-\frac{1}{7}}$$

我们可通过最小化 $\text{MISE}[\hat{\beta}'(t)] = \int \text{MSE}[\hat{\beta}'(t)]dt$ 来得其全局最优窗宽。$\hat{\beta}'(t)$ 的全局最优窗宽为

$$h_{opt_{\beta'}} = \left(\frac{27\nu_2 R_1(q) \int \sigma^2(t)f_T^{-1}(t)dt}{\mu_4^2} \frac{\text{tr}\{[E(XX^T \mid T)]^{-1}\}}{\text{tr}[\int \beta'''(t)\beta'''^T(t)dt]} \right)^{\frac{1}{7}} n^{-\frac{1}{7}} \sim n^{-\frac{1}{7}}$$

6.2.4　窗宽选择

窗宽选择是局部光滑问题中一个非常重要的问题，在文献中已被广泛研究。现有很多窗宽选择的方法，如 plug-in 方法，见 Ruppert *et al.* (1995)；交叉验证方法，见 Hoover *et al.* (1997)；渐近替代方法，见 Fan & Gijbels (1995)。Hart & Wehrly (1993) 证明了逐一剔除的交叉验证估计是相合的。Hoover *et al.* (1997)，Wu *et al.* (1998) & Cai (2000) 也指出，当在变系数模型中用非参光滑时，可用交叉验证的方法选择窗宽。在这里，我们用下面的准则

$$\text{CV}(h) = \frac{1}{n} \sum_{i=1}^{n} \sum_{k=1}^{q} \rho_{\tau_k}\left[Y_i - \hat{a}_{\tau_k}^{(-i)} - X_i^T \hat{\beta}^{(-i)}(T_i) \right] \tag{6.2.8}$$

式中：$\hat{a}_{\tau_k}^{(-i)}$ 与 $\hat{\beta}^{(-i)}(T_i)$ 分别为，当去掉所有观测值中的第 i 个个体的观测时，误差 $\sigma(T_i)\varepsilon$ 的 $100\tau_k\%$ 分位与 $\beta(T_i)$ 的局部 CQR 估计。

通过最小化 $\text{CV}(h)$ 便可得窗宽 h_{CV}。

在实际中，逐一剔除交叉验证方法选取窗宽代价昂贵，尽管它很自然并且是数据驱动的。在这里，我们打算使用 plug-in 方法来选择窗宽。为了处理式 (6.2.4)，我们令

$$\Gamma_1 = \int \beta''^T(t)\Psi\beta''(t)f_T(t)dt$$

$$\Gamma_2 = \int \sigma^2(t)dt$$

这个估计量 $\hat{\beta}''(t)$ 可以通过局部 3 次 CQR 拟合得到，所用合适的先行窗宽是 h_*，所以 Γ_1 的一个自然估计是

$$\hat{\Gamma}_1 = n_{grid}^{-1} \sum_{i=1}^{n_{grid}} \hat{\beta}''^T(t_i)\Psi\hat{\beta}''(t_i) \tag{6.2.9}$$

式中：$\{t_i : i = 1, \cdots, n_{grid}\}$ 为 T 的支撑上的格子点。

当我们采用合适的先行窗宽 h_*，并且利用局部 3 次 CQR 拟合 $\hat{\beta}''(t)$ 时，作为副产品，可以得到估计量 $\hat{a}_{\tau_k}(t)(k = 1, \cdots, q)$。于是利用式 (6.2.4) 或者式 (6.2.5)，我们能够得到估计量 $\hat{\sigma}^2(t)$。这样，Γ_2 的自然估计就是

$$\hat{\Gamma}_2 = n_{grid}^{-1} \sum_{i=1}^{n_{grid}} \hat{\sigma}^2(t_i) \qquad (6.2.10)$$

分别用式 (6.2.9) 和式 (6.2.10) 替换掉式 (6.2.6) 中的 Γ_1 和 Γ_2，我们就有了估计 $\beta(t)$ 的最优窗宽。在计算式 (6.2.6) 中的 $\hat{\sigma}^2(t)$ 和 $R_1(q)$ 时，如果 ε 真实分布未知，那么我们就取正态分布。

6.2.5 假设检验

实际应用感兴趣的是检验系数函数是否真的随某个变量在发生变化。下面我们考虑检验问题

$$H_0 : \beta_p(t) = \beta_p \leftrightarrow H_1 : \beta_p(t) \neq \beta_p \qquad (6.2.11)$$

式中：β_p 为一个未知常数。

Cai $et\ al.$ (2000) 和 Huang $et\ al.$ (2002) 研发了式 (6.2.12) 的拟合优度检验，它基于比较原假设与备选假设下的残差平方和。在这里，基于原假设与备选假设下的局部线性 CQR 拟合分别得到的分位残差和 RSQ 之比，我们提出了一个拟合优度检验。RSQ 类似于残差平方和，参看下文。在原假设下，拟合模型 (6.2.1) 可以写成

$$Y_i = \sum_{j=1}^{p-1} X_{ij}^T \beta_j(T_i) + \beta_p X_{ip} + \sigma(T_i)\varepsilon_i \qquad (6.2.12)$$

类似于 Fan & Zhang (2000)，这里提出了一种在原假设之下估计式 (6.2.11) 中 β_p 的新方法。首先，我们忽略 β_p 是常数这一事实，并且把它当作一个未知的函数 $\beta_p(t)$。基于局部线性 CQR 估计，我们得到一个估计量 $\hat{\beta}_p(t)$。每一个 $\hat{\beta}_p(T_i)$ 都是原假设下位置参数 β_p 的估计量，并且我们将它们平均一下，就可以得到这个估计量

$$\hat{\beta}_p = \frac{1}{n} \sum_{i=1}^{n} \hat{\beta}_p(T_i)$$

在原假设 H_0 之下，RSQ 为

$$RSQ_0 = \sum_{k=1}^{q} \sum_{i=1}^{n} \rho_{\tau_k} \left[Y_i - \sum_{j=1}^{p-1} X_{ij}^T \hat{\beta}_j(T_i) - \hat{\beta}_p X_{ip} - \hat{a}_{\tau_k}(T_i) \right]$$

在备选假设 H_1 之下, RSQ 为

$$RSQ_1 = \sum_{k=1}^{q} \sum_{i=1}^{n} \rho_{\tau_k} \left[Y_i - \sum_{j=1}^{p} X_{ij}^T \hat{\beta}_j(T_i) - \hat{a}_{\tau_k}(T_i) \right]$$

于是, 拟合优度检验统计量为

$$\mathbf{Q}_n = (RSQ_0 - RSQ_1)/RSQ_1 = RSQ_0/RSQ_1 - 1 \qquad (6.2.13)$$

并且我们拒绝原假设 H_0, 对于比较大的值 $\mathbf{Q}_n$, 令

$$\hat{\eta}_i = Y_i - \sum_{j=1}^{p} X_{ij}^T \hat{\beta}_j(T_i)$$

并且定义

$$Y_i^* = \sum_{j=1}^{p-1} X_{ij}^T \hat{\beta}_j(T_i) + \hat{\beta}_p X_{ip} + \hat{\eta}_i$$

我们用 Bootstrap 方法来算出 $\mathbf{Q}_n$ 在原假设下的分布以及检验的 p 值。

(1) 从 $\{(Y_i^*, X_i, T_i) : i = 1, \cdots, n\}$ 中采用有放回抽样法抽取 n 个个体, 并且重复这一抽样法 J 次。

(2) 从每个 Bootstrap 样本中, 计算检验统计量 $\mathbf{Q}_n^*$; 基于 J 个独立 Bootstrap 样本, 计算出 $\mathbf{Q}_n^*$ 的经验分布。

(3) 在 α 水平下拒绝原假设 H_0, 如果观察到的检验统计量 $\mathbf{Q}_n$ 大于 $\mathbf{Q}_n^*$ 的经验分布中的上 α 点。

这个检验的 p 值是 J 次重复的 Bootstrap 抽样中事件 $\{\mathbf{Q}_n^* \geqslant \mathbf{Q}_n\}$ 发生的频率。为了简便起见, 在计算 $\mathbf{Q}_n^*$ 与 $\mathbf{Q}_n$ 时, 我们使用同样的窗宽。

6.2.6   数值模拟

在本节中, 我们通过数值模拟, 将局部 CQR 与 AQR 估计与局部多项式加权最小二乘及三角加权 k-NN 估计量 (Stone, 1997; Zhao, 2001) 进行了对比。为了评价所提出估计量的表现, 我们可以考虑如下准则

$$\mathrm{RASE}[\hat{g}(t_j)] = \mathrm{ASE}[\hat{g}^{WLS}(t_j)]/\mathrm{ASE}[\hat{g}^{CQR}(t_j)]$$

式中: $\mathrm{ASE}[\hat{g}(t_j)] = n^{-1} \sum_{j=1}^{n_{grid}} [\hat{g}(t_j) - g(t_j)]^2$, 或者

$$\mathrm{RMAD}[\hat{g}(t_j)] = \mathrm{MAD}[\hat{g}^{WLS}(t_j)]/\mathrm{MAD}[\hat{g}^{CQR}(t_j)]$$

式中: $\mathrm{MAD}[\hat{g}(t_j)] = n^{-1}\sum\limits_{j=1}^{n_{grid}}|\hat{g}(t_j) - g(t_j)|$; 记号 $g(\cdot)$ 为 $\beta(\cdot)$ 或 $\beta'(\cdot)$; $\{t_j, j = 1, \cdots, n_{grid}\}$ 为函数 $\{\hat{g}(\cdot)\}$ 的滑动点; $\hat{g}^{WLS}$ 为局部线性加权最小二乘估计量; $\hat{g}^{CQR}$ 为局部 CQR 估计量。

这些估计量可通过 Hunter & Lange (2000) 中的 Majorization-Minimization (MM) 算法找到。

在模拟中, 我们设 $n_{grid} = 200$, 这些滑动点在 $\beta(\cdot)$ 与 $\beta'(\cdot)$ 所估计的区间内均匀分布。在下述示例中, 每个数值模拟都重复 200 次, 样本量 $n = 500$。核函数为 Epanechnikov 核函数 $K(u) = \dfrac{3}{4}(1 - u^2)I(|u| \leqslant 1)$。

6.2.6.1 模拟示例

本节的模拟示例来自于 Fan & Zhang (2000)。我们考虑的模型如下

$$Y = \beta_1(T)X_1 + \beta_2(T)X_2 + \sigma(T)\varepsilon$$

式中: X_1 与 X_2 为标准正态分布, 两者的相关系数为 $2^{-1/2}$; T 服从 $[0, 1]$ 上的均匀分布; T, ε 与 (X_1, X_2) 相互独立。

系数函数为 $\beta_1(T) = \cos(2\pi T)$ 和 $\beta_2(T) = 4T(1 - T)$。为了体现估计方法的稳健性与有效性, 我们考虑关于 ε 的 5 种不同分布, 即标准正态分布 $N(0, 1)$, 自由度为 3 的 t 分布, Lognormal$(0, 1)$ 分布混合正态分布 $0.9N(0, 1) + 0.1N(0, 10^2)$ 以及 Cauchy$(0, 1)$ 分布。同时, 我们也分别考虑了 3 种不同的异方差, 类似于 Tian & Chan (2010) 中的示例。

例 1 (同方差)

$$\sigma(t) = \left\{0.2\mathrm{var}[E(Y \mid U, X_1, X_2)]\right\}^{\frac{1}{2}}$$

例 2 (小跳跃的异方差)

$$\sigma(t) = \begin{cases} 0.1, & 0 \leqslant t \leqslant 0.3 \\ 0.2, & 0.3 < t \leqslant 0.6 \\ 0.1, & 0.6 < t \leqslant 1 \end{cases}$$

例 3 (高频异方差)

$$\sigma(t) = \begin{cases} |50t^2 - 2|, & 0 \leqslant t \leqslant 0.3 \\ |3t|, & 0.3 < t \leqslant 0.6 \\ |8t|, & 0.6 < t \leqslant 1 \end{cases}$$

为了评估局部线性 CQR 估计量的表现性能, 我们分别与局部线性最小二乘以及局部线性加权最小二乘估计量做比较。后两个是通过最小化以下两个公式得到:

$$\sum_{i=1}^{n}\left\{Y_i - \sum_{j=1}^{2} X_{ij}^T\left[\beta_j(t) + \beta_j'(t)(T_i - t)\right]\right\}^2 K\left(\frac{T_i - t}{h}\right) \tag{6.2.14}$$

$$\sum_{i=1}^{n}\frac{1}{\sigma^2(T_i)}\left\{Y_i - \sum_{j=1}^{2} X_{ij}^T\left[\beta_j(t) + \beta_j'(t)(T_i - t)\right]\right\}^2 K\left(\frac{T_i - t}{h}\right) \tag{6.2.15}$$

在式 (6.2.15) 中, 我们使用 $\sigma(T_i)$ 的真值, 就好像异方差性已知那样。我们计算平均平方误差之比

$$\mathrm{RASE1}[\hat{g}(t_j)] = \frac{\mathrm{ASE}[\hat{g}^{LS}(t_j)]}{\mathrm{ASE}[\hat{g}^{CQR}(t_j)]}$$

$$\mathrm{RASE2}[\hat{g}(t_j)] = \frac{\mathrm{ASE}[\hat{g}^{WLS}(t_j)]}{\mathrm{ASE}[\hat{g}^{CQR}(t_j)]}$$

式中: $\mathrm{ASE}[\hat{g}(t_j)] = n^{-1}\sum_{j=1}^{n_{grid}}[\hat{g}(t_j) - g(t_j)]^2$; $g(\cdot)$ 为 $\beta(\cdot)$ 或者 $\beta'(\cdot)$; $\{t_j, j = 1, \cdots, n_{grid}\}$ 是一些格子点, 函数 $\{\hat{g}(\cdot)\}$ 在这些格子点上计算其函数值; $\hat{g}^{LS}$ 和 $\hat{g}^{WLS}$ 分别为式 (6.2.15)、式 (6.2.14) 的最小化子; $\hat{g}^{CQR}$ 为局部线性 CQR 估计量。

为了评估 AQR 估计量的表现性能, 我们分别与三角 k-NN 加权估计做比较, 参见 (Stone, 1997; Zhao, 2001)。后者定义如下

$$\hat{\sigma}_i = \sum_{j=1}^{n} w_{ij}|\hat{\varepsilon}_j| \quad (i = 1, \cdots, n)$$

式中: $(w_{i1}, \cdots, w_{in})$ 为 Stone 三角 k-NN 权集合, 分别对应于第 i 个观测; $\hat{\varepsilon}_j$ 对于 $j = 1, \cdots, n$ 为局部线性最小二乘拟合的残差。

为了研究不同 q 值对估计的影响, 我们分别考虑了 $q = 5, 9, 19$。模拟结果如表 6-3 所示。其中, CQR_5, CQR_9 与 CQR_{19} 分别为 $q = 5, 9, 19$ 时的局部线性 CQR 估计。

在模拟中, 我们设定 $n_{grid} = 200$ 并且格子点均匀地分布于区间上, 对函数 $\beta(\cdot)$ 和 $\beta'(\cdot)$ 在这些区间上进行估计。对于每种样本大小为 200 的情况, 我们模拟了 200 次。所使用的核函数是 Epanechnikov 核 $K(u) = \frac{3}{4}(1 - u^2)I(|u| \leqslant 1)$。窗宽选择是通过 plug-in 方法选出的。

6.2.6.2　模拟结果与发现

从表 6-3、表 6-4、表 6-5 的结果我们可知，对于所有类型的异方差，当 ε 正态分布时，RASE1 与 RASE2 的值略小于 1。显然，当 ε 服从正态分布时，加权最小二乘估计是最好的估计方法。对于所有非正态分布误差情况，RASE1 与 RASE2 的值都要大于 1。这些表明 CQR 获得了较大的有效性，特别是对于柯西分布。

表 6-3　对于例 1(同方差)，基于 RASE1 准则比较局部线性最小二乘 (LS) 和局部 CQR

ε	方法	$\hat{\beta}_1(t)$ RASE1	$\hat{\beta}'_1(t)$ RASE1	$\hat{\beta}_2(t)$ RASE1	$\hat{\beta}'_2(t)$ RASE1
$N(0,1)$	CQR_5	0.796 0	0.697 6	0.760 9	0.723 2
	CQR_9	0.814 0	0.710 8	0.772 4	0.740 1
	CQR_{19}	0.823 1	0.728 7	0.782 6	0.752 6
$t(3)$	CQR_5	1.421 3	1.371 2	1.412 5	1.339 9
	CQR_9	1.436 7	1.386 5	1.420 1	1.352 6
	CQR_{19}	1.439 9	1.392 7	1.422 2	1.357 2
Lognormal	CQR_5	3.929 0	3.924 5	3.909 7	4.192 0
	CQR_9	4.034 8	4.054 0	3.986 1	4.284 5
	CQR_{19}	4.072 0	4.123 7	4.005 7	4.336 2
Mixnormal	CQR_5	5.265 9	4.893 8	4.618 1	4.329 7
	CQR_9	5.203 3	4.799 1	4.532 0	4.260 6
	CQR_{19}	5.110 7	4.709 6	4.473 3	4.209 9
Cauchy	CQR_5	64.551	32.156	166.57	127.59
	CQR_9	32.023	16.169	86.699	66.483
	CQR_{19}	31.836	16.223	86.041	66.821

表 6-4　对于例 2(小跳跃的异方差)，基于 RASE1 准则和 RASE2 准则比较局部线性 LS、局部线性加权 LS 和局部 CQR

ε	方法	$\hat{\beta}_1(t)$ RASE1	$\hat{\beta}_1(t)$ RASE2	$\hat{\beta}'_1(t)$ RASE1	$\hat{\beta}'_1(t)$ RASE2	$\hat{\beta}_2(t)$ RASE1	$\hat{\beta}_2(t)$ RASE2	$\hat{\beta}'_2(t)$ RASE1	$\hat{\beta}'_2(t)$ RASE2
$N(0,1)$	CQR_5	0.838 2	0.817 2	0.790 9	0.748 3	0.849 7	0.818 8	0.814 7	0.768 6
	CQR_9	0.855 1	0.833 7	0.813 3	0.769 5	0.870 9	0.839 2	0.837 7	0.790 3
	CQR_{19}	0.861 3	0.839 7	0.821 1	0.776 9	0.875 8	0.84 4	0.848 1	0.800 2
$t(3)$	CQR_5	1.599 8	1.546 7	1.465 5	1.426 6	1.630 6	1.532	1.462 8	1.381 7
	CQR_9	1.593 6	1.540 7	1.477 3	1.438 1	1.632 8	1.534	1.471 6	1.390 1
	CQR_{19}	1.587 9	1.535 1	1.480 5	1.441 3	1.623 2	1.524 9	1.472 7	1.391 1
Lognormal	CQR_5	4.857 2	4.609 2	4.350 6	4.080 1	4.994 3	4.764 5	5.136 7	4.833 5
	CQR_9	4.972 9	4.719 0	4.460 8	4.183 6	5.148 5	4.911 6	5.281 6	4.969 9
	CQR_{19}	5.006 4	4.750 8	4.525 0	4.243 6	5.188 5	4.949 7	5.375 5	5.058 3
Mixnormal	CQR_5	3.606 8	3.495 7	3.491 0	3.264 7	4.295 4	4.143 2	3.919 7	3.698 4
	CQR_9	3.581 9	3.471 6	3.471 3	3.246 3	4.251 5	4.100 9	3.840 4	3.623 6
	CQR_{19}	3.551 1	3.441 7	3.461 3	3.236 9	4.210 3	4.061 1	3.810 7	3.595 6
Cauchy	CQR_5	1227.6	1221.7	1540.3	1536.0	249.70	247.00	372.80	359.40
	CQR_9	1027.0	1022.0	1287.4	1283.7	208.40	206.20	313.80	302.50
	CQR_{19}	1089.4	1084.1	1372.7	1368.8	223.10	220.70	337.40	325.20

表 6-5　对于例 3 (高频异方差)，基于 RASE1 准则和 RASE2 准则比较局部线性 LS、局部线性加权 LS 和局部 CQR

ε	方法	$\hat{\beta}_1(t)$		$\hat{\beta}_1'(t)$		$\hat{\beta}_2(t)$		$\hat{\beta}_2'(t)$	
		RASE1	RASE2	RASE1	RASE2	RASE1	RASE2	RASE1	RASE2
	CQR_5	0.828 8	0.803 0	0.802 1	0.760 0	0.824 5	0.797 3	0.820 1	0.776 2
$N(0,1)$	CQR_9	0.838 8	0.812 7	0.813 7	0.771 0	0.847 7	0.819 7	0.850 4	0.804 9
	CQR_{19}	0.849 2	0.822 7	0.831 1	0.787 4	0.859 8	0.831 4	0.863 0	0.816 7
	CQR_5	1.434 4	1.383 6	1.325 6	1.227 1	1.200 8	1.150 5	1.178 5	1.081 9
$t(3)$	CQR_9	1.411 7	1.361 7	1.319 8	1.221 7	1.194 3	1.144 2	1.184 2	1.087 2
	CQR_{19}	1.411 3	1.361 3	1.322 1	1.223 8	1.195 1	1.145 0	1.191 1	1.093 5
	CQR_5	5.094 5	4.837 4	4.775 0	4.320 3	3.157 7	3.002 9	3.519 0	3.193 6
Lognormal	CQR_9	5.142 1	4.882 6	4.880 2	4.415 5	3.147 9	2.993 5	3.558 3	3.229 4
	CQR_{19}	5.165 1	4.904 4	4.901 4	4.434 7	3.144 0	2.989 8	3.573 7	3.243 3
	CQR_5	2.934 8	2.823 2	2.968 1	2.777 9	3.094 5	2.971 5	3.131 1	2.912 3
Mixnormal	CQR_9	2.835 8	2.727 9	2.883 5	2.698 7	2.977 9	2.859 5	3.039 0	2.826 7
	CQR_{19}	2.810 8	2.703 8	2.820 9	2.640 0	2.951 7	2.834 4	2.971 9	2.764 2
	CQR_5	638.29	701.70	421.38	317.92	308.82	308.71	249.48	230.71
Cauchy	CQR_9	588.07	646.49	372.47	281.01	285.38	285.28	227.12	210.04
	CQR_{19}	578.52	635.99	367.47	277.25	281.32	281.21	223.77	206.94

当误差为同方差时，由于结合了相对多的不同分位点位置上的分位回归的力量，所以能更彻底地描述数据。然而 CQR 估计量对分位点 q 选取的个数不是很敏感，因此选择一个适当的 q，如 $q=9$ 即可。

图 6-4 是例 1 中估计出的系数函数图。其中，ε 是 Cauchy $(0,1)$ 且 $q=9$。我们可以看出局部 CQR 估计量要比局部 LS 估计量表现得好；当 ε 的方差是无穷大的时候，最小二乘方法失效了，而 CQR 方法不会。

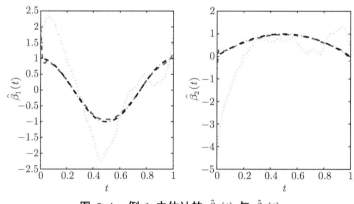

图 6-4　例 1 中估计的 $\hat{\beta}_1(t)$ 与 $\hat{\beta}_2(t)$

注：ε 服从柯西分布。点虚线曲线是真实的函数；长的虚线曲线是局部线性 CQR 估计函数；点曲线是局部线性 LS 估计函数。

　　图 6-5 是例 1、例 2、例 3 中估计出的 $\sigma(t)\varepsilon$ 的条件分位曲线，所取得分位点分别是 $\tau = 0.1, 0.3, 0.5, 0.7, 0.9$，其中，$\varepsilon$ 服从 Lognormal(0，1)，且 $q = 9$。从图 6-5(a) 中，我们可以看出这 5 条估计出的条件分位曲线是平行的和近似水平的，表明模型是同方差的，这与例 1 中的 $\sigma(t)$ 是常数相一致。图 6-5(a) 中，我们可以看出这 5 条估计出的条件分位曲线不是平行的或水平的。再者，随着 t 的增加，这些分位曲线的发散程度变得更大，表明模型是异方差的，并且异方差性随着 t 增加 (当 > 0.6 时) 而急剧增加，这也与例 3 中的 $\sigma(t)$ 扰动相一致。

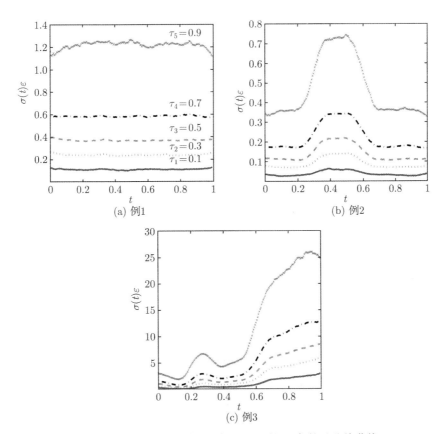

图 6-5　例 1、例 2、例 3 中 $\sigma(t)\varepsilon$ 的 5 条估计分位曲线

　　图 6-6 是估计出的 $\sigma(t)$ 图，其中 ε 服从 Lognormal(0，1) 分布，且 $q = 9$。从图 6-6 中，我们可以看出 AQR 估计量要比三角 k-NN 加权估计量表现得好。在模拟研究中，我们可以得出结论：CQR-AQR 估计是一种有效且稳健的方法，可以同时估计出系数函数和异方差性。

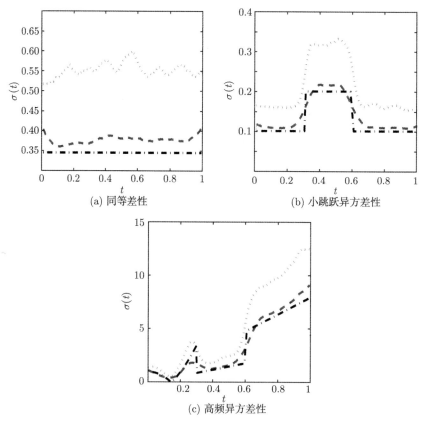

(a) 同等差性　　　　　　　　　　　(b) 小跳跃异方差性

(c) 高频异方差性

图 6-6　例 1、例 2、例 3 中的 $\sigma(t)$

注: 点虚线曲线是真实的函数; 长的虚线曲线是局部线性 AQR 估计函数; 点曲线是三角 k-NN 加权估计
函数。

6.2.6.3　假设检验

为了说明 6.2.5 节中拟合优度检验的功效, 我们考虑原假设: 模拟示例中的
$\beta_2(t)$ 是常数, 备选假设为它是随时间 t 变化的。我们考虑其中 $\sigma(t)$ 与例 1 中是一
样的情形。功效是在一系列备选模型中计算的。这些模型有不同的 λ 标注

$$\beta_2(t; \lambda) = c + \lambda\{\beta_2(t) - c\} \quad (0 \leqslant \lambda \leqslant 1)$$

式中: $c = \displaystyle\int_0^1 \beta_2(t)\mathrm{d}t$。

对于每一个取值为 $\{0, 0.1, 0.2, \cdots, 1.0\}$ 的 λ, 我们利用拟合优度检验, 对
大小为 $n = 200$ 的样本做了 100 次实验。对于每次重复, 我们重复 Bootstrap 再抽
样 100 次。显著水平 α 为 0.05。图 6-7 表示的是模拟的功效对 λ 图, 该图表明这

一假设检验方法工作合适。

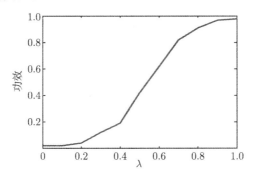

图 6-7 拟合优度检验的功效

6.2.7 经验应用

我们现将本节所提出的方法运用到一个空气污染数据集中。该数据集来自挪威公路局的一个关于空气污染如何与道路交通流量和风速之间的关系研究，样本量为 500。研究的目的是了解污染程度与道路交通流量和风速之间的关系，检查这种相关性随时间变化的程度。响应变量为 2001 年 10 月至 2003 年 8 月在挪威奥斯陆的 Alnabru 观测到的每小时 $NO_2(Y)$ 含量的对数。协变量为每小时车辆数的对数 (X_1)，风速 (X_2)（米/秒）及每天的时间 (t)。所有协变量除了时间 T 以外都记过标准化了。各变量之间的相关系数如表 6-6 所示。

表 6-6 为各变量之间的相关系数。NO_2 的含量与车辆数有较高的正相关，与风速有负相关；车辆数与每日时间有较高的正相关。所有这些相关情况与事实是吻合的。图 6-8 分别给出了白天（上午 8:00 至下午 8:00）的 NO_2 含量，每小时的车辆数及风速的边际密度。在白天，NO_2 的含量及每小时车辆数都较高且有更大的波动性。

表 6-6 各变量间的相关系数

变量	变量			
	NO_2	Car	Wind	Hour
NO_2	1.000 0	0.512 0	−0.328 8	0.246 2
Car		1.000 0	0.097 5	−0.579 6
Wind			1.000 0	−0.002 8
Hour				1.000 0

该研究的一个目标是研究 NO_2 的集中量与每小时车辆数、风速的关系如何随时间变化。我们考虑了 NO_2 含量 (Y) 与每小时车辆数 (X_1)、风速 (X_2) 及时间 (t) 的关系。我们不知道是否有异方差的存在，故我们考虑下列异方差变系数模型

$$Y = \beta_1(t)X_1 + \beta_2(t)X_2 + \sigma(T)\varepsilon \tag{6.2.16}$$

我们用 CQR-AQR 方法去估计 $\beta_1(t)$，$\beta_2(t)$ 及 $\sigma(t)$，并选取 $q = 9$。选用的核权函数为 Epanechnikov 核函数，plug-in 方法选择的窗宽是 3.9357。图 6-9 表示估计出的系数函数，由图可看出这些系数随每日时间有明显的变化，即时间对系数函数 $\beta_1(t)$ 与 $\beta_2(t)$ 有很强的影响。且从整体上看，这些系数函数关于 $T = 12$ 有对称关系。此外，每小时车辆数与 NO$_2$ 含量之间的关系总为正，风速与 NO$_2$ 的含量之间的关系总为负。

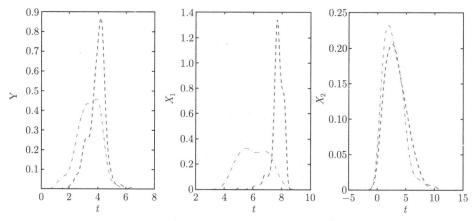

图 6-8   NO$_2$ 含量、每小时的车辆数及风速的边际密度

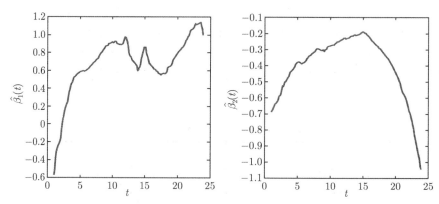

图 6-9   模型 (7.1) 中估计出来的系数函数 $\hat{\beta}_1(t)$ 和 $\hat{\beta}_2(t)$

当利用 AQR 估计量获得 $\hat{\sigma}(t)$ 时，我们把 ε 看成是正态的；$\hat{\sigma}(t)$ 呈现在图 6-10(a) 中。从图中我们可以看到 $\hat{\sigma}(t)$ 的值随时间在变化，而 Y 的拟合值 $\hat{Y} = \hat{\beta}_1(T)X_1 + \hat{\beta}_2(T)X_2$ 与残差 $(Y - \hat{Y})$ 所形成的图也呈现在图 6-10(b) 中，该图也说明模型 (7.1) 存在异方差性。

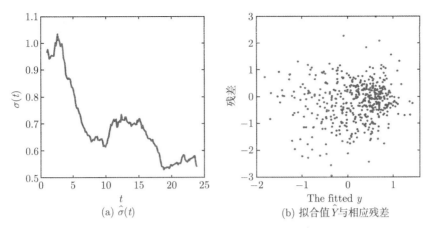

图 6-10 模型 (7.1) 中估计出来的 $\hat\sigma(t)$ 和 $\hat Y$ 及其残差

一个很自然的问题是，这些系数函数是否真的随时间在变。我们可用 6.2.5 节中的假设检验方法来回答这个问题。Bootstrap 重复数为 $J = 500$。观测到的统计量和它们的 p 值汇总在表 6-7 中。从表 6-7 中可以看出：在显著水平为 0.05 时，有显著证据拒绝 H_{01} 和 H_{02}。

表 6-7 检验统计量与 p 值

原假设	检验统计量值	p 值
$H_{01} : \beta_1(\cdot) = \beta_1$	0.1966	0.0260
$H_{02} : \beta_2(\cdot) = \beta_2$	0.0494	0.0120

6.2.8 局部 m 次多项式 CQR-AQR 估计

作为局部线性及局部二次 CQR-AQR 估计的一个推广，我们在本节考虑 m 次多项式 CQR-AQR 估计，并为模型 (6.2.1) 中局部 m 次多项式 CQR-AQR 估计量建立了相应的渐近理论。对于每个给定的 t，我们可通过最小化下式得到估计量 $\hat a_{\tau_k}(t)$, $\hat b_j (k=1, \cdots, q; \ j=0, 1, \cdots, m)$

$$\sum_{k=1}^{q} \sum_{i=1}^{n} \rho_{\tau_k} \left[Y_i - a_{\tau_k}(t) - \sum_{j=0}^{m} X_i^T b_j (T_i - t)^j \right] K\left(\frac{T_i - t}{h} \right) \qquad (6.2.17)$$

式中：$b_j = \beta^{(j)}(t)/j!$。

为了得到局部 m 阶多项式 CQR-AQR 估计，我们先设定下列记号

$$u_k = \sqrt{nh}[a_{\tau_k}(t) - \sigma(t)c_{\tau_k}]$$
$$v_j = h^j \sqrt{nh}[j! b_j - \beta^{(j)}(t)]/j!$$
$$\theta = (u_1, u_2, \cdots, u_q; v_0, v_1, \cdots, v_m)^T$$

我们定义

$$S = \begin{pmatrix} S_{11} & S_{12} \\ S_{21} & S_{22} \end{pmatrix}$$

式中: S_{11} 为一个 $q \times q$ 对角矩阵, 其对角元素为 $f(c_{\tau_k})(k = 1, 2, \cdots, q)$; S_{12} 为一个 $q \times (m+1)$ 维矩阵, 其第 (k, j) 个元素为 $f(c_{\tau_k}) E(X^T \mid T) \mu_j (k = 1, 2, \cdots, q; j = 0, 1, \cdots, m)$; $S_{21} = S_{12}^T$; S_{22} 为一个 $(m + 1) \times (m + 1)$ 维矩阵, 其第 (j, j') 个元素为 $E(XX^T \mid T) \mu_{j+j'} \sum_{k=1}^{q} f(c_{\tau_k}) (j, j' = 0, 1, \cdots, m)$。

　　将 S^{-1} 分成如下 4 个子矩阵

$$S^{-1} = \begin{pmatrix} S_{11} & S_{12} \\ S_{21} & S_{22} \end{pmatrix}^{-1} = \begin{bmatrix} (S^{-1})_{11} & (S^{-1})_{12} \\ (S^{-1})_{21} & (S^{-1})_{22} \end{bmatrix}$$

式中: $(\cdot)_{11}$ 为上方左边的 $q \times q$ 维子矩阵, $(\cdot)_{22}$ 为下方右边的 $(m+1) \times (m+1)$ 维子矩阵。

　　定义

$$\sum = \begin{pmatrix} \sum_{11} & \sum_{12} \\ \sum_{21} & \sum_{22} \end{pmatrix}$$

式中: $\sum_{11}$ 为一个 $q \times q$ 维矩阵, 其第 (k, k') 个元素为 $\nu_0 \tau_{kk'} (k, k' = 1, 2, \cdots, q)$;

$\sum_{12}$ 为一个 $q \times (m + 1)$ 维矩阵, 其第 (k, j) 个元素为 $E(X^T \mid T) \nu_j \sum_{k'=1}^{q} \tau_{kk'} (k = 1, 2, \cdots, q; \ j = 0, 1, \cdots, m)$; $\sum_{21} = \sum_{12}^{T}$; $\sum_{22}$ 为一个 $(m + 1) \times (m + 1)$ 维矩阵, 其第 (j, j') 个元素为 $E(XX^T \mid T) \nu_{j+j'} \sum_{k, k'=1}^{q} \tau_{kk'} (j, j' = 0, 1, \cdots, m)$。

　　此外, 令 $d_{i, k} = c_{\tau_k} \{\sigma(T_i) - \sigma(t)\} + r_{i, m}$; $r_{i, m} = \beta(T_i) - \sum_{j=0}^{m} \beta^{(j)}(t)(T_i - t)^j / j!$; $s_i = \dfrac{T_i - t}{h}$ 与 $K\left(\dfrac{T_i - t}{h}\right) = K_i$。令 $\eta_{i, k}^*$ 为 $I[\varepsilon_i \leqslant c_{\tau_k} - d_{i, k} / \sigma(T_i)] - \tau_k$。记

$$\mathbf{W}_n^* = (w_{11}^*, w_{12}^*, \cdots, w_{1q}^*; w_{20}^*, w_{21}^*, \cdots, w_{2m}^*)^T$$

式中: $w_{1k}^* = \dfrac{1}{\sqrt{nh}} \sum_{i=1}^{n} K_i \eta_{i, k}^*$; $w_{2j}^* = \dfrac{1}{\sqrt{nh}} \sum_{k=1}^{q} \sum_{i=1}^{n} X_i^T K_i s_i^j \eta_{i, k}^*$。

定理 6.2.4   在正则条件 $1° - 6°$ 下，对于 $k = 1, \cdots, q$ 以及 $j = 0, \cdots, m$，有

$$\hat{\theta} + \frac{\sigma(t)}{f_T(t)} \boldsymbol{S}^{-1} E(\mathbf{W}_n^* \mid T) \xrightarrow{d} N \left[\mathbf{0}, \frac{\sigma^2(t)}{f_T(t)} \boldsymbol{S}^{-1} \sum \boldsymbol{S}^{-1} \right] \tag{6.2.18}$$

式中：$\xrightarrow{d}$ 为依分布收敛。

6.2.9 文献介绍

有关变系数模型的研究有很多参考文献，如 Hastie & Tibshirani (1993)，Fan & Zhang (1999，2000，2008)，Honda (2004)。关于系数函数的估计，现已有多种方法。Hastie & Tibshirani (1993) 考虑了 L_2 估计方法与惩罚最小二乘方法。Fan & Zhang (1999) 提出了两步局部多项式最小二乘的估计方法。Chiang *et al.* (2001) 提出了光滑样条的方法。为了估计异方差，很多文献都用两步的方法，如 Muller (1987)，Zhao (2001)，Tian & Chan (2010)。Koenker & Bassett (1978) 提出的分位回归可用于估计条件分位函数，该方法比一般的均值回归更加稳健。如 Koenker (2005)，Tian (2006，2009)。基于分位回归，Zou & Yuan (2008) 考虑了复合分位回归 (CQR)。基于 CQR，Kai *et al.* (2010) 提出了一种新的非参回归方法，即局部复合分位回归光滑方法。本节主要参考 Guo, Tian & Zhu(2012) 的文章，主要介绍了异方差变系数模型的局部线性与局部二次 CQR-AQR 估计方法及这些估计量的渐近性质，窗宽的选择以及数值模拟与实证分析。

第7章　单指数分位回归模拟

7.1　引　　言

在本章里，我们将介绍带有多元协变量的非参数估计的单指标分位回归。给定 $\tau \in (0, 1)$，我们对在给定 $\mathbf{x}$ 时的 y 的 τ 阶条件分位数 $\theta_\tau(\mathbf{x})$ 提出单指标模型，

$$\theta_\tau(\boldsymbol{x}) = g_0(\boldsymbol{x}^T\gamma_0) \tag{7.1.1}$$

式中：$\boldsymbol{x}$ 为一个 d 维协变量向量；y 为一个实值依赖变量；$g_0(\cdot)$ 为未知的一元链接函数；γ_0 为未知的单指标向量系数。

为了可辨识，假设它满足 $\|\gamma_0\| = 1$，并且第一个分量 $\gamma_1 > 0$。单指标分位回归模型 (7.1.1) 通过用非参数成分 $g_0(\boldsymbol{x}^T\gamma_0)$ 替换线性组合 $\boldsymbol{x}^T\gamma_0$，从而推广了 Koenker & Bassett (1978) 的线性分位回归的学术工作。

单指标方法被证明是在条件均值回归里面处理高维非参数估计问题的一个有效方式 (Ichimura, 1993; Horowitz & Härdle, 1996; Horowitz, 1998; Carroll *et al.*, 1997; Yu & Ruppert, 2002; Xia & Härdle, 2006)。当用到模拟含多元协变量的条件分位数模型时，单指标模型继承了均值回归问题中同样的优点：①没有事先界定链接函数允许模型的灵活性，从而减少了模型错分的风险；②链接函数中的单指标把多元协变量投影到一维变量上，有效地降低了在非参数估计中的维数；③单指标结构和非线性链接函数可以一起潜在地模拟协变量间的一些交互作用，这在实际应用中更具现实意义；④由于指标的线性结构，所以解释协变量效应比较容易。模型 (7.1.1) 非常普遍，并且在某些假定下 (如单调性)，就像 Chaudhuri *et al.* (1997) 所指出的那样，它可以用于模拟几个重要情形下的分位数，例如生存模型、变换模型以及位置–刻度模型。这些情形在未来的研究中会比较有趣。确实，基于我们的估计方程 (7.2.6)，Kong & Xia (2010) 最近研究了单指标参数估计量的 Bahadur 表达式。

相对于均值回归而言，非参数分位回归的研究相对较少，Yu & Jones (1998) 研发了对于一元分位回归的局部线性方法。除了局部估计方法之外，样条方法是非参数分位回归的另一个主流。参见 Koenker *et al.* (1994) 和 Koenker (2005) 以获取更多细节。Stone (1977) 和 Chaudhuri (1991) 在一般的多变量背景下考虑了完全非参数分位回归。它们很灵活，但经常因为众所周知的"维数灾难"而在实践中不具有吸引力。

最近，在非参数分位回归模型中的降维方法在文献中引起了广泛关注。这些包括可加模型和偏线性模型，例如 De Gooijer & Zerom (2003)，Yu & Lu (2004) 以及 Horowitz & Lee (2005)。但是这些模型没有置入交互作用，也没有和单指标模型嵌套。一个与我们的工作近似的替代研究是平均导数模型这一重要工作，如 Chaudhuri *et al.* (1997) 的分位回归；Härdle & Stoker(1989) 的均值回归。它们通过考虑条件分位数关于协变量 **x** 的偏导数向量的期望值来估计单指标向量。尽管理论上很好，但它需要在指标可以直接估计之前，在非参数的情况下获取相关的高维分位数。

在本章里，我们对提出的单指标分位回归模型 (7.1.1) 的估计、推断和应用提供了一个全局的处理。实际上，我们引进了一个专门处理模型 (7.1.1) 的算法。它是基于局部线性逼近来估计非参数部分 $g_0(\cdot)$，以及基于线性分位回归来解决参数指标部分 γ_0。通过这个算法，单指标模型可以被很方便地估计，就像模拟研究和真实数据应用中所展示的那样。像 Yu & Jones (1998) 对于一元条件分位数采用局部线性逼近是很自然的。Yu & Jones (1997) 也发现局部线性方法在分位回归中比局部常数方法更有优势，因为它具有更低的偏差和更好的边界表现。在理论上，我们获取了所提出的非参数估计量 $\hat{g}(\cdot)$、条件分位数估计量 $\hat{\theta}\tau(\mathbf{x})$ 以及参数单指标向量估计 $\hat{\gamma}$ 的渐近性质。它们使将来的推断变得比较方便。条件分位数的置信区间也肯定能得到。另外，我们基于大样本理论推导出了一个近似的、计算简单的经验带宽选择器方法。通过最小化单指标分位回归的渐近均方误差获取的最优带宽可能计算量很大，特别是当很多分位数需要估计的时候。波士顿房价应用的数据和空气污染数据分析展现了我们提出的方法的优越性。

7.2 模型与估计

7.2.1 模型与局部线性估计

对于单指标分位回归模型 (7.1.1)，注意：$g_0(\cdot)$ 实际上应该是 $g_{0,\,\tau}(\cdot)$；γ_0 应该是 $\gamma_{0,\,\tau}$；对于给定的分位数，二者都是唯一的。我们为了记号的方便忽略下标 τ。协变量的线性组合 $\boldsymbol{x}^T\gamma_0$ 经常被称作单指标。为了可识别，我们从此以后假设 $\|\gamma\| = 1$，并且它的第一个元素非负。从数学上讲，真正的参数向量 γ_0 是下面最小化问题的解：

$$\gamma_0 = \arg\min_{\gamma} E\{\rho_\tau[y - g(\boldsymbol{x}^T\gamma)]\}, \qquad \|\gamma\| = 1, \ \gamma_1 > 0 \qquad (7.2.1)$$

式中：损失函数 (也称为检验函数)$\rho_\tau(u) = |u| + (2\tau - 1)u$ 和 $g(\cdot)$ 为未知的连接函数。等式的右边是期望损失，它可以被等价地写为

$$E\left\{\rho_\tau\left[y-g(\boldsymbol{x}^T\gamma)\right]\right\} = E_u E\left\{\rho_\tau\left[y-g(u)\right]|x^T\gamma=u\right\} = E_u L_\gamma(u) \qquad (7.2.2)$$

式中：$L_\gamma(\cdot)$ 为 $L_\tau,\ _\gamma(\cdot) = E\{\rho_\tau[y-g(\cdot)]|x^T\gamma=\cdot\}$ 的缩写，并且被解释为当 $g(\cdot)$ 是给定指标参数 γ 的 τ 阶分位数时，在 u 的条件期望损失。

令 $\{\boldsymbol{x}_i,\ y_i\}_{i=1}^n$ 代表来自于 $(\boldsymbol{x},\ y)$ 的一个独立同分布样本。由于 $\boldsymbol{x}_i^T\gamma$ "接近于" u，所以在 $\boldsymbol{x}_i^T\gamma$ 处的 τ 阶条件分位数可以被线性地近似为

$$g(\boldsymbol{x}_i^T\gamma) \approx g(u) + g'(u)(\boldsymbol{x}_i^T\gamma - u) = a + b(\boldsymbol{x}_i^T\gamma - u) \qquad (7.2.3)$$

式中：$a \overset{def}{\equiv} g(u)$ 与 $b \overset{def}{\equiv} g'(u)$。

紧接着式 (7.2.3)，关于 $(a,\ b)$ 最小化下面的 $L_\gamma(u)$ 的局部线性样本表示式 (Yu & Jones，1998) 来获得 $\hat{g}(u) = \hat{a}$，

$$\sum_{i=1}^n \rho_\tau\left[y_i - a - b(\boldsymbol{x}_i^T\gamma - u)\right]K\left(\frac{\boldsymbol{x}_i^T\gamma - u}{h}\right) \qquad (7.2.4)$$

式中：$K(\cdot)$ 为核权函数；h 为带宽。

关于 u 求式 (7.2.4) 的平均，并获取式 (7.2.2) 的样本表达式，也就是用来估计模型 (7.1.1) 的目标函数是

$$\sum_{j=1}^n \sum_{i=1}^n \rho_\tau\left[y_i - a_j - b_j(\boldsymbol{x}_i^T\gamma - \boldsymbol{x}_j^T\gamma)\right]\frac{K_h(\boldsymbol{x}_i^T\gamma - \boldsymbol{x}_j^T\gamma)}{\displaystyle\sum_{l=1}^n K_h(\boldsymbol{x}_l^T\gamma - \boldsymbol{x}_j^T\gamma)} \qquad (7.2.5)$$

式中：$K_h(\cdot) = K(\cdot/h)/h$。

在实践中，式 (7.2.5) 的最小化可以通过迭代使两个简单问题得到解决：一个是关于 a_j 和 b_j，另一个则是关于 γ 的。

我们把式 (7.2.4) 重写为

$$\sum_{j=1}^n \sum_{i=1}^n \rho_\tau\left[y_i - a_j - b_j(\boldsymbol{x}_i^T\gamma - \boldsymbol{x}_j^T\gamma)\right]\omega_{ij} \qquad (7.2.6)$$

式中：$\omega_{ij} = \dfrac{K_h(\boldsymbol{x}_i^T\gamma - \boldsymbol{x}_j^T\gamma)}{\displaystyle\sum_{l=1}^n K_h(\boldsymbol{x}_l^T\gamma - \boldsymbol{x}_j^T\gamma)}$。

我们把式 (7.2.6) 分解为 P_1 给定 γ，

$$(\hat{a}_j,\ \hat{b}_j)_{j=1}^n = \arg\min_{(a_j,\ b_j)} \sum_{j=1}^n \sum_{i=1}^n \rho_\tau\left[y_i - a_j - b_j(\boldsymbol{x}_i^T\gamma - \boldsymbol{x}_j^T\gamma)\right]\omega_{ij}$$

所以, 对任意的 $j \in \{1, 2, \cdots, n\}$, 有

$$(\hat{a}_j, \hat{b}_j) = \arg \min_{(a_k, b_k)} \sum_{i=1}^{n} \rho_\tau [y_i - a_k - b_k(\boldsymbol{x}_i^T \gamma - \boldsymbol{x}_j^T \gamma)] \omega_{ij}$$

P_2 给定 a_j 和 $b_j (j = 1, \cdots, n)$, 有

$$\hat{\gamma} = \arg \min_{\gamma} \sum_{j=1}^{n} \sum_{i=1}^{n} \rho_\tau [y_i - a_j - b_j(\boldsymbol{x}_i - \boldsymbol{x}_j)^T \gamma] \omega_{ij}$$

$$= \arg \min_{\gamma} \sum_{j=1}^{n} \sum_{i=1}^{n} \rho_\tau (y_{ij}^* - x_{ij}^{*T} \gamma) \omega_{ij}^*$$

式中: $y_{ij}^* = y_i - a_j$; $\boldsymbol{x}_{ij}^* = b_j(\boldsymbol{x}_i - \boldsymbol{x}_j)$; 并且 $\omega_{ij}^* = \omega_{ij}$ 在当前对 γ 的估计下计算出 $(i, j = 1, \cdots, n)$.

子问题 P_1 解决了估计 $(a_j, b_j)(j = 1, \cdots, n)$, 就像 γ 是已知的一样. 同时在 P_2, γ 由通常的不含截距项的线性分位回归 (通过原点的回归) 估计出来. 该回归是关于 n^2 个 "观测值" $\{y_{ij}^*, x_{ij}^*\}_{i, j=1}^{n}$ 进行的, 这里的观测值具有在前面迭代得到的 γ 上计算出的已知权重. 一个估计 γ 的算法如下:

步骤 0 通过 Chaudhuri *et al.* (1997) 的平均导数估计 (ADE) 获得初始值 $\hat{\gamma}^{(0)}$, 标准化初始估计使得 $\|\hat{\gamma}^{(0)}\| = 1$, 并且 $\hat{\gamma}_1^{(0)} > 0$ (初始化步骤).

步骤 1 给定 $\hat{\gamma}$, 通过解决下面的系列问题获取 $\{\hat{a}_j, \hat{b}_j\}_{j=1}^{n}$

$$\min_{(a_j, b_j)} \sum_{i=1}^{n} \rho_\tau [y_i - a_j - b_j(\boldsymbol{x}_i - \boldsymbol{x}_j)^T \hat{\gamma}] \omega_{ij} \tag{7.2.7}$$

式中: 带宽 h 是最优选择出来的.

步骤 2 给定 $\{\hat{a}_j, \hat{b}_j\}_{j=1}^{n}$, 通过求解下式获取 $\hat{\gamma}$

$$\min_{\gamma} \sum_{j=1}^{n} \sum_{i=1}^{n} \rho_\tau [y_i - \hat{a}_j - \hat{b}_j(\boldsymbol{x}_i - \boldsymbol{x}_j)^T \gamma] \omega_{ij} \tag{7.2.8}$$

式中: ω_{ij} 是在第 1 步中的 $\hat{\gamma}$ 和 h 上计算出来的.

步骤 3 重复步骤 1 和步骤 2, 直到收敛.

在上面的算法里面, 在每一步迭代, $\hat{\gamma}$ 用这种方法标准化: $\gamma = \text{sign}_1 \gamma / \|\gamma\|$, 其中 sign_1 是 γ 的第一个元的符号. 只需要 γ 的初始值. 从 Chaudhuri *et al.*(1997) 的平均导数估计 (ADE) 得到的初始值 $\hat{\gamma}^{(0)}$ 有很好的性质, 而且已经被证明是 $\sqrt{n}$ 相合的. 实际上, 除了上面所建议的之外, γ 的一个初始估计也可以从其他几个方式获取, 例如 Li (1991) 的切片逆回归 (SIR), 或者通过 Chaudhuri *et al.* (1997) 的

一个多维核估计。我们也可以从 $\min\limits_{a,\,\gamma}\sum\limits_{i=1}^{n}\rho_\tau\big(y_i-a-\mathbf{x}_i^T\gamma\big)$ 中获得，其中 a 为分位回归截距。类似的算法由 Xia *et al.* (2002) 在均值回归背景下介绍过。

最后，我们在任意 u 处通过 $\hat{g}(\cdot;\,h,\,\hat{\gamma})=\hat{a}$ 估计 $g(\cdot)$。其中

$$(\hat{a},\,\hat{b})=\arg\min_{(a,\,b)}\sum_{i=1}^{n}\rho_\tau\big[y_i-a-b(\boldsymbol{x}_i^T\hat{\gamma}-u)\big]K_h(\boldsymbol{x}_i^T\hat{\gamma}-u)\qquad(7.2.9)$$

有一个执行该算法的程序是在 R 环境下编写的，可以从以下网站下载：
http://statqa.cba.uc.edu/ yuy/SINDEXQ.rar

7.2.2   带宽选择

带宽选择在局部光滑里面一直很关键，因为它控制了拟合函数的曲率。理论上讲，当样本量很大，最优带宽可以通过最小化 7.3.1 节的定理 7.3.2 的渐近均方误差 (AMSE) 获得。然而，最优带宽不能直接通过计算得到。这是由于有几个未知的分位数，在计算上执行起来很困难，特别是当我们希望估计几个分位数的时候。Yu & Jones(1998) 在适度的假设下推导了最优窗宽。事实上，通过 AMSE 与 Yu & Jones (1998) 给出的表达式的近似性以及下面相同的讨论，我们获得了下面的经验法则带宽 h_τ：

$$h_\tau=h_m\{\tau(1-\tau)/\phi\big[\Phi^{-1}(\tau)\big]^2\}^{1/5}\qquad(7.2.10)$$

式中：$\phi(\cdot)$ 和 $\Phi(\cdot)$ 分别为标准正态分布的概率密度函数和积累分布函数。

带宽 h_τ 具有很好的性质。它通过一个只和 τ 相关的相乘因子和在均值回归中使用的最优带宽 h_m 联系起来。由于存在很多关于 h_m 的算法，如 Ruppert *et al.* (1995)，h_τ 也可以很快获得。这里

$$h_m=\left\{\frac{\left[\int K^2(v)\mathrm{d}v\right]\big[\mathrm{var}(y|\boldsymbol{x}^T\gamma=u)\big]}{n\left[v^2\int K(v)\mathrm{d}v\right]^2\left[\dfrac{d^2}{\mathrm{d}u^2}E(y|\boldsymbol{x}^T\gamma=u)\right]^2\big[f_{U_0}(u)\big]}\right\}^{1/5}$$

近似表达式 (7.2.10) 提供了一个简单的方法来计算本来难以获取的分位回归的最优带宽。然而，这个近似是基于几个关键假设的，特别是在这些假设中间包含条件中位数和条件均值的曲率相近以及依赖变量的条件密度函数可以用正态密度近似。考虑这个近似的细节可以参见 Yu & Jones (1998) 和 Yu & Lu (2004)。

7.3 大样本性质

7.3.1 非参部分的渐近性

这个部分的目标是推导非参数估计量 $\hat{g}(\cdot)$ 的分布理论。这需要 γ_0 要么是给定的，要么具有合理精度的估计。一个退化的标量情形是在 Fan *et al.* (1994) 和 Yu & Jones (1998) 里进行了介绍。建立渐近正态的技术包括凸性引理和二次渐近引理，如 Pollard (1991) 和 Fan & Gijbels (1996)，它们帮助我们处理损失函数的不可导问题。我们基于非参数一元回归已经存在的相应理论来推导估计量的渐近性质。

通过在 7.2.1 节说明的完全迭代算法，我们假设参数部分 γ 可以被估计到阶数 $O_p(n^{-1/2})$。确实，尽管涉及初始高维光滑，$\sqrt{n}$ 相合平均导数分位估计量 (ADE) 仍可以被用为"先锋"估计量 $\hat{\gamma}^{(0)}$。$\sqrt{n}$ 邻域假设在单指标均值回归文献中非常普遍。非参数部分的最终估计可通过式 (7.2.9) 得到，而且与当 γ_0 已知时一样有效。

我们采用下面的假设。

假设 7.3.1 1. 核 $K(\cdot) \geqslant 0$ 具有紧支持并且它的一阶导数有界。它满足 $\int_{-\infty}^{\infty} K(z)\mathrm{d}z = 1$，$\int_{-\infty}^{\infty} zK(z)\mathrm{d}z = 0$，$\int_{-\infty}^{\infty} z^2 K(z)\mathrm{d}z < \infty$，并且 $|\int_{-\infty}^{\infty} z^j K^2(z)\mathrm{d}z| < \infty$ $(j = 0, 1, 2)$。

2. $\boldsymbol{x}^T\gamma$ 的密度函数是正的，且关于 γ 在 γ_0 的一个邻域内一致连续。进一步，$\boldsymbol{x}^T\gamma_0$ 的密度是连续的，并且在它的支撑上不等于 0 和 ∞。

3. 在给定 u 时 y 的条件密度函数 $f_y(y|u)$ 在 u 处关于每个 y 是连续的。再则，存在正常数 ϵ 和 δ 以及一个正函数 $G(y|u)$ 使得

$$\sup_{|u_n - u| \leqslant \epsilon} f_y(y|u_n) \leqslant G(y|u)$$

$$\int |\rho'_\tau[y - g_0(u)]|^{2+\delta} G(y|u)\mathrm{d}\mu(y) < \infty$$

并且

$$\int [\rho_T(y - t) - \rho_\tau(y) - \rho'_\tau(y)t]^2 G(y|u)\mathrm{d}\mu(y) = o(t^2), \qquad \text{当} t \to 0$$

4. 函数 $g_0(\cdot)$ 具有一个连续有界的二阶导数。

注：(1) 上面的假设在文献中很常用，而且在很多实际问题中得到满足。假设 1 只是需要核函数是合适的密度函数，它具有有限的二阶矩，这是估计量的渐近方差所需要的。假设 2 保证任何比率项的存在，密度出现在分母部分。假设 3 比函数 $\rho'_\tau(\cdot)$ 的 Lipschitz 连续性要弱；假设 4 是连接函数的普通假设。

(2) 损失函数 $\rho_\tau(\cdot)$ 是逐段线性的, 并且在零点不可微。我们有: 在任何 $y \neq 0$ 处, $\rho'_\tau(y) = 2[\tau - I(y < 0)]$; 在 $y = 0$ 时, 不妨令 $\rho'_\tau(y) = 0$。事实上, 对任意连续的随机变量 y, $y = 0$ 以概率 0 出现。

(3) 由于 $\rho'_\tau(\cdot)$ 是逐段常数并且只有有限个值, 所以在假设 3 里面的条件 $\int |\rho'_\tau[y - g_0(u)]|^{2+\delta} G(y|u) \mathrm{d}\mu(y) < \infty$ 可以被简化为 $\int G(y|u) \mathrm{d}\mu(y) < \infty$。

定理 7.3.1   在假设 1~4 下, 如果 $n \to \infty$, $h \to 0$, 并且 $nh \to \infty$, 那么对于任何内点 u, 有

$$(nh)^{1/2}[\hat{g}(u; h, \hat{\gamma}) - g_0(u) - \beta(u)h^2] \xrightarrow{D} N[0, \alpha^2(u)]$$

式中: $\beta(u) = \dfrac{g_0''(u) \int v^2 K(v)\mathrm{d}v}{2}$; $\alpha^2(u) = \dfrac{\int K^2(v)\mathrm{d}v}{f_{U_0}(u)} \dfrac{\tau(1-\tau)}{[f_y(g_0(u)|u)]^2}$; f_{U_0} 为 $U_0 = \boldsymbol{x}^T \gamma_0$ 的密度; $f_y(\cdot|u)$ 为给定 u 时 y 的条件密度。

证明 1   证明参见 Wu, Yu & Yu (2010)。

注: 在定理 7.3.2 里面, 我们考虑估计的连接函数和真正函数之间的差异, 两者都在同一指标值 u 上计算其函数值。然而, 逐点精确性基于量 $\hat{\theta}(\boldsymbol{x}) - \theta(\boldsymbol{x}) = \hat{g}(\boldsymbol{x}^T \hat{\gamma}; \hat{\gamma}) - g_0(\boldsymbol{x}^T \gamma_0)$。这里估计的连接函数与真实的连接函数都是在同一协变量上计算其函数值的。而分位数估计则取指标系数与连接函数作为其估计。刻度逐点误差项可以写为

$$(nh)^{1/2}[\hat{\theta}_\tau(\boldsymbol{x}) - \theta_\tau(\boldsymbol{x})] = (nh)^{1/2}[\hat{g}(\boldsymbol{x}^T\hat{\gamma}, \hat{\gamma}) - \hat{g}(\boldsymbol{x}^T\gamma_0, \hat{\gamma})] +$$
$$(n\hat{h})^{1/2}[\hat{g}(\boldsymbol{x}^T\hat{\gamma}) - g_0(\boldsymbol{x}^T\gamma_0)]$$

式中: $\hat{g}(\boldsymbol{x}^T\hat{\gamma}; \hat{\gamma})$ 为 $\hat{g}(\cdot; \hat{\gamma})$ 在 $\boldsymbol{x}^T\hat{\gamma}$ 处的函数值; $\hat{g}(\boldsymbol{x}^T\gamma_0; \hat{\gamma})$ 为 $\hat{g}(\cdot; \hat{\gamma})$ 在 $\mathbf{x}^T\gamma_0$ 处的函数值。

在上述等式中, 第一项由 Taylor 展式处理, 而第二项则由定理 7.3.2 处理。这样, 我们有下面的结论:

定理 7.3.2   在与定理 7.3.2 相同的条件下, 有

$$(nh)^{1/2}[\hat{\theta}_\tau(\boldsymbol{x}) - \theta_\tau(\boldsymbol{x}) - \beta(\boldsymbol{x}^T\gamma_0)h^2] \xrightarrow{D} N[0, \alpha^2(\boldsymbol{x}^T\gamma_0)] \tag{7.3.1}$$

式中: $\theta_\tau(\boldsymbol{x}) = \hat{g}(\boldsymbol{x}^T\hat{\gamma}; \hat{\gamma})$; $\theta_\tau(\boldsymbol{x}) = g_0(\boldsymbol{x}^T\gamma_0)$。

$\beta(\cdot)$ 与 $\alpha(\cdot)$ 的定义同定理 7.3.2 中的, 并且 $\beta(\boldsymbol{x}^T\gamma_0)h^2$ 和 $\alpha^2(\boldsymbol{x}^T\gamma_0)/nh$ 分别是渐近偏差和方差。

证明 2   证明参见 Wu, Yu & Yu (2010)。

7.3.2   参数部分的渐近性

我们需要下面的额外假设:

假设 7.3.2 5. 下面的期望存在

$$\mathbf{C}_0 = E\left\{g'_0(\boldsymbol{x}^T\gamma_0)^2\left[\boldsymbol{x} - E(\boldsymbol{x}|\boldsymbol{x}^T\gamma_0)\right]\left[\boldsymbol{x} - E(\boldsymbol{x}|\boldsymbol{x}^T\gamma_0)\right]^T\right\}$$

$$\mathbf{C}_1 = E\left\{f_y[g_0(\boldsymbol{x}^T\gamma_0)]g'_0(\boldsymbol{x}^T\gamma_0)^2\left[\boldsymbol{x} - E(\boldsymbol{x}|\boldsymbol{x}^T\gamma_0)\right]\left[\boldsymbol{x} - E(\boldsymbol{x}|\boldsymbol{x}^T\gamma_0)\right]^T\right\}$$

定理 7.3.3 在假设 1–5 之下, 如果 $n \to \infty$, $h \to 0$, 并且 $nh \to \infty$, 以及如果 $\hat{\gamma}$ 是 (9) 的最小化子, 那么我们有下式

$$\sqrt{n}(\hat{\gamma} - \gamma_0) \xrightarrow{D} N[0, \ \tau(1-\tau)\mathbf{C}_1^{-1}\mathbf{C}_0\mathbf{C}_1^{-1}] \tag{7.3.2}$$

证明 3 证明参见 Wu, Yu & Yan Yu (2010)。

7.4 数 值 研 究

7.4.1 模拟

我们用几个模拟的例子研究估计量的性质。数据是从下面 3 个模型中生成的。

7.4.1.1 例 1

第一个例子是具有同方差的正弦隆起 (Sine Bump) 模型。所得的分位数是正弦函数和一个常数的和。这个设计和 Carroll *et al.* (1997) 在均值回归背景下相似, 不过没有原初研究中的偏线性项

$$y = \sin\left[\frac{\pi(u-A)}{C-A}\right] + 0.1Z \tag{7.4.1}$$

式中: $u = \mathbf{x}^T\gamma$; $\mathbf{x} = (x_1, x_2, x_3)^T$; $\gamma_0 = \dfrac{1}{\sqrt{3}}(1, 1, 1)^T$; $A = \dfrac{\sqrt{3}}{2} - \dfrac{1.645}{\sqrt{12}}$; $C = \dfrac{\sqrt{3}}{2} + \dfrac{1.645}{\sqrt{12}}$; $x_i \overset{i.i.d.}{\sim} \text{unif}(0, 1)(i = 1, 2, 3)$; $Z \sim N(0, 1)$; x_i 和 Z 是相互独立的。

该指数系数 γ 是通过一系列分别关于 $\tau = 0.1$, 0.3, 0.5, 0.7, 0.9 的分位回归估计出来的。对于每一个 τ, 我们模拟 100 个随机样本。每一个样本量为 $n = 200$。表 7-1 展示了单指标系数估计量 $\hat{\gamma}$ 的平均估计值, 样本渐近标准误差 (s.e.)、偏差和均方误差 (MSE)。图 7-1 展示的是从单指标中位数 ($\tau = 0.5$) 模型产生的 100 个系数估计的盒形图。我们可以看出估计值分布的中心在真值附近。

我们进一步进行蒙特卡洛研究。该研究涉及: 对于每一个模拟产生的设计阵 **x**, 我们产生 100 个响应变量值 **y**, 然后计算出 100 个参数向量的估计值 $\hat{\gamma}$。记这些参数估计的蒙特卡洛样本为 $\{\hat{\gamma}\}_1^{100}$。接下来, 我们比较 $\{\hat{\gamma}\}_1^{100}$ 的样本标准偏差 MCse、估计的渐近标准差以及 Bootstrap 标准差。MCse 是真实的标准误差的蒙特

卡洛估计，在评估估计的渐近标准差和 Bootstrap 标准差的性能时，它被用来代替真实的标准误差。标准误差估计 $\hat{se}$ 与蒙特卡洛标准误差估计之间的相对差用下式来度量

$$D = \frac{\text{norm}(\hat{se} - \text{MCse})}{\text{norm}(\text{MCse})} \tag{7.4.2}$$

表 7-1　单指标系数估计量 $\hat{Y}$ 的平均估计值样本渐近标准误差、偏差和均方误差

τ	估计值	$\hat{\gamma}_1$	$\hat{\gamma}_2$	$\hat{\gamma}_3$
0.1	平均值	0.572 8	0.577 4	0.580 3
	标准误差	0.019 8	0.023 4	0.028 0
	偏差	−0.004 6	0.000 0	0.002 9
	均方误差	0.000 4	0.000 5	0.000 8
0.3	平均值	0.574 8	0.580 1	0.576 5
	标准误差	0.014 1	0.014 6	0.017 2
	偏差	−0.002 6	0.002 7	−0.000 9
	均方误差	0.000 2	0.000 2	0.000 3
0.5	平均值	0.574 8	0.578 6	0.578 1
	标准误差	0.013 1	0.015 3	0.016 6
	偏差	−0.002 6	0.001 2	0.000 7
	均方误差	0.000 2	0.000 2	0.000 3
0.7	平均值	0.572 0	0.583 0	0.576 3
	标准误差	0.016 4	0.015 6	0.017 0
	偏差	−0.005 4	0.005 6	−0.001 1
	均方误差	0.000 3	0.000 3	0.000 3
0.9	平均值	0.564 3	0.583 0	0.582 9
	标准误差	0.019 5	0.022 5	0.020 8
	偏差	−0.013 1	0.005 6	0.005 5
	均方误差	0.000 6	0.000 5	0.000 5

注：真实的 $\gamma_0 \approx (0.5774, 0.5774, 0.5774)^T$。

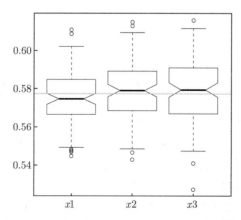

图 7-1　例 1 的单指标系数估计量的盒形图

注：真值 $\gamma_0 \approx (0.577\ 4,\ 0.577\ 4,\ 0.577\ 4)^T$（水平线）。

这个普通的公式用到 2 个标准向量模上。D_2 表示上式用到 L_2 (欧几里得) 范数, 而 D_1 则表示用到 L_1 范数。

这个 Bootstrap 标准差的计算方法与 De Gooijer & Zerm (2003) 中的类似。特别地, 对于给定的 τ:

(1) 计算全局误差 $\hat{\epsilon}_{\tau,\,i} = y_i - \hat{g}_\tau(\mathbf{x}^T\gamma)$, 中心化这些误差使其有零均值;

(2) 从 $\{\hat{\epsilon}_{\tau,\,i}\}$ 中抽样形成 $\{\epsilon^*_{\tau,\,i}\}$;

(3) 产生新的"观测值" $y^*_i = \hat{g}_\tau(\mathbf{x}^T\gamma) + \epsilon^*_{\tau,\,i}$;

(4) 获得 $(x_i,\,y^*_i)$ 的单指标条件分位数的估计。

我们重复最后 3 步的次数 $B = 100$, 然后取这 $B = 100$ 个系数估计的样本标准差作为 Bootstrap 标准差 (Bootstrap s.e.)。

表 7-2 展示了估计的平均 Bootstrap 标准差、估计的渐近标准差和 100 次模拟的蒙特卡洛样本标准差。它们有一个共同特点: 对极端分位点估计的标准差要比中间分位点估计的标准差大。与真实系数的数量相比, 偏差可忽略不计。

表 7-2 还给出了估计的标准偏差与样本标准偏差之间的相对距离。我们注意到 Bootstrap 标准差与渐近标准差应用到我们的单指数模型能给出这是标准偏差很好的估计。然而, 在实际中我们倾向于推荐 Bootstrap 标准差, 因为渐近方差表达式涉及位置函数, 这使得估计的计算量变大。

表 7-2　例 1 的蒙特卡洛研究

τ	标准差	$\hat{\gamma}_1$	$\hat{\gamma}_2$	$\hat{\gamma}_3$	D_1	D_2
	样本标准差	0.019 80	0.023 39	0.027 99		
0.1	Bootstrap 标准差	0.019 29	0.020 32	0.024 89	0.105 68	0.093 71
	渐近标准差	0.019 90	0.019 55	0.019 37	0.227 28	0.176 39
	样本标准差	0.014 15	0.014 61	0.017 22		
0.3	Bootstrap 标准差	0.015 50	0.015 11	0.017 59	0.055 69	0.048 28
	渐近标准差	0.015 34	0.015 07	0.014 94	0.098 33	0.085 76
	样本标准差	0.013 14	0.015 29	0.016 62		
0.5	Bootstrap 标准差	0.013 86	0.013 30	0.014 69	0.109 72	0.103 18
	渐近标准差	0.014 59	0.014 33	0.014 20	0.114 04	0.107 29
	样本标准差	0.016 43	0.015 63	0.017 00		
0.7	Bootstrap 标准差	0.014 01	0.014 96	0.016 36	0.091 50	0.076 14
	渐近标准差	0.015 34	0.015 07	0.014 94	0.084 65	0.075 60
	样本标准差	0.019 51	0.022 54	0.020 82		
0.9	Bootstrap 标准差	0.019 50	0.020 68	0.019 77	0.058 73	0.046 50
	渐近标准差	0.019 90	0.019 55	0.019 37	0.091 95	0.076 79

注: 真实的 $\gamma_0 \approx (0.577\,4,\,0.577\,4,\,0.577\,4)^T$。渐近标准差 (Asym. s.e.) 与样本标准差 (MC se) 使用 (7.4.2) 中定义的 D_2 (L_2 欧几里得范数) 和 D_1 (L_1 范数) 来度量。

7.4.1.2　例 2

我们考虑一个位置刻度模型, 其中位置和尺度都依赖于共同的指标 u。当单指标 u 接近于零时, 这些分位数 "几乎都是指标线性的" (Yu & Jones, 1998)。

$$y = 10\sin(0.75u) + \sqrt{\sin u + 1}\,Z \tag{7.4.3}$$

式中: $u = \mathbf{x}^T\gamma$; $\mathbf{x} = (x_1, x_2)^T$; $\gamma_0 = (1, 2)^T/\sqrt{5}$; $x_i \overset{i.i.d.}{\sim} N(0, 0.25^2)$; $i = 1, 2$; $Z \sim N(0, 1)$; x_i 和 Z 是相互独立的。

我们从式 (7.4.3) 产生样本量为 $n = 400$ 的数据。图 7-2 展示了 100 个从单指标分位回归 ($\tau = 0.5$) 中获取的估计量。这两个蒙特卡洛估计是 $\hat{\gamma} = (0.450\,8, 0.891\,8)^T$, 其蒙特卡洛误差是 $(0.034\,7, 0.018\,0)^T$。真值 $\gamma_0 = (1, 2)^T/\sqrt{5} \approx (0.447\,2, 0.894\,4)^T$。可以看到, 单指标估计接近真值并以真值为中心。

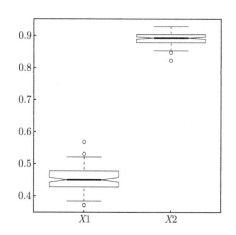

图 7-2　例 2 的单指标系数估计量的盒形图

注: 真值 $\gamma_0 \approx (0.447\,2, 0.894\,4)^T$。

7.4.1.3　例 3

分位回归不需要对误差分布进行严格假设。这里我们考虑一个对称 (指数) 分布:

$$y = 5\cos u + \exp(-u^2) + E \tag{7.4.4}$$

式中: $u = \mathbf{x}^T\gamma$; $\mathbf{x} = (x_1, x_2)^T$; $\gamma_0 = (1, 2)^T/\sqrt{5}$; $x_i \overset{i.i.d.}{\sim} N(0, 1)(i = 1, 2)$; 残差 E 从一个期望为 2 的指数分布得出; x_i 和 E 相互独立。

图 7-3 展示了当 $\tau = 0.5$ 和样本量为 $n = 400$ 时重复 100 次的单指标系数估计量的盒形图。我们可以再一次看到前面例子中类似的模式。

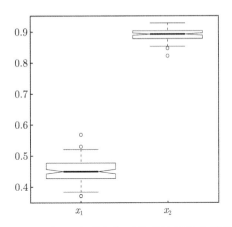

图 7-3　例 3 的单指标系数估计量的盒形图

注: 真值 $\gamma_0 \approx (0.447\ 2,\ 0.894\ 4)^T$。

7.4.2　波士顿房价数据应用

我们考虑关于波士顿住房数据的一个应用。这个数据包含了关于 14 个变量的 506 个观测值；响应变量是我们感兴趣的业主家庭的中位数值 *medv*，以 1 000 美元为单位；其他 13 个统计测量值是关于 1970 年在波士顿郊区人口普查中的 506 个人口普查区的。这个数据可以从卡耐基梅隆大学的 Statlib Library 上找到。

许多回归研究都用到了这个数据集，并且发现在 *RM*，*TAX*，*PTRATIO*，*LSTAT* (Opsomer & Ruppert，1998；Yu & Lu，2004)，*RM*，*LSTAT*，*DIS* (Chaudhuri *et al.*，1997) 及 medv 之间存在潜在关系。在这个研究中，我们首先关注如下 4 个协变量:

(1) *RM*: 每一户拥有房间的平均数量；

(2) *TAX*: 每 10 000 美元的全额财产税 (单位: 美元)；

(3) *PTRATIO*: 城镇的学生教师比率；

(4) *LSTAT*: 贫下人口的百分比。

我们根据之前的研究在 *TAX*，*LSTAT* 上做一个对数变换。把因变量围绕 0 中心化。协变量上不做处理。我们注意到因变量是删失的，并且对条件分位数进行模拟要比对均值模拟更合适。在这个研究中，每个条件分位数都用一个单指标模型进行模拟:

$$\theta_\tau(\text{medv}|RM，TAX，PTRATIO，LSTAT)$$
$$= g[\gamma_1 RM + \gamma_2 \log(TAX) + \gamma_3 PTRATIO + \gamma_4 \log(LSTAT)] \qquad (7.4.5)$$

表 7-3 给出了从不同初始值组合以及收敛准则中得到的典型估计。系数不但指明一个给定协变量对不同分位数的相对效应，而且还表明 4 个协变量关于一个特定的百分位数的相对效应。通过比较标准化系数的绝对值，对于所有百分水平而言，$\log(LSTAT)$ 似乎是最重要的协变量。尽管 RM 和 medv 的低分位之间的关系很重要，但我们仅仅在高分位上看到 RM 的边际效应。对于 $\log(TAX)$，也可以观察到一个相似的模式。但这个模式对于 $\log(LSTAT)$ 却是相反的。类似于 De Gooijer & Zerom (2003)，因为式 (7.3.1) 和式 (7.3.2) 的渐近方差公式相当复杂，所以我们建议在实际的数据应用中用 Bootstrap 来代替渐近估计。表 7-3 中的圆括号里给出了估计的 Bootstrap 标准误差，为了得到 Bootstrap 误差，10%，25%，50%，75%，90% 分位数以及它们的 95% 逐点置信区间都在图 7-4 中显示出来，并且还有 y 与估计指标的散点图。我们注意到在尾部可能有分位曲线相交，这反映了所关注地区数据的缺乏。

表 7-3   波士顿住房数据的单指标系数估计 (标准误差)

τ	RM	$\log(TAX)$	$PTRATIO$	$\log(LSTAT)$
0.10	0.338 0	−0.570 2	−0.052 7	−0.746 9
	(0.005 6)	(0.009 3)	(0.001 7)	(0.006 2)
0.25	0.336 0	−0.536 2	−0.066 9	−0.771 4
	(0.009 0)	(0.012 6)	(0.002 0)	(0.011 9)
0.50	0.368 7	−0.451 5	−0.071 8	−0.809 3
	(0.027 5)	(0.014 4)	(0.004 0)	(0.017 3)
0.75	0.240 6	−0.196 9	−0.094 6	−0.945 7
	(0.064 7)	(0.019 6)	(0.008 0)	(0.024 9)
0.90	0.077 6	−0.280 9	−0.071 4	−0.953 9
	(0.016 3)	(0.026 5)	(0.004 3)	(0.006 0)

然后我们用 3 个变量 RM，$LSTAT$ 和 DIS 来拟合另一个单指标分位模型。这 3 个协变量在 Chaudhuri *et al.* (1997) 关于平均导数分位回归 (ADE) 中使用过。

$$\theta_\tau(\text{medv}|RM, LSTAT, DIS) = g(\gamma_1 RM + \gamma_2 LSTAT + \gamma_3 DIS) \qquad (7.4.6)$$

变量 DIS 是 5 个到波士顿就业中心的加权距离。所有这 3 个协变量都进行了标准化，使得有零均值和单位方差 1。对于单指标系数的估计由表 7-4 给出。和 Chaudhuri *et al.* (1997) 中观测到的相似，与正规化系数的绝对值相比，$LSTAT$ 对于所有百分水平似乎是最重要的协变量。我们观测到在不同的分位数上，RM 和 $LSTAT$ 的效应都是稳定的，但 DIS 的效应对于不同的分位数变化却是非常剧烈的。在 Chaudhuri *et al.* (1997) 中也观测到了相似的变化模式：RM 和 $LSTAT$ 的影响在数量上以及对两个变量中的每一个都是显著的；对于不同分位数来说非常相似，但 DIS 在不同分位数上的效应可以从 −0.292 变化到 0.593 (Chaudhuri *et*

$al.$, 1997)，而我们的方法得到的变化范围是从 -0.504 到 -0.029。

为了给具体的模型 (7.4.5) 和模型 (7.4.6) 的选购对成功进行评估，我们比较了基于检验函数的 (绝对) 残差和的平均

$$R_\tau = \frac{1}{n} \sum_i \rho_\tau [y_i - \hat{\theta}_\tau(x_i)]$$

式中：$\rho_\tau(u) = |u| + (2\tau - 1)u$。

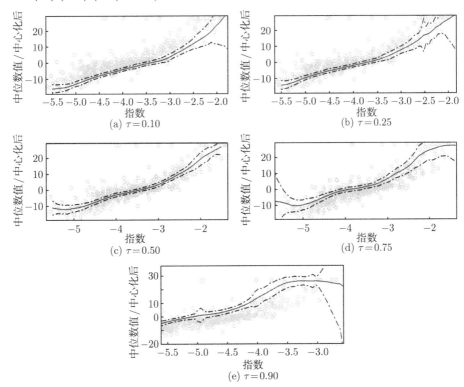

图 7-4   波士顿住房数据的分位数及其 95% 逐点的置信区间

表 7-4   波士顿住房数据中具有 Chaudhuri $et\ al.$ (1997) 中协变量的单指标系数估计

τ	RM	$LSTAT$	DIS
0.10	0.250 6	$-0.967\ 6$	$-0.029\ 2$
0.25	0.225 9	$-0.972\ 9$	$-0.049\ 9$
0.50	0.268 2	$-0.957\ 7$	$-0.104\ 3$
0.75	0.298 8	$-0.941\ 8$	$-0.154\ 0$
0.90	0.273 7	$-0.819\ 3$	$-0.503\ 8$

这与均值回归中的绝对误差 (均值绝对偏差) 和的平均是类似的，表 7-5 给出了对于 3 种不同的模型拟合由 R_τ 衡量的模型拟合优度。其中，第 2 列服从有 4 个

协变量的具体模型 (7.4.5)，第 3 列服从具有 3 个变量 (Chaudhuri *et al.*, 1997) 的模型 (7.4.6)，第 4 列对应于模型 (7.4.6) 的具体形式，但有着由 Chaudhuri *et al.* (1997) 得到的精确平均导数估计。表 7-5 表明模型 (7.4.5) 给出了最小的 ρ_τ (绝对) 残差 R_τ 平均和，除了 $\tau = 0.75$。具有所提出的单指标估计的模型 (7.4.6) 比用 Chaudhuri *et al.* (1997) 的精确平均导数估计 (ADE) 能产生更小的 ρ_τ (绝对) 残差 R_τ 和的平均。这是对于较低的分位数 $\tau = 0.10, 0.25, 0.50$，其中 DIS 系数的符号采用了不同方向。然而，对于较大的分位数 $\tau = 0.75, 0.90$ 而言，ADE 却给出了较小的 R_τ。注意到模型 (7.2.10) 使用了 4 个协变量，模型 (7.4.6) 和 ADE 使用了 3 个协变量。在这里模型复杂性度量，诸如模型自由度，没有在 R_τ 中考虑。尽管在均值回归中，对于模型拟合有不同的度量方法，但在分位数回归中，这些理论都是有局限性的。对于一个具有非对称的拉普拉斯误差分布的线性回归，Koenker & Machado (1999) 研究出了更精确的检验统计量。模型的复杂度量，例如采用非参数均值回归中的"有效自由度"这一动议，也许是未来非参数分位回归估计的研究话题。

表 7-5   波士顿住房数据中基于检验函数 (绝对) 的残差和的平均比较

τ	模型 (18)	模型 (19)	模型 (ADE)
0.10	1.102	1.228	1.559
0.25	2.105	2.229	2.696
0.50	2.845	2.874	3.042
0.75	2.577	2.490	2.430
0.90	1.749	3.320	3.126

7.5   文 献 介 绍

单指标方法是在条件均值回归里面处理高维非参数估计问题的一个有效方法 (Ichimura, 1993; Horowitz & Härdle, 1996; Horowitz, 1998; Carroll *et al.*, 1997; Yu & Ruppert, 2002; Xia & Härdle, 2006)。Chaudhuri *et al.* (1997) 指出它可以用于模拟几个重要情形下的分位数。基于估计方程，Kong & Xia (2010) 最近研究了单指标参数估计量的 Bahadur 表达式。Yu & Jones (1998) 研发了对于一元分位回归的局部线性方法。研究样条方法的有 Koenker *et al.* (1994) 和 Koenker (2005)。Stone (1977) 和 Chaudhuri (1991) 在一般的多变元背景下考虑了完全非参数分位回归。有关可加模型和偏线性模型的研究，参见 De Gooijer & Zerom (2003)，Yu & Lu (2004) 以及 Horowitz & Lee (2005)。

在本节中，主要参考了 Wu, Yu & Yu (2010)，对单指标分位回归模型的估计、推断和应用提供了一个全局的处理，提出了一个局部线性估计方法以及一些算法，给出了估计量的渐近性质，展示了模拟例子和真实数据应用。

第8章 分位自回归模拟

8.1 引　言

常系数线性时间序列模型在统计中发挥了极其成功的作用，因此各种形式的随机系数时间序列模型逐渐出现，成为某些特定应用领域中有力的竞争者。尽管无法立即看出，但是后一类模型的一个变体就是线性分位回归模型。该模型在理论研究方面已有相当多的关注，用 Koenker & Bassett (1978) 提出的分位回归方法很容易进行模型估计。奇怪的是，已有的关于这个模型的理论研究都只关注更新过程为独立同分布的情况，而此情况要求自回归系数独立于特定的分位点。在本章中，我们旨在放宽这种限制并考虑线性分位自回归模型，其自回归 (斜率) 参数随分位点 $\tau \in [0，1]$ 变化而变化。我们希望这类模型能扩大对有不对称动态性与局部持续性的时间序列建模的范围。

最近相当多的研究都致力于通过引入各种一致性更新过程效应改进传统的常系数动态模型。引起这些改进的一个重要原因是将非对称性引入到模型动态性中。人们普遍承认，很多重要的经济变量可能会表现出不对称调整路径，如 Neftci (1984)，Enders & Granger (1998)。公司更倾向于提高而不是降低价格的现象是许多宏观经济模型的一个重要特征。Beaudry & Koop (1993) 认为，对美国的 GDP 正向冲击要比负向冲击持久，这表明在更新过程的不同分位点上存在非对称的商业周期动态。此外，虽然人们普遍认为产出波动是持续的，但是从长期来看，其结果并没有那么持续 (Beaudry & Koop，1993)。这提示有某种形式的"局部持续性"(Delong & Summers，1986；Hamilton，1989；Evans & Wachtel，1993；Bradley & Jansen，1997；Hess & Iwata，1997；Kuan & Huang，2001)。与此相关的阈值自回归 (TAR) 模型也有越来越多的研究文献 (Balke & Fomby，1997；Tsay，1997；Gonzalez & Gonzalo，1998；Hansen，2000；Caner & Hansen，2001)。

我们相信分位回归方法能够提供另一条途径来研究时间序列的非对称动态性和局部持续性。我们提出一个新的分位自回归模型 (QAR)，其中自回归系数在更新过程的不同分位点上可以取不同的值。我们证明了该模型的某些形式可以表现出类似单位根趋势或者暂时的激发行为，而不是偶尔的均值恢复情形足以保证平稳性。该模型导致对时间序列的新假设和推断工具。

8.2   模   型

现已有大量处理线性分位自回归模型的理论文献，包括 Weiss (1987)，Knight (1989)，Koul & Saleh (1995)，Koul & Mukherjee (1994)，Hercé(1996)，Hasan & Koenker (1997) 及 Hallin & Jurečková (1999) 等工作。在该模型中，关于响应变量 y_t 的条件 τ 分位函数能够表示为一个关于响应变量滞后值的线性函数。在此，我们希望研究更一般的 QAR 型的估计与推断。在该类模型中，所有的自回归系数允许与 τ 有关，因此它能改变条件密度的位置、规模与形状。

8.2.1   模型界定

令 $\{U_t\}$ 为独立同分布的标准均匀随机变量序列，现考虑 p 阶自回归过程

$$y_t = \theta_0(U_t) + \theta_1(U_t)y_{t-1} + \cdots + \theta_p(U_t)y_{t-p} \tag{8.2.1}$$

式中：θ_j 为我们想要估计的未知函数，满足 $[0,\,1] \to \mathbb{R}$。

假若式 (8.2.1) 的右边关于 U_t 单调递增，那么 y_t 的条件 τ 分位函数可写为

$$Q_{y_t}(\tau \mid y_{t-1},\,\cdots,\,y_{t-p}) = \theta_0(\tau) + \theta_1(\tau)y_{t-1} + \cdots + \theta_p(\tau)y_{t-p} \tag{8.2.2}$$

或者，可写为更简洁的形式

$$Q_{y_t}(\tau \mid \mathcal{F}_{t-1}) = \mathbf{x}_t^\top \theta(\tau) \tag{8.2.3}$$

式中：$\mathbf{x}_t = (1,\,y_{t-1},\,\cdots,\,y_{t-p})^\top$；$\mathcal{F}_t$ 为由 $\{y_s,\,s \leqslant t\}$ 生成的 σ 域。

式 (8.2.1) 到式 (8.2.2) 的变换是以下事实的直接结果，即任何单调递增函数 g 与标准均匀随机变量 U，有

$$Q_{g(U)}(\tau) = g[Q_U(\tau)] = g(\tau)$$

式中：$Q_U(\tau) = \tau$ 为 U 的分位函数。

在上述模型中，这些自回归系数可能依赖于 τ，因此系数可随分位数变化。条件变量不仅使 y_t 分布函数的位置发生漂移，而且可能改变其条件分布的刻度与形状。我们称这个模型为 QAR(p) 模型。

我们认为 QAR 模型在扩大经典平稳线性时间序列模型与它们的单位根模型建模领域中起到了重要的作用。为了在 QAR(1) 中说明这一点，考虑模型

$$Q_{y_t}(\tau \mid \mathcal{F}_{t-1}) = \theta_0(\tau) + \theta_1(\tau)y_{t-1} \tag{8.2.4}$$

式中: 对于 $\gamma_0 \in (0, 1)$ 与 $\gamma_1 > 0$, 有 $\theta_0(\tau) = \sigma\Phi^{-1}(\tau)$, $\theta_1(\tau) = \min\{\gamma_0 + \gamma_1\tau, 1\}$. 在该模型中, 如果 $U_t > (1 - \gamma_0)/\gamma_1$, 那么模型会根据标准高斯单位根模型产生 y_t. 但是对于较小的 U_t, 我们就有均值回归的趋势, 较强的正更新序列倾向于加强它的类似单位根的行为, 而偶然的实现值序列会诱导均值回归, 因此削弱了该过程的持续性, 故模型在以上意义下表现出一种非对称持续性。经典的高斯 AR(1) 模型可通过令 $\theta_1(\tau)$ 为常数获得。

式 (8.2.4) 表明该模型可被解释为某种特殊形式的随机系数自回归 (RCAR) 模型。这些模型自然产生于许多时间序列应用中。关于 RCAR 模型作用的讨论出现在 Nicholls & Quinn (1982), Tjestheim (1986), Pourahmadi (1986), Brandt (1986), Karlsen (1990), Tong (1990) 等文献中。在很多关于 RCAR 模型的文献中, 其自回归系数被假定为相互随机独立的。与此相反的是, QAR 模型的系数是函数相关的。

条件分位函数单调性的要求使得在 θ 函数的形式上需强加一些限制。这种限制本质上是要求函数 $Q_{y_t}(\tau \mid y_{t-1}, \cdots, y_{t-p})$ 在某些关于 $(y_{t-1}, \cdots, y_{t-p})$ 的某些相关域 Υ 上关于 τ 单调。QAR 随机系数模型 (8.2.1) 与条件分位函数模型 (8.2.2) 之间的对应关系预先假定了后者关于 τ 单调。如果在域 Υ 中满足这种单调性, 那么模型 (8.2.1) 可被认为是从 QAR 模型 (8.2.2) 产生随机数的一种有效机制。当然, 即使不满足这种单调性, 模型 (8.2.1) 也可被认为是一种有效的数据生成机制。但是, 这种与严格的线性条件分位模型的连接不再是有效的。在某些单调性被破坏的点上, 对应于式 (8.2.1) 所述模型的条件分位函数有线性 "扭结"。试图用线性界定方法去拟合这些分段线性模型是在冒险, 我们将在 8.4 节回到该问题的讨论。在下一节中, 我们将简单地描述 QAR 模型的一些基本特征。

8.2.2 分位自回归过程的性质

QAR(p) 模型 (8.2.1) 可按更传统的随机系数模型形式表示

$$y_t = \mu_0 + \alpha_{1,\, t}y_{t-1} + \cdots + \alpha_{p,\, t}y_{t-p} + u_t \tag{8.2.5}$$

式中: $\mu_0 = E\theta_0(U_t)$; $u_t = \theta_0(U_t) - \mu_0$; $\alpha_{j,\, t} = \theta_j(U_t)(j = 1, \cdots, p)$.

故 $\{u_t\}$ 是分布函数为 $F(\cdot) = \theta_0^{-1}(\cdot + \mu_0)$ 的独立同分布随机变量序列, 这些系数 $\alpha_{j,\, t}$ 是关于更新随机变量 u_t 的函数。QAR(p) 过程 (8.2.5) 可表示为 1 阶 p 维向量自回归过程,

$$\boldsymbol{Y}_t = \boldsymbol{\Gamma} + \boldsymbol{A}_t\boldsymbol{Y}_{t-1} + \boldsymbol{V}_t$$

其中

$$\boldsymbol{\Gamma} = \left[\begin{array}{c} \mu_0 \\ \boldsymbol{0}_{p-1} \end{array} \right], \qquad \boldsymbol{A}_t = \left[\begin{array}{cc} \boldsymbol{A}_{p-1,\, t} & \alpha_{p,\, t} \\ \boldsymbol{I}_{p-1} & \boldsymbol{0}_{p-1} \end{array} \right], \qquad \boldsymbol{V}_t = \left[\begin{array}{c} u_t \\ \boldsymbol{0}_{p-1} \end{array} \right]$$

式中：$\boldsymbol{A}_{p-1,\ t}=[\alpha_{1,\ t},\ \cdots,\ \alpha_{p-1,\ t}]$；$\boldsymbol{Y}_t=[y_t,\ \cdots,\ y_{t-p+1}]^\top$；$\boldsymbol{O}_{p-1}$ 为 $p-1$ 维的零向量。

为了使上述的讨论成形且便于以后的渐近分析，我们引入以下条件：

1. $\{u_t\}$ 是均值为 0、方差为 $\sigma^2 < \infty$ 的独立同分布随机变量。u_t 的分布函数 F 有连续的密度函数 f，且在集合 $\mathbf{U} = \{u : 0 < F(u) < 1\}$ 上有 $f(u) > 0$。

2. 令 $E(\boldsymbol{A}_t \otimes \boldsymbol{A}_t) = \boldsymbol{\Omega}_A$；$\boldsymbol{\Omega}_A$ 的特征值的模小于 1。

3. 记条件分布函数 $\Pr[y_t < \cdot \mid \mathcal{F}_{t-1}]$ 为 $F_{t-1}(\cdot)$，其导数为 $f_{t-1}(\cdot)$；f_{t-1} 在集合 $\mathbf{U}$ 上一致可积。

定理 8.2.1　在假设 1 与 2 的条件下，由式 (8.2.5) 给出的时间序列 y_t 是协方差平稳的，且满足中心极限定理

$$\frac{1}{\sqrt{n}} \sum_{t=1}^n (y_t - \mu_y) \Rightarrow N(0,\ \omega_y^2)$$

式中：$\mu_y = \mu_0 / \left(1 - \sum_{j=1}^p \mu_j\right)$；$\omega_y^2 = \lim n^{-1} E\left[\sum_{t=1}^n (y_t - \mu_y)\right]^2$；$\mu_j = E(\alpha_{j,\ t})$ $(j = 1,\ \cdots,\ p)$。

为了说明 QAR 过程的一些重要特征，我们考虑最简单的情况，即 QAR(1) 过程，

$$y_t = \alpha_t y_{t-1} + u_t \tag{8.2.6}$$

式中：$\alpha_t = \theta_1(U_t)$；$u_t = \theta_0(U_t)$。

对应于过程 (8.2.4)，其性质通过如下推论进行了总结。

推论 8.2.1　如果 y_t 由式 (8.2.6) 决定，且 $\omega_\alpha^2 = E(\alpha_t)^2 < 1$，那么，在假设 1 下，$y_t$ 是协方差平稳的，且满足中心极限定理

$$\frac{1}{\sqrt{n}} \sum_{t=1}^n y_t \Rightarrow N(0,\ \omega_y^2)$$

式中：$\omega_y^2 = \sigma^2 (1 + \mu_\alpha) / [(1 - \mu_\alpha)(1 - \omega_\alpha^2)]$；$\mu_\alpha = E(\alpha_t) < 1$。

在 8.2.1 节给出的例子中，$\alpha_t = \theta_1(U_t) = \min\{\gamma_0 + \gamma_1 U_t,\ 1\} \leqslant 1$ 且 $\Pr(|\alpha_t| < 1) > 0$，若推论 8.2.1 成立，那么 y_t 过程全局平稳，但是在某些类型的冲击下 (在例子中为正冲击) 仍表现出局部 (且非对称) 持续性。推论 8.2.1 也表明即使在某些分位范围内有 $\alpha_t > 1$，只要有 $\omega_\alpha^2 = E(\alpha_t)^2 < 1$ 成立，从长期来看 y_t 仍然是协方差平稳的。

在推论 8.2.1 的假设下，在式 (8.2.6) 不断地进行循环替换，我们可以得到

$$y_t = \sum_{j=0}^\infty \beta_{t,\ j} u_{t-j} \tag{8.2.7}$$

是式 (8.2.6) 的一个平稳的 $\mathcal{F}_t$- 可测解。式中：$\beta_{t,\,0} = 1$；$\beta_{t,\,j} = \prod\limits_{i=0}^{j-i} \alpha_{t-i}(j \geqslant 1)$。此外，如果 $\sum\limits_{j=0}^{\infty} \beta_{t,\,j} v_{t-j}$ 在 L^p 内收敛，那么 y_t 有 p 阶有限矩。式 (8.2.6) 的 $\mathcal{F}_t$ 可测解给出了表示 y_t 的双随机过程 $MA(\infty)$。特别是，y_t 对冲击 u_{t-j} 的脉冲响应是随机的，且由 $\beta_{t,\,j}$ 给出。另一方面，虽然 QAR 过程的脉冲响应是随机的，但是当 $j \to \infty$ 时，它按均方收敛 (到 0)，因此也是以概率收敛的，故证实了 y_t 的平稳性。如果我们记 y_t 的自协方差函数为 $\gamma_y(h)$，那么很容易证得 $\gamma_y(h) = \mu_\alpha^{|h|} \sigma_y^2$。其中，$\sigma_y^2 = \sigma^2/(1 - \omega_\alpha^2)$。

注：与 QAR(1) 过程 y_t 相比，如果我们考虑传统的 AR(1) 过程，其自回归系数为 μ_α，并记相应的过程为 $\underline{y}_t$，则 y_t 的长期方差 (记为 ω_y^2) 比 $\underline{y}_t$ 的长期方差大，这正如所期望的一样。QAR 过程 y_t 的附加方差来源于 α_t 的扰动。事实上，ω_y^2 能分解为 $\underline{y}_t$ 的长期方差与由 α_t 的方差决定的附加项之和。

$$\omega_y^2 = \underline{\omega}_y^2 + \frac{\sigma^2}{(1 - \mu_\alpha)^2(1 - \omega_\alpha^2)} \mathrm{var}(\alpha_t)$$

式中：$\underline{\omega}_y^2 = \sigma^2/(1 - \mu_\alpha)^2$ 为 $\underline{y}_t$ 的长期方差。

在接下来的两节里，我们主要考虑 QAR 模型的估计与相关推断。

8.3　　估　　计

QAR 模型 (8.2.3) 的估计涉及求解如下问题

$$\min_{\theta \in \mathbb{R}^{p+1}} \sum_{t=1}^{n} \rho_\tau(y_t - \mathbf{x}_t^\top \theta) \tag{8.3.1}$$

式中：$\rho_\tau(u) = u[\tau - I(u < 0)]$ 与 Koenker & Bassett (1978) 的一样。

解 $\widehat{\theta}(\tau)$ 被称为自回归分位数。给定 $\widehat{\theta}(\tau)$，那么在 $\mathbf{x}_t$ 条件下，y_t 的 τ 条件分位函数可用下式估计：

$$\hat{Q}_{y_t}(\tau|\mathbf{x}_t) = \mathbf{x}_t^\top \widehat{\theta}(\tau)$$

而且对于一些选择合理的 τ 序列，y_t 的条件密度函数能用下列的差商估计，

$$\hat{f}_{y_t}(\tau|\mathbf{x}_{t-1}) = \frac{\tau_i - \tau_{i-1}}{\hat{Q}_{y_t}(\tau_i|\mathbf{x}_{t-1}) - \hat{Q}_{y_t}(\tau_{i-1}|\mathbf{x}_{t-1})}$$

如果我们记 $E(y_t)$ 为 μ_y，记 $E(y_t y_{t-j})$ 为 γ_j，并令

$$\boldsymbol{\Omega}_0 = E(\mathbf{x}_t \mathbf{x}_t^\top) = \lim n^{-1} \sum_{t=1}^{n} \mathbf{x}_t \mathbf{x}_t^\top$$

那么

$$\boldsymbol{\Omega_0} = \begin{bmatrix} 1 & \mu_y^\top \\ \mu_y & \boldsymbol{\Omega_y} \end{bmatrix}$$

式中：$\mu_y = \mu_y \cdot \boldsymbol{1}_{p\times 1}$

$$\boldsymbol{\Omega_y} = \begin{bmatrix} \gamma_0 & \cdots & \gamma_{p-1} \\ \vdots & \ddots & \vdots \\ \gamma_{p-1} & \cdots & \gamma_0 \end{bmatrix}$$

在 QAR(1) 模型 (8.2.6) 的特殊情况下，$\boldsymbol{\Omega_0} = E(\mathbf{x}_t\mathbf{x}_t^\top) = \mathrm{diag}[1, \gamma_0]$，$\gamma_0 = E[y_t^2]$。令 $\boldsymbol{\Omega_1} = \lim n^{-1} \sum_{t=1}^{n} f_{t-1}[F_{t-1}^{-1}(\tau)] \times \mathbf{x}_t\mathbf{x}_t^\top$，并定义 $\sum = \boldsymbol{\Omega_1}^{-1}\boldsymbol{\Omega_0}\boldsymbol{\Omega_1}^{-1}$。那么，$\widehat{\theta}(\tau)$ 的渐近分布可用如下定理进行总结。

定理 8.3.1　在假设 1~3 下，

$$\sum\nolimits^{-1/2} \sqrt{n}[\widehat{\theta}(\tau) - \theta(\tau)] \Rightarrow \mathbf{B}_k(\tau)$$

式中：$\mathbf{B}_k(\tau)$ 为 k 维标准布朗桥；$k = p + 1$。

根据定义，对于任何固定的 τ，$\mathbf{B}_k(\tau)$ 为 $\mathcal{N}[\boldsymbol{0}, \tau(1-\tau)\boldsymbol{I}_k]$。在一些重要的常系数情况下，$\boldsymbol{\Omega_1} = f[F^{-1}(\tau)]\boldsymbol{\Omega_0}$。其中，$f(\cdot)$ 与 $F(\cdot)$ 分别为 u_t 的密度函数与分布函数。我们用下边的推论来陈述这一结果。

推论 8.3.1　在假设 1~3 下，如果系数 α_{jt} 为常数，那么

$$f[F^{-1}(\tau)]\boldsymbol{\Omega}_0^{1/2}\sqrt{n}[\widehat{\theta}(\tau) - \theta(\tau)] \Rightarrow \mathbf{B}_k(\tau)$$

该模型被广泛用于经济中的另一种形式是增广 Dickey-Fuller (ADF) 回归，

$$y_t = \mu_0 + \sigma_{0,\,t}y_{t-1} + \sum_{j=1}^{p-1}\delta_{j,\,t}\Delta y_{t-j} + u_t \tag{8.3.2}$$

其中，根据式 (8.2.5)，有

$$\delta_{0,\,t} = \sum_{s=1}^{p}\alpha_{s,\,t}$$

$$\delta_{j,\,t} = -\sum_{s=j+1}^{p}\alpha_{s,\,t} \quad (j = 1, \cdots, p-1)$$

在上述经过形式变换的模型中，与最大的自回归根对应的 $\delta_{0,\,t}$ 是一个重要的参数。令 $\mathbf{z}_t = (1, y_{t-1}, \Delta y_{t-1}, \cdots, \Delta y_{t-p+1})^\top$，我们可以将式 (8.3.2) 的分位回归对应的部分写成下式

$$Q_{y_t}(\tau|\mathcal{F}_{t-1}) = \mathbf{z}_t^\top \delta(\tau) \tag{8.3.3}$$

其中，

$$\delta(\tau) = [\alpha_0(\tau),\, \delta_0(\tau),\, \delta_1(\tau),\, \cdots,\, \delta_{p-1}(\tau)]^\top$$

分位回归估计量 $\widehat{\delta}(\tau)$ 的极限分布能够通过我们前面的分析得到。如果我们定义

$$\mathbf{J} = \begin{bmatrix} 1 & 0 & 0 & \cdots & 0 \\ 0 & 1 & 1 & \cdots & 1 \\ 0 & 0 & -1 & & -1 \\ & & & \ddots & \\ 0 & 0 & 0 & \cdots & -1 \end{bmatrix}, \qquad \Delta = \mathbf{J}\boldsymbol{\Sigma}\mathbf{J}$$

那么，在假设 1~3 下，我们有

$$\Delta^{-1/2}\sqrt{n}[\widehat{\delta}(\tau) - \delta(\tau)] \Rightarrow \mathbf{B}_k(\tau)$$

如果我们主要关注 ADF 型回归的式 (8.3.9) 中的最大自回归根 $\delta_{0,\,t}$，并且考虑在 $j = 1,\, \cdots,\, p-1$ 的情况下，$\delta_{j,\,t}$ 为常数的特殊情况，那么可得与推论 8.2.1 类似的结论。

推论 8.3.2 在假设 1~3 条件下，如果 $\delta_{j,\,t}$ 为常数 $(j = 1,\, \cdots,\, p-1)$，并且不等式 $\delta_{0,\,t} \leqslant 1$ 与 $|\delta_{0,\,t}| < 1$ 以正概率成立，那么式 (8.3.9) 给出的时间序列 y_t 是协方差平稳的且满足中心极限定理。

8.4 分位单调性

正如在其他线性分位回归中的应用一样，线性 QAR 模型应该小心翼翼地解释为对更复杂的非线性全局模型的有用的局部线性逼近。如果我们直接采用线性模型，那么很显然在某些点将会出现条件分位函数“交叉”。除非这些函数清晰平行，在该情况下我们又回到了模型的位置漂移形式。在自回归情形下，该交叉问题看上去要比普通回归应用严重得多，因为设计空间的支撑 (也就是关于出现正概率的 $\mathbf{x}_t$ 的集合) 在模型之内受限制。不过，我们仍能把之前界定的线性模型当作某些感兴趣的区域的有效局部近似。

需强调的是，被估计的条件分位函数

$$\hat{Q}_y(\tau|\mathbf{x}) = \mathbf{x}^\top \widehat{\theta}(\tau)$$

保证在均值设计点 $\mathbf{x} = \bar{\mathbf{x}}$ 是单调的，如 Bassett & Koenker (1982) 中线性分位回归模型所证明的那样。在我们关于 QAR 模型的随机系数观点之下，

$$y_t = \mathbf{x}_t^\top \theta(U_t)$$

我们将可观测到的随机变量 y_t 表示为条件协变量的线性函数。但是我们不假设向量 θ 的元素为相互独立的随机变量，反而我们采用截然相反的假设，即它们完全函数相关，且所有元素由同一个均匀随机变量驱动。如果函数 $(\theta_0, \cdots, \theta_p)$ 都单调递增，那么按照 Schmeidler (1986) 的定义，向量 α_t 的所有元素是同单调的。随机变量 X 与 Y 在一个概率空间 $(\Omega, \mathcal{A}, P)$ 是同单调的，如果在空间 $(\Omega, \mathcal{A}, P)$ 存在单调函数 g、h 和随机变量 Z，并满足 $X = g(Z)$ 与 $Y = h(Z)$ 时，情况通常是这样的，但当不满足这种单调性时，下一步怎么办？

真正重要的是，在协变量空间的某些相关范围内找到模型的线性再参数化，使其表现出同单调性。因为对于任何非奇异矩阵 $\boldsymbol{A}$，我们能够写出

$$Q_y(\tau|\mathbf{x}) = \mathbf{x}^\top \boldsymbol{A}^{-1} \boldsymbol{A}\theta(\tau)$$

我们可以选择 $p+1$ 个线性独立的设计点 $\{\mathbf{x}_s : s = 1, \cdots, p+1\}$，其中，$Q_y(\tau|\mathbf{x}_s)$ 关于 τ 单调；然后再选择矩阵 $\boldsymbol{A}$，使 $\boldsymbol{A}\mathbf{x}_s$ 是 $\mathbb{R}^{p+1}$ 的第 s 个单位基向量，我们有

$$Q_y(\tau|\mathbf{x}_s) = \gamma_s(\tau)$$

式中：$\gamma = \boldsymbol{A}\theta$。

故在所选点的凸包内，我们有模型的同单调随机系数形式。实际上，我们只是对设计点进行了简单的重新参数化，使得这 $p+1$ 个系数在被选点处是 y_t 的条件分位函数。非负同单调的随机变量之和的分位函数为它们边际分位函数之和这一事实（Denneberg，1994；Bassett，Koenker & Kordas，2004）允许我们对凸包进行内插。当然，线性外插也是可以的，但是我们必须警惕在该范围内有可能违背单调性的要求。

线性条件分位函数常被认为是协变量空间的中心范围处局部行为的近似，然而这种解释只是暂时的。更丰富的数据资源可以产生出更精确的非线性模型，该类模型在更大的范围内有效。

图 8-1 是 8.2 节中所描述的简单 QAR(1) 模型的一个实现。图中的黑色样本路径展示了由模型 (8.2.4) 生成的 1000 个观测值，模型 (8.2.4) 中 AR(1) 系数为 $\theta_1(u) = 0.85 + 0.25u$，$\theta_0(u) = \Phi^{-1}(u)$。灰色样本路径描述的是由相同的更新序列产生的随机游走过程，即与前者有相同的 $\theta_0(U_t)$，但是常数 θ_1 等于 1。很容易证明模型的 QAR(1) 形式满足 8.2.2 节中的平稳条件。尽管在序列的上尾部表现出爆炸性特点，但是我们注意到该序列看上去还是相当平稳的，至少与随机游走序列相比更平稳。在 19 个等间距的分位点处对 QAR(1) 模型进行估计，产生的截距与斜率的估计值如图 8-2 所示。

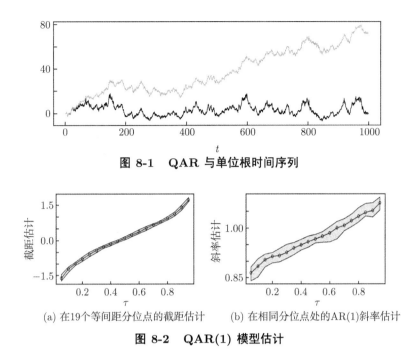

图 8-1 QAR 与单位根时间序列

(a) 在19个等间距分位点的截距估计 (b) 在相同分位点处的AR(1)斜率估计

图 8-2 QAR(1) 模型估计

注: 阴影区域是 0.90 的置信带。注意到斜率估计相当精确地再现 QAR(1) 系数的线性形式,
用以生成该数据。

图 8-3 描述了将基于 QAR(1) 模型估计出的美国短期 (3 个月) 利率的线性条
件分位函数置于 AR(1) 散点图上。这个例子的散点图清楚地说明了利率越高,其
发散程度也就越大;在低利率情况下,有几乎退化的行为。

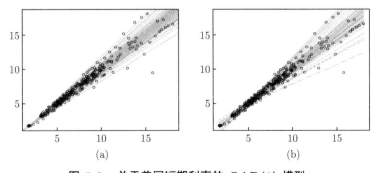

(a) (b)

图 8-3 关于美国短期利率的 QAR(1) 模型

注: 图 (a) 为美国 3 个月利率的 AR(1) 散点图与加于其上的 49 个等间距的线性条件分位函
数估计;图 (b) 增加了非线性 (二次) 成分的模型。二次成分的引入减轻了低利率在各分
位点处的非单调性。

　　图 8-3(a) 中拟合的线性分位回归直线没有任何交叉的迹象，但是当利率低于 0.04 时，拟合的分位函数违背了某些关于单调性的要求。如果用某些更复杂的非线性 (关于变量) 模型去拟合该例子中的数据，如通过引入另一个附加成分 $\theta_2(\tau)(y_{t-1}-\tau)^2 I(y_{t-1}<\delta)(\delta=8)$，我们可消除拟合的分位函数交叉的问题。图 8-4 描述了 QAR(1) 模型的拟合系数及其置信区间。该图说明了 QAR(1) 模型估计的斜率系数与模拟的例子在外观上有一些相似。在其他环境下或许要求更灵活的模型。Koenker (2000) 对墨尔本每日温度使用的 B 样条扩展 QAR(1) 模型进行了描述，这里用该模型来说明这个方法。

　　非线性 QAR 模型的统计性质与相关估计量比本节研究的线性 QAR 模型更复杂。虽然分位曲线可能交叉，但是我们相信线性 QAR 模型为非线性 QAR 模型提供了方便有用的局部逼近。这些简单的 QAR 模型仍能传递重要的关于经济时间序列的动态信息 (如调整非对称调整)，因此其在时间序列分析的实证诊断中提供了一个有用的工具。

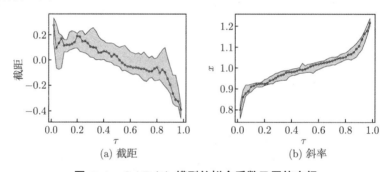

图 8-4　QAR(1) 模型的拟合系数及置信空间

注: QAR(1) 模型的 19 个等距分位函数截距 (a) 与斜率 (b) 的参数估计。注意到斜率参数，

　　如之前模拟的例子，在上尾部处有爆炸行为，但在下尾部处表现出均值回归行为。

8.5　分位自回归过程的统计推断

　　本节我们将注意力转向 QAR 模型的统计推断。虽然可以分析其他的推断问题，但是在此我们考虑下列在运用中很有价值的推断问题。第一个假设是分位回归关于 θ 的线性限制，其类似于经典的形式 $\mathrm{H}_{01}: \boldsymbol{R}\theta(\tau)=\boldsymbol{r}$。其中，$\boldsymbol{R}$ 与 $\boldsymbol{r}$ 是已知的，$\boldsymbol{R}$ 是 $q\times p$ 维矩阵，$\boldsymbol{r}$ 是 q 维向量。除了经典的推断问题，我们对 QAR 结构下的动态非对称性检验也很感兴趣。因此我们可考虑参数常数化的假设，该假设可表示为 8.2.2 的形式 $\mathrm{H}_{02}: \boldsymbol{R}\theta(\tau)=\boldsymbol{r}$。其中，$\boldsymbol{r}$ 是可估计但未知的参数。我们既考虑在某些特定分位点 (如中位数、低分位点、高分位点) 的情况，也考虑在某范围

$\tau \in \mathbf{T}$ 的情况。

8.5.1 回归 Wald 检验过程与相关检验

在线性假设 $\mathrm{H}_{01} : \boldsymbol{R}\theta(\tau) = \boldsymbol{r}$ 与假设 1°–3° 下，我们有

$$\mathbf{V}_n(\tau) = \sqrt{n}[\boldsymbol{R}\boldsymbol{\Omega}_1^{-1}\boldsymbol{\Omega}_0\boldsymbol{\Omega}_1^{-1}\boldsymbol{R}^{\top}]^{-1/2}[\boldsymbol{R}\widehat{\theta}(\tau) - \boldsymbol{r}] \Rightarrow \mathbf{B}_q(\tau) \qquad (8.5.1)$$

式中：$\mathbf{B}_q(\tau)$ 为 q 维标准布朗桥。

对任意固定的 τ，有 $\mathbf{B}_q(\tau)$ 为 $\mathcal{N}[\boldsymbol{0},\ \tau(1-\tau)\boldsymbol{I}_q]$。因此，回归 Wald 检验过程可被构造为

$$W_n(\tau) = n[\boldsymbol{R}\widehat{\theta}(\tau) - \boldsymbol{r}]^{\top}[\tau(1-\tau)\boldsymbol{R}\widehat{\boldsymbol{\Omega}}_1^{-1}\widehat{\boldsymbol{\Omega}}_0\widehat{\boldsymbol{\Omega}}_1^{-1}\boldsymbol{R}^{\top}]^{-1} \times [\boldsymbol{R}\widehat{\theta}(\tau) - \boldsymbol{r}]$$

式中：$\widehat{\boldsymbol{\Omega}}_1$ 与 $\widehat{\boldsymbol{\Omega}}_0$ 为 $\boldsymbol{\Omega}_1$ 与 $\boldsymbol{\Omega}_0$ 的相合估计量。

如果我们对在区间 $\tau \in \mathbf{T}$ 上检验 $\boldsymbol{R}\theta(\tau) = \mathbf{r}$ 感兴趣，那么我们可考虑下列的 Kolmogorov-Smirnov (KS) 型 sup-Wald 检验：

$$KSW_n = \sup_{\tau \in \mathbf{T}} W_n(\tau)$$

如果我们对某特定分位点 $\tau = \tau_0$ 处的检验 $\boldsymbol{R}\theta(\tau) = \mathbf{r}$ 感兴趣，那么我们可构造基于统计量 $W_n(\tau_0)$ 的卡方检验。极限分布在下面的定理中进行了总结。

定理 8.5.1 在假设 1°–3° 与线性限制 H_{01} 下，

$$W_n(\tau_0) \Rightarrow \chi_q^2 \quad \text{且} \quad KSW_n = \sup_{\tau \in \mathbf{T}} W_n(\tau) \Rightarrow \sup_{\tau \in \mathbf{T}} Q_q^2(\tau)$$

式中：$Q_q(\tau) = \|\mathbf{B}_q(\tau)\|/\sqrt{\tau(1-\tau)}$ 为一个 q 阶 Bessel 过程；$\|\cdot\|$ 表示欧几里得范数。

对任何固定的 τ，$Q_q^2(\tau) \sim \chi_q^2$ 是一个中心化的、自由度为 q 的卡方随机变量。

8.5.2 非对称动态性检验

其实，$\theta_j(\tau)(j = 1,\ \cdots,\ p)$ 关于 τ 为常数 [即 $\theta_j(\tau) = \mu_j$] 这一假设能够表示为 $\mathrm{H}_{02} : \boldsymbol{R}\theta(\tau) = \boldsymbol{r}$。其中，$\boldsymbol{R} = [\boldsymbol{0}_{p \times 1} : \boldsymbol{I}_p]$ 与 $\boldsymbol{r} = [\mu_1,\ \cdots,\ \mu_p]^{\top}$，这里 $\mu_1,\ \cdots,\ \mu_p$ 为未知参数。Wald 检验过程和相关的极限定理为当 $\mathbf{r}$ 已知情况时的假设 $\boldsymbol{R}\theta(\tau) = \boldsymbol{r}$ 提供了一个自然的检验。为了检验在 $\boldsymbol{r}$ 未知情况下的假设，需要 $\boldsymbol{r}$ 的一个合理估计量。在很多计量经济学应用方面，$\boldsymbol{r}$ 的 $\sqrt{n}$ 相合估计量是可得到的。如果我们看以下过程：

$$\widehat{\mathbf{V}}_n(\tau) = \sqrt{n}(\boldsymbol{R}\widehat{\boldsymbol{\Omega}}_1^{-1}\widehat{\boldsymbol{\Omega}}_0\widehat{\boldsymbol{\Omega}}_1^{-1}\boldsymbol{R}^{\top})^{-1/2}[\boldsymbol{R}\widehat{\theta}(\tau) - \widehat{\boldsymbol{r}}]$$

那么，在 H_{02} 的假设下，我们有

$$
\widehat{\mathbf{V}}_n(\tau) = \sqrt{n}(\boldsymbol{R}\widehat{\boldsymbol{\Omega}}_1^{-1}\widehat{\boldsymbol{\Omega}}_0\widehat{\boldsymbol{\Omega}}_1^{-1}\boldsymbol{R}^\top)^{-1/2}(\boldsymbol{R}\widehat{\theta}(\tau) - \boldsymbol{r}) -
$$
$$
\sqrt{n}\,[\boldsymbol{R}\widehat{\boldsymbol{\Omega}}_1^{-1}\widehat{\boldsymbol{\Omega}}_0\widehat{\boldsymbol{\Omega}}_1^{-1}\boldsymbol{R}^\top]^{-1/2}(\widehat{\boldsymbol{r}} - \boldsymbol{r}) \Rightarrow
$$
$$
\mathbf{B}_q(\tau) - f[F^{-1}(\tau)](\boldsymbol{R}\boldsymbol{\Omega}_0^{-1}\boldsymbol{R}^\top)^{-1/2}\boldsymbol{Z}
$$

式中：$\boldsymbol{Z} = \lim \sqrt{n}\,(\widehat{\boldsymbol{r}} - \boldsymbol{r})$。

为了估计 $\boldsymbol{r}$，除了需引入简单的布朗桥过程外，还需引入一个漂移部分，这使得原初的 KS 检验的非参数特征失效。

为了恢复统计推断的渐近非参数分布性质，我们使用 Khmaladze (1981) 提出的对于过程 $\widehat{\mathbf{V}}_n(\tau)$ 用鞅变换。记为 $\mathrm{d}f(x)/\mathrm{d}x$ 为 $\dot{f}$，并定义

$$
\dot{\mathbf{g}}(r) = \left\{ 1,\ (\dot{f}/f)\big[\mathbf{F}^{-1}(r)\big] \right\}^\top
$$
$$
\mathbf{C}(s) = \int_s^1 \dot{\mathbf{g}}(r)\dot{\mathbf{g}}(r)^\top \mathrm{d}r
$$

我们对 $\widehat{\mathbf{V}}_n(\tau)$ 构造鞅变换 $\mathcal{K}$，定义如下

$$
\widetilde{\mathbf{V}}_n(\tau) = \mathcal{K}\widehat{\mathbf{V}}_n(\tau)
$$
$$
= \widehat{\mathbf{V}}_n(\tau) - \int_0^\tau [\dot{\mathbf{g}}_n(s)^\top \mathbf{C}_n^{-1}(s) \int_s^1 \dot{\mathbf{g}}_n(r) d\widehat{\mathbf{V}}_n(r)]\mathrm{d}s \qquad (8.5.2)
$$

式中：$\dot{\mathbf{g}}_n(s)$ 与 $\mathbf{C}_n(s)$ 分别为 $\dot{\mathbf{g}}(r)$ 与 $\mathbf{C}(s)$ 在 $\tau \in \mathbf{T}$ 上的一致相合估计量。

并且基于该变换后的过程进行提出了下列的 KS 类型的检验

$$
KH_n = \sup_{\tau \in \mathbf{T}} \|\widetilde{\mathbf{V}}_n(\tau)\| \qquad (8.5.3)
$$

基于变换后过程的 Cramer-von Mises 类型的检验也能够按照相似的方式进行构造分析。在原假设下，变换后的过程 $\widetilde{\mathbf{V}}_n(\tau)$ 收敛至一个标准的布朗运动。更多基于鞅变换的分位回归推断的讨论，参见 Koenker & Xiao (2002) 及其相关文献。我们对这些估计量进行如下假设：

4. 存在估计量 $\dot{\mathbf{g}}_n(\tau)$，$\widehat{\boldsymbol{\Omega}}_0$ 与 $\widehat{\boldsymbol{\Omega}}_1$ 满足如下条件：① $\sup_{\tau \in \mathbf{T}} |\dot{\mathbf{g}}_n(\tau) - \dot{\mathbf{g}}(\tau)| = o_p(1)$；② $\|\widehat{\boldsymbol{\Omega}}_0 - \boldsymbol{\Omega}_0\| = o_p(1)$，$\|\widehat{\boldsymbol{\Omega}}_1 - \boldsymbol{\Omega}_1\| = o_p(1)$，$\sqrt{n}\,(\widehat{\boldsymbol{r}} - \boldsymbol{r}) = \boldsymbol{O}_p(1)$。

定理 8.5.2　在假设 1～4 与假设 H_{02} 下，

$$
\widetilde{\mathbf{V}}_n(\tau) \Rightarrow \mathbf{W}_q(\tau), \qquad KH_n = \sup_{\tau \in \mathbf{T}} \|\widetilde{\mathbf{V}}_n(\tau)\| \Rightarrow \sup_{\tau \in \mathbf{T}} \|\mathbf{W}_q(\tau)\|
$$

式中：$\mathbf{W}_q(r)$ 为 q 维标准布朗运动。

这个鞅变换是基于函数 $\dot{\mathbf{g}}(s)$ 的必需估计。已有好几种方法估计得分 $\frac{f'}{f}[F^{-1}(s)]$。Portnoy & Koenker (1989) 研究了自适应估计方法,用核光滑方法估计密度与得分函数;他们也讨论了该估计量的一致相合性。Cox (1985) 提出了用于估计 f'/f 的一种简洁的光滑样条方法。Ng (1994) 为计算得分估计量提供了一种有效的算法。对 Ω_0 可直接进行估计: $\widehat{\Omega}_0 = n^{-1}\Sigma_t \mathbf{x}_t \mathbf{x}_t^\top$。关于 $\widehat{\Omega}_1$ 的估计,参见 Koenker (1994),Powell (1989) 及 Koenker & Machado (1999) 所进行的相关讨论。

8.6 蒙 特 卡 洛

此节报告基于 QAR 模型推断过程的蒙特卡洛模拟实验。我们对表现出非对称动态性的时间序列非常感兴趣,因此考虑了 $p=1$ 的 QAR 模型,并且检验了 $\alpha_1(\tau)$ 关于 τ 为常数的假设。

该实验所用的数据是由模型 (8.2.6) 产生。其中,u_t 是独立同分布的变量。对不同的样本量 $(n=100,300)$ 与更新分布以及选择 $\mathcal{T}=[0.1,\ 0.9]$,我们考虑式 (8.5.3) 给出的 KS 检验 KH_n。本实验分别考虑了正态分布与 t 分布的更新序列,该实验重复了 1 000 次。

提出的这些检验经验水平与功效的代表性结果报告见表 8-1、表 8-2、表 8-3。我们对于 3 种选择: $\alpha_t : \alpha_t = 0.95, 0.90$ 及 0.60,报告该检验的经验水平。前两个选择 $(0.95, 0.90)$ 比较大,与 1 比较接近,因此对应的时间序列表现出了一定程度的对称持续性。对于备选假设下的模型,我们考虑 α_t 为以下 4 种选择

$$\alpha_t = \varphi_1(u_t) = \begin{cases} 1, & u_t \geqslant 0 \\ 0.8, & u_t < 0 \end{cases}$$

$$\alpha_t = \varphi_2(u_t) = \begin{cases} 0.95, & u_t \geqslant 0 \\ 0.8, & u_t < 0 \end{cases}$$

$$\alpha_t = \varphi_3(u_t) = \min[0.5 + F_u(u_t),\ 1]$$

$$\alpha_t = \varphi_4(u_t) = \min[0.75 + F_u(u_t),\ 1] \tag{8.6.1}$$

这些备选假设传递的过程表现出了不同类型的非对称 (或局部) 持续性。尤其是当 $\alpha_t = \varphi_1(u_t),\ \varphi_3(u_t),\ \varphi_4(u_t)$ 时,y_t 对正的或大的更新值表现出单位根行为,但是对负向冲击却有均值回归趋势。备选假设中 $\alpha_t = \varphi_2(u_t)$ 对出现正的更新序列有局部 (或弱的) 单位根行为,但是对负向冲击其表现得更平稳。

该检验的构造需利用密度与得分的估计量,可用 Siddiqui (1960) 的方法估计密度 (或稀疏) 函数。密度函数估计需要选择一个窗宽,可用 Hall & Sheather (1988) 与 Bofinger (1975) 以及它们的重新刻度化版本所建议的方法选择窗宽。基于对学

生化分位 (用高斯插入法) 的 Edgeworth 展开，Hall & Sheather (1988) 所建议的窗宽法则是

$$h_{HS} = n^{-1/3} z_\alpha^{2/3} \left\{ \frac{1.5\phi^2[\Phi^{-1}(t)]}{2[\Phi^{-1}(t)]^2 + 1} \right\}^{1/3}$$

表 8-1　具有高斯更新序列情形下系数 α 的常数检验的经验水平与功效

模型		$h = 3h_{HS}$	$h = h_{HS}$	$h = h_B$	$h = 0.6h_B$
水平	$\alpha_t = 0.95$	0.073	0.287	0.018	0.056
	$\alpha_t = 0.90$	0.073	0.275	0.010	0.046
	$\alpha_t = 0.60$	0.070	0.287	0.012	0.052
功效	$\alpha_t = \varphi_1(u_t)$	0.474	0.795	0.271	0.391
	$\alpha_t = \varphi_2(u_t)$	0.262	0.620	0.121	0.234
	$\alpha_t = \varphi_3(u_t)$	0.652	0.939	0.322	0.533
	$\alpha_t = \varphi_4(u_t)$	0.159	0.548	0.046	0.114

注: 关于经验水平的模型使用所标示的常系数; 用于功效比较的模型是式 (8.6.1) 中所示的模型。样本大小为 100, 实验重复次数是 1 000 次。

表 8-2　具有 $t(3)$ 更新序列情形下系数 α 的常数检验的经验水平与功效

模型		$h = 3h_{HS}$	$h = h_{HS}$	$h = h_B$	$h = 0.6h_B$
水平	$\alpha_t = 0.95$	0.086	0.339	0.011	0.059
	$\alpha_t = 0.90$	0.072	0.301	0.015	0.043
	$\alpha_t = 0.60$	0.072	0.305	0.013	0.038
功效	$\alpha_t = \varphi_1(u_t)$	0.556	0.819	0.319	0.444
	$\alpha_t = \varphi_2(u_t)$	0.348	0.671	0.174	0.279
	$\alpha_t = \varphi_3(u_t)$	0.713	0.933	0.346	0.550
	$\alpha_t = \varphi_4(u_t)$	0.284	0.685	0.061	0.162

注: 关于经验水平的模型使用所标示的常系数; 用于功效比较的模型是式 (8.6.1) 中所示的模型。样本大小为 100, 实验重复次数是 1 000 次。

式中: 对于 $1 - \alpha$ 的置信区间的构造, z_α 满足 $\Phi(z_\alpha) = 1 - \alpha/2$。

另一种窗宽选择方法是由 Bofinger (1975) 提出的，该方法是基于最小化密度估计量的均方误差，其阶数为 $n^{-1/5}$。用高斯密度插入方法，我们能得到下列被广泛使用的窗宽

$$h_B = n^{-1/5} \left\{ \frac{4.5\phi^4[\Phi^{-1}(t)]}{(2[\Phi^{-1}(t)]^2 + 1)^2} \right\}^{1/5}$$

蒙特卡洛结果表明在检验参数常数性时，Hall-Sheather 窗宽提供了一个较好的窗宽下界，Bofinger 窗宽提供了一个合理的窗宽上界。基于这个原因，我们考虑大小介于 h_{HS} 与 h_B 之间的窗宽。在蒙特卡洛实验中，我们主要考虑了重新可读化版本的窗宽 h_B 与 h_{HS}, θh_B 与 $\delta h_{HS}(0 < \theta < 1$ 与 $\delta > 1)$，并报告了代表性的

实验结果。不推荐窗宽值在整个分位区间为常数的情况。结果是利用常数窗宽的相关检验的抽样性质要劣于选用随分位点变化的 Hall-Sheather 与 Bofinger 窗宽检验的抽样性质。基于这些原因,我们主要考虑了窗宽 h_B, h_{HS}, θh_B 与 δh_{HS}。蒙特卡洛实验结果表明使用重新刻度化的 Bofinger 窗宽 ($h = 0.6h_B$) 在我们的研究例子中表现较好。

在我们的蒙特卡洛模拟中,我们选用 Portnoy & Koenker (1989) 的方法估计得分函数,并选择 Silverman (1986) 窗宽。模拟结果表明,与得分函数相比,检验更容易受密度函数估计量的影响。从直观上看,密度估计量起到了标量的作用,因此对检验有最大的影响。蒙特卡洛结果还表明 Portnoy & Koenker (1989) 的方法与 Silverman 窗宽结合后的方法有较好的性质。表 8-1 报告更新序列为高斯分布且样本大小为 $n = 100$ 情形下的经验水平与功效。

表 8-2 报告的是 u_t 为学生 t 分布 (自由度为 3) 的更新序列且样本大小 $n = 100$ 情况下的结果。表 8-2 中的结果证实了使用基于分位回归方法的功效能够在出现厚尾扰动情况下得到。这些功效的获得很显然取决于分位点的选择,在这些分位点有充分的条件密度函数。

本节也进行了基于大样本的实验。表 8-3 报告的是高斯更新序列且样本大小为 $n = 300$ 情况下检验的经验水平与功效。这些结果与表 8-1 的结果有本质上的相似性。但是该结果也表明当样本大小增加时,这些检验确实改善了检验的经验水平与功效的性质,也支持了渐近理论。

表 8-3　具有高斯更新序列情形下系数 α 的常数检验的经验水平与功效

模型		$h = 3h_{HS}$	$h = h_{HS}$	$h = h_B$	$h = 0.6h_B$
水平	$\alpha_t = 0.95$	0.081	0.191	0.028	0.049
	$\alpha_t = 0.90$	0.098	0.189	0.030	0.056
	$\alpha_t = 0.60$	0.097	0.160	0.020	0.045
功效	$\alpha_t = \varphi_1(u_t)$	0.974	0.992	0.921	0.937
	$\alpha_t = \varphi_2(u_t)$	0.831	0.923	0.685	0.763
	$\alpha_t = \varphi_3(u_t)$	0.998	1.000	0.971	0.989
	$\alpha_t = \varphi_4(u_t)$	0.557	0.897	0.235	0.392

注: 关于经验水平的模型使用所标示的常系数; 用于功效比较的模型是式 (8.6.1) 中所示的模型。样本大小为 300, 实验重复次数是 1 000 次。

8.7　实证运用

经济时间序列表现出非对称动态性。例如人们已经注意到失业率的上升比下降要急剧。如果一个经济时间序列表现出系统非对称动态性,那么需要一个合适的能包含该特征的模型。在本节中，我们将 QAR 模型用到两个经济时间序列：美国失业率与零售汽油价格。我们的实证分析表明：两个序列都表现出了非对称动态性。

8.7.1　失业率

许多关于失业率的研究表明，对扩张性或紧缩的冲击的失业率响应也是非对称的。对不同类型的冲击的非对称响应对经济政策有重要的含义。在本节中，我们用所提出的方法检验失业率的动态性。

我们考虑美国季度与年度失业率数据：经过季节调整后的季度失业率，包括从 1948 年第一季度到 2003 年最后一个季度，一共有 224 个观测值；同样也考虑了 1890~1996 年的年度数据。很多关于单位根的文献中的实证研究已经探索了失业率数据，Nelson & Plosser (1982) 在他们关于 14 个宏观经济时间序列的开创性工作中研究了美国年度失业率的单位根性质。基于单位根检验的证据提示：该序列是平稳的。这个序列以及其他类型的关于失业率的序列已经在后来的分析中被再次检验过。

我们首先将回归模型 (8.3.3) 用到失业率上。我们用 Schwarz (1978) 和 Rissanen (1978) 中的 BIC 准则选择合适的自回归滞后长度。年度数据的滞后期为 $p = 3$，季度数据的滞后期为 $p = 2$。年度数据最大自回归根的普通最小二乘估计为 0.718，而季度数据的最大自回归根估计值为 0.941。我们也对每个十分位数建立 QAR 模型，在每个分位点的最大 AR 根的估计值报告在表 8-4 中。这些估计值在不同分位点有不同的值，从而表现出了动态非对称性。

表 8-4　在失业率每个十分位点的最大 AR 根估计值

频率	$\delta_0(\tau)$								
	$\tau = 0.1$	$\tau = 0.2$	$\tau = 0.3$	$\tau = 0.4$	$\tau = 0.5$	$\tau = 0.6$	$\tau = 0.7$	$\tau = 0.8$	$\tau = 0.9$
年度	0.740	0.776	0.929	0.871	0.858	0.793	0.727	0.680	0.599
季度	0.912	0.908	0.931	0.919	0.951	0.959	0.967	0.962	0.953

然后，我们用基于 QAR 模型 (8.3.1) 的鞅变换 KS 过程 (8.5.3) 去检验动态非对称。按照蒙特卡洛模拟结果的提示，我们在估计密度函数时选择了经过重新刻度化的 Hall & Sheather (1988) 的窗宽 $3h_{HS}$ 与刻度化的 Bofinger (1975) 窗宽 $0.6h_B$。这些检验是在 $\tau \in T = [0.05, 0.95]$ 上构造的，其结果报告在表 8-5 中。实证结果表明这些序列存在非对称行为。

8.7.2　汽油零售价的动态性

我们的第二个应用探究了汽油零售市场的价格动态非对称性。我们采用的是美国日常汽油零售价格每周数据，研究的时间段为从 1990 年 8 月 20 日至 2004

年 2 月 16 日，样本大小为 699。对零假设为单位根进行的基于普通最小二乘的 ADF 检验，其检验结果比较复杂。若用基于系数的 ADF_α 检验，其统计检验量为 -17.14，但临界值为 -14.1，故应拒绝单位根这一零假设。但是若用基于 t 比率的 ADF_t 检验，其统计检验量为 -2.67，临界值为 -2.86，故不能拒绝原假设。同样，我们还是用 BIC 准则为这些检验选择滞后期，得到 $p = 4$。

表 8-5 失业率 AR 系数为常数的 Kolmogorov 检验

窗宽	$0.6h_B$	$3h_{HS}$	5%CV
年度	4.89	5.12	4.523
季度	4.46	5.36	3.393

接下来我们考虑基于 ADF 模型 (8.3.2) 的分位回归关于汽油零售价格稳定性的证据。表 8-6 报告的是在每个十分位点的最大自回归根 $\widehat{\delta}_0(\tau)$ 的估计值。这些结果表明汽油价格序列有非对称性动态性，该估计在不同分位点处取值差别较大。当从低分位点到高分位点变化时，估计 $\widehat{\delta}_0(\tau)$ 单调递增。在低分位点的 AR 系数值相对较小，说明汽油价格的局部表现是平稳的。但是，在高分位点最大的 AR 根与 1 很接近甚至稍微大于 1。因此，该序列在高分位点表现出单位根或局部爆炸的特性。

表 8-6 在汽油零售价格每个十分位点上最大的 AR 根估计

τ	0.1	0.2	0.3	0.4	0.5	0.6	0.7	0.8	0.9
$\widehat{\delta}_0(\tau)$	0.948	0.958	0.971	0.980	0.996	1.005	1.016	1.024	1.047

对汽油价格有常数自回归系数的零假设进行检验，使用的是基于 QAR (2) 与鞅变换 (8.5.2) 的 KS 方法。常系数的假设被拒绝，因为计算出的 KS 统计量 [窗宽为重新刻度化的 Bofinger (1975) 窗宽，即 $0.6h_B$] 为 8.347735 (滞后阶数 $p = 4$)，该值远远大于 5% 水平下的临界值 5.56。但是考虑到零假设下可能存在单位根，我们还考虑 (基于系数) 的经验分位过程 $U_n(\tau) = n[\widehat{\delta}_0(\tau) - 1]$ 与 KS 或者 CvM(Cramer-von Mises) 检验

$$QKS_\alpha = \sup_{\tau \in \mathbf{T}} |U_n(\tau)|, \qquad QCM = \int_{\tau \in \mathbf{T}} U_n(\tau)^2 \mathrm{d}\tau \qquad (8.7.1)$$

在单位根假设下，利用由 Koenker & Xiao (2004) 提供的单位根分位回归渐近结果，我们有

$$U_n(\tau) \Rightarrow U(\tau) = \frac{1}{f[F^{-1}(\tau)]} \left(\int_0^1 \underline{B}_y^2 \right)^{-1} \int_0^1 \underline{B}_y \mathrm{d}B_\psi^\tau \qquad (8.7.2)$$

式中：$\underline{B}_w(r)$ 与 $B_\psi^\tau(r)$ 为 $n^{-1/2} \times \sum_{t=1}^{[nr]} \Delta y_t$ 与 $n^{-1/2} \sum_{t=1}^{[nr]} \psi_\tau(u_{t\tau})$ 的极限过程。

我们采用 Koenker & Xiao (2004) 的方法并用重抽样的方法去逼近这些极限变量的分布，构造 Bootstrap 检验去检验基于式 (8.7.1) 的单位根假设。

我们对于 AR 常系数等于 1 的零假设分别考虑用 QKS_α 与 QCM_α 检验。两个检验统计量分别为 35.79、320.41，而相应的 5% 水平临界值分别为 13.22、19.72，故两个检验都坚决拒绝原假设。此处的临界值是用基于 Koenker & Xiao (2004) 描述的重抽样方法计算得到的。这些结果与表 8-6 中报告的点估计值表明汽油价格序列有非对称调整动态性，故用常系数单位根过程不能很好地刻画该序列。

8.8   文 献 介 绍

我们知道线性分位回归模型可用 Koenker & Bassett(1978) 提出的分位回归方法进行模型估计。近年来，相当多的研究集中于常系数动态模型，如 Neftci(1984)，Enders & Granger (1998)。公司更倾向于提高而不是降低价格的现象是许多宏观经济模型的一个重要特征。Beaudry & Koop (1993) 认为，对美国的 GDP 正向冲击要比负向冲击持久。这表明在更新过程的不同分位点上存在非对称的商业周期动态。此外，虽然人们普遍认为产出波动是持续的，但是从长期来看，其结果并没有那么持续 (Beaudry & Koop，1993)。这提示有某种形式的"局部持续性"(Delong & Summers，1986；Hamilton，1989；Evans & Wachtel，1993；Bradley & Jansen，1997；Hess & Iwata，1997；Kuan & Huang，2001)。与此相关的阈值自回归 (TAR) 模型也有越来越多的研究文献 (Balke & Fomby，1997；Tsay，1997；Gonzalez & Gonzalo，1998；Hansen，2000；Caner & Hansen，2001)。

本节的主要参考文献包括 Weiss (1987)，Knight (1989)，Koul & Saleh (1995)，Koul & Mukherjee (1994)，Hercé(1996)，Hasan & Koenker (1997) 以及 Hallin & Jurečková (1999) 等，特别是 Koenker & Xiao (2006) 的分位自回归。本节给出 QAR 过程的一些基本统计性质，QAR 估计量的极限分布，模型中强加的一些限制条件以及模型的统计推断，其中包括检验非对称动态性。

第9章　复合分位回归模拟

9.1　复合分位回归与模型选择

9.1.1　介绍和动机

9.1.1.1　背景

在最近几年里，为了在多元线性回归中同时选择变量以及估计系数，人们提出了很多方法。比较有名的有 NG (Breiman，1995)，Lasso (Tibshirani，1996) 和 SCAD (Fan & Li，2001)。Fan & Li (2006) 给出了变量选择方面的最新综合性回顾。

Fan & Li (2001) 引入完美的模型选择神谕概念来指导构建最优模型选择的方法。详述如下：考虑下面的线性模型

$$y = \sum_{j=1}^{p} x_j \beta_j^* + \varepsilon \tag{9.1.1}$$

不失一般性，我们中心化预测子。令 $\mathbf{A} = \{j : \beta_j^* \neq 0\}$。变量选择和系数估计的问题就等同于利用模型 (9.1.1) 中产生的 n 个独立样本，去识别未知集合 $\mathbf{A}$ 以及估计相应的系数 $\beta_{\mathbf{A}}^*$。为了理解变量选择和系数估计的最优性，Fan & Li (2001) 建议考虑 Oracle，它是知道真实子集 $\mathbf{A}$ 的。Oracle 可能只需要估计 $\beta_{\mathbf{A}}^*$，并令 $\beta_{\mathbf{A}^c}^* = 0$。这里值得强调的是，虽然 Oracle 知道了真实的子集模型，但是误差项的分布仍然未知。Fan & Li (2001) 文中考虑了 Oracle 估计量，它是用最小二乘来估计 $\beta_{\mathbf{A}}^*$ 的，我们称之为 LS-Oracle。记 $\boldsymbol{X}$ 为设计矩阵，并且假设 $\lim_{n \to \infty} \frac{1}{n} \boldsymbol{X}^T \boldsymbol{X} = \boldsymbol{C}$，其中 $\boldsymbol{C}$ 是一个 $p \times p$ 维正定矩阵。记 $\boldsymbol{C}$ 的子矩阵为 $\boldsymbol{C_{AA}}$，其行和列指标都取自于 $\mathbf{A}$。我们有

$$\sqrt{n}[\widehat{\beta}^{LS}(\text{orale})_{\mathbf{A}} - \beta_{\mathbf{A}}^*] \to_d N(0, \sigma^2 \mathbf{C_{AA}^{-1}}) \tag{9.1.2}$$

式中：σ^2 为 ε 的方差。

注意：最优"估计量"并不是一个合法的估计量，因为它利用了 $\mathbf{A}$ 的信息，而这在实际中无法得到。不过，神谕模型选择理论提供了评价变量选择和参数估计的黄金标准。根据 Fan & Li (2001)，我们称一个变量选择和参数估计的方法 η 为 LS 神谕与估计量，如果 $\widehat{\beta}(\eta)$ (渐近地) 具有下面的 Oracle 性质：

(1) 一致的选择：$Pr\{[j : \widehat{\beta}(\eta)_j \neq 0] = \mathbf{A}\} \to 1$。

(2) 有效估计量：$\sqrt{n}[\widehat{\beta}^{LS}(\eta) - \beta_{\mathbf{A}}^*] \to_d N(0,\ \sigma^2 C_{\mathbf{AA}}^{-1})$。

因此，η 和 LS-oracle 一样良好。Fan & Li (2001) 证明了 SCAD 确实达到了这些 Oracle 性质。Zou (2006) 随后证明了适应性 Lasso 也具有这些 Oracle 性质。

9.1.1.2　Oracle 问题

如果知道了误差项的分布，那么最好的估计是在知道真实的潜在稀疏模型下的最大似然估计。然而，在线性回归问题中，误差项分布 (似然函数) 通常是未知的。因此，我们只能考虑一个实际的 Oracle 方法。当噪声服从正态分布时，虽然 Fan & Li (2001) 将 (惩罚) 最小二乘处理成普通基于 (惩罚) 似然框架下的特殊形式，但是我们应该注意到 LS-oracle 模型选择理论不仅不需要误差分布具有有限方差的假设，而且不需要正态误差假设。然而，这个有限方差的假设对于基于最小二乘的 Oracle 模型选择理论是关键性的。原因很简单，如果误差项的方差是无限的，那么 $\widehat{\beta}^{LS}$(oracle) 不再是一个 $\sqrt{n}$ 相合估计量，且不可以作为变量选择和参数估计的理想方法。因此，被证明有着 Oracle 性质的估计量，像 SCAD 或者适应性 Lasso，也会失去 $\sqrt{n}$ 相合性。例如，当误差服从柯西分布时，上述情况就会出现。另一方面，模型的选择在于发现响应和预测子之间关系的稀疏结构，因此，即使当误差项方差无限时，模型选择仍然是一个合法而又有趣的问题。见 9.1.5 节中的例 9.1.11。

LS-oracle 的局限性激发我们这里的研究。我们希望找到一个可以克服 LS-oracle 崩溃的可供选择的 Oracle。当设计一个新的 Oracle 估计量时，有几个重要的考虑。我们令 $\widehat{\beta}^{new}$(oracle) 为一个新的 Oracle 估计量。首先，这个新的 Oracle 估计量应该是 $\sqrt{n}$ 相合的，且具有渐近正态性，即使当 LS-oracle 不具备这些时。其次，我们感兴趣的是当 $\sigma^2 < \infty$ 时，新的 Oracle 估计量 $\widehat{\beta}^{new}$(oracle) 关于 $\widehat{\beta}^{LS}$(oracle) 的相对有效性。因为 $\widehat{\beta}^{LS}$(oracle) 在误差项服从正态分布的情况下是完全有效的估计，所以找不到一个 Oracle 处处都比 LS-oracle 有效。但是，$\widehat{\beta}^{new}$(oracle) 相对于 $\widehat{\beta}^{LS}$(oracle) 的相对有效性最好是有一个下界。这将阻止即使在最坏的情况下统计有效性的损失。此外，我们希望看到对于经常用到的非正态误差项分布，$\widehat{\beta}^{new}$(oracle) 比 $\widehat{\beta}^{LS}$(oracle) 显著有效得多。最后，这个 Oracle 估计量在下面的意义下可以得到，即我们有一个估计方法能够模仿 $\widehat{\beta}^{new}$(oracle)，就像 SCAD 模仿 $\widehat{\beta}^{LS}$(oracle) 那样。

要找到满足上面所有性质的最优估计量并不是微不足道的工作。譬如，最小绝对值回归是最小二乘的一个明显替代。甚至对于柯西分布误差，最小绝对值回归估计量仍然具有渐近正态性。这个由最小绝对值回归得到的 Oracle 估计量也可以由 SCAD 得到 (Fan & Li, 2001)。然而，最小绝对值回归的相关效率与最小二乘相比可以任意小。因此，我们认为它不是对最小二乘的一个安全替代。

9.1.2 复合分位回归

为了激发 CQR, 让我们首先简要回顾一下分位回归方法 (Koenker, 2005)。注意: $y|\mathbf{x}$ 的 $100\tau\%$ 条件分位数是

$$\sum_{j=1}^{p} x_{ij}\beta_j^* + b_\tau^*$$

式中: b_τ^* 为 ε 的 $100\tau\%$ 分位数。

我们将假定 ε 的密度函数处处非零。因此, b_τ^* 对于任何 $0 < \tau < 1$ 有唯一定义。分位回归估计 β^* 通过解下式可以得到

$$(\hat{b}_\tau, \ \widehat{\beta}^{\mathrm{QR}_\tau}) = \arg\min_{b, \ \beta} \sum_{i=1}^{n} \rho_\tau(y_i - b - \sum_{i=1}^{p} x_{ij}\beta_j) \tag{9.1.3}$$

式中: $\rho_\tau(t) = \tau t_+ + (1-\tau)t_-$ 为所谓的检验方程, 此处符号 "+" 和 "−" 分别代表正数和负数部分。

分位回归在各种领域有着广泛的应用, 比如经济 (Koenker & Hallock, 2001) 和生存分析 (Koenker & Geling, 2001) 以及其他情况。众所周知, 在比较弱的正则条件下 (Koenker, 2005), 有下式

$$\sqrt{n}(\widehat{\beta}^{\mathrm{QR}_\tau} - \beta^*) \to_d N\left[0, \ \frac{\tau(1-\tau)}{f^2(b_\tau^*)}\mathbf{C}^{-1}\right] \tag{9.1.4}$$

分位回归比最小二乘估计更加有效。如果 ε 满足双指数分布, 那么 $\widehat{\beta}^{\mathrm{QR}_{0.5}}$ 是最有效的估计量。与 LS 估计量相反, $\widehat{\beta}^{\mathrm{QR}_\tau}$ 不需要在条件 $\sigma^2 < \infty$ 下得到 $\sqrt{n}$ 相合性和渐近正态性。但是, 分位回归估计量相对于 LS 估计量的相对效率可以任意小。

为了进一步改进通常的分位回归, 我们提出了同时考虑多元分位回归模型。注意到回归系数在不同的分位回归模型中都是一样的。我们将结合不同分位点上的回归模型的力量, 推导出满足前面介绍的性质的好估计量。

记 $0 < \tau_1 < \tau_2 < \cdots < \tau_K < 1$, 我们考虑估计 β^* 如下

$$(\hat{b}_1, \ \cdots, \ \hat{b}_K, \ \widehat{\beta}^{\mathrm{CQR}}) = \arg\min_{b_1, \ \cdots, \ b_k, \ \beta} \sum_{k=1}^{K}\left[\sum_{i=1}^{n}\rho_{\tau_k}(y_i - b_k - x_i^T\beta)\right] \tag{9.1.5}$$

我们称之为复合分位回归, 式 (9.1.5) 中的目标函数是来自不同分位回归模型的目标函数的混合。我们使用等间隔的分位数: $\tau_k = \dfrac{k}{K+1}(k = 1, \ 2, \ \cdots, \ K)$。

现在建立 $\widehat{\beta}^{\mathrm{CQR}}$ 的渐近正态性。下面两个条件在剩下的讨论中假设都成立:

1. 存在有一个 $p \times p$ 的正定矩阵 C, 使得

$$\lim_{n\to\infty} \frac{1}{n}\mathbf{X}^T\mathbf{X} = C$$

2. ε 有累积分布函数 $F(\cdot)$ 和密度函数 $f(\cdot)$。对于每个 p 维向量 u,

$$\lim_{n\to\infty} \sum_{i=1}^{n} \int_{0}^{u_0+\mathbf{x}_i^T \mathbf{u}} \sqrt{n}[F(a+t/\sqrt{n}) - F(a)]\mathrm{d}t$$

$$= \frac{1}{2} f(a)(u_0, \mathbf{u}^T) \begin{bmatrix} 1 & 0 \\ 0 & C \end{bmatrix} (u_0, \mathbf{u}^T)^T \qquad (9.1.6)$$

条件 1~2 和单分位回归 (Koenker, 2005) 中建立渐近正态的条件基本一样。在这些条件下, 我们有下面 CQR 估计的结果:

定理 9.1.1 (极限分布) 在正则条件 1 和 2 下, $\sqrt{n}(\widehat{\beta}^{\mathrm{CQR}} - \beta^*)$ 的极限分布是 $N(0, \boldsymbol{\Sigma}_{CQR})$, 其中

$$\sum\nolimits_{\mathrm{CQR}} = C^{-1} \frac{\displaystyle\sum_{k, \, k'=1}^{K} \min(\tau_k, \, \tau_{k'})[1 - \max(\tau_k, \, \tau_{k'})]}{\left(\displaystyle\sum_{k=1}^{K} f(b_{\tau_k}^*)\right)^2}$$

9.1.3 渐近相对有效性

在本节中, 我们研究 CQR 关于最小二乘的渐近相对有效性 (ARE)。同样的结论可以应用到计算 CQR-oracle 关于 LS-oracle 的相对有效性。

注意到当 $\sigma^2 < \infty$ 时, 最小二乘的渐近方差是 $\sigma^2 C^{-1}$。因此, CQR 关于最小二乘的 ARE 为

$$\mathrm{ARE}(\tau_1, \, \cdots, \, \tau_K, \, f) = \frac{\sigma^2 \left[\displaystyle\sum_{k=1}^{K} f(b_{\tau_k}^*)\right]^2}{\displaystyle\sum_{k, \, k'=1}^{K} \min(\tau_k, \, \tau_{k'})[1 - \max(\tau_k, \, \tau_{k'})]} \qquad (9.1.7)$$

我们定义 CQR-oracle 估计量如下:

$$[\hat{b}_1, \, \cdots, \, \hat{b}_K, \, \widehat{\beta}^{\mathrm{CQR}}(\mathrm{oracle})_{\mathbf{A}}] = \arg \min_{\substack{b_1, \, \cdots, \, b_k, \, \beta}} \sum_{k=1}^{K} \left[\sum_{i=1}^{n} \rho_{\tau_k}\left(y_i - b - \sum_{j=1}^{q} x_{ij}\beta_j\right)\right] \qquad (9.1.8)$$

式中: $\widehat{\beta}^{\mathrm{CQR}}(\mathrm{oracle})_{\mathbf{A}^c} = 0$。

通过定理 9.1.1, 我们有

$$\sqrt{n}[\widehat{\beta}^{\mathrm{CQR}}(\mathrm{oracle})_{\mathbf{A}} - \beta_{\mathbf{A}}^*] \to_d N(0, \boldsymbol{\Sigma}_{CQRoracle}) \qquad (9.1.9)$$

此处

$$\mathbf{\Sigma}_{\mathrm{CQRoracle}} = \mathbf{C}_{\mathbf{AA}}^{-1} \frac{\displaystyle\sum_{k,\,k'=1}^{K} \min(\tau_k,\,\tau_{k'})[1 - \max(\tau_k,\,\tau_{k'})]}{\left[\displaystyle\sum_{k=1}^{K} f(b_{\tau_k}^*)\right]^2}$$

对于 LS-oracle，我们有

$$\sqrt{n}[\widehat{\beta}^{\mathrm{LS}}(\mathrm{oracle})_{\mathbf{A}} - \beta_{\mathbf{A}}^*] \to_d N(0,\,\sigma^2 \mathbf{C}_{\mathbf{AA}}^{-1}) \tag{9.1.10}$$

因此，CQR-oracle 关于 LS-oracle 的相关效率 (ARE) 等同于式 (9.1.7) 中给出的 $\mathrm{ARE}(\tau_1,\,\cdots,\,\tau_K,\,f)$。

取 $\tau_k = \dfrac{1}{K+1}$，且记 $\mathrm{ARE}(K,\,f) = \mathrm{ARE}(\tau_1,\,\cdots,\,\tau_K,\,\sigma^2,\,f)$。可以证明当 K 趋于无穷的时候，$\mathrm{ARE}(K,\,f)$ 收敛到一个极限，记为 $\delta(f)$。下面的定理给出了 $\delta(f)$ 的显式表达式，并且提供了 $\delta(f)$ 的一个广泛的下界。

定理 9.1.2 广泛的下界。

$$\lim_{K\to\infty} \frac{\displaystyle\sum_{k,\,k'=1}^{K} \min(\tau_k,\,\tau_{k'})[1 - \max(\tau_k,\,\tau_{k'})]}{\left[\displaystyle\sum_{k=1}^{K} f(b_{\tau_k}^*)\right]^2} = \frac{1}{12\{E_\varepsilon[f(\varepsilon)]\}^2}$$

以及

$$\delta(f) \equiv \lim_{K\to\infty} \mathrm{ARE}(K,\,f) = 12\sigma^2\{E_\varepsilon[f(\varepsilon)]\}^2$$

记满足条件 2 且具有有限方差的所有密度函数的集合为 $\mathbf{F}$。我们有

$$\inf_{f\in\mathbf{F}} \delta(f) > \frac{6}{\mathrm{e}\pi} = 0.7026$$

虽然 $\delta(f)$ 显然依赖于 σ^2，但是它实际上是刻度不变的。应该指出，上面给出的下界 70.26% 是保守的。对于实际中常用的误差项分布，δ 常常比下界大。下界是十分有用的性质，能防止在用 CQR 估计量替代 LS 估计量时有效性的严重损失。即便在最坏的情况下，有效性的潜在损失也小于 30%。同时，如果误差项服从如下所示几种类型的分布，那么 CQR 在有效性方面和 LS 估计量相比有很大的收获。

现在我们用一些常用的分布来计算。

例 9.1.1 (正态分布)　假设误差项密度函数是 $f(\varepsilon) = \dfrac{1}{\sqrt{2\pi}} e^{-\frac{\varepsilon^2}{2}}$，那么最小二乘是最有效的。我们计算

$$E_\varepsilon[f(\varepsilon)] = \int_{-\infty}^{\infty} \frac{1}{2\pi} e^{-\varepsilon^2} \mathrm{d}\varepsilon = \frac{1}{2\sqrt{\pi}}$$

因此，$\delta = \dfrac{3}{\pi} = 0.955$。换句话说，在这个例子中，CQR 和最小二乘几乎一样有效。

例 9.1.2 (双指数分布)　密度函数为 $f(\varepsilon) = \dfrac{1}{2} e^{-|\varepsilon|}$。我们计算

$$E_\varepsilon[f(\varepsilon)] = \int_{-\infty}^{\infty} \frac{1}{4} e^{-2|\varepsilon|} \mathrm{d}\varepsilon = \frac{1}{4}$$

误差项的方差为 2。因此，定理 3.1 表明 $\delta = 2 \times 12 \times \dfrac{1}{16} = 1.5$。

例 9.1.3 (Logistic 分布)　Logistic 分布的密度函数是 $f(\varepsilon) = \dfrac{\mathrm{e}^\varepsilon}{(\mathrm{e}^\varepsilon + 1)^2}$。我们计算

$$E_\varepsilon[f(\varepsilon)] = \int_{-\infty}^{\infty} \frac{\mathrm{e}^{2\varepsilon}}{(\mathrm{e}^\varepsilon + 1)^4} \mathrm{d}\varepsilon = \int_{-\infty}^{\infty} \frac{s}{(1+s)^4} \mathrm{d}s = \frac{1}{6}$$

根据定理 9.1.2，我们知道

$$\lim_{K \to \infty} \boldsymbol{\Sigma}_{\mathrm{CQR}} = 3\mathbf{C}^{-1}$$

另一方面，Logistic 分布的 Fisher 信息是 $1/3$。因此如果误差项服从 Logistic 分布，CQR 可以渐近得到信息界。再者，Logistic 分布的方差为 $\dfrac{\pi^2}{3}$。因此，相对有效性是 $\dfrac{\pi^2}{3} \times 12 \times \dfrac{1}{36} = \dfrac{\pi^2}{9} = 1.097$。

例 9.1.4 (t 分布)　我们考虑 t 分布，它经常用来模拟厚尾分布的误差项。

推论 9.1.1　对于具有自由度为 $\nu > 2$ 的 t 分布，有 $\delta = \dfrac{12}{\pi} \dfrac{1}{\nu - 2} \left[\dfrac{\Gamma\left(\dfrac{\nu+1}{2}\right)}{\Gamma\left(\dfrac{\nu}{2}\right)} \right]^4$

$\left[\dfrac{\Gamma\left(\nu + \dfrac{1}{2}\right)}{\Gamma(\nu+1)} \right]^2$。对于 $\nu = 3$，$\delta = 1.9$，从图 9-1(a) 我们可以得到：对于小的自由度的相对有效性比 1 大；对于较大的自由度，相对有效性则很接近于 0.955。这一结果和预期中一样，因为 t 分布当 $\nu \to \infty$ 时趋于正态。

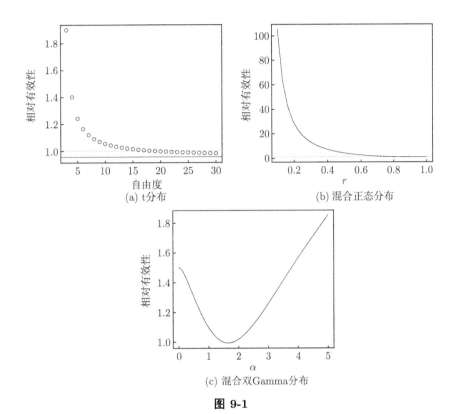

图 9-1

注: (a) 相对有效性 δ 是 t 分布的自由度的函数。虚的水平线表明 $\delta = 1$, 而实线表示 $\delta = 0.955$; (b) 相对有效性 δ 是混合正态分布中 r 的函数, 图中的水平线表明 $\delta = 1$; (c) 相对有效性 δ 是混合双 Gamma 分布中 α 的函数。

例 9.1.5 (两个正态分布的混合) 我们已经看到, 对于正态分布误差, δ 为 0.955。说明我们可以通过细微的扰动正态分布, 让 δ 变得任意大, 同时保持误差方差有界。

推论 9.1.2 假设误差项服从混合正态分布

$$\varepsilon \sim (1-r)N(0,\ 1) + rN(0,\ r^6) \quad (0 < r < 6)$$

从而

$$\delta = \frac{3}{\pi}\left[(1-r)^2 + \frac{1}{r} + \frac{2\sqrt{2}r(1-r)}{\sqrt{1+r^6}}\right]^2 (1 - r - r^7)$$

在图 9-1(b) 中可以看到 δ 作为 r 的函数的曲线。当 r 接近于 0 时, 误差方差接近于 1, 但是 $\delta \approx \frac{3}{\pi}\left(1 + \frac{1}{r}\right)^2 \to \infty$。

例 9.1.6 (两个双 Gamma 分布的混合)　如果 $f(\varepsilon) = \dfrac{1}{2}\dfrac{1}{\Gamma(\alpha+1)}|\varepsilon|^{\alpha}e^{-|\varepsilon|}$，则 ε 服从参数为 α 的双 Gamma 分布。双指数分布是双 Gamma 分布的特殊形式，只要令 $\alpha = 0$。

推论 9.1.3　考虑双 Gamma 分布的混合如下

$$\varepsilon \sim e^{-\alpha}\frac{1}{2}e^{-|\varepsilon|} + (1-e^{-a})\frac{1}{\Gamma(\alpha+1)}\varepsilon^{\alpha}e^{-|\varepsilon|}$$

式中：$\alpha \geqslant 0$。

于是，

$$\delta = 12[2e^{-\alpha} + (1-e^{-\alpha})(\alpha+1)(\alpha+2)]\times$$

$$\left[\frac{e^{-2\alpha}}{4} + \frac{e^{-\alpha}(1-e^{-\alpha})}{2^{\alpha+1}} + \frac{(1-e^{-\alpha})^2\Gamma(2\alpha+1)}{4^{\alpha+1}\Gamma^2(\alpha+1)}\right]^2$$

利用 Stirling 公式 (Feller，1968)，我们得到 $\dfrac{\Gamma(2\alpha+1)}{4^{\alpha+1}\Gamma^2(\alpha+1)} \approx \dfrac{1}{4\sqrt{\pi\alpha}}$。因此我们可以证明当 $\alpha \to \infty$ 时，$\delta \approx \dfrac{3}{4\pi}\alpha$。图 9-1(c) 中是 δ 作为 α 的函数的曲线。

在上面的讨论中，我们已经考虑当 $K \to \infty$ 时的相对有效性的极限。在实际生活中，我们已经发现对于合理大的 K，$\mathrm{RE}(K, f)$ 已经非常接近它的极限了。这个比率 $\dfrac{\mathrm{RE}(K, f)}{12\sigma^2\{E_\varepsilon[f(\varepsilon)]\}^2}$ 度量逼近的精度。从图 9-2 中可以看出，在所有考虑的 4 个分布中，这个比率对于 $K \geqslant 9$ 都非常接近于 1。实际中，似乎 $K = 19$ 是一个好的选择值，这等于使用了 5%，10%，15%，$\cdots$，95% 分位数。

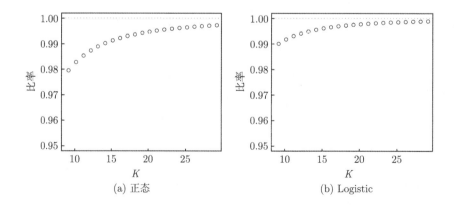

(a) 正态　　　　　　　　　　(b) Logistic

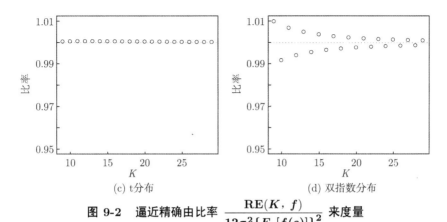

(c) t 分布　　　　　　　　　　(d) 双指数分布

图 9-2　逼近精确由比率 $\dfrac{\mathbf{RE}(K,\,f)}{12\sigma^2\{E_\varepsilon[f(\varepsilon)]\}^2}$ 来度量

注: 对于 K 取 9, 10, $\cdots$, 29 的每个值, 这个比率几乎都为 1。每个小图中的虚线都表示 1。

9.1.4　CQR-Oracular 估计量

Fan & Li (2001) 的 Oracle 模型选择的理论包含两个部分。第一部分定义了一个最佳 Oracle 估计量, 而第二部分是创建一个实用方法来得到 Oracle 的最优性质。遵循着 Fan & Li (2001), 我们说一个估计方法 ξ 是一个 CQR-oracular 估计量, 如果 $beta(\xi)$ (渐近地) 有下面两个性质

(1) 一致的选择: $Pr\{[j:\widehat{\beta}(\xi)_j\neq 0]=\mathcal{A}\}\to 1$。

(2) 有效估计量: $\sqrt{n}[\widehat{\beta}(\xi)_{\mathcal{A}}-\beta_{\mathcal{A}}^*]\to_d N(0,\,\Sigma_{\text{CQR-oracle}})$。

适应性惩罚方法已被成功地用来产生 LS-oracular 估计量。Fan & Li (2001) 提出了 SCAD 惩罚最小二乘, 并证明了它的良好性质。Zou (2006) 提出了适应性 Lasso 并证明了它的 Oracle 性质。在这一部分, 我们展示 CQR-oracular 估计量, 并证明了这个估计量的 Oracle 性质。

我们采用 Zou (2006) 提出的适应性 Lasso 思想。假设我们首先用所有的预测变量来拟合 CQR 估计。定理 2.1 说 $\hat{\beta}^{\text{CQR}}$ 是 $\sqrt{n}$ 相合的。然后我们用 $\hat{\beta}^{\text{CQR}}$ 来建立适应性加权 Lasso 惩罚, 并考虑惩罚后的 CQR 估计量如下

$$(\hat{b}_1,\,\cdots,\,\hat{b}_K,\,\widehat{\beta}^{\text{ACQR}}) \tag{9.1.11}$$

$$=\arg\min_{\substack{b_1,\,\cdots,\,b_k,\\ \beta}}\sum_{k=1}^{K}\left[\sum_{i=1}^{n}\rho_{\tau_k}(y_i-b_k-\mathbf{x}_i^T\beta)\right]+\lambda\sum_{j=1}^{p}\frac{|\beta_j|}{|\widehat{\beta}_j^{\text{CQR}}|^2}$$

我们证明适应性 Lasso 惩罚 CQR 估计量 (ACQR) 享有 CQR-oracle 的 Oracle 性质。

定理 9.1.3 (Oracle 性质)　假设定理 9.1.1 中的两个正则条件得到满足。如果

$\dfrac{\lambda}{\sqrt{n}}$ 且 $\lambda \to \infty$，则 $\widehat{\beta}^{\mathrm{ACQR}}$ 满足

(1) 选择的相合性：$Pr[(j : \widehat{\beta}^{\mathrm{ACQR}} \neq 0) = \mathcal{A}] \to 1$。

(2) 渐近正态性：$\sqrt{n}(\widehat{\beta}_{\mathcal{A}}^{\mathrm{ACQR}} - \beta_{\mathcal{A}}^{*}) \to_{d} N(0, \boldsymbol{\Sigma}_{\mathrm{CQR\text{-}oracle}})$。

9.1.5　模拟研究

在这一部分，我们用模拟来比较 LS-oracle 和 CQR-oracle，并检验 ACQR 的有限样本性能。我们的模拟数据包括训练集和一个独立测试集。仅用训练集的数据来拟合模型，用测试集数据来选择调节参数。我们从下面的模型中模拟产生 100 个数据，包括 100 个训练观测值和 100 个测试观测值

$$y = \mathbf{x}^{\mathrm{T}} \beta + \varepsilon$$

式中：$\beta = (3, 1.5, 0, 0, 2, 0, 0, 0)$。

预测值 $(x_1, x_2, x_3, x_4, x_5, x_6, x_7, x_8)$ 服从多元正态分布 $N(0, \sum_{\mathbf{x}})$，其 $(\sum_{\mathbf{x}})_{ij} = 0.5^{|i-j|}(1 \leqslant i, j \leqslant 8)$。这个回归模型在 Tibshirani (1996) 和 Fan & Li (2001) 的文章中考虑过。这里，我们考虑 5 个不同的误差分布。

例 9.1.7　$\varepsilon \sim N(0, 3)$

例 9.1.8　$\varepsilon = \sigma \varepsilon^{*}$，其中 ε^{*} 服从推论 9.1.2 中的正态分布模型的混合，其 $r = 0.5$。我们令 $\sigma = \sqrt{6}$。

例 9.1.9　$\varepsilon = \sigma \varepsilon^{*}$，其中 ε^{*} 服从推论 9.1.3 中的正态双 Gamma 分布模型的混合，其 $\alpha = 14$。我们令 $\sigma = \dfrac{1}{9}$。

例 9.1.10　误差项分布是自由度为 3 的 t 分布。

例 9.1.11　误差分布为柯西分布。

我们在 CQR-oracle 和 ACQR 中使用分位数 $\tau_k = \dfrac{k}{20}(k = 1, 2, \cdots, 19)$。模型的误差用下式来计算

$$\mathrm{ME} = E[(\widehat{\beta} - \beta)^{T} \sum_{\mathbf{x}} (\widehat{\beta} - \beta)]$$

我们用记号 (NC，NIC) 来记变量选择的结果，此处 NC 记为 $\{x_1, x_2, x_5\}$ 中有非零系数向量的预测变量的个数，NIC 记为 $\{x_3, x_4, x_6, x_7, x_8\}$ 中有非零系数向量的预测变量的个数。表 9-1 表明了 100 次重复试验的平均模型误差以及变量选择结果。在渐近意义下，LS-oracle 在例 9.1.7 中是最好的，而 CQR-oracle 在例 9.1.8～例 9.1.10 中工作得更好。这个数字实验和理论一致。我们同样可以看到 ACQR 的模型误差和 CQR-oracle 的十分接近。表 9-1 显示 ACQR 在变量选择方面表现得很出色。

例 9.1.11 与例 9.1.7–9.1.10 不同，因为例 9.1.11 中误差分布无限方差。LS-oracle

在这个例子中不是最优估计量。模拟结果也证明了这一理论。LS-oracle 的模型误差超过了 2 500。而 CQR-oracle 和 ACQR 在例 9.1.11 中依然工作得很好。

表 9-1　100 次重复试验的平均模型误差及变量选择结果

结果		例 1	例 2	例 3	例 4	例 5
模型误差	LS-oracle	0.079	0.104	0.091	0.082	2788
	CQR-oracle	0.085	0.033	0.043	0.060	0.134
	ACQR	0.112	0.046	0.048	0.077	0.174
变量选择	ACQR	(3, 0.53)	(3, 0.21)	(3, 0.23)	(3, 0.39)	(3, 0.53)

9.1.6　文献介绍

文献中关于模型选择 Oracle 的研究有很多，比如 Fan & Li (2001)。在多元线性回归中同时选择变量以及估计系数的有 NG (Breiman，1995)，Lasso (Tibshirani，1996) 和 SCAD (Fan & Li，2001)。Fan & Li (2006) 给出了变量选择方面的最新综合性的回顾。本节主要参考 Zou & Yuan (2008) 等。

9.2　局部复合分位回归

9.2.1　引言

考虑一般的非参数回归模型

$$Y = m(T) + \sigma(T)\varepsilon \tag{9.2.1}$$

式中：Y 为响应变量；T 为协变量；$m(T) = E(Y|T)$。

假定 $m(T)$ 为光滑的未知非参数函数，并且 $\sigma(T)$ 表示标准偏差且为正函数。我们假定 ε 均值为 0，且方差为 1。对于该非参模型，局部多项式回归是一种常用且成功的方法 (Fan & Gijbels，1996)。通过适应性加权最小二乘进行局部拟合线性 (或多项式) 回归模型，局部多项式回归能够探索到回归函数和其导函数的很多细微特征。虽然最小二乘法在局部多项式拟合中常用且方便，但实际上我们也可以考虑采用其他各种局部拟合方法。比如在出现异常点时，我们可以考虑采用最小绝对偏差 (LAD) 多项式回归 (Fan et al.，1994；Welsh，1996)。当误差服从拉普拉斯分布时，局部 LAD 多项式回归比局部最小二乘多项式回归更有效。当然在其他不同的背景下，局部 LAD 多项式回归也会比局部最小二乘多项式回归效果差一些。本节的目标是建立一种新的局部估计方法，该方法不仅能在一大类常见误差分布中改进传统的局部多项式回归，而且能在最糟糕的情况下有可比的有效性。

我们的研究计划建立在最近由 Zou & Yuan (2008) 提出的复合分位回归 (QCR) 估计量的基础之上，该估计量用来估计经典线性回归模型的回归系数。Zou & Yuan

(2008) 证明了不管误差如何分布，CQR 估计同最小二乘估计相比，其相对有效性都要高出 70% 多。此外，CQR 估计比最小二乘估计更加有效，而且有时候比最小二乘估计任意的有效。CQR 这些好的理论性质激发我们构建一种局部的 CQR 平滑器作为非参数回归函数和其导函数的估计。本节提到的 3 个主要创新点如下：

(1) 对于非参数回归函数我们提出了局部线性 CQR 估计，建立了该估计的渐近性质，并证明对于各种常见的非正态误差，该新方法与传统的局部最小二乘估计相比，其有效性有显著提高。

(2) 对于回归函数的导函数，我们提出了局部二次 CQR 估计。渐近理论显示该估计在误差非正态时能极大地提高局部最小二乘估计的有效性。与此同时，在最糟糕的场合其损失的效率最多也只有 8.01%。

(3) 建立了局部 p 阶多项式 CQR 估计的一般渐近性质。我们的理论不需要误差具有有限方差，因此，局部 CQR 估计能在噪声方差为无穷大时局部多项式估计失效的情况下依然表现好。

一个众所周知的事实是就有效性而言，局部线性 (多项式) 回归函数是最优的线性光滑器 (Fan & Gijbels，1996)。本节的结果与此结论并不矛盾，因为所提出的局部 CQR 估计实际上是一种非线性光滑器。

9.2.2　回归函数的估计

假定 $(t_i, y_i)(i = 1, 2, \cdots, n)$ 为独立同分布的随机样本。考虑估计 $m(T)$ 在 t_0 处的值。在局部线性回归中，我们首先用线性函数 $m(t) \approx m(t_0) + m'(t_0)(t - t_0)$ 局部逼近 $m(t)$，然后在 t_0 的邻域内拟合线性模型。记 $K(\cdot)$ 为一个光滑的核函数；$m(t_0)$ 的局部线性估计为 $\hat{a}$，其中

$$(\hat{a}, \hat{b}) = \arg\min_{a, b} \left\{ \sum_{i=1}^{n} [y_i - a - b(t_i - t_0)]^2 K\left(\frac{t_i - t_0}{h}\right) \right\} \tag{9.2.2}$$

式中：h 为光滑参数。

局部线性回归有很多良好的理论性质，比如它的设计阵自适应性和 Minimax 有效性 (Fan & Gijbels，1992)。然而，当误差分布二阶矩不存在时，局部最小二乘估计将会失效，因为它不再是相合估计。局部最小绝对值回归 (LAD) 将式 (9.2.12) 中的二次损失换为 L_1 损失。通过这样做，局部 LAD 估计量可以处理方差无限的情形。但在方差有限时，它关于局部最小二乘估计的相对有效性可以任意小。

我们提出用局部线性 CQR 估计作为局部线性回归估计的一种有效替代形式。记 $\rho_{\tau_k}(r) = \tau_k r - rI(r < 0)(k = 1, 2, \cdots, q)$，为在 q 个分位点 $\tau_k = k/q + 1$ 的 q 个检验损失函数。在线性模型中，CQR 损失定义为 (Zou & Yuan，2008)

$$\sum_{k=1}^{q}\sum_{i=1}^{n}\rho_{\tau_k}(y_i - a_k - bt_i)$$

CQR 通过迫使每个分位回归有一个单独的参数做斜率而结合多个分位回归函数的力量。由于非参数函数是由线性模型局部地逼近，从而我们可以考虑极小化局部加权 CQR 损失

$$\sum_{k=1}^{q}\Big\{\sum_{i=1}^{n}\rho_{\tau_k}[y_i - a_k - b(t_i - t_0)]K\Big(\frac{t_i - t_0}{h}\Big)\Big\} \tag{9.2.3}$$

记 (9.2.2) 的极小子为 $(\hat{a}_1, \cdots, \hat{a}_q, \hat{b})$，我们令

$$\hat{m}(t_0) = \frac{1}{q}\sum_{k=1}^{q}\hat{a}_k$$

$$\tilde{m}'(t_0) = \hat{b} \tag{9.2.4}$$

我们将 $\hat{m}(t_0)$ 看作是 $m(t_0)$ 的局部线性 CQR 估计。$\tilde{m}'(t_0)$ 作为 $m'(t_0)$ 的估计，它可以用下节的局部二次 CQR 估计进一步改进。

注 1：值得一提的是，虽然检验函数通常是用来估计给定 T 时 y 的条件分位回归函数 [参见 Koenker (2005) 以及其中的参考文献]，但此处我们是同时采用好几个检验函数来估计回归 (均值) 函数。所以，局部 CQR 光滑器从基本概念上就不同于 Yu & Jones (1998) 以及 Fan & Gijbels (1996) 研究过的局部拟合的非参数分位回归。

注 2：Koenker(1984) 在他的小注记里面研究了 Hogg 估计量，它可作为参数线性模型框架下检验函数的加权和的极小化子。但那里关注的焦点为 Hogg 估计是做 L 估计的不同方法。CQR 损失可以看成是一种均匀加权与均匀分位点 ($\tau_k = k/q+1$; $k = 1, 2, \cdots, q$) 的检验函数加权和。当 q 取较大值时，在 Oracle 模型选择理论框架下这种选择会导致好的类似于 Oracle 的估计。Koenker (1984) 没有讨论 Hogg 估计相对于最小二乘估计的相对有效性问题。本节我们考虑了极小化局部加权 CQR 损失，并证明了 CQR 光滑器有非常有趣的渐近有效性。据我们所知，目前文献中还没有关于这些问题的研究。

9.2.2.1　渐近性质

为了看到为什么局部线性 CQR 是局部线性回归的一个有效替代，我们将建立局部线性 CQR 的渐近性质。为了讨论，一些记号是必要的。令 $F(\cdot)$ 和 $f(\cdot)$ 分别代表误差的累积分布函数和密度函数。记 $f_T(\cdot)$ 为协变量 T 的边际密度函数。我们选择对称核密度函数 $K(\cdot)$，并且令

$$\mu_j = \int u^j K(u)\mathrm{d}u \ \ \text{且} \ \ \nu_j = \int u^j K^2(u)\mathrm{d}u \ \ (j = 0, 1, 2, \cdots)$$

定义

$$R_1(q) = \frac{1}{q^2} \sum_{k=1}^{q} \sum_{k'=1}^{q} \frac{\tau_{kk'}}{f(c_k)f(c_{k'})} \tag{9.2.5}$$

式中: $c_k = F^{-1}(\tau_k)$; $\tau_{kk'} = \tau_k \wedge \tau_{k'} - \tau_k \tau_{k'}$。

在下面的定理中, 我们将分别给出 $\hat{m}(t_0)$ 的渐近偏差、方差和正态性。证明放在 9.2.5 节。记 T 为 T_1, $\cdots$, T_n 生成的 σ 域。

定理 9.2.1   假设 t_0 是 $f_T(\cdot)$ 的支撑集的一个内点。在一些正则条件 1°–4° 下, 如果 $h \to 0$ 且 $nh \to \infty$, 那么局部线性 CQR 估计 $\hat{m}(t_0)$ 的渐近偏差和方差分别如下:

$$\text{bias}[\hat{m}(t_0) \mid \mathbf{T}] = \frac{1}{2}m''(t_0)\mu_2 h^2 + o_p(h^2) \tag{9.2.6}$$

$$\text{var}[\hat{m}(t_0) \mid \mathbf{T}] = \frac{1}{nh}\frac{\nu_0 \sigma^2(t_0)}{f_T(t_0)}R_1(q) + o_p\left(\frac{1}{nh}\right) \tag{9.2.7}$$

进一步, 基于条件 $\mathbf{T}$, 我们有

$$\sqrt{nh}\left[\hat{m}(t_0) - m(t_0) - \frac{1}{2}m''(t_0)\mu_2 h^2\right] \xrightarrow{\mathcal{L}} N\left[0, \frac{\nu_0 \sigma^2(t_0)}{f_T(t_0)}R_1(q)\right] \tag{9.2.8}$$

式中: $\xrightarrow{\mathcal{L}}$ 为依分布收敛。

注 3: 在证明中, 我们假定误差是对称分布的。如果没有这个条件, 渐近偏差就会多一个无法消除的项。该渐近方差保持不变, 且渐近正态性在做一点小小修正后仍然成立。换句话说, 对称误差分布条件只是用来保证局部 CQR 估计收敛到的这个量就是条件均值函数。这与用局部 LAD 估计条件均值函数类似。为此, 我们需要假定误差分布均值与中位数相等。

从定理 9.2.1, 我们可以看到局部线性 CQR 估计的渐近偏差主导项与局部最小二乘估计的相同, 而它们的渐近方差是不同的。$\hat{m}(t_0)$ 的均方误差 (MSE) 为

$$\text{MSE}[\hat{m}(t_0)] = \left[\frac{1}{2}m''(t_0)\mu_2\right]^2 h^4 + \frac{1}{nh}\frac{\nu_0 \sigma^2(t_0)}{f_T(t_0)}R_1(q) + o_p\left(h^4 + \frac{1}{nh}\right)$$

通过直接计算, 我们可以看到最小化 $\hat{m}(t_0)$ 的渐近 MSE 得到的最优窗宽为

$$h^{opt}(t_0) = \left[\frac{\nu_0 \sigma^2(t_0)R_1(q)}{f_T(t_0)[m''(t_0)\mu_2]^2}\right]^{1/5} n^{-1/5}$$

在实践中, 我们可以选择极小化关于权函数 $w(t)$ 的积分均方误差 $\text{MISE}(\hat{m}) = \int \text{MSE}\hat{m}(t_0)w(t)\mathrm{d}t$ 得到的常数窗宽。类似地, 使渐近 MISE 最小的最优窗宽为

$$h^{opt} = \left[\frac{\nu_0 R_1(q) \int \sigma^2(t) f_T^{-1}(t) w(t) \mathrm{d}t}{\mu_2^2 \int m''(t)^2 w(t) \mathrm{d}t} \right]^{1/5} n^{-1/5}$$

这些算式表明局部线性 CQR 估计有着 $n^{\frac{2}{5}}$ 最优收敛速度。

9.2.2.2 渐近相对有效性

在这节中，我们将通过比较 MSE 来研究局部线性 CQR 估计关于局部线性最小二乘估计的渐近相对有效性。R_1 的作用在相对有效性研究中将变得清晰。$m(t_0)$ 的局部线性最小二乘估计有

$$\mathrm{MSE}[\hat{m}_{LS}(t_0)] = \left[\frac{1}{2} m''(t_0) \mu_2 \right]^2 h^4 + \frac{1}{nh} \frac{\nu_0}{f_T(t_0)} \sigma^2(t_0) + o_p \left(h^4 + \frac{1}{nh} \right)$$

因此

$$h_{LS}^{opt}(t_0) = \left\{ \frac{\nu_0 \sigma^2(t_0)}{f_T(t_0) [m''(t_0) \mu_2]^2} \right\}^{1/5} n^{-1/5}$$

$$h_{LS}^{opt} = \left[\frac{\nu_0 \int \sigma^2(t) f_T^{-1}(t) w(t) \mathrm{d}t}{\mu_2^2 \int m''(t)^2 w(t) \mathrm{d}t} \right]^{1/5} n^{-1/5}$$

式中：$h_{LS}^{opt}(t_0)$ 为使渐近 MSE 最小化的最优变量窗宽；h_{LS}^{opt} 为使渐近 MSE 最小化的最优窗宽。

因此，我们有

$$h^{opt}(t_0) = R_1(q)^{1/5} h_{\mathrm{LS}}^{\mathrm{opt}}(t_0) \tag{9.2.9}$$

$$h^{opt} = R_1(q)^{1/5} h_{\mathrm{LS}}^{\mathrm{opt}}$$

我们用 MSE_{opt} 和 MISE_{opt} 记为 MSE 和 MISE 在最优窗宽时的取值。于是通过直接计算，我们可以看到：当 $n \to \infty$ 时，有

$$\frac{\mathrm{MSE}_{opt}[\hat{m}_{\mathrm{LS}}(t_0)]}{\mathrm{MSE}_{opt}[\hat{m}(t_0)]} \to R_1(q)^{-4/5}$$

$$\frac{\mathrm{MSE}_{opt}(\hat{m}_{\mathrm{LS}})}{\mathrm{MSE}_{opt}(\hat{m})} \to R_1(q)^{-4/5}$$

因此，可以很自然地定义局部线性 CQR 估计关于局部最小二乘估计的渐近相对有效性 $\mathrm{ARE}(\hat{m}, \hat{m}_{\mathrm{LS}})$ 如下

$$\mathrm{ARE}(\hat{m}, \hat{m}_{\mathrm{LS}}) = R_1(q)^{-\frac{4}{5}} \tag{9.2.10}$$

ARE 仅依赖于误差分布，尽管这种依赖性可能相当复杂。然而，对于很多常见误差分布，我们可以直接计算出 ARE 的值。表 9-2 展示了一些常见误差分布的 $\text{ARE}(\hat{m}, \hat{m}_{\text{LS}})$。

表 9-2　常见误差分布的 $\text{ARE}(\hat{m}, \hat{m}_{\text{LS}})$

误差分布	$\text{ARE}(\hat{m}, \hat{m}_{\text{LS}})$				
	$q=1$	$q=5$	$q=9$	$q=19$	$q=99$
N(0，1) 分布	0.696 8	0.933 9	0.965 9	0.985 8	0.998 0
拉普拉斯分布	1.741 1	1.219 9	1.154 8	1.096 0	1.029 6
自由度为 3 的 t 分布	1.471 8	1.596 7	1.524 1	1.418 1	1.232 3
自由度为 4 的 t 分布	1.098 8	1.265 2	1.237 7	1.187 2	1.092 9
0.95N(0,1)+0.05N(0,3²)	0.863 9	1.130 0	1.153 6	1.154 0	1.080 4
0.90N(0,1)+0.10N(0,3²)	0.998 6	1.271 2	1.276 8	1.239 3	1.050 6
0.95N(0,1)+0.05N(0,10²)	2.696 0	3.457 7	3.478 3	3.359 1	1.349 8
0.90N(0,1)+0.10N(0,10²)	4.050 5	4.912 8	4.704 9	3.544 4	1.137 9

在表 9-2 中有几个有趣的发现：首先，当误差服从正态分布时，其局部线性最小二乘估计希望有着最好的表现。我们发现：无论 q 取何值，$\text{ARE}(\hat{m}, \hat{m}_{LS})$ 都非常接近于 1。当 $q = 5$ 时，局部线性 CQR 最多只损失 7% 的有效性。当 $q = 99$ 时，局部线性 CQR 的表现与局部线性最小二乘估计一样好。其次，对于表 9-2 中所列的所有非正态分布，当 q 取值小时，局部线性 CQR 估计比局部线性最小二乘估计有效性高。两个正态分布的混合常被用来对所谓的污染数据进行建模。对于这些分布，$\text{ARE}(\hat{m}, \hat{m}_{LS})$ 达到 4.9 甚至更大。表 9-2 还表明：除了拉普拉斯误差外，当 $q = 5$ 或 $q = 9$ 时的局部 CQR 估计明显好于 $q = 1$。对于这些分布，此时 CQR 变成了局部 LAD 回归。最后，我们观察到：当 q 很大时 ($q=99$)，对于各种分布下的 ARE 值都很接近于 1。对于更一般的情况，这一点也被证明是成立的。这一点在下面的定理中有所说明。

定理 9.2.2　$\lim\limits_{q \to \infty} [R_1(q)] = 1$，从而 $\lim\limits_{q \to \infty} \text{ARE}(\hat{m}, \hat{m}_{LS}) = 1$。

定理 9.2.2 使我们对局部线性 CQR 估计的渐近性质有了更深入的认识，它表明局部线性 CQR 是局部线性最小二乘估计的安全竞争者。因为，只要 q 足够大，它就不会损失有效性。然而，即使在 q 取较小值 (如 $q = 9$) 时，仍可能获得较高的有效性，正如表 9-2 所示。

9.2.3　导数的估计

在很多情形下，我们对估计 $m(t)$ 的导数感兴趣。局部线性 CQR 也给出了 $m(t)$ 导数的一个估计 $\tilde{m}'(t_0)$。局部线性 CQR 估计量和局部线性回归估计量有着相同的主要偏差项。该项依赖于内在的 $m'''(t_0)$ 和外在的部分 $m''(t_0)f'_T(t_0)/f_T(t_0)$。

在 Chu & Marron (1991) 和 Fan (1992) 中已经讨论过在很多情况下该偏差可能会非常大, 所以它并不是一个理想的估计。我们经常喜欢用局部二次回归来估计导函数, 因为它可以减小估计偏差且不会增加估计的方差 (Fan & Gijbels, 1992)。下面我们将证明这对局部 CQR 光滑器也同样成立。

考虑 $m(t)$ 在 t_0 邻域内的局部二次近似: $m(t) = m(t_0) + m'(t_0)(t - t_0) + \frac{1}{2}m''(t_0)(t - t_0)^2$, 令 $\mathbf{a} = (a_1, ..., a_q), \mathbf{b} = (b_1, b_2)$。求解

$$(\hat{a}, \hat{b}) = \arg\min_{\mathbf{a}, \mathbf{b}} \left(\sum_{i=1}^{n} \left\{ \sum_{k=1}^{q} \rho_{\tau_k} \left[y_i - a_k - b_1(t_i - t_0) - \frac{1}{2}b_2(t_i - t_0)^2 \right] K\left(\frac{t_i - t_0}{h} \right) \right\} \right) \tag{9.2.11}$$

于是, $m'(t_0)$ 的局部二次 CQR 估计量为

$$\hat{m}'(t_0) = \hat{b}_1 \tag{9.2.12}$$

9.2.3.1 渐近性质

定义

$$R_2(q) = \left(\sum_{k=1}^{q} \sum_{k'=1}^{q} \tau_{kk'} \right) \bigg/ \left[\sum_{k=1}^{q} f(c_k) \right]^2 \tag{9.2.13}$$

渐近偏差、方差以及正态性在下面的定理中给出。

定理 9.2.3 设 t_0 是 $f_T(\cdot)$ 的支撑集的一个内点。在一些正则条件 1°–4° 下, 如果 $h \to 0$ 且 $nh^3 \to \infty$, 那么 $\hat{m}'(t_0)$ 的渐近条件偏差和方差分别为

$$\text{bias}[\hat{m}'(t_0) \mid \mathbf{T}] = \frac{1}{6}m'''(t_0)\frac{\mu_4}{\mu_2}h^2 + o_p(h^2) \tag{9.2.14}$$

$$\text{var}[\hat{m}'(t_0) \mid \mathbf{T}] = \frac{1}{nh^3}\frac{\nu_2 \sigma^2(t_0)}{\mu_2^2 f_T(t_0)}R_2(q) + o_p\left(\frac{1}{nh^3} \right) \tag{9.2.15}$$

更进一步, 给定条件 $\mathbf{T}$, 我们有下面的渐近正态分布:

$$\sqrt{nh^3} \left[\hat{m}'(t_0) - m'(t_0) - \frac{1}{6}m'''(t_0)\frac{\mu_4}{\mu_2}h^2 \right] \xrightarrow{L} N\left[0, \frac{\nu_2 \sigma^2(t_0)}{\mu_2^2 f_T(t_0)}R_2(q) \right] \tag{9.2.16}$$

注 4 在定理 9.2.3 中, 为了得到渐近偏差公式, 假定误差为对称分布。如果没有这一假定, 渐近方差仍然保持不变。渐近正态性也仍然成立, 且只需做一点小的修正。如果方差函数是齐性时, 则定理 9.2.3 将不再需要误差分布对称这一假设。

我们可以看到局部二次 CQR 估计的额外部分 $m''(t_0)f_T'(t_0)/f_T(t_0)$ 可以移去。比较 $m'(t_0)$ 的局部二次 CQR 和局部二次最小二乘估计, 我们可以看到它们有相同的偏差主要项, 不过它们的渐近方差是不同的。

根据定理 9.2.3，局部二次 CQR 估计 $\hat{m}'(t_0)$ 的 MSE 为

$$\mathrm{MSE}[\hat{m}'(t_0)] = \left[\frac{1}{6}m'''(t_0)\frac{\mu_4}{\mu_2}\right]^2 h^4 + \frac{1}{nh^3}\frac{\nu_2\sigma^2(t_0)}{\mu_2^2 f_T(t_0)}R_2(q) + o_p\left(h^4 + \frac{1}{nh^3}\right) \quad (9.2.17)$$

这样，使 $\mathrm{MSE}[\hat{m}'(t_0)]$ 最小化的最优变窗宽为

$$h^{opt}(t_0) = R_2(q)^{\frac{1}{7}}\left\{\frac{27\nu_2\sigma^2(t_0)}{f_T(t_0)[m'''(t_0)\mu_4]^2}\right\}^{\frac{1}{7}}n^{-\frac{1}{7}}$$

进一步，我们考虑积分均方误差 $\mathrm{MISE}(\hat{m}') = \int \mathrm{MSE}\hat{m}'(t)w(t)\mathrm{d}t$，其权函数为 $w(t)$。使 MISE 最小化的最优常数窗宽为

$$h^{opt} = R_2(q)^{\frac{1}{7}}\left[27\frac{\nu_2\displaystyle\int \sigma^2(t)f_T^{-1}(t)w(t)\mathrm{d}t}{\mu_4^2\displaystyle\int m'''(t)^2 w(t)\mathrm{d}t}\right]^{\frac{1}{7}}n^{-\frac{1}{7}}$$

这些式子表明局部二次 CQR 估计的最优收敛速度为 $n^{2/7}$。

9.2.3.2　渐近相对有效性

接下来，我们将研究局部二次 CQR 估计量关于局部二次最小二乘估计的相对有效性。注意到局部最小二乘估计 $\hat{m}'_{LS}(t_0)$ 的 MSE 为

$$\mathrm{MSE}[\hat{m}'_{LS}(t_0)] = \left[\frac{1}{6}m'''(t_0)\frac{\mu_4}{\mu_2}\right]^2 h^4 + \frac{1}{nh^3}\frac{\nu_2\sigma^2(t_0)}{\mu_2^2 f_T(t_0)} + o_p\left(h^4 + \frac{1}{nh^3}\right)$$

并且其 MISE 为 $\mathrm{MISE}(\hat{m}'_{LS}) = \int \mathrm{MSE}\hat{m}'_{LS}(t_0)w(t)\mathrm{d}t$，其权函数为 $w(t)$。因此，通过直接计算，我们得到

$$h^{opt}(t_0) = h^{opt}_{LS}(t_0)R_2(q)^{\frac{1}{7}} \quad (9.2.18)$$
$$h^{opt} = h^{opt}_{LS}R_2(q)^{\frac{1}{7}}$$

式中：$h^{opt}_{LS}(t_0)$ 和 h^{opt}_{LS} 为对应的局部二次最小二乘估计的最优窗宽。

有了这些最优窗宽，我们可以得到

$$\frac{\mathrm{MSE}_{opt}[\hat{m}'_{LS}(t_0)]}{\mathrm{MSE}_{opt}[\hat{m}'(t_0)]} \to R_2(q)^{-\frac{4}{7}}$$

$$\frac{\mathrm{MSE}_{opt}[\hat{m}'_{LS}]}{\mathrm{MSE}_{opt}[\hat{m}']} \to R_2(q)^{-\frac{4}{7}}$$

所以，局部二次 CQR 估计 $\hat{m}'$ 关于局部二次最小二乘估计 $\hat{m}'_{LS}$ 的渐近相对有效性定义为

$$\mathrm{ARE}(\hat{m}',\ \hat{m}'_{LS}) = R_2(q)^{-\frac{4}{7}} \quad (9.2.19)$$

ARE 只依赖于误差分布，且它是刻度不变的。

为了更深入地认识这个渐近相对有效性，我们考虑当 q 很大时的极限。Zou & Yuan (2008) 证明了

$$\lim_{q \to \infty} [R_2(q)^{-1}] > 6/e\pi = 0.702\,6$$

可知，当 q 很大时，ARE 下界为 $0.7026^{\frac{4}{7}} = 0.8173$。获得一个一般的下界很有用，因为它可以阻止当使用局部二次 CQR 估计代替局部二次最小二乘估计时带来的严重效率损失。本节的贡献之一就是获得了一个改进的尖锐下界。

定理 9.2.4 令 $\mathcal{F}$ 是均值为 0、方差为 1 的误差分布类，则我们有

$$\inf_{f \in \mathcal{F}} \lim_{q \to \infty} [R_2(q)^{-1}] = 0.864 \qquad (9.2.20)$$

当且仅当误差服从均值为 0、方差为 1 的重新刻度化后的 Beta(2, 2) 分布时才能到达下界。从而，

$$\lim_{q \to \infty} [\mathrm{ARE}(\hat{m}', \hat{m}'_{\mathrm{LS}})] \geqslant 0.919\,9 \qquad (9.2.21)$$

注意到定理 9.2.4 给我们提供了当 $q \to \infty$ 时 $\mathrm{ARE}(\hat{m}', \hat{m}'_{\mathrm{LS}})$ 的精确下界。定理 9.2.4 表明：如果 q 很大，即使在最坏的情况下，局部 CQR 估计的潜在效率损失也仅有 8.01%。

定理 9.2.4 还意味着局部二次 CQR 估计是局部二次最小二乘估计的一个安全替代估计。它关注的是最糟糕的情形。也有很多最优情形，其中 ARE 远远大于 1。在表 9-2 中，我们检验了不同误差分布下的 $\mathrm{ARE}(\hat{m}', \hat{m}'_{LS})$。在表 9-3 中，我们也同样列出了相应结果，其中标注 $q = \infty$ 的一列是 $\mathrm{ARE}(\hat{m}', \hat{m}'_{LS})$ 的理论极限值。显然，这些极限值都比下界 0.919 9 大。当误差为正态分布且 $q = 9$ 时，局部二次 CQR 估计的效率损失也不足 4%。可以看到，在其他非正态分布下，$\mathrm{ARE}(\hat{m}', \hat{m}'_{LS})$ 都大于 1 且其值对 q 的选取并不敏感。例如，当 $q = 9$ 时，其 ARE 值已经非常接近理论极限值。

表 9-3　不同误差分布下的 $\mathbf{ARE}(\hat{m}, \hat{m}_{LS})$(含 $q = \infty$)

误差分布	$\mathrm{ARE}(\hat{m}, \hat{m}_{LS})$					
	$q=1$	$q=5$	$q=9$	$q=19$	$q=99$	$q=\infty$
N(0, 1)	0.772 6	0.945 3	0.962 5	0.970 8	0.973 8	0.974 0
拉普拉斯	1.486 0	1.281 2	1.268 0	1.262 5	1.260 8	1.260 7
自由度为 3 的 t 分布	1.317 9	1.440 5	1.443 5	1.443 5	1.443 0	1.443 1
自由度为 4 的 t 分布	1.069 6	1.203 8	1.210 4	1.212 3	1.212 5	1.212 5
0.95N(0, 1)+0.05N(0, 3^2)	0.900 8	1.086 7	1.101 9	1.107 3	1.107 7	1.107 7
0.90N(0, 1)+0.10N(0, 3^2)	0.999 0	1.186 9	1.198 2	1.199 9	1.198 7	1.198 7
0.95N(0, 1)+0.05N(0, 10^2)	2.030 8	2.422 9	2.446 6	2.448 2	2.441 5	2.441 5
0.90N(0, 1)+0.10N(0, 10^2)	2.716 0	3.145 3	3.143 0	3.113 5	3.109 4	3.109 3

9.2.4　数值比较和例子

在本节中，我们首先利用蒙特卡洛模拟研究来评估所提出的估计方法的有限样本性质，然后通过一个实际数据来演示该方法的应用。本节使用 Epanechnikov 核函数，即，$K(z) = \dfrac{3}{4}(1-z^2)_+$。我们采用 Hunter & Lange (2000) 提出的最大最小化 (Majorization-Minimization) 算法来求解局部 CQR 光滑估计量。所有的数值结果均是利用 MATLAB 程序代码计算。

9.2.4.1　实际应用中的窗宽选择

局部光滑中的窗宽选择是一个重要问题。这里我们简要讨论一下局部 CQR 光滑估计量中的窗宽问题，所利用的是现有的局部多项式回归中的窗宽选择器。此处，我们考虑两种窗宽选择器。

(1)　导向性 (实验性) 选择器 (Pilot Selector)：其主要思想是使用局部三次 CQR 中的一个先导性窗宽去估计 $m''(t)$ 和 $m'''(t)$。这些拟合残差可以用来估计 $R_1(q)$ 和 $R_2(q)$。这样，我们可以使用最优窗宽公式去估计最优窗宽，然后再拟合数据。

(2)　捷径法 (A Short-cut Strategy)：在我们的数值模拟中，我们比较了局部 CQR 和局部最小二乘估计量。注意到在式 (9.2.8) 和式 (9.2.9) 中，我们获得了很匀整的局部 CQR 和局部最小二乘估计量的最优窗宽间的关系。局部最小二乘估计的最优窗宽可以利用现有选择器来选择 (Fan & Gijbels, 1996)。另外，我们可以从局部最小二乘拟合的残差中推导因子 $R_1(q)$ 和 $R_2(q)$。有时候，我们甚至可以知道两个因子的确切值 (如在模拟中)。因此，在通过最优窗宽拟合局部最小二乘之后，我们可以估计局部 CQR 估计的最优窗宽。

在模拟中，我们采用捷径法。然而，如果误差的方差趋于无穷或很大，则局部最小二乘估计量表现会很差。此时，导向性 (实验性) 选择器要好于捷径法。

9.2.4.2　模拟例子

在我们的模拟研究中，我们将所提出的新方法与局部多项式最小二乘估计对比。窗宽为由直接插入法得到的最优窗宽 h_{LS}^{opt} (Ruppert *et al.*, 1995)。两个估计量 $\hat{m}(\cdot)$ 和 $\hat{m}'(\cdot)$ 的表现性能通过平均平方误差 ASE 来评估，即

$$\text{ASE}(\hat{g}) = \frac{1}{n_{grid}} \sum_{k=1}^{n_{grid}} [\hat{g}(u_k) - g(u_k)]^2$$

式中：g 等于 $m(\cdot)$ 或 $m'(\cdot)$；$\{u_k, k = 1, 2, \cdots, n_{grid}\}$ 为函数 $\{\hat{g}(\cdot)\}$ 取值的格子点。

在我们的模拟中，我们取 $n_{grid} = 200$，格子点在计算 $m(\cdot)$ 或 $m'(\cdot)$ 的区间内均匀分布。我们用平均平方误差之比 (RASE) 来汇总所有模拟结果：$\text{RASE}(\hat{g}) = \text{ASE}(\hat{g}_{\text{LS}})/\text{ASE}(\hat{g})$。其中，$\hat{g}_{\text{LS}}$ 是在最小二乘损失下的局部多项式回归估计。我们考虑两个模拟的例子。

例 9.2.1 我们从下面的模型中生成 400 个数据集，每个数据集包含 200 个观测值。

$$Y = \sin(2T) + 2\exp(-16T^2) + 0.5\varepsilon$$

式中：T 服从标准正态分布。

该模型是采用 Fan & Gijbels (1992) 提出的模型。在模拟中，我们考虑 ε 的 5 种误差分布：$N(0, 1)$，拉普拉斯，t_3 分布，两个正态分布的混合分布 $0.95N(0, 1) + 0.05N(0, \sigma^2)$。其中，$\sigma = 3, 10$。对于局部多项式 CQR 估计，我们考虑 $q = 5, 9, 19$，并在区间 $[-1.5, 1.5]$ 上估计 $m(\cdot)$ 或 $m'(\cdot)$。表 9-4 中汇总了 400 次模拟的 RASE 均值和标准差。为了看到所提出的方法在一些典型点处的表现，表 9-4 也给出了 $\hat{m}(\cdot)$ 或 $\hat{m}'(\cdot)$ 在 $t = 0.75$ 处的偏差和标准误差。

表 9-4　例 9.2.1 的模拟结果

误差分布		$\hat{m}$ 的结果		
		RASE 均值 (标准差)	$t = 0.75$	
			偏差	标准差
标准正态分布	最小二乘	—	−0.023 9	0.109 8
	CQR_5	$0.931\,4_{(0.1190)}$	−0.022 4	0.116 1
	CQR_9	$0.958\,8_{(0.0888)}$	−0.023 6	0.113 3
	CQR_{19}	$0.980\,2_{(0.0592)}$	−0.022 8	0.111 7
拉普拉斯分布	最小二乘	—	−0.014 6	0.121 5
	CQR_5	$1.108\,8_{(0.1985)}$	−0.017 1	0.115 5
	CQR_9	$1.071\,7_{(0.1351)}$	−0.015 4	0.119 5
	CQR_{19}	$1.034\,6_{(0.0856)}$	−0.014 1	0.121 4
自由度为 3 的 t 分布	最小二乘	—	−0.021 4	0.126 6
	CQR_5	$1.275\,2_{(0.5020)}$	−0.018 2	0.110 3
	CQR_9	$1.171\,2_{(0.3356)}$	−0.015 8	0.113 7
	CQR_{19}	$1.071\,0_{(0.2086)}$	−0.018 6	0.122 2
$0.95N(0, 1) + 0.05N(0, 9)$	最小二乘	—	−0.000 7	0.125 6
	CQR_5	$1.068\,5_{(0.2275)}$	−0.006 0	0.120 2
	CQR_9	$1.062\,1_{(0.1740)}$	−0.004 9	0.121 9
	CQR_{19}	$1.028\,0_{(0.1125)}$	−0.001 8	0.125 1
标准正态分布	最小二乘	—	0.003 4	0.128 3
	CQR_5	$2.154\,8_{(1.5318)}$	0.000 2	0.088 8
	CQR_9	$1.524\,0_{(0.8360)}$	−0.000 9	0.118 1
	CQR_{19}	$1.160\,0_{(0.8776)}$	0.006 9	0.136 5

续表

误差分布		$\hat{m}'$ 的结果		
		RASE 均值 (标准差)	$t = 0.75$	
			偏差	标准差
0.95N(0, 1)+ 0.05N(0, 100)	最小二乘	—	−0.053 9	0.687 1
	CQR_5	$0.951\ 8_{(0.1087)}$	−0.050 8	0.725 7
	CQR_9	$0.961\ 4_{(0.1019)}$	−0.053 0	0.716 5
	CQR_{19}	$0.964\ 6_{(0.0998)}$	−0.051 3	0.717 8
拉普拉斯	最小二乘	—	−0.110 8	0.698 8
	CQR_5	$1.101\ 4_{(0.1679)}$	−0.077 4	0.691 6
	CQR_9	$1.102\ 5_{(0.1565)}$	−0.083 4	0.667 8
	CQR_{19}	$1.100\ 5_{(0.1500)}$	−0.093 4	0.652 9
自由度为 3 的 t 分布	最小二乘	—	−0.070 1	0.725 4
	CQR_5	$1.210\ 4_{(0.4584)}$	−0.055 9	0.663 5
	CQR_9	$1.213\ 3_{(0.4526)}$	−0.052 0	0.653 7
	CQR_{19}	$1.218\ 2_{(0.4403)}$	−0.054 0	0.643 1
0.95N(0, 1)+ 0.05N(0, 9)	最小二乘	—	−0.038 2	0.854 0
	CQR_5	$1.047\ 9_{(0.1773)}$	−0.018 2	0.809 8
	CQR_9	$1.053\ 1_{(0.1727)}$	−0.015 4	0.808 5
	CQR_{19}	$1.053\ 2_{(0.1687)}$	−0.019 8	0.806 2
0.95N(0, 1)+ 0.05N(0, 100)	最小二乘	—	−0.045 6	0.866 7
	CQR_5	$1.767\ 1_{(0.7607)}$	0.002 2	0.595 3
	CQR_9	$1.752\ 7_{(0.7535)}$	0.002 4	0.603 0
	CQR_{19}	$1.756\ 0_{(0.7382)}$	0.004 4	0.592 7

注: CQR_5, CQR_9, CQR_{19} 分别表示局部 CQR 在 $q = 5, 9, 19$ 处的估计值。

例 9.2.2　通常我们对异方差误差效应感兴趣。为此, 我们通过下面的模型生成 400 个数据集。每个数据集包含 200 个观测值。

$$Y = T\sin(2\pi T) + \sigma(T)\varepsilon$$

式中: T 服从 $U(0, 1)$; $\sigma(t) = [2 + \cos(2\pi t)]/10$; ε 和例 9.2.1 中一样。

在这个例子中, 我们在区间 $[0, 1]$ 上估计 $m(t)$ 和 $m'(t)$。表 9.5 中汇总了 400 次模拟的 RASE 的均值和标准偏差列。其中, 我们还给出了在 $t = 0.4$ 时 $\hat{m}(t)$ 和 $\hat{m}'(t)$ 的偏差和标准差。表 9-5 的记号和表 9-4 的一样。

表 9-4、表 9-5 表现出非常相似的信息, 尽管表 9-5 表明局部 CQR 估计比局部最小二乘估计更有收获。当误差为正态分布时, 局部 CQR 估计量的 RASE 比 1 稍小; 但对非正态分布, 局部 CQR 估计量的 RASE 都远远大于 1, 这表明获得了有效性。对于估计回归函数, CQR_5 与 CQR_9 的整体表现看起来要好于 CQR_{19} 的。对于估计导数函数, 3 个 CQR 估计量的表现非常相似。这些结果与渐近相对

有效性的理论分析结果一致。

表 9-5 例 9.2.2 的模拟结果

误差分布		$\hat{m}$ 的结果		
		RASE 均值 (标准差)	$t = 0.4$	
			偏差	标准差
标准正态分布	最小二乘	—	$-0.017\,7$	$0.026\,3$
	CQR_5	$0.957\,4_{(0.1699)}$	$-0.016\,6$	$0.027\,1$
	CQR_9	$0.978\,3_{(0.1286)}$	$-0.016\,5$	$0.026\,6$
	CQR_{19}	$0.983\,8_{(0.0815)}$	$-0.016\,8$	$0.026\,6$
拉普拉斯分布	最小二乘		$-0.017\,5$	$0.024\,9$
	CQR_5	$1.193\,8_{(0.3279)}$	$-0.014\,5$	$0.023\,7$
	CQR_9	$1.140\,5_{(0.2523)}$	$-0.015\,0$	$0.024\,3$
	CQR_{19}	$1.085\,7_{(0.1584)}$	$-0.015\,7$	$0.024\,8$
自由度为 3 的 t 分布	最小二乘	—	$-0.016\,7$	$0.026\,1$
	CQR_5	$1.597\,4_{(1.0324)}$	$-0.012\,0$	$0.022\,9$
	CQR_9	$1.424\,7_{(0.8170)}$	$-0.013\,2$	$0.022\,8$
	CQR_{19}	$1.211\,1_{(0.4330)}$	$-0.014\,0$	$0.024\,2$
$0.95\mathrm{N}(0,\,1)+0.05\mathrm{N}(0,\,9)$	最小二乘	—	$-0.017\,5$	$0.024\,7$
	CQR_5	$1.178\,8_{(0.6248)}$	$-0.015\,7$	$0.022\,8$
	CQR_9	$1.150\,7_{(0.4715)}$	$-0.015\,7$	$0.023\,0$
	CQR_{19}	$1.083\,5_{(0.2603)}$	$-0.015\,9$	$0.023\,4$
$0.95\mathrm{N}(0,\,1)+0.05\mathrm{N}(0,\,100)$	最小二乘		-0.0162	0.0260
	CQR_5	$3.166\,1_{(2.4820)}$	$-0.007\,7$	$0.017\,3$
	CQR_9	$2.417\,9_{(17012)}$	$-0.008\,0$	$0.017\,1$
	CQR_{19}	$1.346\,9_{(0.5075)}$	$-0.008\,5$	0.0241
标准正态分布	最小二乘		$0.032\,9$	$0.275\,3$
	CQR_5	$0.937\,6_{(0.3587)}$	$0.028\,9$	$0.301\,9$
	CQR_9	$0.945\,8_{(0.3092)}$	$0.028\,3$	$0.301\,3$
	CQR_{19}	$0.949\,1_{(0.2952)}$	$0.027\,8$	$0.296\,2$
拉普拉斯分布	最小二乘		$0.023\,6$	$0.271\,8$
	CQR_5	$1.206\,3_{(0.6794)}$	$0.010\,6$	$0.270\,1$
	CQR_9	$1.204\,6_{(0.6413)}$	$0.007\,9$	$0.271\,9$
	CQR_{19}	$1.201\,9_{(0.6035)}$	$0.009\,8$	$0.269\,3$
自由度为 3 的 t 分布	最小二乘	—	$0.002\,5$	$0.306\,8$
	CQR_5	$1.609\,9_{(1.7558)}$	$0.000\,4$	$0.250\,3$
	CQR_9	$1.597\,5_{(1.8047)}$	$-0.000\,2$	$0.256\,0$
	CQR_{19}	$1.594\,8_{(1.8291)}$	$0.000\,6$	$0.256\,7$
$0.95\mathrm{N}(0,\,1)+0.05\mathrm{N}(0,\,9)$	最小二乘	—	$-0.013\,0$	$0.291\,6$
	CQR_5	$1.22\,68_{(2.0608)}$	$-0.005\,0$	$0.277\,8$
	CQR_9	$1.213\,2_{(1.8791)}$	$-0.004\,8$	$0.275\,4$
	CQR_{19}	$1.210\,4_{(1.8546)}$	$-0.006\,6$	$0.274\,2$

续表

误差分布		$\hat{m}$ 的结果		
		RASE	$t = 0.4$	
		均值 (标准差)	偏差	标准差
0.95N(0, 1)+ 0.05N(0, 100)	最小二乘	—	0.033 5	0.372 8
	CQR_5	3.059 3$_{(5.6699)}$	0.024 5	0.242 0
	CQR_9	3.028 7$_{(5.3433)}$	0.020 9	0.253 3
	CQR_{19}	3.014 6$_{(5.2728)}$	0.023 4	0.245 2

9.2.4.3　实际例子

作为一个说明,我们将提出的局部 CQR 方法应用于一个英国家庭支出的调查数据集。它具有高的净收入,该数据集包含了 363 个观测值。图 9-3(a) 描述了该数据的散点图。该数据收集了 1973 年的英国家庭开支情况。兴趣之一是研究食品支出与净收入之间的关系。因此,我们记响应变量 Y 为食品支出的对数值,且预测变量 T 为净收入。

我们先用局部最小二乘估计量来估计回归函数,采用直接插入窗宽选择器。基于局部最小二乘估计残差,我们进一步采用核密度估计来推断误差密度函数 $f(\cdot)$。再在估计密度的基础上,我们估计出 $R_1(q)$ 和 $R_2(q)$,它们用来计算 CQR 估计的窗宽选择器。对于此例,估计出的比非常接近 1。因此,对于两种方法我们基本上使用同样的窗宽。在估计回归函数时所选择的窗宽为 0.24,而在估计导数函数时窗宽为 0.4。我们用所选择的窗宽计算了 $q = 5, 9, 19$ 时的 CQR 估计值。这 3 个值非常相似。在图 9-3 中,我们只给出了 $q = 9$ 时的 CQR 估计。

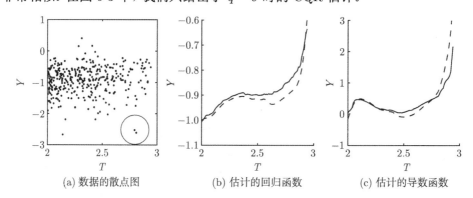

(a) 数据的散点图　　　(b) 估计的回归函数　　　(c) 估计的导数函数

图 9-3　1973 年英国家庭食品支出与净收入的关系

注: 虚线表示最小二乘,实线表示 CQR_9。

从图 9-3 中我们发现局部最小二乘估计与局部 CQR 估计整体模式一样,回归函数的局部最小二乘估计与局部 CQR 估计之间的差异在净收入为 2.8 左右时开始变大。从图 9-3(a) 散点图来看，有两个可能的离群点：(2.7902，－2.5207) 和 (2.8063，－2.6105) (在图中用圆圈标出)。为了了解这两个可能的离群点的影响，我们将这两个可能的离群点去除之后重新估计局部 CQR 和局部最小二乘估计。图 9-4(a) 和图 9-4(c) 描绘了重新估计的结果，从图中我们看到，局部 CQR 估计基本没有改变，但局部最小二乘估计改变很大。我们还注意到：去掉这两个可能的离群点之后，局部最小二乘估计变得与局部 CQR 估计很接近。更进一步，作为一个极端演示，我们将这两个可能的离群点保留在数据中并将它们移至更极端的情形，即将 (2.7902，－2.5207) 和 (2.8063，－2.6105) 移至 (2.7902，－6.5207) 和 (2.8063，－6.6105)。经过扭曲这两个观测点后，我们重新计算局部 CQR 估计和局部最小二乘

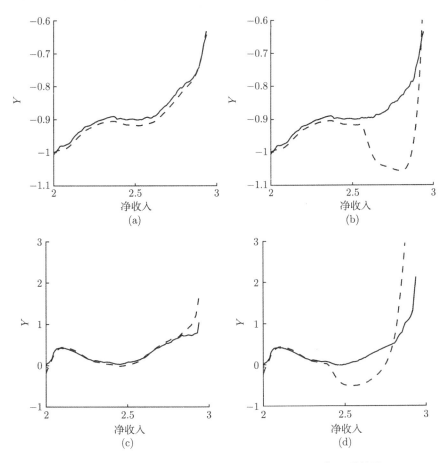

图 9-4 去掉离群点后重新估计局部 CQR 和局部二乘估计

注: (a) 和 (b) 是估计的回归函数; (c) 和 (d) 是它们的导数 (虚线表示最小二乘, 实线表示 CQR$_9$); (a) 和 (c) 表示移去 2 个可能的离群点后的估计; (b) 和 (d) 表示将 2 个可能的离群点移动到更极端情形下的估计。

估计。所得的结果描绘在图 9-4 (b) 和图 9-4(d) 中，结果清楚地显示局部最小二乘估计发生了极大的改变，而局部 CQR 估计几乎不受这两个人工扭曲点的影响。

9.2.5 局部 p 阶多项式复合分位回归光滑和证明

在本节中我们建立局部 p 阶多项式 CQR 估计的渐近性质。于是我们可以将定理 9.2.1 和定理 9.2.2 处理成一般理论下的两个特例。作为局部线性和局部二次 CQR 估计量的推广，局部 p 阶多项式 CQR 估计量由极小化下式构建

$$\sum_{k=1}^{q}\left\{\sum_{i=1}^{n}\rho_{\tau_k}\left[y_i-a_k-\sum_{j=1}^{p}b_j(t_i-t_0)^j\right]K\left(\frac{t_i-t_0}{h}\right)\right\} \tag{9.2.22}$$

并且 $m(t_0)$ 和 $m^{(r)}(t_0)$ 的局部 p 阶多项式 CQR 估计由下式给出

$$\hat{m}(t_0)=\frac{1}{q}\sum_{k=1}^{q}\hat{a}_k \tag{9.2.23}$$

$$\hat{m}^{(r)}(t_0)=r!\hat{b}_r \quad (r=1,\cdots,p)$$

为了渐近分析，我们需要下面的正则条件。

1. $m(t)$ 在 t_0 邻域内有 $p+2$ 阶连续导数。
2. 协变量 T 的边缘密度函数 $f_T(\cdot)$ 在 t_0 邻域内可导且为正。
3. 条件方差 $\sigma^2(t)$ 在 t_0 邻域内连续。
4. 假设误差有对称分布且有正密度函数。

我们选择核函数 K，使得它在 $[-M,M]$ 上具有有限支撑的对称密度函数。下面给出在一些渐近性质陈述中需要用到的记号。令 $\boldsymbol{S}_{11}$ 为 $q\times q$ 维对角矩阵，其对角元为 $f(c_k)(k=1,2,\cdots,q)$；$\boldsymbol{S}_{12}$ 为 $q\times p$ 维矩阵，其 (k,j) 元为 $f(c_k)\mu_j(k=1,2,\cdots,q;\ j=1,\cdots,p)$；$\boldsymbol{S}_{21}=\boldsymbol{S}_{12}^T$；$\boldsymbol{S}_{22}$ 为 $p\times p$ 维矩阵，其 (j,j') 元为 $\sum_{k=1}^{q}f(c_k)\mu_{j+j'}(j,j'=1,\cdots,p)$。类似地，$\sum_{11}$ 为 $q\times q$ 维矩阵，其 (k,k') 元为 $\nu_0\tau_{kk'}(k,k'=1,2,\cdots,q)$；$\boldsymbol{\Sigma}_{12}$ 为 $q\times p$ 维矩阵，其 (k,j) 元为 $\nu_j\sum_{k'=1}^{q}\tau_{kk'}(k=1,2,\cdots,q;\ j=1,\cdots,p)$；$\boldsymbol{\Sigma}_{21}=\boldsymbol{\Sigma}_{12}^T$；$\boldsymbol{\Sigma}_{22}$ 为 $p\times p$ 维矩阵，其 (j,j') 元为 $\left(\sum_{k,k'=1}^{q}\tau_{kk'}\right)\nu_{j+j'}(j,j'=1,\cdots,p)$。定义

$$\boldsymbol{S}=\begin{pmatrix}\boldsymbol{S}_{11}&\boldsymbol{S}_{12}\\\boldsymbol{S}_{21}&\boldsymbol{S}_{22}\end{pmatrix}\quad \boldsymbol{\Sigma}=\begin{pmatrix}\boldsymbol{\Sigma}_{11}&\boldsymbol{\Sigma}_{12}\\\boldsymbol{\Sigma}_{21}&\boldsymbol{\Sigma}_{22}\end{pmatrix}$$

将 $\boldsymbol{S}^{-1}$ 分为 4 个子块

$$\boldsymbol{S}^{-1} = \begin{pmatrix} \boldsymbol{S}_{11} & \boldsymbol{S}_{12} \\ \boldsymbol{S}_{21} & \boldsymbol{S}_{22} \end{pmatrix}^{-1} = \begin{pmatrix} (\boldsymbol{S}^{-1})_{11} & (\boldsymbol{S}^{-1})_{12} \\ (\boldsymbol{S}^{-1})_{21} & (\boldsymbol{S}^{-1})_{22} \end{pmatrix}$$

这里以及下文我们使用 $(\cdot)_{11}$ 表示左上角 $q \times q$ 维矩阵，用 $(\cdot)_{22}$ 表示右下角 $p \times p$ 维矩阵。

更进一步，令

$$u_k = \sqrt{nh}[a_k - m(t_0) - \sigma(t_0)c_k]$$
$$\nu_j = h^j \sqrt{nh}[j!b_j - m^{(j)}(t_0)]/j!$$

令 $x_i = (t_i - t_0)/h$，$K_i = K(x_i)$ 且

$$\Delta_{i,\ k} = \frac{u_k}{\sqrt{nh}} + \sum_{j=1}^{p} \frac{\nu_j x_i^j}{\sqrt{nh}}$$

记 $d_{i,\ k} = c_k[\sigma(t_i) - \sigma(t_0)] + r_{i,\ p}$。其中

$$r_{i,\ p} = m(t_i) - \sum_{j=0}^{p} m^{(j)}(t_0)(t_i - t_0)^j/j!$$

定义 $\eta_{i,\ k}^*$ 为 $I[\varepsilon_i \leqslant c_k - d_{i,\ k}/\sigma(t_i) - \tau_k]$。记 $W_n^* = (w_{11}^*, \ \cdots, \ w_{1q}^*, \ w_{21}^*, \ \cdots, \ w_{2p}^*)^{\mathrm{T}}$，其中

$$w_{1k}^* = \frac{1}{\sqrt{nh}} \sum_{i=1}^{n} K_i \eta_{i,\ k}^*$$

$$w_{2j}^* = \frac{1}{\sqrt{nh}} \sum_{k=1}^{q} \sum_{i=1}^{n} K_i x_i^j \eta_{i,\ k}^*$$

这个局部 p 阶多项式 CQR 估计量的渐近性质基于下面的定理。

定理 9.2.5 记 $\hat{\theta}_n = (\hat{u}_1, \ \cdots, \ \hat{u}_q, \ \hat{v}_1, \ \cdots, \ \hat{v}_p)$ 为 (9.2.33) 的极小子，则在正则条件 1~3 下，我们有

$$\hat{\theta}_n + \frac{\sigma(t_0)}{f_T(t_0)} \boldsymbol{S}^{-1} E(W_n^* \mid \mathbf{T}) \xrightarrow{\mathcal{L}} \mathrm{MVN}\left[\mathbf{0}, \ \frac{\sigma^2(t_0)}{f_T(t_0)} \boldsymbol{S}^{-1} \boldsymbol{\Sigma} \boldsymbol{S}^{-1}\right]$$

定理的证明参见 Kai & Li (2010)。

9.2.6 讨论

在本节中，我们理论分析处理的是 t_0 为内点且误差分布有限方差这一经典情况。应该指出的是，同样的讨论对于边界点同样成立，并且即使在误差方差无限时所提出的方法仍然有效。

(1) 自动边界矫正。为简便起见，考虑 $t \in [0, 1]$ 和 $t_0 = ch$，c 为某一常数。我们证明了局部线性 CQR 或局部二次 CQR 估计量与局部线性或局部二次最小二乘估计的渐近偏差有相同的主导项。这意味着局部 CQR 估计与局部最小二乘估计一样具有自动边界矫正的性质。再则，其渐近相对有效性与内点完全一样。

(2) 误差方差无限。我们证明了即使在条件方差无限时，局部 CQR 估计仍然具有最优的收敛速度和渐近正态性。这个性质对实际应用非常重要，因为在实际问题中我们往往对误差分布信息一无所知。

关于这些结论的理论证明细节，有兴趣的读者可以参考 Kai *et al.*(2009)，那里提供了额外模拟结果来支持这一理论。

在本节中，我们集中考虑了非参数回归模型的局部 CQR 估计。所提出的方法和理论也可以推广到多元变量情形，这可通过考虑变系数模型、可加模型或者半参数模型等。这些推广很有趣，对于这些推广需要进一步研究。

最后，我们还想指出通过利用 MM 算法，局部 CQR 方法可以得到有效的实施。我们的经验表明：对于 $q = 9$ 和样本量为 7 000，在给定的位置上进行局部 CQR 拟合的话，它在微软 1.9GHz 高级计算机上只需运行 0.32s。MM 算法看起来比标准线性规划更有效。

9.2.7　文献介绍

对于该非参模型，局部多项式回归是一种常用且成功的方法 (Fan & Gijbels, 1996)。在出现异常点时，我们可以考虑采用最小绝对偏差 (LAD) 多项式回归 (Fan *et al.*, 1994; Welsh, 1996)。最近由 Zou & Yuan (2008) 提出了复合分位回归 (QCR) 估计量。本节的主要参考文章包括 Kai & Li (2010) 等，介绍了非参数回归函数的局部线性 CQR 估计并研究了其渐近性质；提出了非参数回归函数导函数的局部二次 CQR 估计，这可以进一步减少局部线性 CQR 的估计偏差；并给出了蒙特卡洛模拟研究和真实数据分析的例子。

第10章 高维分位回归模拟

10.1 引　言

许多研究领域频繁收集到高维数据,如基因学、功能性磁共振成像、X 线断层摄影术、经济学、金融学等。高维数据分析给统计学家带来了很多挑战,同时也为新的统计方法和理论的出现提出了更多要求 (Donoho,2000; Fan & Li,2006)。我们考虑超高维回归情况,其中协变量个数 p 随样本量 n 呈指数增长。

当主要目标是确定潜在的模型结构时,分析超高维数据通常利用正则回归。例如, Candes & Tao(2007) 提出了丹齐格选择器 (Dantizig Selector); Candes, Wakin & Boyd 提出了加权 L_1 最小化来增强丹齐格选择器的稀疏性; 在得不到相合初始估计量的情况下, Huang, Ma & Zhang(2008) 考虑了 ALasso; Kim, Choi & Oh(2008) 证明了对于随机误差服从正态分布的超高维回归,光滑切片绝对偏差 (SCAD) 估计量仍然有神谕 (Oracle) 性质; Fan & Lv(2011) 研究了超高维的非凹惩罚似然,并且 Zhang (2010) 提出了对惩罚回归的最小最大凹惩罚 (MCP)。

由于异方差或者其他非–位置–尺度的协变量效应,经常能看到现实中的超高维数据显示了非均匀性。但是目前的方法大部分关注条件分布期望的均值,忽略了这种异质性在科学上的重要性。尽管超高维正则回归最近取得了重大发展,但比起那些置于经典的 $p < n$ 框架中的条件,目前的统计方法理论需要更强的条件。这些条件包括: 同方差随机误差,高斯分布或近高斯分布,关于设计矩阵很难验证的条件以及其他诸如此类的条件等。这两个问题激发我们来研究超高维的非凹惩罚分位回归。

对于齐性数据的模拟,分位回归 (Koenker & Bassett,1978) 已经成为流行的替代最小二乘回归的方法。Koenker (2005) 给予了综合的介绍,He (2009) 对许多有趣的进展做了总体概述。Welsh (1989), Bai & Wu (1994) 以及 He & Shao(2000) 对可能具有非平滑目标函数的高维 M 回归建立了良好的渐近理论。他们的结果应用到分位回归中 (没有稀疏性假设),但需要 $p = o(n)$ 这一假设。

在这篇文章中,我们把分位回归的方法和理论扩展到超高维。为了处理超高维度,我们用诸如 SCAD 和 MCP 等非凸惩罚函数来正则分位回归。直接使用 L_1 惩罚将引入一些不活跃的变量,同时还会增加偏差,这一事实促使我们选择使用非凸惩罚。我们提倡对稀疏性有更一般的解释,即在给定所有待选变量的条件下,假定仅有一小部分协变量会影响响应变量的条件分布；但是，考虑条件分布的不同部分时，对应的相关协变量可能会不同。通过考虑不同分位数，该框架使我们可以探讨响应变量在给定超高维协变量条件下的整个条件分布情况。特别地，该框架可以更真实地刻画不同分位数下的稀疏性模式。

近年来，Li & Zhu (2008)，Zou & Yuan (2008)，Wu & Liu (2009) 及 Kai，Li & Zou (2011) 等人研究了固定维数 p 下的正则分位回归。但是，他们的渐近方法很难推广到超高维问题中。对于高维 p，Belloni & Chernozhukov (2011) 近期为 L_1 惩罚下的分位回归推导了一个很漂亮的误差界。他们还证明了一个后 L_1 分位回归方法可以进一步减小偏差。但是，一般说来，后 L_1 分位回归不具有 Oracle 性质。

我们研究中的主要技术挑战是处理非光滑损失函数和非凸惩罚函数。刻画具有非凸惩罚分位回归的解，需要 Karush-Kuhn-Tucker (KKT) 局部最优性条件，但这一般不是充分条件。为建立渐近理论，我们创新性地为凸差分算法利用一个充分最优条件，这依赖于惩罚分位损失函数的一个凸差分表达式 (10.0.2)。此外，我们运用经验过程技术为有关高维中非光滑目标函数推导出了不同的误差界。我们证明，随着概率趋于 1，这个 Oracle 估计量 (即在真实模型事先已知的前提下，可以将模型中的零系数有效地估计为零，而将非零系数有效地估计出来的估计量)，是在超高维 SCAD 惩罚或 MCP 惩罚下非凸惩罚稀疏性分位回归的一个局部解。

本节建立的稀疏性分位回归理论比文献中所需要的条件弱很多。这减轻了在超高维背景下检验模型充分性的难度。我们不用对随机误差施加严格的分布或矩条件，且允许误差项的分布与协变量有关。Kim *et al.* (2008) 在相当一般的条件下推导了高维 SCAD 惩罚最小二乘回归的 Oracle 性质。他们还发现，对平方误差损失，协变量维数的上确界与误差项分布存在的最大矩有很强的关系。存在的矩阶数越高，允许存在 Oracle 性质的 p 就越大；对正态随机误差，协变量向量可以是超高维的。事实上，文献中大多数超高维惩罚最小二乘理论需要高斯条件或亚高斯条件。

10.2　非凸惩罚的分位回归

10.2.1　方法

首先从记号和统计背景开始。假设我们有随机变量 $(Y_i, x_{i1}, \cdots, x_{ip})(i = 1, \cdots, n)$ 来自下面的模型

$$Y_i = \beta_0 + \beta_1 x_{i1} + \cdots + \beta_p x_{ip} + \varepsilon_i \triangleq x_i^T \beta + \varepsilon_i \tag{10.2.1}$$

式中：$\beta = (\beta_0, \beta_1, \cdots, \beta_p)^T$ 为 $p+1$ 的参数向量。$x_i = (x_{i0}, x_{i1}, \cdots, x_{ip})^T$。

其 $x_{i0} = 1$，且随机误差项 ε_i 对于某个给定的 $\tau(0 < \tau < 1)$ 满足：$P(\varepsilon_i \leqslant 0|\boldsymbol{x}_i) = \tau$。当 $\tau = 1/2$ 时，对应的就是中位数回归。协变量的个数 $p = p_n$ 允许随着样本量 n 递增，有可能 p_n 远远大于 n。

假定真实的参数向量 $\boldsymbol{\beta}_0 = (\beta_{00}, \beta_{01}, \cdots, \beta_{0p_n})^T$ 是稀疏的，即假设其大部分元素精确为 0。令 $\mathbf{A} = \{1 \leqslant j \leqslant p_n; \beta_{0j} \neq 0\}$ 是非零系数的指标集。令 $|\mathbf{A}| = q_n$ 表示集合 $\mathbf{A}$ 的势，允许其随 n 递增。在第一节中讨论稀疏性的一般框架下，集合 $\mathbf{A}$ 和 q_n 的非零系数个数都依赖于分位数 τ。为了简便起见，我们略去这种依赖性记号。不失一般性，我们假定向量 $\boldsymbol{\beta}_0$ 最后的 $(p_n - q_n)$ 个元素为 0。也就是说，可以将 $\boldsymbol{\beta}_0$ 表示为 $bm\boldsymbol{\beta_0} = (\boldsymbol{\beta}_{01}^T, \boldsymbol{0}^T)^T$，$\boldsymbol{0}$ 表示 $p_n - q_n$ 维的零向量。Oracle 估计定义为 $\hat{\boldsymbol{\beta}} = (\hat{\boldsymbol{\beta}}_1^T, \boldsymbol{0}^T)^T$。其中，$\hat{\boldsymbol{\beta}}_1^T$ 是用那些指标在集合 $\mathbf{A}$ 中的相关协变量拟合模型所得分位回归估计。

令 $\boldsymbol{X}$ 是 $n \times (p_n + 1)$ 协变量矩阵。其中，$\mathbf{x}_1^T, \cdots, \mathbf{x}_n^T$ 是 $\boldsymbol{X}$ 的行。我们也可以将 $\boldsymbol{X}$ 表示为 $\boldsymbol{X} = (\mathbf{1}, \boldsymbol{X}_1, \cdots, \boldsymbol{X}_{p_n})$。其中，$\mathbf{1}, \boldsymbol{X}_1, \cdots, \boldsymbol{X}_{p_n}$ 是 $\boldsymbol{X}$ 的列；且这里的 $\mathbf{1}$ 是 n 维元素都为 1 的列向量。定义 $\boldsymbol{X}_A$ 是由 $\boldsymbol{X}$ 前 $(q_n + 1)$ 列构成的子矩阵，类似地，可定义 $\boldsymbol{X}_{A^C}$ 为由 $\boldsymbol{X}$ 的后 $(p_n - q_n)$ 列构成的子矩阵。为了简便起见，在下文中我们忽略掉下标 n，也用 p 和 q 分别代表 p_n 和 q_n。

我们考虑如下惩罚分位回归模型

$$Q(\beta) = \frac{1}{n}\sum_{i=1}^n \rho_\tau(Y_i - \boldsymbol{x}_i^T\beta) + \sum_{j=1}^p p_\lambda(|\beta_j|) \qquad (10.2.2)$$

式中：$\rho_\tau(u) = u[\tau - I(u < 0)]$ 为分位损失函数 (或检验函数)；$p_\lambda(\cdot)$ 为一个惩罚函数；λ 为其调节参数。

调节参数 λ 控制着模型的复杂性，并且以某种合适的速率趋向于零。当 $t \in [0, \infty)$ 时，惩罚函数 $p_\lambda(t)$ 假定为非降的、凹的，在 $(0, +\infty)$ 上具有连续的导数 $\dot{p}_\lambda(t)$。众所周知：带有凸的 L_1 惩罚的回归趋向于对大的系数进行过度惩罚，并导致最后选定的模型中会包含一些虚假变量。对于预测未来观测值来说，这可能不是很重要的关注。但当我们进行数据分析的目的是洞察响应变量与协变量之间的关系时，这就是非常不可取的。

本节我们考虑了两个常用的非凸惩罚：SCAD 惩罚和 MCP。SCAD 惩罚函数定义如下

$$p_\lambda(|\beta|) = \lambda|\beta|I(0 \leqslant |\beta| < \lambda) + \frac{a\lambda|\beta| - (\beta^2 + \lambda^2)/2}{a - 1}I(\lambda \leqslant |\beta| \leqslant a\lambda) +$$
$$\frac{(a+1)\lambda^2}{2}I(|\beta| > a\lambda) \qquad (a > 2)$$

MCP 函数具有如下形式

$$p_\lambda(|\beta|) = \lambda \left(|\beta| - \frac{\beta^2}{2a\lambda} \right) I(0 \leqslant |\beta| < a\lambda) + \frac{a\lambda^2}{2} I(|\beta| \geqslant a\lambda) \quad (a > 1)$$

10.2.2　差分凸规划及充分局部最优性条件

Kim et $al.$ (2008) 通过探索局部优性充分条件, 对高维 SCAD 惩罚最小二乘回归进行了研究。他们的公式与 Fan & Li (2001), Fan & Peng (2004) 以及 Fan & Lv (2008) 中的非常不同。对于 SCAD 惩罚的最小二乘问题, 目标函数也是非光滑和非凸的。通过将 β_j 写成 $\beta_j = \beta_j^+ - \beta_j^-$, 其中 β_j^+ 和 β_j^- 分别代表 β_j 的正部和负部, 那么最小化问题将可以等价地表达为一个带约束的光滑优化问题。所以, 约束的光滑优化理论中的二阶充分条件便可以应用了。而在更宽松的条件下, 对局部优性条件进行研究可直接推导出 SCAD 惩罚最小二乘的渐近理论。

然而, 就我们考虑的问题而言, 不仅损失函数本身是非光滑的, 惩罚函数也是非光滑的。因此, 以上对于约束光滑化的局部最优性条件便不可使用了。于是本节中, 我们应用一个新的局部优性条件, 它能够更好地应用在更广泛的一类非凸、非光滑的最优化问题中。更具体地说, 我们考虑属于以下类别的惩罚损失函数:

$$F = \{f(x) : f(x) = g(x) - h(x), \ g, \ h \ \text{都是凸的}\}$$

这类函数族非常宽, 除分位损失函数外, 它还包含了许多其他有用的损失函数。如最小二乘损失函数, 对于稳健估计的 Huber 损失函数以及许多用在分类中的损失函数。基于凸差分表达式的数值算法及其收敛性质见 Tao & An (1997), An & Tao (2005) 以及许多其他的非光滑优化文献中已经进行了非常系统的研究。这些算法也见证了统计学习中近来的一些应用, 比如 Liu, Shen & Doss (2005); Collobert, Sinz & Weston(2006); Kim et $al.$(2008) 以及 Wu & Liu (2009) 等。

令 $\mathrm{dom}(g) = \{\mathbf{x} : g(\mathbf{x}) < \infty\}$ 为 g 的有效定义域, 令 $\partial g(\mathbf{x}_0) = \{\mathbf{t} : g(\mathbf{x}) \geqslant g(\mathbf{x}_0) + (\mathbf{x} - \mathbf{x}_0)^T \mathbf{t}, \ \forall \mathbf{x}\}$ 为凸函数 $g(\mathbf{x})$ 在点 $\mathbf{x}_0$ 的偏微分。尽管基于 KKT 条件的次梯度常常用于刻画非光滑优化的必要条件, 但是在统计文献中对于非光滑非凸的目标函数的局部最小值集刻画的充分条件还未探索过。下面这个引理, 首次被 Tao & An (1997) 提出和证明, 也可参见 An & Tao (2005), 为基于次微分积分的差分凸规划提供了一个局部优化的充分条件。

引理 10.2.1　如果存在点 $\mathbf{x}^*$ 的一个邻域 U, 使得 $\partial h(\mathbf{x}) \cap \partial g(\mathbf{x}^*) \neq \varnothing, \ \forall \mathbf{x} \in U \cap \mathrm{dom}(g)$。则 $\mathbf{x}^*$ 是 $g(\mathbf{x}) - h(\mathbf{x})$ 的一个局部最小化子。

10.2.3　渐近性质

为了记号方便, 我们记 $\boldsymbol{x}_i^T = (\boldsymbol{z}_i^T, \ \boldsymbol{w}_i^T)$, 其中 $\boldsymbol{z}_i = (x_{i0}, x_{i1}, \cdots, x_{iq_n})^T$ 以及 $\boldsymbol{w}_i = (x_{i(q_n+1)}, \cdots, x_{ip_n})^T$。我们考虑协变量来自一个固定设计的情形。为了

证明方便，我们施加如下正则条件。

1. (关于设计的条件) 存在一个正的常数 M_1 使得 $\frac{1}{n}\boldsymbol{X}_j^T\boldsymbol{X}_j \leqslant M_1(j=1,\cdots,q)$。另外，$|x_{ij}| \leqslant M_1$，对于所有的 $1 \leqslant i \leqslant n$, $q+1 \leqslant j \leqslant p$。

2. (关于潜在的真实模型的条件) 存在正的常数 $M_2 < M_3$ 满足

$$M_2 \leqslant \lambda_{\min}(n^{-1}\boldsymbol{X}_A^T\boldsymbol{X}_A) \leqslant \lambda_{\max}(n^{-1}\boldsymbol{X}_A^T\boldsymbol{X}_A) \leqslant M_3$$

式中：$\lambda_{\min}$ 和 $\lambda_{\max}$ 分别为最小和最大的特征值。假定 $\max\limits_{1\leqslant i\leqslant n}\|\boldsymbol{z}_i\| = O_p(\sqrt{q})$，$(\boldsymbol{z}_i, Y_i)$ 在一般的位置上 (Koenker, 2005)，而且假定在真实的模型中至少存在一个连续的协变量。

3. (关于随机误差的条件)ϵ_i 的条件概率密度函数，表示为 $f_i(\cdot|\boldsymbol{z}_i)$。对于所有的 i，在零点附近的邻域中是一致有界的，不会取到 0 和 ∞。

4. (关于真实模型维度的条件) 真实模型的维数 q_n 满足 $q_n = O(n^{c_1})$，对于某个 $0 \leqslant c_1 < 1/2$。

5. (关于最小信号的条件) 存在正的常数 c_2 和 M_4，使得 $2c_1 < c_2 \leqslant 1$ 及 $n^{(1-c_2)/2}\min\limits_{1\leqslant j\leqslant q_n}|\beta_{0j}| \geqslant M_4$。

条件 1、2、4 和 5 在高维推断的文献中是常见的。例如，条件 2 要求与真实模型对应的设计阵应有很好的表现，条件 5 要求最小信号不能衰减得太快。这些条件与 Kim *et al.* (2008) 中是相似的。另一方面，条件 3 与超高维回归文献中通常假定的高斯或次高斯的误差条件相比更宽松。

为了在 10.2 节中，能够将问题用数学式明确地表达出来，我们首先注意到式 (10.2.2) 中的非凸惩罚分位回归的目标函数 $Q(\beta)$ 可以写成关于 β 的两个凸函数的差：

$$Q(\beta) = g(\beta) - h(\beta)$$

式中：$g(\beta) = n^{-1}\sum\limits_{i=1}^n \rho_\tau(Y_i - x_i^T\beta) + \lambda\sum\limits_{j=1}^p |\beta_j|$; $h(\beta) = \sum\limits_{j=1}^p H_\lambda(\beta_j)$。

这个 $H_\lambda(\beta_j)$ 的形式与惩罚函数有关。对于 SCAD 惩罚，我们有

$$H_\lambda(\beta_j) = \{(\beta_j^2 - 2\lambda|\beta_j| + \lambda^2)/[2(a-1)]\}I(\lambda \leqslant |\beta_j| \leqslant a\lambda)$$
$$+ [\lambda|\beta_j| - (a+1)\lambda^2/2]I(|\beta_j| > a\lambda)$$

而对于 MCP 函数，我们有

$$H_\lambda(\beta_j) = [\beta_j^2/(2a)]I(0 \leqslant |\beta_j| < a\lambda) + (\lambda|\beta_j| - a\lambda^2/2)I(|\beta_j| \geqslant a\lambda)$$

接下来，我们分别刻画 $g(\beta)$ 和 $h(\beta)$ 的次微分。$g(\beta)$ 在 β 处的次微分可以由如下

向量集定义

$$\partial g(\beta) = \Big\{ \xi = (\xi_0, \ \xi_1, \ \cdots, \ \xi_p) \in \mathcal{R}^{p+1} : \xi_j$$

$$= -\tau n^{-1} \sum_{i=1}^{n} x_{ij} I(Y_i - \mathbf{x}_i^T \beta > 0) + (1-\tau) n^{-1} \times$$

$$\sum_{i=1}^{n} x_{ij} I(Y_i - \mathbf{x}_i^T \beta < 0) - n^{-1} \sum_{i=1}^{n} x_{ij} v_i + \lambda l_j \Big\}$$

式中: $\nu_i = 0$。

如果 $Y_i - \mathbf{x}_i^T \beta \neq 0$, 否则 $\nu_i \in [\tau-1, \ \tau]$, $l_0 = 0$; 如果 $\beta_j \neq 0$ 则有 $l_j = \mathrm{sgn}(\beta_j)$, 对于 $1 \leqslant j \leqslant p$, 否则 $l_j \in [-1, \ 1]$。在此定义中, $\mathrm{sgn}(t) = I[t > 0] - I(t < 0)$。此外, 对于 SCAD 惩罚以及 MCP 惩罚, $h(\beta)$ 处处可导。因此, $h(\beta)$ 在任意点 β 的次微分是单独存在的

$$\partial h(\beta) = \Big[\mu = (\mu_0, \ \mu_1, \ \cdots, \ \mu_p)^T \in R^{p+1} : \mu_j = \frac{\partial h(\beta)}{\partial \beta_j} \Big]$$

对于两个惩罚函数都有: 当 $j = 0$ 时, $\dfrac{\partial h(\beta)}{\partial \beta_j} = 0$。当 $1 \leqslant j \leqslant p$ 时, 如果是 SCAD 惩罚有

$$\frac{\partial h(\beta)}{\partial \beta_j} = \{[\beta_j - \lambda \,\mathrm{sgn}(\beta_j)]/(a-1)\} I(\lambda \leqslant |\beta_j| \leqslant a\lambda) + \lambda \,\mathrm{sgn}(\beta_j) I(|\beta_j| > a\lambda)$$

而对于 MCP 惩罚则有

$$\frac{\partial h(\beta)}{\partial \beta_j} = (\beta_j/a) I(0 \leqslant |\beta_j| < a\lambda) + \lambda \,\mathrm{sgn}(\beta_j) I(|\beta_j| \geqslant a\lambda)$$

引理 10.2.1 的应用就是用了如下两个引理的结果。对于非惩罚的分位回归次梯度函数集定义为由向量集: $\boldsymbol{s}(\hat{\beta}) = [s_0(\hat{\beta}), \ s_1(\hat{\beta}), \ \cdots, \ s_p(\hat{\beta})]^T$, 这里

$$s_j(\hat{\beta}) = -\frac{\tau}{n} \sum_{i=1}^{n} x_{ij} I(Y_i - \mathbf{x}_i^T \beta > 0) + \frac{1-\tau}{n} \sum_{i=1}^{n} x_{ij} I(Y_i - \mathbf{x}_i^T \beta < 0) - \frac{1}{n} \sum_{i=1}^{n} x_{ij} v_i$$

对于 $j = 0, \ 1, \ \cdots, \ p$, 如果有 $Y_i - \mathbf{x}_i^T \hat{\beta} \neq 0$, 则 $v_i = 0$; 否则 $v_i \in [\tau-1, \ \tau]$。

引理 10.2.2 和引理 10.2.3 刻画了 Oracle 估计量的性质以及与活跃变量及不活跃变量相对应的次梯度函数。

引理 10.2.2　假设条件 $1 \sim 5$ 成立, 并且 $\lambda = o[n^{-(1-c_2)/2}]$。对于 Oracle 估计量 $\hat{\beta}$, 存在 v_i^* 满足: 若 $Y_i - \mathbf{x}_i^T \hat{\beta} \neq 0$, 则 $v_i^* = 0$; 若 $Y_i - \mathbf{x}_i^T \hat{\beta} = 0$, 则 $v_i \in [\tau-1, \ \tau]$, 使得对于 $s_j(\hat{\beta})$, 有 $v_i = v_i^*$ 依概率趋近于 1。我们有

$$s_j(\hat{\beta}) = 0 \quad (j = 0, \ 1, \ \cdots, \ q)$$

$$|\hat{\beta}_j| \geqslant (a + 1/2)\lambda \quad (j = 1, \ \cdots, \ q) \tag{10.2.3}$$

引理 10.2.3　假设条件 $1 \sim 5$ 成立并有 $qn^{-1/2} = o(\lambda)$，$\log p = o(n\lambda^2)$ 以及 $n\lambda^2 \to \infty$。对于定义在引理 10.2.2 中的 Oracle 估计量 $\hat{\beta}$ 以及 $s_j(\hat{\beta})$，依概率趋近于 1 有

$$|s_j(\hat{\beta})| \leqslant \lambda \quad (j = q+1, \cdots, p)$$
$$|\hat{\beta}_j| = 0 \quad (j = q+1, \cdots, p) \tag{10.2.4}$$

应用以上结果，我们将会证明依概率近于 1，对于以 $\hat{\beta}$ 为中心，$\lambda/2$ 为半径的 R^{p+1} 中的球内任意 β，存在一个次梯度 $\xi = (\xi_0, \xi_1, \cdots, \xi_p)^T \in \partial g(\hat{\beta})$，满足

$$\frac{\partial h(\beta)}{\partial \beta_j} = \xi_j \quad (j = 0, 1, \cdots, p) \tag{10.2.5}$$

于是根据引理 10.2.1，我们可以证明 Oracle 估计量 $\hat{\beta}$ 本身就是一个局部最小化子。这点可以由下面的定理概括出。

定理 10.2.1　假设条件 $1 \sim 5$，令 $\mathbf{B}_n(\lambda)$ 是具有 SCAD 惩罚或 MCP 惩罚以及调节参数 λ 的非凸惩罚分位回归目标函数 (10.2.2) 的局部最小化子构成的集合。那么，当 $n \to \infty$ 时，Oracle 估计量 $\hat{\beta} = (\hat{\beta}_1^T, 0^T)^T$ 满足

$$P[\hat{\beta} \in B_n(\lambda)] \to 1$$

如果有 $\lambda = o[n^{-(1-c_2)/2}]$，则 $n^{-1/2}q = o(\lambda)$ 以及 $\log(p) = o(n\lambda^2)$。

注：可以证明如果我们取 $\lambda = n^{-1/2+\delta}$，对于某个 $c_1 < \delta < c_2/2$，则这些条件能够被满足。我们也可以有 $p = o[\exp(n^\delta)]$。因此，在没有误差限制性分布条件或矩条件的超高维中，稀疏分位回归的 Oracle 性质依然成立，而这些条件常施加于非凸惩罚的均值回归中。这个结果大大补充和加强了 Fan & Li (2001) 中对于固定的 p，Fan & Peng (2004) 中对于很大 p 但 $p < n$ 以及 Kim *et al.* (2008) 中对于 $p > n$ 及 Fan & Lv (2008) 中对于 $p \gg n$ 的结果。

10.3　模拟与实际数据例子

本节我们探究一下带 SCAD 惩罚 (记为 Q-SCAD) 和 MCP 惩罚 (记为 Q-MCP) 的非凸惩罚分位回归的表现。我们将其与基于最小二乘的高维回归方法做比较，后者包括 Lasso，适应性 Lasso (Zou, 2006) 以及 SCAD 和 MCP 惩罚最小二乘回归 (分别记为 LS-Lasso，LS-ALasso，LS-SCAD 和 LS-MCP)。我们也将所提方法与 Lasso 惩罚和 ALasso 惩罚 (记为 Q-Lasso 和 Q-ALasso) 进行比较。我们感兴趣的是当 $p > n$ 时各种方法的表现以及非凸惩罚分位回归识别特征变量的能力，这些变量在最小二乘方法中往往被忽略。

在我们的数值试验中, 我们采取 Zou & Li (2008) 中的局部线性逼近算法 (LLA) 来执行分位回归计算。当最小化 $\frac{1}{n}\sum_{i=1}^{n}\rho_{\tau}(Y_i - \mathbf{x}_i^T\beta) + \sum_{j=1}^{p}p_{\lambda}(|\beta_j|)$ 时, 我们通过令 $\tilde{\beta}_j^0 = 0(j = 1, \cdots, p)$ 进行初始化。对于每一步 $t \geqslant 1$, 我们通过求解下式来更新

$$\min_{\beta}\left[\frac{1}{n}\sum_{i=1}^{n}\rho_{\tau}(Y_i - x_i^T\beta) + \sum_{j=1}^{p}\omega_j^{t-1}|\beta_j|\right] \tag{10.3.6}$$

式中: $\omega_j^{(t-1)} = p'_{\lambda}[|\tilde{\beta}_j^{(t-1)}|] \geqslant 0$ 为权重; $p'_{\lambda}(\cdot)$ 为 $p_{\lambda}(\cdot)$ 的导数。

仿照文献, 当 $\tilde{\beta}_j^{(t-1)} = 0$ 时, 我们取 $p'_{\lambda}(0)$ 为 $p'_{\lambda}(0^+) = \lambda$。在松弛变量 ξ_i^+, ξ_i^- 和 ζ_j 的帮助下, 式 (10.3.6) 中的凸优化问题可以等价地改写为

$$\min_{\xi, \zeta}\left\{\frac{1}{n}\sum_{i=1}^{n}[\tau\xi_i^+ + (1-\tau)\xi_i^-] + \sum_{j=1}^{p}\omega_j^{(t-1)}\zeta_j\right\}$$

约束条件为

$$\xi_i^+ - \xi_i^- = Y_i - \mathbf{x}_i^T\beta \quad (i = 1, \cdots, n) \tag{10.3.7}$$
$$\xi_i^+ \geqslant 0, \ \xi_i^- \geqslant 0 \quad (i = 1, \cdots, n)$$
$$\zeta_j \geqslant \beta_j, \ \zeta_j \geqslant -\beta_j \quad (j = 1, \cdots, p)$$

式 (10.3.7) 是一个线性规划问题, 可以用许多存在的优化软件包求解。当权重 $\omega_j^{(t)}(j = 1, \cdots, p)$ 稳定化, 即当 $\sum_{j=1}^{p}[\omega_j^{(t-1)} - \omega_j^{(t)}]^2$ 充分小时, 我们称 LLA 算法收敛。另外, 我们也可以利用 Li & Zhu (2008) 中所提出的算法来计算 L_1 惩罚分位回归的求解路径。

10.3.1　模拟研究

预测变量 $X_1, \cdots, X_p$ 由以下两步产生: 首先我们从多元正态分布 $N_p(\mathbf{0}, \boldsymbol{\Sigma})$ 中产生 $(\tilde{X}_1, \cdots, \tilde{X}_p)^T$, 其中 $\boldsymbol{\Sigma} = (\sigma_{jk})_{p\times p}$ 且 $\sigma_{jk} = 0.5^{|j-k|}$; 第二步令 $X_1 = \Phi(\tilde{X}_1)$ 和 $X_j = \tilde{X}_j(j = 2, \cdots, p)$。刻度响应由下面的异方差位置–刻度模型产生

$$Y = X_6 + X_{12} + X_{15} + X_{20} + 0.7X_1\epsilon$$

式中: $\epsilon \sim N(0, 1)$ 与协变量独立。

在这个模拟试验中, 给定这些协变量, X_1 对响应变量 Y 的条件分布起实质性作用, 但是并不直接影响条件分布的中心 (均值或中位数)。

我们考虑样本量 $n = 300$ 且协变量维数 $p = 400$ 和 $p = 600$ 的情况。对分位回归, 我们考虑 3 个不同的分位数: $\tau = 0.3, 0.5$ 和 0.7。类似于 Mazumder, Friedman &

Hastie (2011)，我们产生大小样本量为 $10n$ 的调整数据集，并通过最小化估计的预测误差 (要么基于均方误差损失或者检验函数损失，这取决于用哪个损失函数来估计) 来选择正则参数。在 10.3.2 节的实际数据分析中，我们利用交叉核实方法来选择调整参数。

对于一个给定的方法，我们用 $\hat{\beta} = (\hat{\beta}_1, \cdots, \hat{\beta}_p)^T$ 记所得的估计。基于 100 次重复模拟，我们根据下列准则来比较前面提到的不同方法的表现。

Size: 非零回归系数 $\hat{\beta}_j \neq 0$ $(j = 1, \cdots, p)$ 的平均个数。

P1: 包含所有真实重要变量的运行比例，即对任意的 $j \geqslant 1$，有 $\hat{\beta}_j \neq 0$，满足 $\beta_j \neq 0$。对于基于 LS 方法和条件中位数回归，这就是指包含 X_6, X_{12}, X_{15} 和 X_{20} 的百分比；而对于 $\tau = 0.3$ 和 $\tau = 0.7$ 分位回归而言，X_1 也应该被包括在内。

P2: X_1 被选择的模拟运行比例。

AE: 绝对估计误差定义为 $\sum_{j=0}^{p} |\hat{\beta}_j - \beta_j|$。

表 10-1 和表 10-2 分别给出了 $p = 400$ 和 $p = 600$ 的模拟结果。这两个表中，标识为 "Size" 和 "AE" 所在列的括号中的数值是基于 100 次模拟的相应样本标准差。模拟结果证实了非凸惩罚分位回归在选择和估计相应协变量时令人满意的表现。在这个例子中，基于最小二乘方法中，特征变量 X_1 常常会被忽略。但是在几种不同的分位回归检验中，它被包括的概率很高。

表 10-1   模拟结果 $(p=400)$

方法	Size	p_1	p_2	AE
LS-Lasso	25.08 (0.60)	100%	6%	1.37 (0.03)
Q-Lasso ($\tau = 0.5$)	24.43 (0.97)	100%	6%	0.95 (0.03)
Q-Lasso ($\tau = 0.3$)	29.83 (0.97)	99%	99%	1.67 (0.05)
Q-Lasso ($\tau = 0.7$)	29.65 (0.90)	98%	98%	1.58 (0.05)
LS-ALasso	5.02 (0.08)	100%	0%	0.38 (0.02)
Q-ALasso ($\tau = 0.5$)	4.66 (0.09)	100%	1%	0.18 (0.01)
Q-ALasso ($\tau = 0.3$)	6.98 (0.20)	100%	92%	0.63 (0.02)
Q-ALasso ($\tau = 0.7$)	6.43 (0.15)	100%	98%	0.61 (0.02)
LS-SCAD	5.83 (0.20)	100%	0%	0.37 (0.01)
Q-SCAD ($\tau = 0.5$)	5.86 (0.24)	100%	0%	0.19 (0.01)
Q-SCAD ($\tau = 0.3$)	8.29 (0.34)	99%	99%	0.32 (0.02)
Q-SCAD ($\tau = 0.7$)	7.96 (0.30)	97%	97%	0.30 (0.02)
LS-MCP	5.43 (0.17)	100%	0%	0.37 (0.01)
Q-MCP ($\tau = 0.5$)	5.33 (0.18)	100%	1%	0.19 (0.01)
Q-MCP ($\tau = 0.3$)	6.76 (0.25)	99%	99%	0.31 (0.02)
Q-MCP ($\tau = 0.7$)	6.66 (0.20)	97%	97%	0.29 (0.02)

表 10-2   模拟结果 ($p=600$)

方法	Size	p_1	p_2	AE
LS-Lasso	24.30 (0.61)	100%	7%	1.40 (0.03)
Q-Lasso ($\tau = 0.5$)	25.76 (0.94)	100%	10%	1.05 (0.03)
Q-Lasso ($\tau = 0.3$)	34.02 (1.27)	93%	93%	1.82 (0.06)
Q-Lasso ($\tau = 0.7$)	32.74 (1.22)	90%	90%	1.78 (0.05)
LS-ALasso	4.68 (0.08)	100%	0%	0.37(0.02)
Q-ALasso ($\tau = 0.5$)	4.53 (0.09)	100%	0%	0.18 (0.01)
Q-ALasso ($\tau = 0.3$)	6.58 (0.21)	100%	86%	0.67 (0.02)
Q-ALasso ($\tau = 0.7$)	6.19 (0.16)	100%	86%	0.62 (0.01)
LS-SCAD	6.04 (0.25)	100%	0%	0.38 (0.02)
Q-SCAD ($\tau = 0.5$)	6.14 (0.36)	100%	7%	0.19 (0.01)
Q-SCAD ($\tau = 0.3$)	9.02 (0.45)	94%	94%	0.40 (0.03)
Q-SCAD ($\tau = 0.7$)	9.97 (0.54)	100%	100%	0.38 (0.03)
LS-MCP	5.56 (0.19)	100%	0%	0.38 (0.02)
Q-MCP ($\tau = 0.5$)	5.33 (0.23)	100%	3%	0.18 (0.01)
Q-MCP ($\tau = 0.3$)	6.98 (0.28)	94%	94%	0.38 (0.03)
Q-MCP ($\tau = 0.7$)	7.56 (0.32)	98%	98%	0.37 (0.03)

这说明通过考虑几个不同的分位数，很可能能得到条件分布的潜在结构的更完整图像。从表 10-1、表 10-2 看出：①就异方差情形下的 AE 而言，惩罚分位回归估计改进了相应的惩罚最小二乘估计，而且可以观察到 Lasso 惩罚分位回归倾向于选择更大的模型；②Lasso 惩罚分位回归倾向于选择一个稀疏模型，但是对于 $\tau = 0.3$ 和 $\tau = 0.7$ 大体上有更高的估计误差。

我们也比较了惩罚分位回归和惩罚最小二乘估计的计算时间。正如所料，惩罚最小二乘花费更少的计算时间，大致是惩罚分位回归计算时间的 2/3。我们也对误差是柯西分布时的惩罚最小和惩罚分位回归的表现做了研究。也如所料，对于柯西分布误差，惩罚中位数回归要比惩罚最小二乘估计表现优良。

10.3.2   应用

本节通过一个实际数据集的实证分析来说明本节提出的方法。该数据集来自一项研究，该研究使用基因表达的数量性状位点 (eQTL) 在实验鼠上定位，以研究哺乳动物眼睛的基因调节并识别与人类眼疾相关的基因变异 (Scheetz *et al.*，2006)。

这个基因芯片数据集包含 31 042 个探测集的表达值，这些探测集探测了 120 只年龄为 12 周的子嗣鼠。我们先进行如下两步预处理：将 120 只鼠中最大表达式值小于所有表达值 0.25 分位的探测删除，并删除这 120 只鼠中表达值域小于 2 的所有探测。经过这两步预处理，该数据集还剩下 18 958 个探测。与 Huang *et al.* (2008) 和 Kim *et al.*(2008) 一样，本节研究对应探测 1389163_at 的基因 TRIM32 表

达值 (已识别该基因与人类视网膜遗传疾病相关), 是如何依赖于其他探测表达值的。正如 Scheetz *et al.* (2006) 一文所指出的: "和任何被证明可以改变与某种疾病相关的某个基因或者基因族的基因元素本身就是涉及该疾病的很好的候选者, 或者作为主要因素, 或者作为基因调节因子。"我们根据其他探测的表达值与 1389163_at 对应表达值的相关系数的绝对值大小对其他探测进行排序, 并选出排在前 300 的探测。然后, 我们对这 300 个探测运用多种方法分析。

首先, 我们使用惩罚最小二乘方法和 10.3.1 节研究的惩罚分位回归方法分析 120 只鼠构成的完整数据集。我们用五折交叉核实方法为每种方法选择调整参数。表 10-3 的第 2 列报告了每种方法选择的非零系数的个数。

表 10-3 基因芯片数据分析

方法	所有数据非零系数个数	随机剖分	
		平均非零系数个数	预测误差
LS-Lasso	24	21.66(1.67)	1.57(0.03)
Q-Lasso ($\tau = 0.5$)	23	18.36(0.83)	1.51(0.03)
Q-Lasso ($\tau = 0.3$)	23	19.34(1.69)	1.54(0.04)
Q-Lasso ($\tau = 0.7$)	17	15.54(0.71)	1.29(0.02)
LS-ALasso	16	15.22(10.72)	1.65(0.27)
Q-ALasso ($\tau = 0.5$)	13	11.28(0.65)	1.53(0.03)
Q-ALasso ($\tau = 0.3$)	19	12.52(1.38)	1.57(0.03)
Q-ALasso ($\tau = 0.7$)	10	9.16(0.48)	1.32(0.03)
LS-SCAD	10	11.32(1.16)	1.72(0.04)
Q-SCAD ($\tau = 0.5$)	23	18.32(0.82)	1.51(0.03)
Q-SCAD ($\tau = 0.3$)	23	17.66(1.52)	1.56(0.04)
Q-SCAD ($\tau = 0.7$)	19	15.72(0.72)	1.30(0.03)
LS-MCP	5	9.08(1.68)	1.82(0.04)
Q-MCP ($\tau = 0.5$)	23	17.64(0.82)	1.52(0.03)
Q-MCP ($\tau = 0.3$)	15	16.36(1.53)	1.57(0.04)
Q-MCP ($\tau = 0.7$)	16	13.92(0.72)	1.31(0.03)

我们有两个有趣的发现: ①惩罚最小二乘方法和惩罚分位回归方法选择出的模型大小不同。尤其是关注于条件分布均值的 LS-SCAD 和 LS-MCP, 相对于 Q-SCAD 和 Q-MCP 方法选择的模型更稀疏。一种合理的解释是: 某个探测仅在条件分布的上尾和下尾表现出与目标探测很强的相关性; 也有可能是一个探测在两个尾部呈现相反的相关性。基于最小二乘的方法很可能错失了这种非齐性信号。②对比在不同分位 $\tau = 0.3, 0.5, 0.7$ 上选择的探测可以揭示更详细的信息。由 Q-SCAD(0.3), Q-SCAD(0.5) 和 Q-SCAD(0.7) 选择的探测分别列在表 10-4 左边、中间和右边的第 1 列。尽管 Q-SCAD 在 $\tau = 0.5$ 和 $\tau = 0.3$ 分位上都选择了 23 个探测器, 但各自选择的这 23 个探测器中仅有 7 个重合, 且仅有 2 个探测 1382835_at

和 1393382_at 均在 3 个分位点上被选出。我们从 Q-MCP 方法中发现类似的现象。这进一步证明了数据存在异方差性。

然后，我们进行 50 个随机剖分。对每个剖分，我们随机地选择 80 只老鼠作为训练数据，其他 40 只老鼠作为测试数据。我们通过五折交叉核实方法为训练数据选择调整参数。我们在表 10-3 的第 3 列报告了非零回归系数的平均个数，其括号中的数值是贯穿 50 个剖分相应的标准误差。我们在测试集上评估每份的表现。对 Q-SCAD 和 Q-MCP，我们使用检验函数在 τ 分位的结果评估损失。由于平方损失函数与检验损失函数不具有直接的可比性，因此，我们对基于最小二乘方法使用 $\tau = 0.5$ 分位对应的检验损失 (即 L_1 损失)。表 10-3 的最后一列报告了这些结果，其中预测误差定义为 $\sum_{i=1}^{40} \rho_\tau(y_i - \hat{y}_i)$，括号中的结果是 50 个剖分下对应的标准误差。此外，相比惩罚最小二乘方法，惩罚分位回归方法改进了预测误差。就得到的预测误差而言，Q-Lasso，Q-ALasso，Q-SCAD 和 Q-MCP 方法的表现都很相近。但是与 Q-SCAD 和 Q-MCP 方法相比，Q-Lasso 方法倾向于选择不太稀疏的模型，而 Q-ALasso 倾向于选择较为稀疏的模型。

正如对每个变量选择方法一样，不同的重复次数可能选择出不同的重要变量子集。在表 10-4 的左边列报告了使用完整数据集选择出的探测，右边列给出这些探测出现在 50 个随机剖分的最终模型中的频数；Q-SCAD(0.3)，Q-SCAD(0.5) 和 Q-SCAD(0.7) 方法对应的结果分别在左边、中间和右边。探测器按照相应频数减小的顺序排序。从表 10-4 中，我们观察到某些探测在不同的 τ 值上都有很高的频数，例如 1383996_at 和 1382835_at；而其他的探测器如 1383901_at 则不是。这意味着有些探测在整个 τ 上都很重要，而有些探测则可能仅对某些 τ 很重要。

表 10-4   实际数据的频率

Q-SCAD(0.3)		Q-SCAD(0.5)		Q-SCAD(0.7)	
Probe	Frequency	Probe	Frequency	Probe	Frequency
1383996_at	31	1383996_at	43	1379597_at	38
1389584_at	26	1382835_at	40	1383901_at	34
1393382_at	24	1390401_at	27	1382835_at	34
1397865_at	24	1383673_at	24	1383996_at	34
1370429_at	23	1393382_at	24	1393543_at	30
1382835_at	23	1395342_at	23	1393684_at	27
1380033_at	22	1389584_at	21	1379971_at	23
1383749_at	20	1393543_at	20	1382263_at	22
1378935_at	18	1390569_at	20	1393033_at	19
1383604_at	15	1374106_at	18	1385043_at	18

续表

Q-SCAD(0.3)		Q-SCAD(0.5)		Q-SCAD(0.7)	
Probe	Frequency	Probe	Frequency	Probe	Frequency
1379920_at	13	1383901_at	18	1393382_at	17
1383673_at	12	1393684_at	16	1371194_at	16
1383522_at	11	1390788_at	16	1383110_at	12
1384466_at	10	1394399_at	14	1395415_at	6
1374126_at	10	1383749_at	14	1383502_at	6
1382585_at	10	1395415_at	13	1383254_at	5
1394596_at	10	1385043_at	12	1387713_at	5
1383849_at	10	1374131_at	10	1374953_at	3
1380884_at	7	1394596_at	10	1382517_at	1
1369353_at	5	1385944_at	9		
1377944_at	5	1378935_at	9		
1370655_at	4	1371242_at	8		
1379567_at	1	1379004_at	8		

Wei & He (2009) 提出一种基于模拟的绘图方法来评估分位回归过程的整体拟合欠佳性。我们对 SCAD 惩罚分位回归运用这种绘图诊断方法。更明确地, 我们首先从均匀分布 (0, 1) 中随机生成一个 $\tilde{\tau}$。然后在 $\tilde{\tau}$ 分位上拟合 SCAD 惩罚分位回归模型, 其中的正则参数通过五折交叉核实方法选择。记这个惩罚估计量为 $\hat{\beta}(\tilde{\tau})$, 且我们生成响应变量 $Y = \mathbf{x}^T \hat{\beta}(\tilde{\tau})$。其中, $\mathbf{x}$ 从观测到的协变量向量集中随机抽取。我们将这个过程重复 200 次, 由假设的线性模型产生一个包含 200 个模拟响应值的样本。这些模拟样本对观测样本的 QQ 图见图 10-1。QQ 图近似一条 45° 的直线, 表明这是一个合理的拟合。

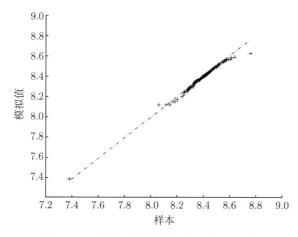

图 10-1 模拟样本对观测样本的 QQ 图

10.4　文献介绍

高维数据分析为新的统计方法和理论的出现提出了要求 (Donoho，2000；Fan & Li, 2006)。当确定潜在的模型结构时, 分析超高维数据通常利用正则回归。例如, Candes & Tao(2007) 提出了丹齐格选择器 (Dantizig Selector)；Candes，Wakin & Boyd 提出了加权 L_1 最小化来增强丹齐格选择器的稀疏性；在得不到相合初始估计量的情况下, Huang，Ma & Zhang(2008) 考虑了 ALasso；Kim，Choi & Oh(2008) 证明了对于随机误差服从正态分布的超高维回归, 光滑切片绝对偏差 (SCAD) 估计量仍然有神谕 (Oracle) 性质；Fan & Lv(2011) 研究了超高维的非凹惩罚似然, 并且 Zhang (2010) 提出了对惩罚回归的最小最大凹惩罚 (MCP)。本节主要参考 Wang, Wu & Li (2012)，介绍如何将分位回归的方法和理论扩展到超高维。

第11章　贝叶斯分位回归模拟

本章通过使用一个基于非对称拉普拉斯分布的似然函数来介绍贝叶斯分位回归的思想。可以看到，不管数据的原始分布是什么，使用非对称拉普拉斯分布都是一种自然而有效的拟合贝叶斯分位回归的方式。这篇文章也证明了：对于未知的模型参数使用不合适的先验，仍然可以得到一个合适的联合后验。具体方法将通过一个模拟数据和两组真实数据集予以说明。

11.1　引　言

线性模型的经典理论本质上是关于条件期望模型的理论。然而，在许多应用中，超越这些模型将会带来丰硕的成果。分位回归正在逐渐兴起，用来对线性及非线性模型进行统计分析。近年来，出现了许多关于分位回归应用的文章 (Cole & Green，1992；Royston & Altman，1994；Buchinsky，1998；Yu & Jones，1998；He *et al.*，1998；Koenker & Machado，1999)。分位回归通过一般的估计条件分位函数族的技术，弥补了基于条件均值函数估计的最小二乘方法的不足。这极大地拓展了参数和非参数回归方法的灵活性。

在严格的线性模型中，Koenker & Bassett (1978) 提出了一个简单估计条件分位的方法。考虑下面的标准线性模型

$$y_t = \mu(\boldsymbol{x}_t) + \varepsilon_t$$

式中：$\mu(x_t)$ 为给定回归自变量 $\boldsymbol{x}_t$ 条件下的 y_t 的条件均值，ε_t 是误差项，其均值为 0 且方差恒定。

没有必要去指定误差项的分布，因为可以允许它有任何形式。典型地，

$$\mu(x_t) = \boldsymbol{x}_t'\boldsymbol{\beta}$$

式中：$\boldsymbol{\beta}$ 为系数向量。

ε_t 的 $p(0 < p < 1)$ 阶分位数为 q_p，即有 $P(\varepsilon_t < q_p) = p$。则给定 $\boldsymbol{x}_t$ 的 y_t 的 p 阶分位为

$$q_p(y_t|x_t) = \boldsymbol{x}_t'\boldsymbol{\beta}(p) \tag{11.1.1}$$

式中：$\boldsymbol{\beta}(p)$ 为依赖于 p 的系数向量。

$p(0 < p < 1)$ 阶分位回归系数是满足如下分位回归最小化问题的任意解 $\hat{\boldsymbol{\beta}}(p)$

$$\min_{\boldsymbol{\beta}} \sum_t \rho_p(y_t - \boldsymbol{x}'_t \boldsymbol{\beta}) \tag{11.1.2}$$

式中: 损失函数为

$$\rho_p(u) - u[p - I(u < 0)] \tag{11.1.3}$$

等价地, 我们可以将式 (11.1.3) 写为

$$\rho_p(u) = u[pI(u > 0) - (1 - p)I(u < 0)]$$

或者

$$\rho_p(u) = \frac{|u| + (2p - 1)u}{2}$$

与通常使用的均值回归估计的二次损失相反, 分位回归使用了一种特殊类型的损失函数。这样的损失函数具有稳健的性质 (Huber, 1981)。例如, 对于观测值中的异常点, 条件中位数回归比条件均值回归要稳健得多。

近年来, 在广义线性和可加模型中, 贝叶斯推断的应用已经非常规范。使用 MCMC 方法可以轻松地获得后验分布, 即使是在非常复杂的情形下。这使得贝叶斯推断不仅有用而且具有吸引力。与传统的方法不同, 贝叶斯推断可以提供给我们感兴趣的参数的完整后验分布。除此以外, 在预测的时候, 贝叶斯推断还允许将参数的不确定性考虑进来。然而, 在分位回归领域内, 关于贝叶斯方法的论文非常少, 仅有 Fatti & Senaoana (1998) 一篇。

本节我们对分位回归采用了贝叶斯的方法, 这和前述的处理分位回归的方法有很大不同。不管数据的真实分布是什么, 分位回归的贝叶斯推断可以通过非对称拉普拉斯分布构建似然函数来进行 (Koenker & Bassett, 1978)。一般大家可以选择任何的先验, 但我们在此证明, 使用不合适的均匀先验仍然可以得到一个合适的联合后验。

11.2　非对称拉普拉斯分布

很容易看出, 损失函数式 (11.1.3) 的最小化实际上等价于相互独立的服从非对称拉普拉斯分布的随机变量构成的似然函数的最大化。让我们回顾一下非对称拉普拉斯分布的性质。如果一个随机变量 U 服从非对称拉普拉斯分布, 则它的概率密度是如下形式

$$f_p(u) = p(1 - p) \exp[-\rho_p(u)] \tag{11.2.1}$$

式中：$0 < p < 1$，$\rho_p(u)$ 如式 (11.1.3) 中定义；当 $p = 1/2$，式 (11.2.1) 就变成了 $\exp(-|u|/2)/4$，这是标准对称拉普拉斯分布的密度函数。对于所有其他的 p，式 (11.2.1) 中的密度函数都是非对称的。当且仅当 $p < 1/2$ 时，U 的期望为 $(1 - 2p)/p(1 - p)$ 为正。方差为 $(1 - 2p + 2p^2)/p^2(1 - p)^2$，当 p 接近 0 和 1 时，方差将迅速增大。

在式 (11.2.1) 的密度中，我们也可以将位置参数 μ 和刻度参数 σ 包含在内，这样式 (11.2.1) 就变成了

$$f_p(u;\ \mu,\ \sigma) = \frac{p(1-p)}{\sigma} \exp\left[-\rho_\tau \left(\frac{u - \mu}{\sigma} \right) \right]$$

11.3 贝叶斯分位回归

在传统的广义线性模型中，像 11.1 节介绍的那样，未知回归参数 $\boldsymbol{\beta}$ 的估计需要如下两个假设得到。

1. 在给定 $\boldsymbol{x}$ 条件下，随机变量 $Y_i (i = 1,\ \cdots,\ n)$ 相互独立，分布为由 $\mu_i = E(Y_i|\boldsymbol{x}_i)$ 值界定的 $f(y;\ u_i)$。
2. 对一些已知的链接函数 g，有 $g(\mu_i) = \boldsymbol{x}_i'\boldsymbol{\beta}$。

当我们对条件分位 $q_p(y_i|\boldsymbol{x}_i)$ 而不是条件均值 $E(Y_i|\boldsymbol{x}_i)$ 感兴趣的时候，我们仍然可以在广义线性模型结构内描述解决这个问题，无论数据的原始分布是什么，如果满足如下两个假设即可以：

1. $f(y;\ \mu_i)$ 是非对称拉普拉斯的。
2. $g(\mu_i) = \boldsymbol{x}_i'\boldsymbol{\beta}(p) = q_p(y_i|\boldsymbol{x}_i)\ (0 < p < 1)$。

我们采用了贝叶斯方法做推断。尽管在分位回归方程中没有得到标准的共轭先验分布，但 MCMC 方法可以提取未知参数的后验分布。事实上，这允许使用任何先验分布。除了告诉我们所有未知参数的边际和联合后验分布之外，通过 MCMC 方法，贝叶斯结构还可以提供一个非常方便的、在预测推断中包含参数的不确定性的方式。

给定观测值 $\boldsymbol{y} = (y_1,\ \cdots,\ y_n)$，$\boldsymbol{\beta}$ 的后验分布 $\pi(\boldsymbol{\beta}|\boldsymbol{y})$ 为

$$\pi(\boldsymbol{\beta}|\boldsymbol{y}) \propto L(\boldsymbol{y}|\boldsymbol{\beta})p(\boldsymbol{\beta}) \tag{11.3.1}$$

式中：$p(\boldsymbol{\beta})$ 为 $\boldsymbol{\beta}$ 的先验分布；$L(\boldsymbol{y}|\boldsymbol{\beta})$ 为似然函数。

即

$$L(\boldsymbol{y}|\boldsymbol{\beta}) = p^n(1-p)^n \exp\left[-\sum_i \rho_p(y_i - \boldsymbol{x}_i'\boldsymbol{\beta}) \right] \tag{11.3.2}$$

此式由式 (11.2.1) 得到, 只不过加入了位置参数 $\mu_i = \boldsymbol{x}_i'\boldsymbol{\beta}$。

　　理论上, 在式 (11.3.1) 中我们可以使用任意的先验, 但在缺少实际信息的情况下, 我们可以对 $\boldsymbol{\beta}$ 的所有元素使用不合适的均匀先验分布。由于得到的联合后验分布是和似然成比例的, 因此这个选择就会非常吸引人。我们将在下一部分讨论使用这样的先验的合理性。

11.4　参数的不合适先验

　　在这一部分, 我们将证明: 如果我们选择的 $\boldsymbol{\beta}$ 是不合适的, 但得到的联合后验分布仍可能是合适的。

　　定理 11.4.1　如果似然函数如式 (11.3.2) 给出, 并且有 $p(\boldsymbol{\beta}) \propto 1$, 那么 $\boldsymbol{\beta}$ 的后验分布 $\pi(\boldsymbol{\beta}|\boldsymbol{y})$ 将有一个合适的分布。即有

$$0 < \int \pi(\boldsymbol{\beta}|\boldsymbol{y})\mathrm{d}\boldsymbol{\beta} < \infty$$

或者, 等价的有

$$0 < \int L(\boldsymbol{y}|\boldsymbol{\beta})p(\boldsymbol{\beta})\mathrm{d}\boldsymbol{\beta} < \infty$$

　　实际上, 通常假设 $\boldsymbol{\beta}$ 的元素有着独立的不合适均匀先验分布。这是上述定理的一种特殊情形。

11.5　应　　用

　　我们通过一个模拟的例子和两个实际的例子来阐释我们的贝叶斯分位回归方法。两个实际的例子是基于免疫球蛋白 IgG 和累积损失数据集的。

　　在所有的例子中, 我们对 $\boldsymbol{\beta}$ 的所有元素都选择独立的不合适均匀先验。我们通过单元 Metropolis-Hastings 算法 (Gilks *et al.*, 1996) 从先验中抽取样本。每个参数都通过随机游走 Metropolis 算法产生, 其中建议分布为以马尔可夫链的当前状态为中心的正态分布。在所有的例子中, 时间序列图都显示出马尔可夫链几乎在前几次迭代中就达到了收敛。但是, 我们在每个例子中都舍弃了前 1000 次的运行结果, 然后从 $\boldsymbol{\beta}$ 的每个元的后验分布中取 5000 个值。

11.5.1　模拟数据

　　我们从下面的模型中产生了 $n = 100$ 个观测

$$Y_i = \mu + \varepsilon_i \quad (i = 1, \cdots, n)$$

假设 $\mu = 5.0$, $\varepsilon_i \sim N(0, 1)(i = 1, \cdots, n)$。

在这个例子中，我们仅有一个参数 μ ，因此 $q_p(y_i) = \beta(p)$ 。图 11-1 展示了 $\beta(p)$ 的后验直方图，这里 $p = 0.05, 0.25, 0.75$ 和 0.95 。表 11-1 比较了 $\beta(p)$ 的后验均值和真值。

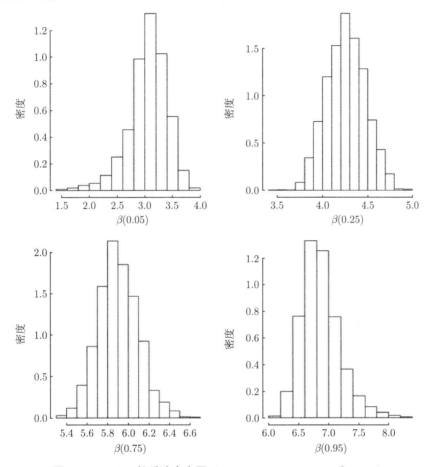

图 11-1　$\beta(p)$ 的后验直方图 $(p = 0.05，0.25，0.75$ 和 $0.95)$

表 11-1　$\beta(p)$ 的后验均值、后验标准差和真值

p	Mean $\beta(p)$	S.D. $\beta(p)$	True $\beta(p)$
0.05	3.055	0.365	3.355
0.25	4.262	0.264	4.326
0.75	5.904	0.289	5.674
0.95	6.864	0.503	6.645

尽管我们此处的结果是来自正态样本的，但这个方法对于其他的误差分布同样表现很好，说明使用非对称拉普拉斯分布来对分位回归建模是令人满意的。

11.5.2　免疫球蛋白 IgG

这个数据集是指 298 个 6 个月到 6 岁儿童的免疫球蛋白 IgG 的血清浓度 (克/升)。对于数据集的详细描述可参考 Issacs *et al.* (1983) 和 Royston & Altman (1994)。我们分析的这个特殊数据集来自于后一个参考文献。IgG 和年龄之间的关系相当微弱，可以观察到偏度为正。

我们将 IgC 的血清浓度作为响应变量 Y，使用一个关于年龄 x 的二次模型来拟合分位回归

$$q_p(y|x) = \beta_0(p) + \beta_1(p)x + \beta_2(p)x^2$$

式中：$0 < p < 1$。

图 11-2 是数据的散点图和 $p = 0.05, 0.25, 0.50, 0.75$ 和 0.95 的分位回归曲线。图 11-2 中曲线上的每一点都是后验预测分布的均值，由下式给出

$$\pi(y|\boldsymbol{y}) = \int f[y; \boldsymbol{\beta}(p)]\pi[\boldsymbol{\beta}(p)|y]\mathrm{d}\boldsymbol{\beta}(p)$$

我们同样可以通过 $\boldsymbol{\beta}(p)$ 的 MCMC 样本在这些曲线两侧获得需要的置信区间。图 11-3 展示了极值分位点 $p = 0.05$ 和 0.95 的分位回归曲线及它们的 95% 的逐点置信区间。

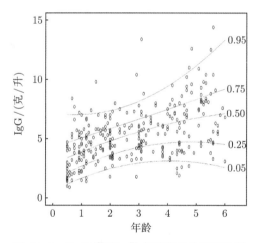

图 11-2　IgG 数据：散点图和分位回归曲线

11.5.3　烟囱损失

在下例中，我们考虑了 Brownlee(1965) 的累积损耗数据。这个数据被研究过很多次，Venables & Ripley (2000) 也讨论过。数据来自于将氨氧化为硝酸盐的设备操作中，连续 21 天测量。有 3 个解释变量：设备中的空气流动速度 x_1，冷却水进口温度 x_2 和酸浓度 x_3。响应变量 Y 是氧化损失的百分比 ($\times 10$)。

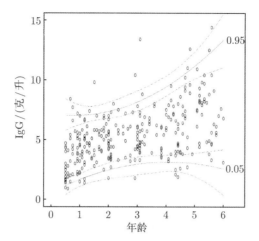

图 11-3 IgG 数据：分位回归曲线和相应的逐点 95% 置信区间 ($p = 0.05$ 和 0.95)

注：实线为均值，虚线为 2.5% 的上下置信区间。

对于数据，我们所拟合的分位回归形式为

$$q_p(y|x) = \beta_0(p) + \beta_1(p)x_1 + \beta_2(p)x_2 + \beta_3(p)x_3$$

表 11-2 展示了后验均值、中位数和每个参数的 95% 置信区间。图 11-4 展示了 $p = 0.05$ 和 $p = 0.95$ 的分位回归参数联合后验分布的经验样本。回归参数之间的关系从图上很容易看出。

表 11-2 烟囱损失数据：后验均值、中位数和每个参数的 95% 置信区间

参数	2.5% 分位数	97.5% 分位数	均值	中位数
$\beta_0(0.95)$	-92.546	34.332	-44.259	-50.269
$\beta_1(0.95)$	0.180	1.453	0.751	0.737
$\beta_2(0.95)$	-0.165	2.731	1.478	1.549
$\beta_3(0.95)$	-1.016	0.601	-0.098	-0.045

本节中，我们展示了如何对于分位回归进行贝叶斯推断。这是通过将贝叶斯分位回归的问题放在广义线性模型的框架下解决，并且使用了非对称拉普拉斯分布构建似然函数。我们通过一个模拟的例子和两个实例展现了该方法的实用性。模型未知参数的后验分布是通过 MCMC 方法得到的，在 S-PLUS 软件中实施。使用非对称拉普拉斯分布使该方法变得稳健，贝叶斯方法为我们提供了感兴趣的参数的完整的单元素后验分布及联合后验分布，且容易实施。

尽管在例子中我们选择了不合适的均匀先验，但也可以以相当明了的方式使用其他形式的先验。我们估计分位函数的方法可以被推广到空间模型及随机效应模型中。这也是正在研究的内容。

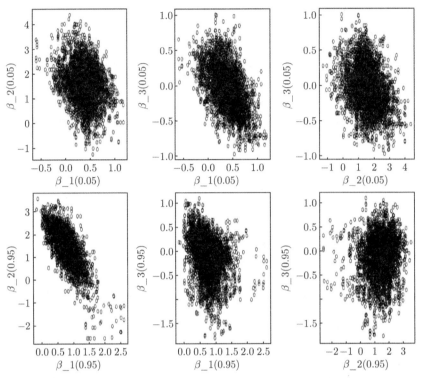

图 11-4   烟囱损失数据：分位回归曲线和相应的逐点 95% 置信区间 ($p = 0.05$ 和 0.95)

注：实线为均值，虚线为 2.5% 的上、下置信区间。

11.6   文 献 介 绍

近年来出现了许多关于分位回归应用的文章，如 Cole & Green (1992)，Royston & Altman (1994)，Buchinsky (1998)，Yu & Jones (1998)，He *et al.* (1998)，Koenker & Machado (1999)。在严格的线性模型中，Koenker & Bassett(1978) 提出了一个简单估计条件分位的方法。与通常使用的均值回归估计的二次损失相反，分位回归使用了一种特殊类型的损失函数，这样的损失函数具有稳健的性质 (Huber，1981)。近年来，在广义线性和可加模型中，贝叶斯推断的应用已经非常规范。使用 MCMC 方法可以轻松地获得后验分布，即使是在非常复杂的情形下，也使得贝叶斯推断不仅有用而且具有吸引力。然而，在分位回归领域内，关于贝叶斯方法的论文非常少。本节主要参考 Fatti & Senaoana (1998) 与 Yu & Moyeed (2001) 的文章：简要介绍一下非对称拉普拉斯分布；从贝叶斯的角度描述了分位回归的理论和计算框架；证明了使用不合适的均匀先验仍然可以得到一个合适的联合后验分布；以及通过一个模拟数据和两个真实例子说明贝叶斯分位回归的操作流程。

下篇

分层分位回归模拟

第12章 分层样条分位回归模拟

12.1 引 言

Mosteller & Tukey (1977) 说过，线性模型的经典理论是条件期望模型理论。但是在很多应用问题中，超越这些模型往往会有更好的结果。最近大量有关估计异方差模型的文献提出了一种有望更加灵活的方法：对不同的条件分位点分别考虑相应的模型。对于严格的线性模型，Koenker & Bassen (1978) 中提出了一种简单的估计条件分位模型的方法。对于非参模型，Stone (1977) 和 Truong (1989) 中用的是最近邻方法；Samanta (1989)、Antoch & Janssen (1989) 用的是核圈思想；White (1990) 用的是神经网络方法。这些文献提供了很多估计条件分位响应曲面的方法。Cole (1988) 基于高斯 Cox-Box 模型提出一种估计条件分位模型的参数方法，但是这种参数方法很受限制并且不稳健。另请参阅 Cox & Jones 对 Cole (1988) 的讨论，其中提到了本章所用方法中的平滑样条变体。

本章用分位响应的线性样条参数化以及 Koenker & Bassett (1978) 中的方法来例证一种条件分位函数非参估计的新方法。因为样条分析在解决非参回归问题时是一种很灵活的工具，所以其应用基本上限于估计条件中心趋势模型。如：Hastie & Tibshirani (1986) 中有关在广义线性模型中的应用；Buja，Hastie & Tib Shirani (1989) 及其讨论；Lenth (1977) 或者 Cox (1983) 有关样条模型的 M 估计。

我们的应用涉及拟合芝加哥城镇地区家庭日用电需求量的模型。因为生产电力是资本密集型技术，所以了解负载周期的决定因素是很重要的，特别是当负载异常大时 (即在需求分布位于高分位点时)，这种了解显得尤其重要。我们首先拟合几百个家庭日/周用电量需求周期的参数模型，然后分层估计模型中诸如电器拥有量和家庭规模等家庭特征的参数来研究这个问题。

我们相信类似的模型也可以用于其他很多问题。例如，在对污染数据的研究中，与代表极端集中水平的高分位点模型相比，均值集中水平模型更偏离公共卫生的视点。在对标准化验证数据的分析中，均值趋势分析可以作为其他分位点模型的一个补充。在估计生产技术的计量经济学文献中，大部分的兴趣集中在所谓的前沿生产函数模型，这种模型和随机生产面的极端分位点模型紧密联系。

12.2　条件分位函数的非参估计

Koenker & Bassett (1978，1982) 这两篇文献中考虑过条件分位函数的线性模型估计。基本的思想非常简单：一个标量随机变量 Y 的任何 θ 阶分位点可以看成是如下方程的一个解

$$\min_{t \in \mathbb{R}} E[\rho_\theta(Y - t)]$$

式中：$\rho_\theta(\cdot)$ 为"检验"函数：$\rho_\theta(u) = \theta|u|^+ + (1-\theta)|u|^-$。

为了看到这一点，我们观察到

$$\frac{\mathrm{d}}{\mathrm{d}t}\left[\theta\int_t^\infty (y - t)\mathrm{d}F + (1-\theta)\int_{-\infty}^t (t - y)\mathrm{d}F\right] = F(t) - \theta$$

因此当取最小值时，$F(t) = \theta$。这样，样本 $(y_1, \cdots, y_n)$ 的 θ 阶样本分位点是下式的解

$$\min_{t \in \mathbb{R}} \sum_{i=1}^n \rho_\theta(y_i - t)$$

同理，在回归的背景下，我们可能做出 Y 的条件分位点和协变量向量 $x \in \mathbf{R^p}$ 线性相关的假设，也就是说

$$F_Y^{-1}(\theta|x) = x'\beta \tag{12.2.1}$$

我们也许定义样本 $(y_i, x_i)_{i=1}^n$ 的 θ 阶分位点是下式的解

$$\min_{b \in \mathbb{R^p}} \sum_{i=1}^n \rho_\theta(y_i - x_i b) \tag{12.2.2}$$

Koenker & Bassett (1978) 中讨论了一些有限样本回归分位点的性质，Ruppert & Carroll (1980)，Jurečková (1984)，Koenker & Bassett (1982)，Koenker & Portnoy (1990)，Portnoy & Koenker (1989) 以及其他文献进一步讨论了它们的渐近性质。

大部分现有理论处理的都是带独立同分布、可加扰动项的线性模型的简单情况

$$y_i = x_i\beta + u_i$$

在这种主流情形下，回归分位点和单样本问题中普通样本分位点的渐近理论极其相近。在非独立同分布的情形下，会复杂一些。式 (12.2.1) 对 $\sum x_i x_i'$ 增长的设计条件以及条件密度为 3 个正则条件保证了其相合性，见 Bassett & Koenker (1982)。Portnoy (1990) 最近证明了一个回归分位数的线性表示理论，这意味着在一般的异方差和依赖性条件下的渐近正态结果。White (1990) 用神经网络方法在更加一般的条件下研究了条件分位函数的估计。

本章我们尤其关注设计空间上响应变量条件分布相当异质的情况。为了说明这一思想，我们考虑单个设计变量 x，而且只假定相应变量 y 的条件分位数在 x 处是平滑的。对于合适的基函数 $\{\phi_i(x)\}_{i=1}^{\infty}$，我们可以逼近 Y 的条件分位函数

$$F_Y^{-1}(\theta|x) = \sum_{i=1}^{p} \beta_i(\theta)\phi_i(\theta) \tag{12.2.3}$$

显然，$\{\phi_i(x)\}$ 的选择根据实际应用而定，但是三次样条在解决很多问题时有明显的优势。为了与 Wahba (1990) 提出的平滑样条模型区分开，像模型 (12.2.3) 这样的对样条 $\phi_i(\cdot)$ 能做出合理选择的模型有时被人们称作参数样条或者回归样条。Poirier (1973) 和 Stone (1985) 在这种参数样条方面做了不少工作。另参考 Ramsey (1988) 对参数和平滑样条相对优势的讨论。

Ramsey (1988) 中也着重讨论了先验单调限制假设以及平滑性条件下样条模型的方便性。一种等分样条的方法是简单地将积分 B 样条作为基函数，并且将相关的系数限制为正。凸性也可以通过另外一种积分加进去。在此我们不对这种方法进行研究，但是可能会注意到：因为这个非限制性问题是一个线性问题，所以在对参数向量的非负限制下解决式 (12.2.2) 仅仅需要稍微做一下计算方面的修正即可。Ramsey (1988) 的讨论也包含了很多重要的关于先验单调性限制方面的警告评注。

在我们的应用问题中，使用周期样条显然很重要，因为我们将对每日/周用电量需求负载循环的每小时模型进行估计。这也是比较直接的。我们只是要求样条的两端要平滑连接，和其他结点位置连接一样，如 DeBoor (1978)。在三次样条情形中，这意味着函数及其前两阶导数在端点处连续。

样条公式所提供的回归函数的参数化是一个显著优势，因为它使得估计成了线性规划中的一个直接练习题。关于线性回归分位数问题相关算法的详细描述见 Koenker & D'Orey (1987) 以及 Osborne (1989)。另外基于最近邻方法 (Stone，1977) 和 Truong (1989) 或者核方法 (Samanta，1989；Antoch & Janssen，1989)，计算过程相当复杂，因为它们是在每个需要估计的分位数点上分别进行计算。当设计空间的维数适中时，例如大于 2 时，核方法和最近邻方法就会出现问题。然而，Buja *et al.* (1989) 中讨论的可加样条模型似乎可以给出一种易于处理也比较灵活的方法来估计多元非参条件分位函数。

在较弱的关于设计与线性界定式 (12.2.3) 的正则条件下，Bassett & Koenker (1986) 建立了回归分位的强相合性。附录中我们粗略地讨论了较弱条件下 $\hat{\beta}_n(\theta)$ 的渐近正态性。在下一节我们开始讨论回归分位数估计背景下的假设检验问题。

12.3　回归分位数模型的 Wald 检验

在关于条件分位数模型的任何计划中, 很重要的一方面就是有能力做正式的检验和模型选择。在此我们简要描述一下 Wald 检验方法, 更详细的描述见 Koenker & Bassett (1982), 另外一种方法见 Gutenbrunner, Jurečková, Koenker & Portnoy (1990)。

当线性模型误差独立同分布时, 有一个比较成熟的渐近理论可以引导构造检验。在这种情况下, 如果误差分布 F 在 θ 阶分位点处密度函数为正, 即 $\{f[F^{-1}(\theta)] > 0\}$, 并且设计阵满足 $\lim n^{-1}(\hat{\beta}_\theta)X'X \to D$。其中, 对于所有的 i, 有 $x_{i1} = 1$; 那么, $\hat{\beta}$ 是渐近正态的, 即

$$\sqrt{n}(\hat{\beta}_\theta - \beta_\theta) \xrightarrow{d} N[0, \omega^2(\theta, F)D^{-1}]$$

式中: $\beta_\theta = \beta + [F^{-1}(\theta), 0, \cdots, 0]'$; $\omega^2(\theta, F) = \theta(1-\theta)/f^2[F^{-1}(\theta)]$。

这样如果我们要检验

$$\mathrm{H}_0 : R\beta = r$$

很自然我们会将此检验基于以下统计量

$$\xi = \hat{\omega}^{-2}(R\hat{\beta}_\theta - r)'[R(X'X)^{-1}R']^{-1}(R\hat{\beta}_\theta - r)$$

式中: $\hat{\omega}$ 为 ω 的某个相合估计。

θ 阶分位函数的参数估计精度内在地由此分位点处的密度大小控制。因此, 密度较小的分布尾部分位数内在地很难估计, 因此相应的检验相对于密度大的分位数而言检验功效有所减少。

冗余参数 ω 估计的本质特征是估计所谓的稀疏函数或者按照 Parzen (1979) 中的术语就是分位密度

$$s(\theta) = 1/f[F^{-1}(\theta)]$$

Siddiqui (1960) 中建议, 在单样本 $X_1, \cdots, X_n$ 模型中,

$$\hat{s}_n = \frac{n}{2d_n}\{X_{[(n\theta)+d_\theta+1]} - X_{[(n\theta)-d_\theta+1]}\} \tag{12.3.1}$$

式中: $X_{(i)}$ 为 $\{X_1, \cdots, X_n\}$ 中第 i 个顺序统计量; d_n 为下文中的"窗宽"参数; $[x]$ 为 x 最大整数。

这是一种直方图法, 当然也可能用到其他方法, 如 Koenker & Bassett (1982) 以及 Welsh (1987)。Hall & Sheather (1988) 集中研究了 Siddiqui 方法, 这里我们主要关注的就是这种方法。

标准密度估计渐近理论，参见 Sheather & Maritz (1983)，建议式 (12.3.1) 中的窗宽 d_n 应该为 $d_n = [d_0 n^{4/5}]$，其中 $d_0 = [4.5s^2(q)/s''(q)^2]^{1/5}$。在图 12-1 中关于 3 种很不同的分布形状，我们说明了最优窗宽 d_0。在下文的检验中会用到这个"标准的" d_0。

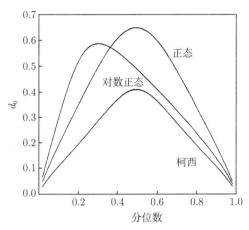

图 12-1　3 种密度下的最优 Siddiqui 常数

注: 注意常数的选择不随真实的密度位置和尺度的变化而变化。

在独立同分布情形中，这种方法可以执行，只需通过用 θ 阶回归分位拟合的残差相应的顺序统计量代替式 (12.3.1) 中的顺序统计量即可。但是，在非独立同分布的情况下，这会导致 $\hat{\beta}_\theta$ 的协方差阵的不相合估计。详细内容见附录，在独立非同分布情况下，有

$$\sqrt{n}(\hat{\beta}_\theta - \beta_\theta) \xrightarrow{d} N(0, \ B_n^{-1} A_n B_n^{-1}) \tag{12.3.2}$$

式中：$A_n = \theta(1-\theta)X'X/n$，并且

$$B_n = n^{-1} \sum_{i=1}^{n} f_i[F_i^{-1}(\theta)]x_i x_i'$$

式中：f_i 和 F_i 分别为第 i 个误差观测值的边际密度和分布函数。

估计 B_n 的方法有好几种。我们的计划和稀疏估计文献相近，具体方法如下。取 d_n(在上文中已经定义) 为 $\theta^{\pm} = [(n\theta) \pm d_n + 1]/n$ 计算 $\hat{\beta}_\theta$。于是在每个样本点上计算

$$\hat{f}_i = 2d_n/[nx_i(\hat{\beta}_{\theta+} - \hat{\beta}_{\theta-})]$$

最后有

$$\hat{B}_n = n^{-1} \sum \hat{f}_i x_i x_i'$$

在相当弱的条件下, 可以证明依概率有 $\hat{B}_n \xrightarrow{d} B_n$。这样该方法提供了一个分位, 它与受欢迎的最小二乘估计量的 Eicker-White 异方差性相合的协方差矩阵相似。这些 $\hat{f}_i$ 可能存在的麻烦问题就是它们可能为负数这一事实。我们知道 (Bassett & Koenker, 1982) $\bar{x}'\beta(\theta)$ 是关于 θ 单调的, 但是在 $x_i \neq \bar{x}$ 处, 这一点不能保证。这个问题的实际重要性有待观察。

12.4　条件分位分层模型及其在家庭用电量需求上的应用

实际上, 所有关于家庭用电量需求的统计模型都应用的是 Lindley & Smith (1972) 提出的分层线性模型的变体, 如 Hendricks, Koenker & Poirier (1979); Engle, Granger, Rice & Weiss (1986); Poirier (1987)。这种研究的共同数据结构是关于大量样本的个体家庭的长时间高频数据 —— 在本文的例子中, 我们用的是大约 400 个家庭于 1985 年 4 个夏季月份每小时的时间序列数据。分析通常分两个阶段: 在第一阶段, 对每一个家庭估计出需求周期模型, 将几千个时序观测值有效地压缩为几个估计的参数; 在第二阶段, 基于家庭的各种人口和经济特征界定出模型, 用以解释这些需求周期参数的横截面扰动性。Smith (1973) 从贝叶斯立场很好地阐述了这种分层模型的统计理论基础。

12.4.1　第一阶段: 家庭需求周期的时间序列模型

在这一节, 我们描述了参数模型用以刻画家庭需求行为。为了便于解释, 可以很方便地将我们的模型分解为两个成分: 一个是严格周期的, 因此对天气变化并不敏感; 另一个是对天气敏感的成分。我们将依次对这两个成分进行描述。

令 $y(t)$ 代表 t 时刻的需求, 单位是千瓦 (kW)。一个严格的周期需求模型可以描述为以下形式

$$y(t) = \sum \alpha_i x_i(t) + u(t) \tag{12.4.3}$$

式中: $x_i(t)(i = 1, \cdots, p)$ 为某种时间间隔下的周期函数, 比如说一天或者是一周。

12.4.3 节对误差过程 $u(t)$ 将做进一步的讨论。显然, 对 $x_i(t)$ 的函数形式有很多可能富有竞争性的选择。在好几个研究中, 它们是经典的傅里叶序列中的正弦和余弦。在我们早期的工作中, 我们使用的是三次样条。我们更喜欢样条公式, 因其系数能被解释成一天中特殊时点上拟合的需求。我们认为调和函数的选择并不重要; 许多家庭是适合这一选择的, 因为这个选择计算方便、易于解释。

在我们的应用中, 用电量的需求在潜在的两个频率上表现为周期的: 日和周。为了适合这两个频率, 我们建立两个周期样条: 第一个是有 4 个观测节点 (午夜、早晨 6: 00、正午以及下午 6: 00) 的日样条; 第二个是有 3 个节点 (周日午夜、周一

午夜、周五午夜) 的每周样条。令 D 为每日样条效应的 24×4 维矩阵 ——(12.4.3) 中 $x_i(t_j)$ ($i = 1$，$\cdots$，4；$j = 1$，$\cdots$，24)—— 并且令 W 为周样条效应的 7×3 矩阵。整个星期对天气不敏感成分的设计阵就是

$$S = W \otimes D$$

它是一个 168×12 维矩阵。这样就有 12 个参数刻画需求模型的严格周期成分。

需求模型对天气敏感潜在地具有争议，因为有很多因素被认为可能影响这一成分。在对小样本的家庭子样本进行大量研究之后，我们回到之前用过的一个界定 (Hendricks，Koenker & Podlasek，1977)。该模型可以大体说成是辐射温度效应模型。这个基本思想很简单：假设温度通过其现有水平、在过去一天的最高水平以及在过去两天的最高水平来影响用电量需求，那么连续几天的炎热天气和单独一天的炎热天气对用电量需求的影响是不同的。这和非正式的经验主义是一致的，并且在初期的研究中已经得到验证。因为样本家庭散落在芝加哥整个地区，所以每个家庭对应于 6 个气象站中与其最近的一个。其中，我们有 1985 年夏天每小时的温度的完整的时间序列。添加这 3 个温度变量产生了具有 15 个参数的需求周期模型。显然，我们可以考虑更复杂的模型：其中，天气敏感成分和非天气敏感 (严格的周期) 成分不是简单相加的。然而，给定模型第一阶段中的噪声水平，我们的数据用这种扩展似乎不太可能产生有信息的结果。类似地，天气的其他方面，比如湿度，有关的实验也没能改进这里建议的简单的温度界定。在接下来的几节中，第一阶段模型 (12.4.3) 指的是由 3 个温度协变量添加与增广而成的每日和每周循环的周期模型。

12.4.2 第二阶段：需求周期的横截面模型

分析的第二阶段涉及解释家庭的第一阶段参数的扰动。这样，模型采取的是 Lindley & Smith (1972) 中的分层模型，主要兴趣集中在第二阶段模型的整合参数 (MetaParameters)。这些参数详细描述了家庭特征 (电器拥有量、住宅类型、家庭规模) 对家庭需求周期形状和水平的效应。正是在这一阶段中，这一分析将平均负载周期在统计上分解为不同的终端使用需求分布。

我们将第一阶段参数用 p 维向量 α 表示成家庭特征的线性函数，见以下多元线性模型

$$\alpha_i = z_i B + v_i \tag{12.4.4}$$

式中：α_i 为一个 p 维参数，它表示需求周期的水平和形状，它也许包含有对天气变量的灵敏度；z_i 是一个 k 维家庭特征向量；B 是一个 $k \times p$ 维系数矩阵；v_i 是一个 p 维随机向量。

整合变参数 $\boldsymbol{B}$ 对负载形状最终使用分析至关重要，因为它们将家庭构成、电器拥有量和家庭负载周期的水平及形状联系了起来。

初次接触这些模型的人可能想知道为什么不把式 (12.4.4) 代入式 (12.4.3)，然后直接估计参数 $\boldsymbol{B}$? 这是因为估计问题的维度巨大，并且对不同家庭需求行为的独立性做出了明显的貌似真实的假设，所以将这个问题分成两步解决最方便。

假设第一阶段模型式 (12.4.3) 可以被有效地估计，然后我们面临着估计第二阶段模型 (12.4.4)。这里面临的第一个问题就是我们不能直接观测到 α_i，取而代之的是我们有估计值 $\hat{\alpha}_i$，它描述第 i 个家庭的负载周期。因此，式 (12.4.4) 变为

$$\hat{\alpha}_i = z_i \boldsymbol{B} + (\hat{\alpha}_i - \alpha_i) + v_i$$
$$= z_i \boldsymbol{B} + w_i \qquad\qquad (12.4.5)$$

这个新的误差是合成的，并且一部分原因是由于原初的第二阶段误差 v_i 和第一阶段估计 α 时产生的误差。所得误差界定的复杂性导致了估计的复杂化。误差成分 $(\hat{\alpha}_i - \alpha)$ 可以被完全忽视，然后继续进行第二阶段的估计，就好像 $\hat{\alpha}_i = \alpha_i$。这里用第一阶段拟合的标准误差的倒数作为横截面观测值的权重进行实验。但这好像对大需求量的家庭给予了更小的权重，从而使得到的结果不如未加权的情形可靠。这种简单加权方法的成功最终依赖于式 (12.4.5) 中两个误差成分的规模，这在样本中成比例；但是这好像不太合理，所以我们需要更复杂的解决办法。正如在以前的工作中，我们发现式 (12.4.5) 中 v 的方差比估计误差成分大，因此权数的省略不会造成什么损失。

12.4.3 条件分位数分层模型

在之前小节中描述过的两阶段分层框架传统上被认为是界定条件期望模型的一种方法。第一阶段的需求模型用经典最小二乘方法估计，所以该模型被认为是在给定温度条件下周期需求的条件均值的估计。然而，假定式 (12.4.3) 中的误差 $u(t)$ 是平稳的，这好像并不合理。对 $u(t)$ 的平稳假设非常强：它要求 $u(t)$ 在几个时间点上，比如说 $t_1, \cdots, t_k$ 计算出的联合分布函数随着时间往前或者往后一致地移动而保持不变。更何况 $u(t)$ 的矩和 t 是独立的，围绕其中心趋势的需求扰动的散度或者偏度是不变的。很显然，这一假设非常不合理。就像均值的周期行为那样，需求的随机成分无疑也是具有高度周期性的。当平均需求高时，需求的散度和偏度有可能较高；当需求低时则偏小。当然，在极低需求周期情况下，这非常明显，其中需求不变的扰动性将威胁到非负需求这一明显的物理必要性。

界定和估计负载周期模型的一般方法由回归分位数方法承担。这种方法对负载周期的不同分位点界定几个模型，并且分析这些模型的行为作为潜在不同的现象，而不是对均值需求周期界定一个周期模型，并且把噪声视为必要的平稳过程，

将其加入这一中心趋势。比如说,将家庭视为具有基底负载需求似乎更合理,该需求相当稳定,对应于 (比方说) 需求周期的 10% 分位点.(此处的平稳是指低分位点与低分位点几乎没有差异,或者换一种说法,负载周期分布左边尾部很短.) 中位数需求周期界定与式 (12.4.3) 中的均值周期模型界定在很大程度上是一致的。最后,某些大分位点,像 90% 分位点上的模型将反映出随机负载周期右尾的行为。

在图 12-2 的 (a) 和 (b) 中,我们分别给出样本中第一和第二个家庭需求周期条件分位数的估计。这些图形给出的拟合分位函数是基于 6 月第一个星期盛行的天气条件,这个天气条件是在其最近的气象站测量的。如果需求的随机成分是可加的并且是平稳的,那么我们将期望在这些图形中看到条件分位数只是在垂直方向上彼此替代。显然,这与事实不符,并且区分各种分位估计的形状和振幅是很相当的。这一点在分层模型中似乎特别重要,因为我们会将某些第二阶段的效应 (例如电器) 与基准载荷贡献联系起来,并且将其他效应与最高的需求量联系起来。在均值–平稳–噪声模型中,这种区分是无意义的。

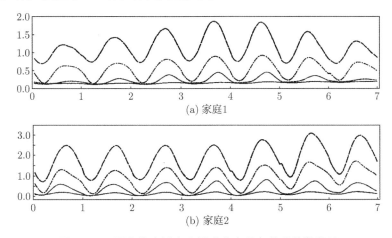

图 12-2　两个代表性家庭需求分布的条件分位数估计

注: 画出的曲线表示在每周需求 (单位: 千瓦) 分布函数的 0.25、0.50、0.75 和 0.95 分位点上拟合的分位数。横轴 0 代表周日 0：00,7 代表周六 24：00。

12.5　数据的描述

1985 年 4 月和 6 月,联邦爱迪生 (Commonwealth Edison) 电力公司的战略分析部邮寄调查了 1000 个特别计量的住宅负载研究 (RLS) 消费者。这次调查的主要目的是将 RLS 样本中的电器拥有量与联邦消费者的人口数相比较。这张总共一页的问卷在原初的 1000 个家庭中收回了 689 份。

RLS 由整个联邦爱迪生服务区的 1000 名消费者的磁带需求记录构成。我们获得了 1985 年 6~9 月期间每个月的千瓦/时 (kW/h) 数据。此外，这些数据中包含其与哪个气象站相匹配的地标，而且包含与调查数据相匹配的账户号码。因为仪表故障和断供，所以通常每个月监测到 600 ~ 900 个消费者。我们将一个月内达不到 14 天可用数据的消费者去掉。

千瓦时 (kW/h) 数据和 RLS 数据匹配创造出一个包含 371 个消费者的数据集。从这个数据集中，我们删掉了 30 个客户，因为这些客户缺失了第二阶段使用的 9 个家庭特征中的一个或几个。这样，第二阶段的最后数据集一共包含 341 个观测值。

这个天气数据包含芝加哥 6 个地方的每小时的温度和相对湿度观测值。温度和湿度的同期相关系数超过 0.9，所以我们将湿度这个辅助协变量去掉。

12.5.1   第一阶段结果

第一阶段对每个家庭的估计是基于对整个夏季数据的拟合 (对具有完整数据家庭的每小时的观测值)，共有 2880 个及对 4 个分位点 0.25，0.50，0.75 以及 0.95 分别拟合需求周期。除了这些对需求周期条件分位数的估计之外，我们还用传统的最小二乘法估计了条件均值周期。为了评价这些模型的好坏，我们有必要看一下相关的检验统计量。在表 12-1 中，我们用 371 个家庭数据对 4 个假设计算中位数 F 统计量。第一个检验假设是没有每日效应，即在每个日结点处的样条系数之间没有显著差异。这个假设的自由度为 9，在 5% 水平上的临界值是 1.8。因此中位数检验统计量，除了 0.95 分位点处，都拒绝了 "没有日效应" 这一零假设。周效应有 8 个自由度 4 个日样条系数在 3 个周样条结点处是相同的。这个检验统计量值有点弱，但是与日效应相似。天气效应很强。这里我们正在检验温度变量的系数是否全为 0，除了 0.95 分位点之外，中位数检验统计量值都大于临界值 2.6。最后，表的最后一行是样条效应，对应于一个联合检验即没有日效应或者周效应，也就是说循环波动全是因为天气驱动而没有任何周期成分。这个假设同样被样本显著拒绝。

表 12-1   第一阶段估计的中位数 F 统计量

统计量	均值	分位数			
		25%	50%	75%	95%
日效应	8.49	192.27	60.93	14.10	1.85
周效应	6.02	135.26	37.43	9.33	1.14
天气效应	15.17	263.84	83.95	19.15	1.77
样条效应	10.68	262.37	74.99	18.42	2.13

在表 12-2 中我们报告了家庭所占比例，即刚才讨论的 F 统计量拒绝相关零假设。在此表中很容易看出，即使是在最后一列，拒绝零假设的比例还是相当大的。Koenker (1987) 以及 Koenker Portnoy (1990) 给出了计算各分位点检验统计量

的细节。我们在此也许应该再一次强调分位数估计的方差和相关分位数处误差密度的平方成反比,因此分布尾部的精度必然比中部的精度小。由此我们可以想到,与更低分位点相比,0.95 分位数处检验的势更小。

表 12-2　F 检验中拒绝原假设的比例

统计量	均值	分位数			
		25%	50%	75%	95%
日效应	0.82	0.97	0.97	0.88	0.47
周效应	0.74	0.97	0.97	0.80	0.38
天气效应	0.77	0.98	0.92	0.77	0.45
样条效应	0.86	0.98	0.98	0.90	0.55

有趣的是,尽管 0.95 处条件分位数函数的估计精度更低,但是我们在下一步分析不同家庭的这些估计值扰动并对其进行解释的能力是引人注目的。我们现在转向这一任务。

12.5.2　第二阶段结果

12.5.2.1　界定

我们对负载周期的第一阶段表述包括对每个家庭的每日周期、每周周期、同期天气效应、滞后天气效应几个方面。原则上我们可以对每个效应进行不同拟合,因此,可以在第二阶段的分析中对不同的系数并入不同的解释变量。主要的可能性就是将与天气相关的电器 (如中央空调) 只用于天气效应系数的分析之中,还有将与天气不相关的电器 (如电视机) 排除在天气效应的分析之外。

不用这个策略的原因是:第一,我们不是完全清楚哪个家庭特征只与对天气敏感的载荷有关以及哪些家庭特征只与对天气不敏感的载荷有关。例如,在炎热的天气,有可能每个消费者对电磁炉的使用不同。第二,每日周期和每周周期不完全是对天气完全不敏感。因为在第一阶段没有 (明确的) 截距项,所以样条的系数包含了对天气敏感负载和不敏感负载的常数效应 (尽管我们必须记住常数效应是在零度下得到的)。因此,与天气相关的特征对常数天气效应的影响只能在日周循环样条系数和温度系数的回归结论之中得到。

所以,我们第二阶段的模型对于所有第一阶段系数和所有分位数是完全相同的。如果将第一阶段的参数表示成 p 维向量 $\boldsymbol{\alpha}_i$,那么第二阶段可以写成

$$\boldsymbol{\alpha}_i = z_i \boldsymbol{B} + v_i$$

式中,z_i 为一个 k 维向量,表示家庭特征;$\boldsymbol{B}$ 为一个 $k \times p$ 维系数矩阵;v_i 为一个 p 维随机向量。

我们不可能用到所有 RLS 人口调查的信息，因为在有些特征上有缺失值。此外，在同一总体中有些特征几乎不变，所以我们在这次调查中选出 10 个特征作为 z 所包含的东西。它们的定义如下：

(1) FAMILY——家庭中成年人和孩子的总数；

(2) ROOMNUM——家庭中空调所在的房间数；

(3) REFRIG——家庭中冰箱的数目；

(4) APT——虚拟变量，是否有多处家庭住所；

(5) DISH——虚拟变量，是否有洗碗机；

(6) DRYER——虚拟变量，是否有电气干燥机；

(7) STOVE——虚拟变量，是否有电炉；

(8) WATER——虚拟变量，是否有电热水器；

(9) CENTRAL——虚拟变量，是否有中央空调；

(10) TV——家庭中电视机的数目。

尽管模型中参数大减，从第一阶段的 $341 \times 15 = 5\,115$ 个减少到第二阶段的每个分位数的 $15 \times 11 = 165$ 个，但模型参数个数仍然很多。Smith (1973) 中讨论的第二阶段贝叶斯估计方法值会引起进一步关注。

12.5.2.2　估计过程

在对各种权数方案进行大量实验之后，第二阶段估计采用经典的不加权最小二乘方法。权数的选择很重要，原因有好几个。就像 12.4 节中所指出的那样，第二阶段等式 (12.4.5) 中的误差由第一阶段的估计误差和结构扰动构成。我们得出结论：后者占一大部分比重，而且当我们对前者有估计时，几乎没有理由怀疑两个误差成分成比例甚至正相关。这样用第一阶段拟合的标准误差对家庭观测值进行加权得到的结果在很大程度上比这里报告的基于第二阶段不加权的估计要差。

我们怎么知道不加权的结果要"更差"而不是仅仅"不同"？第一阶段估计的权重揭示：高需求家庭表现出了对相应的 $\hat{\beta}_i$ 的低精度估计这一系统趋势。因此，简单的加权会降低高需求家庭的权重效应，这反过来没有给第二阶段留下任何东西可解释。

12.5.2.3　结果

第二阶段的结果有个很强的模式。

(1) 将滞后最大温度 (LMT) 的结果排除在外，第二阶段变量与分布的其他分位点相比，能够解释极端分位点 (95% 分位点) 上大部分的扰动性。这个 95% 分位拟合也比平均消费要稍微好一些 (还是除了 LMT)。此外，从分布的低分位点到高分位点，被解释的扰动一致在增加 (排除 LMT)。客户最小用电量的绝大部分波动不能被我们度量的家庭特征所解释。25% 分位数上的拟合优度 R^2 从 6% 变化到 12%。因此，最小用电量 (基准负荷) 可能主要受行为而不是我们调查中测量特征的影响。随着分位数的增加，对波动的解释能力也在增加。这样用电量的大量增加可由我们的特征所解释。这意味着拥有大量电器的家庭在典型用电需求量上要比只有少量电器的家庭有更大波动。

(2) 对日–周样条系数的拟合基本上是相同的。均值的拟合优度 R^2 从 31% 变化到 35%；对于 25% 分位数的拟合优度 R^2 从 10% 变化到 12%；对于 50% 分位数的拟合优度从 16% 变化到 19%；对于 75% 分位数的拟合优度从 24% 变化到 30%；而对于 95% 分位数的拟合优度则从 32% 变化到 40%。在这些拟合中，几乎没有检测出每周周期。傍晚的日周期似乎拟合得更好一些，但是这个差距顶多也就是最低限度的。

(3) 对日–周样条参数的拟合要比对同期温度参数的拟合好，并且比滞后温度参数的拟合显著地好。实际上，两天滞后温度的拟合优度值 R^2 与 0 的差别并不显著。滞后温度系数在各消费者之间的差异并不能被第二阶段的家庭特征所解释。

尽管第二阶段估计的系数给出的是家庭特征最终使用载荷曲线的信息，但它们通常是很难解释的：一个原因是给定时间的家庭特征影响是第二阶段几个系数的共同作用；另一个原因是这些影响有时候有相反的符号。例如，中央空调的日–周样条系数是负的，但是对于天气系数又是正的。那么，什么才是一天中某特定时点上的总体影响？

为了回答这个问题，我们决定用一个相对标准的方法来分析电力负荷曲线：将载荷划分为对天气敏感 (WS) 成分和对天气不敏感 (NWS，或称基底载荷) 成分。于是，问题就转化为怎样在我们的模型背景下定义这些载荷。

第一步是定义典型天气周。因为不知道历史数据，我们现在采用手上的数据集定义典型天气周方法。1985 年夏季非常凉爽，所以我们的典型或者炎热周很可能比芝加哥正常周情况下更凉一些。在我们的 4 个月期间内，每小时的温度是 6 个气象站温度的平均值。然后我们对这个温度时间序列拟合到一个模型上，该模型仅包含第一阶段分析中用到的 12 个日–周样条变量。在 10%，50% 和 90% 分位点上对这个模型进行估计，然后将这 3 个分位点上的预测值用到以下定义之中：

(1) 基准负荷 (凉爽周)：定义为比 4 个月中温度的 10% 暖和点的预测天气温度周。

(2) 典型周：定义为依据 50% 分位数估计的预测天气。这样的一周代表一个温度周，它比 4 个月中的温度的 50% 高。

(3) 炎热周：定义为依据 90% 分位数估计的预测天气。这样的一周代表一个温度周，它比 4 个月中的温度的 90% 高。

像 12.4.1 节中讲的那样，$x(t)$ 表示由描绘天气条件的 3 维温度向量扩展成的完全周期性样条系数向量 $(p = 15)$。后者成分可能是由 1985 年夏天 10% 分位数预测的凉爽周温度估计，或者是由 50% 分位数预测的典型周温度估计，也可能是 90% 分位数预测的炎热周温度估计。模型的棘齿形状所需要的滞后最大值是通过温度周期预测的分位数计算出来的。归因于 3 个重要家庭特征 (家庭规模、中央空调和电热水器) 的 NWS 载荷在图 12-3(a)-(c) 中给出例证。例如在图 12-3(a) 中，我们绘出的是每多一个家庭成员给基本负载带来效应的估计，即

$$y(t) = \hat{x}_{\boldsymbol{B}}(t)(z_i^F \hat{\boldsymbol{B}}) \ (t = 1, \ \cdots, \ 168)$$

式中：$\hat{x}_{\boldsymbol{B}}(t)$ 为由夏季温度序列的 10% 分位数拟合得到的基本载荷温度预测变量增广而成的第一阶段平常的周期性样条设计阵；z_i^F 为一个 k 维零向量，除了与家庭规模相对应的第二个坐标是 1 之外。

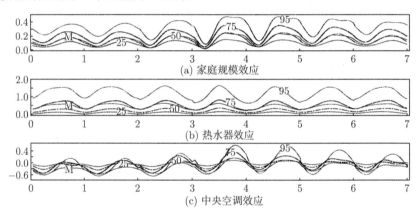

图 12-3   家庭特征对夏季负载的 NWS 成分的条件分位数 (25% 至 95%) 和平均用量的
影响估计 (单位：千瓦)

注：横坐标上 0 代表周日上午 0：00, 7 代表周六下午 24：00。

图 12-3 中 (b) 和 (c) 的构造是相似的，都是通过人口向量的合适转换来反映中央空调和电热水器的影响。

图 12-4 中的 (a)~(c) 说明了同样归因于家庭特征的 WS 负载。这里基本负载第一阶段的设计向量 $\hat{x}_B(t)$ 由下式代替

$$\hat{x}_{\Delta}(t) = \hat{x}_H(t) - \hat{x}_B(t)$$

式中：$\hat{x}_H(T)$ 和 $\hat{x}_B(t)$ 定义的方法一样，除了 3 个温度变量是用温度时间序列的 90% 分位点拟合构造的之外。

注意图 12-3 和图 12-4 中的纵坐标刻度不同，所以对它们进行比较时必须小心这一点。

表 12-3 报告了不同家庭特征凉爽、典型、炎热天气下平均每天负载的均值估计。表 12-4 给出了相同家庭特征和天气条件下负载的 0.95 分位数的估计。

这些图形和表格引出了个人特征对 WS 和 NWS 负载的影响的推广。热水器和吹风机对 NWS 负载的影响最大。电冰箱对基本负载的影响很大,但是对极端值的影响很小。对 WS 负载影响最大的是中央空调。房间内空气调节器增加、家庭规模较大、电视机较多以及大家庭居住等特征会对负载产生中等程度的影响。热水器和电炉的使用可以减少 WS 负载。

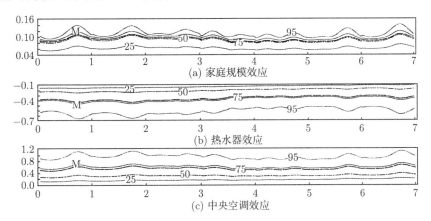

图 12-4 家庭特征对夏季负载的 **WS** 成分的条件分位数 (25% 至 95%) 和平均用量的影响估计 (单位: 千瓦)

注: 横坐标上 0 代表周日上午 0: 00, 7 代表周六下午 24: 00。

表 12-3 不同家庭特征凉爽、典型、炎热天气下平均每天负载均值估计

特征变量	天气		
	凉爽	典型	炎热
家庭	3.33	4.68	5.64
房间数目	−2.04	−0.59	0.43
电冰箱	5.83	2.96	0.92
公寓住所	−3.32	−2.61	−2.16
洗碗机	3.37	3.11	2.82
烘干机	8.01	8.25	8.31
电炉	4.05	1.33	−0.52
热水器	10.61	6.44	3.43
中央空调	−4.53	3.65	9.55
电视机		1.63	2.73

尽管我们拿不到以往估计夏季终端特征的任何研究,但是有很多研究尝试使用每年用电量 (kW/h) 数据估计不同电器的年/日用量。EPRI (1989) 总结了 18 份

这样的研究, 包括联邦爱迪生电力公司服务区的研究。

这些估计可以和表 12-3 中典型一天的总量相比。与我们的典型夏天日相比, 可得出以下结果: ①电冰箱、电炉、洗碗机、中央空调、电热水器、电视机数目都落在这 18 次研究的取值范围之内; ② 我们对中央空调和房间空调效应的估计在联邦值之下。然而, 对中央空调和房间空调的合适比较可能就是夏季典型天气和炎热天气的对比。这种情况下, 我们对中央空调效应的估计大于联邦估计。但是对房间空调的估计依然很低。我们用房间空调的数目来做估计, 而其他研究使用是否使用房间空调, 那只能说明部分差异。③我们对吹风机和洗碗机效应的估计太高。在任何其他研究中的最高估计大约是 5 千瓦/天, 而我们的估计大约是 8 千瓦/天。可能是我们对吹风机的估计除了其自身效应之外, 还有被省略的电器的影响。在联邦估计报告中, 洗碗机变量也出现过这种情况 (他们把洗碗机的估计任意分为 4 部分)。我们对洗碗机变量的估计结果稍微高于之前考虑这个变量的 4 个研究结果。④对于家庭规模和公寓住所特征变量没有进行比较研究。

表 12-4　相同家庭特征和天气条件下负载的 0.95 分位估计

特征变量	天气		
	凉爽	典型	炎热
家庭	7.68	9.23	10.26
房间数目	−2.15	1.13	3.39
电冰箱	5.79	1.37	−1.75
公寓住所	−7.83	−6.63	−6.35
洗碗机	8.23	7.42	6.68
烘干机	18.56	18.04	17.52
电炉	8.80	5.41	3.13
热水器	28.86	21.44	16.18
中央空调	−1.11	11.89	21.14
电视机	1.87	3.42	4.54

除了电冰箱变量, 极端用量 (例如 95% 分位数估计) 都和使用小时最多的电器所引起的估计值 200% 到 300% 的增加有联系。在典型或者炎热的夏季, 增加的用电量主要来自于中央空调、电热水器或者吹风机 (或者其他电器)。在凉爽的夏季, 用电量多与电热水器和吹风机的使用有关, 但也与电炉使用有关。

12.6　文献介绍

对于严格的线性模型, Koenker & Bassen (1978) 中提出了一种简单的估计条件分位模型的方法。对于非参模型, Stone (1977) 和 Truong (1989) 中用的是最近邻方法, Samanta (1989), Antoch & Janssen (1989) 用的是核圈思想, White (1990)

用的是神经网络方法。Cole (1988) 基于高斯 Cox-Box 模型提出一种估计条件分位模型的参数方法。因为样条分析在解决非参回归问题时是一种很灵活的工具,所以其应用基本上限于估计条件中心趋势模型。可参见 Hastie & Tibshirani (1986) 中有关在广义线性模型中的应用;Buja, Hastie & Tibshirani (1989) 及其讨论;Lenth (1977) 或者 Cox (1983) 有关样条模型的 M 估计。

本章主要参考 Hendricks & Koenker (1992),介绍了非参分位响应曲面的一般方法、一般推断工具以及在分层模型上的应用,描述了估计非参分位响应曲面的一般方法,研发了一般推断工具,并给出了应用和分析结果。

第13章　分层线性分位回归模拟

13.1　引　　言

现有的分层模型理论主要关注的是在给定预测变量 X 的条件下，拟合响应变量 Y 的条件期望。尽管在很多应用中，这些理论能够应付了，然而它们却不能完全刻画响应变量在各分位点上的情况。例如，学校平均成绩有时候可能会隐藏一些涉及差生与优等生方面的问题，因为平均数本身不能对学生成绩提供一个"谱视"(Spectral view)。庆幸的是，由于分位回归能做到完全刻画一个随机变量的各分位点情况，所以近年来它逐渐成了条件分位函数模型统计推断方面有效的方法，参见 Koenker & Bassett (1978)。但是它却不能有效地处理具有分层结构的实际数据。在现实生活中，具有这种结构的数据是一种普遍现象。忽略数据的这种结构会冒很大的风险，甚至让传统意义下的统计分析方法失效。

在本章里，我们充分利用了分层模拟与分位回归的优点，提出了一类模型，称为分层分位回归模型 (Hierarchical Quantile Regression Models)。这类模型具有如下 4 个特点。

(1) 能够全面刻画在给定高维解释变量的条件下响应变量的各分位点情况。

(2) 估计出来的系数向量 (即边际效应) 对于响应变量的离群观测值来说，是稳健的。

(3) 在不同分位点上潜在的不同解具有很有用的解释意义。

(4) 沿袭了分层模拟与分位回归模型二者所有的优点。

13.2　分层分位回归模型

分层数据可以有很多层。为了说明方便而又不失一般性，我们在本节里只考虑具有两层的数据，有的书称之为两水平数据。其实，所得到的基本结果很容易推广到多层数据上去。假设我们有 (X, W, Y) 的独立同分布观测值 $\{(X_1, W_1, Y_1), \cdots, (X_n, W_n, Y_n)\}$，其中，$Y_i$ 是实数响应变量的值，X_i 是已知的 $1 \times d$ 维第一层预测值向量，$\boldsymbol{W}_i$ 是已知的 $d \times f$ 维第二层预测矩阵，满足第一层模型

$$Y_i = \boldsymbol{X}_i \boldsymbol{\beta}_i + \epsilon_i \qquad \epsilon_i \sim N(0, \sigma^2) \tag{13.2.1}$$

式中: $\boldsymbol{\beta}_j$ 为未知的 $d \times 1$ 维第一层系数向量; ϵ_i 为独立同分布不可观测随机效应变量。

假定它们与 X_i 独立, 并且服从均值为 0、方差为 σ^2 的正态分布。

在第二层模型上, 第一层模型中的系数成了输出结果

$$\boldsymbol{\beta}_i = \boldsymbol{W}_i \boldsymbol{\gamma} + \boldsymbol{u}_i \qquad u_i \sim N(0, T) \tag{13.2.2}$$

式中: $\boldsymbol{\gamma}$ 为 $f \times 1$ 维固定效应向量; $\boldsymbol{u}_i$ 为 $d \times 1$ 维第二层随机效应向量。

我们假定它们与 $\boldsymbol{W}_i$ 和 ϵ_i 独立, 并且服从均值向量为 0、向量协方差阵为方阵 $\mathbf{T}_{d \times d}$ 的多元分布。

将第二层模型 (13.2.2) 带入第一层模型 (13.2.1), 产生如下组合模型

$$Y_i = \boldsymbol{X}_i \boldsymbol{W}_i \gamma + \boldsymbol{X}_i \boldsymbol{u}_i + \epsilon_i \quad \epsilon_i \sim N(0, \sigma^2), \ u_i \sim N(0, T) \tag{13.2.3}$$

为了全面刻画给定预测变量 $(X, W) = (x, w)$ 的条件下响应变量 Y 的条件分布 $F(y|x, w)$, 我们来考虑 Y 的分位函数。假定 $F(y \,|\, x, w)$ 是 y 的增函数, 并且在 x 和 w 连续, 那么在给定 $X = x$ 和 $W = w$ 的条件下, Y 的 τ 分位可定义为 $q_\tau(x, w)$, 它满足

$$q_\tau(x, w) = \inf[t \in \mathbb{R} : F(t \,|\, x, w) \geqslant \tau] \,(0 < \tau < 1)$$

可以直接证明在模型 (12.2.3) 之下, 有

$$q_\tau(x, w) = xw\gamma + (xTx' + \sigma^2)^{1/2} \Phi^{-1}(\tau) \tag{13.2.4}$$

式中: $\Phi(\cdot)$ 为标准正态分布函数。

注: 模型 (13.2.3) 和模型 (13.2.4) 一起定义为我们的分层分位回归模型。

13.3 EQ 算法

13.3.1 Q 步

固定效应 γ 可以通过求解以下最小化问题估计出来

$$\widehat{\gamma} = \arg \min_{\gamma \in \mathbb{R}^f} \sum_{i=1}^n \rho_\tau \left[Y_i - X_i W_i \gamma - (X_i T X_i' + \sigma^2)^{1/2} \Phi^{-1}(\tau) \right] \tag{13.3.1}$$

其中

$$\rho_\tau(z) = \tau z I_{[0, \infty)}(z) - (1 - \tau) z I_{(-\infty, 0)}(z) \tag{13.3.2}$$

称为检验函数。由于检验函数在原点不可微，所以最小化问题式 (13.3.1) 中的回归系数没有显式解。值得庆幸的是：利用 Portnoy & Koenker (1997) 所讨论的求解线性规划问题的内点法，我们现在可以求解最小化问题式 (13.3.1) 了，所用的算法是由 Koenker & D'Orey (1993) 提供的。

T 和 σ^2 的最大似然估计可以这样直接给出

$$\widehat{T} = \frac{1}{J} \sum_{i=1}^{n} u_i u_i' \tag{13.3.3}$$

式中：J 为第二层的单元个数

$$\widehat{\sigma}^2 = \frac{1}{n} \sum_{i=1}^{n} (Y_i - X_i W_i \widehat{\gamma} - X_i u_i)^2 \tag{13.3.4}$$

13.3.2　E 步

我们知道 u_i 是不可观测的，所以上面所定义的参数估计 $\widehat{\gamma}$, $\widehat{\sigma}^2$ 和 $\widehat{T}$ 只是形式上的给出。不过它们可以通过在给定数据 Y 以及在迭代过程中上一步所得到的参数值的条件下，由它们的条件期望来估计。由式 (13.2.3)，可以得出 (Y, u) 联合密度如下

$$\begin{pmatrix} Y \\ u \end{pmatrix} \sim N \left[\begin{pmatrix} XW\gamma \\ 0 \end{pmatrix}, \begin{pmatrix} XTX' + \sigma^2 & XT \\ TX' & T \end{pmatrix} \right] \tag{13.3.5}$$

根据标准正态分布理论 (Morrison, 1967) 和类似于 Smith (1973) 以及 Dempster *et al.* (1981，1977) 的学术文章中的推导过程，可以证明

$$u|Y, \gamma, T, \sigma^2 \sim N(u^*, T^*) \tag{13.3.6}$$

式中：$u^* = \sigma^{-2} T^* X'(Y - XW\gamma)$; $T^* = \sigma^2 (X'X + \sigma^2 T^{-1})^{-1}$。

现在，我们可以给出 $\widehat{T}$ 和 $\widehat{\sigma}^2$ 的条件估计如下

$$E(\widehat{T}|Y, \gamma, \sigma^2, T) = n^{-1} \sum \left(u_i^* u_i^{*'} + T_i^* \right) \tag{13.3.7}$$

和

$$E(\widehat{\sigma}^2|Y, \gamma, \sigma^2, T) = n^{-1} \sum (Y_i - X_i W_i \gamma - X_i u_i^*)^2 + tr(X_i T_i^* X_i') \tag{13.3.8}$$

式中：$u_i^* = \sigma^{-2} T_i^* X_i'(Y_i - X_i W_i \gamma)$; $T_i^* = \sigma^2 (X_i' X_i + \sigma^2 T^{-1})^{-1}$。

13.3.3 迭代

这些条件期望激发我们考虑下列 Guass-Seidel 型迭代方法。

(1) 初始化 $(\sigma^2,\ T) = [\sigma^2_{(0)},\ T_{(0)}]$。

(2) 从 $\min\limits_{\gamma \in \mathbb{R}^f} \sum\limits_{i=1}^{n} \rho_\tau \left\{ Y_i - X_i W_i \gamma - [X_i T_{(j)} X_i' + \sigma^2_{(j)}]^{1/2} \Phi^{-1}(\tau) \right\}$ 中估计出 $\gamma_{(j+1)}$。

(3) 从 $E[\widehat{T}|Y_i,\ \gamma_{(j+1)},\ \sigma^2_{(j)},\ T_{(j)}] = n^{-1} \sum\limits_{i=1}^{n} \left[u^*_{i(j)} u^{*'}_{i(j)} + T^*_{(j)} \right]$ 中估计出 $T_{(j+1)}$。

其中，$T^*_{(j)} = \sigma^2_{(j)}[X_i'X_i + \sigma^2_{(j)} T^{-1}_{(j)}]^{-1}$; $u^*_{i(j)} = T^*_{(j)} X_i'[Y_i - X_i W_i \gamma_{(j+1)}]/\sigma^2_{(j)}$。

(4) 从

$$E[\widehat{\sigma}^2|Y_i,\ \gamma_{(j+1)},\ \sigma^2_{(j)},\ T_{(j+1)}]$$

$$= n^{-1} \left\{ \sum_{i=1}^{n} \left[Y_i - X_i W_i \gamma_{(j+1)} - X_i u^*_{i(j+1)} \right]^2 + tr\left[\sum_{i=1}^{n} T^*_{(j+1)} X_i' X_i \right] \right\}$$

中估计 $\sigma^2_{(j+1)}$。

式中：$T^*_{(j+1)} = \sigma^2_{(j)}[X_i'X_i + \sigma^2_{(j)} T^{-1}_{(j+1)}]^{-1}$; $u^*_{i(j+1)} = T^*_{(j+1)} X_i'[Y_i - X_i W_i \gamma_{(j+1)}]/\sigma^2_{(j)}(j = 0,\ 1,\ \cdots)$。

照这样继续进行下去，直到任何一个参数值的最大变化值充分小为止。

13.3.4 初始值选取的基本方法

正如许多其他的迭代方法易受到初值选取的影响一样，我们的 EQ 算法也有类似的情况。它的收敛性可能会受到初始值 $\sigma^{2(0)}$ 和 $T^{(0)}$ 的影响。这里我们采用了一种富有成效的做法：从普通分层回归的均值估计出发，在迭代中将它们用来作为初值，得出中位数 $(p = 0.5)$ 的估计；然后，把这个中位数估计值当作估计其他 p 阶分位数的初始值 (例如 $p = 0.75$ 和 $p = 0.25$ 等)，分别向高低分位数两个方向迭代下去，即利用 $p = 0.75$ 阶分位回归估计值作为初值来作为估计 $p = 0.90$ 或者 $p = 0.95$ 分位数。类似的，我们可以用 $p = 0.25$ 阶回归分位作为估计 $p = 0.10$ 或 $p = 0.05$ 的初始值，等等。

幸运的是，对于均值回归，Bryk et al.(1988) 所提供的 HLM 程序很容易得到回归均值，同时他们还提供了许多有趣的令人信服的例子。另外有个软件包 MLwiN，它具有可视界面，可用于多水平模拟。MLwiN 是一个多水平模拟中心梯队创造出来的，请参阅 http://multilevel.ioe.ac.uk/index.html。

13.4 渐近性质

考虑模型 (13.2.3)。显然 $\{Y_i\}$ $(i = 1,\ \cdots,\ n)$ 是一个独立随机变量序列并且

有 $Y_i \sim N(X_iW_i\gamma, \ X_iTX_i^T + \sigma^2)$。模型 (13.2.3) 带有随机扰动项: $X_iu_i + \epsilon_i \sim N(0, \ X_iTX_i' + \sigma^2)(i = 1, \cdots, n)$。这些扰动项独立但不同分布，这种情况要比独立同分布情形复杂。由式 (13.2.4)，我们知道: 给定协变量 X_i 和 W_i 之后，Y_i 的 τ 阶条件分位是

$$q_\tau(X_i, W_i) = X_iW_i\gamma + (X_iTX_i' + \sigma^2)^{1/2}\Phi^{-1}(\tau) \tag{13.4.1}$$

式中: γ, T, σ^2 为未知参数。

事实上，要解决的问题是如何利用样本 $\{(X_1, W_1, Y_1), \cdots, (X_n, W_n, Y_n)\}$ 中所含的信息来估计 $\widehat{q}_\tau(x)$。这里 τ 阶回归边际效应 $\widehat{\gamma}_n(\tau)$ 可以通过最小化下式得到

$$L_n(b) = \sum_{i=1}^n \rho_\tau\left[Y_i - X_iW_ib - (X_iTX_i' + \sigma^2)^{1/2}\Phi^{-1}(\tau)\right] \tag{13.4.2}$$

根据检验函数 $\rho_\tau(\cdot)$ 的定义，式 (13.4.2) 可以改写为

$$L_n(b) = \sum_{i=1}^n \left[\tau - \frac{1}{2} + \frac{1}{2}\mathrm{sgn}(R_i)\right] R_i \tag{13.4.3}$$

式中: $R_i = Y_i - X_iW_ib - (X_iTX_i' + \sigma^2)^{1/2}\Phi^{-1}(\tau)$。

我们可以给出最小化问题如下

$$\min_{b \in \mathbb{R}^f} L_n(b) \tag{13.4.4}$$

记 $e_j = (0, \cdots, 1, \cdots, 0)'$，它是一个 $f \times 1$ 维向量，其第 j 元为 1，其他元为 0。为了构建下面的定理，我们需要一些一般性假设

假设 13.4.1　　$\displaystyle\max_{1\leqslant i\leqslant n}\sum_{k=1}^f |X_iW_ie_k| = O(1)$

假设 13.4.2　　$\displaystyle n^{-1/2}\sum_{i=1}^n |X_iW_ie_k| = O(1), \quad as \ n\to\infty, \ k = 1, \cdots, f$

假设 13.4.3　　$\displaystyle\lim_{n\to\infty}\frac{1}{n}\sum_{i=1}^n W_i'X_i'X_iW_i = \boldsymbol{\Omega}$，其中 $\boldsymbol{\Omega} = (\omega_{ij})$ 是 $f \times f$ 维矩阵

通常，在该研究领域里，人们的主要兴趣之一就是研究不同分位点上固定效应的性能。为此，我们将以下面定理的形式表现出来。

定理 13.4.1　设有 (X, W, Y) 的一组观测值 $(X_i, W_i, Y_i)(i = 1, \cdots, n)$ 满足式 (13.2.37) 并且设计阵 X_i 和 W_i 满足假设 13.4.1 和 13.4.2。令 $\widehat{\gamma}(\tau)$ 是最小化问题 (4.4) 的解。于是有

$$\sqrt{n}[\widehat{\gamma}(\tau) - \gamma(\tau)] \xrightarrow{d} N\left(0, \ \tau(1-\tau)\Omega_n^{-1}/\{\phi[\Phi^{-1}(\tau)]\}^{-2}\right) \tag{13.4.5}$$

式中：τ 为回归分位；$\Omega_n = n^{-1}\sum_{i=1}^{n} W_i' X_i' X_i W_i$；$\phi$ 为正态分布的概率密度函数；Φ 为正态分布的累积分布。

13.5　真实数据分析举例

13.5.1　数据描述

该数据是由加拿大国家数据库高等研究中心提供的，科研项目为"加拿大 Alberta 省数学参与的纵向研究"，其目的之一是确定中学生 (10~12 年级) 的数学成绩与社会、经济以及文化等其他因素之间的关系。他们采用的主要研究手段是基于分层线性模型的传统均值回归方法。

该数据每年收集一次 (通常是在当年的 5 月或其他时间，由 Alberta 省的每个学校安排)，从 2000 年到 2002 年，共收集了 3 年。搜集过程的头一道工序就是学生问卷 (30 分钟)。抽样结果包括 35 所学校里的 1454 位学生。在我们的经验分析中所选择的变量分两层：①学生水平的变量包括双亲数量 (0= 无双亲；1= 单亲；2= 双亲)，兄弟姐妹个数 (1=1 个兄弟姐妹；···；9= 9 个兄弟姐妹)，性别 (0= 男；1= 女)，是否在加拿大出生 (0= 是；1= 否)，语言障碍 (0= 无；1= 有)，土著居民 (0= 不是；1= 是) 以及 少数民族 (0= 不是；1= 是)。值得一提的是，父亲的社会经济地位和母亲的社会经济地位，通常是根据国际社会经济指标数 (ISEI) 来度量的。该尺度是根据家庭的经济、父母亲受教育的水平、父母亲的职业以及他们的社会地位等因素做出来的。通常，父母亲的社会地位是一个国际性的教育指示器。研究表明社会地位高的家庭在小孩读书方面准备得更成功一些，因为他们通常能得到广泛的资源来支持与促进小孩的发展。在家里，他们能够为小孩提供高质量的照看、书以及玩具，在多样的学习活动中鼓励孩子成长。再则，他们有方便的途径获得信息，不但关注孩子社会、情感和认知的发展，还关注他们的健康成长。另外，具有高社会地位的家庭经常搜索信息来帮助孩子们准备好学业；②所选择学校水平的因素包括郊区(0= 坐落在市区；1= 坐落在郊区)、学校规模(注册学生人数)、教师人数。

有关我们前面研究中的其他控制变量的更多信息可以直接向本节作者索取，这里就不再赘述了。

13.5.2　分位回归

在本小节里，我们以一个实例来说明传统的分位回归模型未能改进具有分层结构的数据中的个体效应估计。

为了确定预测偏差的存在，我们考虑一个多元回归模型：预测变量为学生数

学成绩, 4 个解释变量分别为性别、语言障碍、少数民族以及父母亲社会经济地位。基本的模型形式如下

$$Y = a_0 + a_1 * sex + a_2 * langpr + a_3 * minori + a_4 * ses + \epsilon \qquad (13.5.1)$$

式中: Y 为数学成绩; 模型的截距 a_0 为第 i 个学校里第 j 个学生的初始状态, 可以解释为出生在加拿大的白人孩子的数学成绩的期望。他父母亲的社会经济地位为 0, 他本人没有语言 (英语) 障碍; 系数 a_1, a_2, a_3 以及 a_4 分别为性别、语言障碍、少数民族以及父母亲社会经济地位(父亲与母亲的社会经济地位的平均数) 的边际效应 $\epsilon \sim N(0, \sigma^2)$。

该模型没有考虑第二水平的变量, 如郊区、学校规模以及教师人数等, 同时这些参数很容易利用标准的分位回归方法得到其估计值。我们分别将 5%, 25%, 50%, 75% 和 95% 分位点上的估计值列在表 13-1 中。

表 13-1   分位回归结果

描述	均值回归				
INTRCPT, a_0	12.38	18.28	23.56	29.02	36.13
SEX, a_1	−0.08	0.11	−0.05	−1.70	−2.70
LANGPR, a_2	−1.91	−1.86	−2.00	−1.84	−3.46
MINORI, a_3	−1.75	−1.50	−2.84	−1.33	−0.86
SES, a_4	1.78	1.58	1.56	1.28	1.03

注: INTRCPT 为截距; LANGPR 为语言障碍; MINORI 为少数民族; SES 为社会经济地位; SES=(母亲的社会经济地位 + 父亲的社会经济地位)/2。

当从拟合模型 (13.5.18) 计算 5%, 25%, 50%, 75% 和 95% 各分位点上的残差时, 我们发现第二水平变量 (如郊区的残差密度) 具有双峰形状。这表明单一水平分位回归模型存在预测偏差。换句话说, 没有考虑数据分层结构这一特点的传统分位回归模型是不能给出单个效应的合理估计的。我们在图 13-1 中只给出与郊区这一变量有关的结果, 略去了与第二水平中学校规模以及教师人数这两个变量相关的结果。

13.5.3   两水平分层分位回归模型

现在, 我们在整个学校总体的范围之内来研究数学成绩与其他因素, 如学生家庭背景因素、学校背景因素等之间的关系。所用的样本有 34 所学校。当然, 用作散点图的方法来概括每所学校的情况是不可取的, 因为这样做很麻烦。我们从第 i 个学校里的第 j 个学生的数学成绩的第一水平模型入手, 考虑如下模型

$$Y_{ij} = \beta_{0j} + \sum_{k=1}^{4} \beta_{kj} X_{kij} + \epsilon_{ij} \quad \epsilon_{ij} \sim N(0, \sigma^2) \qquad (13.5.2)$$

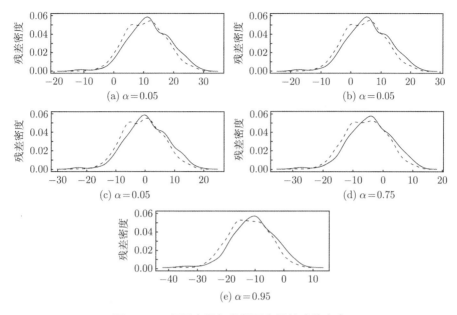

图 13-1　郊区变量与非郊区变量的残差密度

注: 前者用实线表示, 后者用虚线表示。

式中: Y_{ij} 为第 i 个学校里的第 j 个学生的数学成绩; $X_{kij}(k=1, \cdots, 4)$ 分别为性别、语言障碍、少数民族以及父母亲社会经济地位 (父亲与母亲的社会经济地位的平均数)。

　　简单起见, 我们假定 ϵ_{ij} 服从正态分布, 各校之间是同方差的。注意到现在截距与斜率下面都带下标 j, 允许每所学校有自身单独的截距与斜率。通常, 对于每所学校而言, 有效性与平等性分别用两类值来表示 β_{0j} 和 $\beta_{kj}(k=1, 2, 3, 4)$。

　　如果学生是随机分配到这 34 所学校, 那么我们就可以比较这些学校之间的有效性与平等性了。随机性分配这一假设简化了我们分析的目的和陈述。当然, 学生通常是不会被随机地分配到各个学校的, 比如说按社区分配等。这样一来, 在没有考虑学生构成差异 (即数据的分层结构) 的前提下来解释学校的效应显然是不合理的。诚然, 数据这种分层结构的存在既非偶然又不能忽略。忽略这种分层数据结构将会漏掉B组效应, 而且也许还会致使许多传统统计分析方法失效。因此, 我们也许希望开发出分层模型来分别预测 β_{0j} 和 $\beta_{kj}(k=1, 2, 3, 4)$。特别地, 可以用学校的一些特征 (如学校位置、学校规模和教师人数等) 来预测有效性与平等性。为此, 下面用公式表示第二水平模型

$$\beta_{kj} = \gamma_{k0j} + \sum_{m=1}^{3} \gamma_{kmj} Z_{mij} + u_{kij}, \quad u_{kij} \sim (0, T) \tag{13.5.3}$$

式中: $k = 0$, $\cdots$, 4; Z_{1ij}, Z_{2ij} 和 Z_{3ij} 分别为学校水平变量: 学校位置, 学校规模和教师人数。

如果我们将 34 所学校模型堆积起来, 同时略去下标来写出所有数据模型, 那么我们会看得更为清楚: 记 $\mathbf{Y} = (Y_{1,\,1}, \cdots, Y_{19,\,1}, \cdots, Y_{1,\,34}, \cdots, Y_{13,\,34})'_{1472\times1}$; $\boldsymbol{\gamma} = (\gamma_{00}, \gamma_{01}, \gamma_{02}, \gamma_{03}, \gamma_{10}, \gamma_{11}, \gamma_{12}, \gamma_{13}, \gamma_{20}, \gamma_{21}, \gamma_{22}, \gamma_{23}, \gamma_{30}, \gamma_{31}, \gamma_{32}, \gamma_{33}, \gamma_{40}, \gamma_{41}, \gamma_{42}, \gamma_{43})'_{20\times1}$

$$\mathbf{X}_{1472\times170} =$$

$$\begin{pmatrix} 1 & X_{1,1,1} & X_{2,1,1} & X_{3,1,1} & X_{4,1,1} & \cdots & 0 & 0 & 0 & 0 & 0 \\ \vdots & \vdots & \vdots & \vdots & \vdots & \cdots & \vdots & \vdots & \vdots & \vdots & \vdots \\ 1 & X_{1,19,1} & X_{2,19,1} & X_{3,19,1} & X_{4,19,1} & \cdots & 0 & 0 & 0 & 0 & 0 \\ \cdots & \cdots & \cdots & \cdots & \cdots & \ddots & \cdots & \cdots & \cdots & \cdots & \cdots \\ 0 & 0 & 0 & 0 & 0 & \cdots & 1 & X_{1,1,34} & X_{2,1,34} & X_{3,1,34} & X_{4,1,34} \\ \vdots & \vdots & \vdots & \vdots & \vdots & \cdots & \vdots & \vdots & \vdots & \vdots & \vdots \\ 0 & 0 & 0 & 0 & 0 & \cdots & 1 & X_{1,13,34} & X_{2,13,34} & X_{3,13,34} & X_{4,13,34} \end{pmatrix}$$

$$\mathbf{W}_{1472\times170} = \begin{pmatrix} 1 & W_{11} & W_{21} & W_{31} & \cdots & 0 & 0 & 0 & 0 \\ \vdots & \vdots & \vdots & \vdots & \vdots & \vdots & \vdots & \vdots & \vdots \\ 0 & 0 & 0 & 0 & \cdots & 1 & W_{11} & W_{21} & W_{31} \\ \cdots & \cdots & \cdots & \cdots & \cdots & \cdots & \cdots & \cdots & \cdots \\ 1 & W_{1,34} & W_{2,34} & W_{3,34} & \cdots & 0 & 0 & 0 & 0 \\ \vdots & \vdots & \vdots & \vdots & \vdots & \vdots & \vdots & \vdots & \vdots \\ 0 & 0 & 0 & 0 & \cdots & 1 & W_{1,34} & W_{2,34} & W_{3,34} \end{pmatrix}$$

这样, 我们就有了下面的模型

$$\mathbf{Y} = \mathbf{X}\mathbf{W}\boldsymbol{\gamma} + \mathbf{X}\mathbf{U} + \epsilon \tag{13.5.4}$$

13.5.4　部分结果

在这一节里, 我们将给出固定效应的分层分位回归估计的结果。首先用均值回归来估计模型, 然后用我们的分层分位回归模型分别给出 5%, 25%, 50%, 75% 以及 95% 分位点的估计。这些结果放在表 13-2 里, 这里只列出部分结果, 更多的信息可以向作者索取。所用到的具体模型如下。

表 13-2　基于分层模型的分位回归与均值回归所得的固定效应之比较

描述	分层分位回归					m. r.
	5%	25%	50%	75%	95%	
INTRCPT1，β_0						
INTRCPT2，γ_{00}	25.55	22.51	22.45	20.51	20.97	22.63
SUBURB，γ_{01}	2.09	1.83	1.19	0.85	0.49	2.04
SIZE，γ_{02}	0.02	0.01	0.01	0.01	0.00	0.00
NUMTCH，γ_{03}	−0.34	−0.18	−0.09	−0.05	0.01	−0.08
FEMALE slope，β_1						
INTRCPT2，γ_{10}	0.21	0.51	0.74	0.59	−1.18	−0.67
SUBURB，γ_{11}	1.41	−0.01	0.11	−0.18	0.45	−1.15
SIZE，γ_{12}	−0.01	−0.00	0.00	−0.00	0.00	−0.00
NUMTCH，γ_{13}	0.13	0.05	−0.02	0.02	0.05	0.07
LANGPR slope，β_2						
INTRCPT2，γ_{20}	−2.11	−0.00	−0.06	0.93	−1.09	−2.23
SUBURB，γ_{21}	0.45	−0.37	−0.88	−0.17	−0.08	3.24
SIZE，γ_{22}	−0.00	−0.01	−0.01	−0.01	−0.00	0.01
NUMTCH，γ_{23}	0.08	0.15	0.09	0.15	−0.01	−0.16
MINORI slope，β_3						
INTRCPT2，γ_{30}	−0.14	−2.05	−4.54	−4.62	−4.23	−0.79
SUBURB，γ_{31}	5.24	0.10	5.52	6.55	4.11	1.69
SIZE，γ_{32}	−0.07	0.02	0.02	−0.03	0.02	−0.00
NUMTCH，γ_{33}	1.15	−0.32	−0.30	0.51	−0.37	0.05
SES slope，β_4						
INTRCPT2，γ_{40}	−0.58	−3.68	−3.33	1.21	1.08	0.16
SUBURB，γ_{41}	−2.75	0.69	−0.42	4.34	5.57	0.23
SIZE，γ_{42}	0.03	−0.02	−0.00	0.01	−0.02	−0.00
NUMTCH，γ_{43}	−0.56	0.35	0.10	0.20	0.23	0.06

注：INTRCPT 为截距；LANGPR 为语言障碍；MINORI 为少数民族；SES 为社会经济地，SES＝(母亲的社会经济地位 ＋ 父亲的社会经济地位)/2；"m. r." 代表 "均值回归"。

13.5.4.1　第一层模型

$$Y = \beta_0 + \beta_1 * FEMALE + \beta_2 * LANGPR + \beta_3 * MINORI + \beta_4 * SES + \epsilon$$

13.5.4.2　第二层模型

$$\beta_0 = \gamma_{00} + \gamma_{01} * SUBURB + \gamma_{02} * SIZE + \gamma_{03} * NUMTCH + U_0$$

$$\beta_1 = \gamma_{10} + \gamma_{11} * SUBURB + \gamma_{12} * SIZE + \gamma_{13} * NUMTCH + U_1$$

$$\beta_2 = \gamma_{20} + \gamma_{21} * SUBURB + \gamma_{22} * SIZE + \gamma_{23} * NUMTCH + U_2$$

$$\beta_3 = \gamma_{30} + \gamma_{31} * SUBURB + \gamma_{32} * SIZE + \gamma_{33} * NUMTCH + U_3$$

$$\beta_4 = \gamma_{40} + \gamma_{41} * SUBURB + \gamma_{42} * SIZE + \gamma_{43} * NUMTCH + U_4$$

在这个应用的例子中，我们以系数 γ_{00} 为例来说明如何解释所得的结果。固定效应 γ_{00} 代表了一个白人学生的预测状态，他父母的社会经济地位处于 0 状态，英语对于他来说没有任何问题。他就读的学校位于市区，学校既没有学生也没有老师 (即所谓的初始状态)。对于这样的学生，在 5%，25%，50%，75% 以及 95% 各分位点上预测出的数学成绩差异很明显，分别为 25.55，22.51，22.45，20.51 和 20.97。这里，普通最小二乘回归所得的结果为 22.63。这个数字显然低估了 5% 的效应，但是高估了 25%，50%，75% 和 95% 各分位点的效应值。我们同样注意到学校位于郊区对所有分位点及均值回归所对应的截距都产生正面影响，但是教师人数对所有分位点 (95% 分位点除外) 所对应的截距都产生负面影响。学校规模对截距影响不大。

对其他变量的进一步解释类似于上面对 γ_{00} 的解释，这里略去。

粗略地说，郊区这一因素对少数民族学生影响最大。另外，在教育改革方面，政客和政策制定者鼓吹最多的不但是班级大小的改革，而且还有学校规模的改革。我们的研究结果表明学校规模的大小对学生数学成绩的影响趋势不大。

13.6　文献介绍

自 20 世纪 70 年代以来，人们开始研究分层结构数据的统计模型。如 Lindley & Smith (1972)；Smith (1973)；Mason，Wong & Entwistle (1983)；Goldstein (1995)；Elston (1962)；Laird (1982)；Longford (1987)；Singer (1998)；Rosenberg (1973)；Longford (1993)；Kass & Steffey (1989)；Dempster，Rubin & Tsutakawa (1981)；Hobert (2000)。本节主要参考 Tian (2006)，引入了分层分位回归模型，提出了估计算法，给出了模型相关的渐近理论，并给出了一个实际例子来说明所提出的模型理论的使用方法以及如何解释所得出的结果。

第14章　分层半参数分位回归模拟

14.1　介　　绍

很多实际数据是分层的。个体观测嵌套在单元及其上一层结构,看起来个体并不是独立的。传统的例子包括研究医生医治的病人 (2 层),研究诊所里的医生所医治的病人 (3 层)。处理不好分层结构和缺乏独立性的数据,通常会导致有偏的参数估计。

在过去的十几年中,有大量的文献在研究分层数据。Lindly & Smith (1972) 以及 Smith (1973) 首次引入了分层线性模型的概念作为他们线性模型贝叶斯估计的一部分。从此,分层模型就被冠以不同的名字,比如多水平模型 (Goldstein, 1995;Mason,Wong & Entwistle, 1983),混合效应模型和随机效应模型 (Elston & Grizzle, 1962;Singer,1998),随机系数回归模型 (Rosenberg, 1973;Longford,1993) 以及协方差分量模型 (Dempster,Rubin & Tsutakawa, 1981;Longford,1987)。

在经典的线性模型中,通常假设 $\{(X_{ij}, W_i, Y_{ij}); i=1, \cdots, n; j=1, \cdots, n_i\}$ 来自总体 (X, W, Y)。其中,Y_{ij} 为第 i 个单元的第 j 个个体。X_{ij} 为已知的 $d \times 1$ 维第一层的解释变量,W_i 为 $d \times f$ 维第二层的解释变量矩阵。假设响应变量 Y 和维第一层的解释变量 X 满足

$$Y_{ij} = X_{ij}^T \beta_i + \epsilon_{ij}, \ \epsilon_{ij} \sim N(0, \sigma^2) \tag{14.1.1}$$

式中:$\beta_i = (\beta_{i1}, \cdots, \beta_{id})^T$ 为一个未知的 $d \times 1$ 维第一层的系数;ϵ_{ij} 为 i.i.d. 的随机误差正态分布,有 0 均值和方差 σ^2。

在第二层,第一层的系数变成响应变量

$$\beta_i = W_i \gamma + U_i \quad U_i \sim N(0, T) \tag{14.1.2}$$

式中:γ 为 $f \times 1$ 维固定效应;U_i 为 $d \times 1$ 维第二层的随机向量。

假设和 ϵ_{ij} 相互独立,服从多元正态分布且有均值向量 0 和协方差矩阵 T。前面提到的分层线性模型,考虑了组内和组间的异常差性。我们可以利用剩下单元的信息来改进基于一个个体单元数据的估计。

众所周知, 均值回归不能在给定因变量时刻画出因变量的整体条件分布。Koenker & Bassett (1978) 提出了分位回归,利用线性和非线性模型来估计条件分位数,现在被认为是一个对经典均值回归最理想的改变。总的来说,分位回归方

法基于最小化 "检验函数" 残差让我们可以估计所有的条件分位函数, 像基于最小二乘估计估计条件均值函数的经典线性回归方法一样。实际中, 线性分位回归模型不足以描述各个响应变量和协变量之间的关系。所以, 非参数的方法被引入到分位回归分析中。参见 Bhattacharya & Gangopadhyay (1990); Chaudhuri (1991); Fan, Hu & Truong (1994); Koenker, Ng & Portnoy (1994); Yu & Jones (1998); De Gooijer, Gannoun & Zerom (2002)。

　　Tian & Chen (2006) 提出了一类叫作分层线性分位回归的模型, 结合了分位线性模型和分位回归二者的优点。在那篇文章中, 提出了一个基于高斯迭代和利用分位回归和分层模型的优点的新方法。在理论方面, 考虑了渐近性质。对于 $n^{1/2}$ 收敛和渐近正态性, 我们有一些简单的条件。然而, 模型 (14.1.1) 中的线性假设有时不实际。本节的目的是拓展已经存在的分层线性模型和局部线性分位回归模型, 并提出一个分层半参分位回归模型。新方法的目的是允许第一层的模型为非参数模型。在非参数的假设下, 非参数函数的偏导向量通常在经济学中被叫作边际效应, 为第二层的响应变量。为了研究协方差对响应变量完整条件分布的效应, 我们考虑分位回归系数。不像普通的分层均值那样固定效应假定是常数, 我们提出的模型允许固定效应的分位数是协变量的函数。我们相信新的方法对于很多统计应用者来说是很有吸引力的。

14.2　模型和估计

　　在传统的分层线性模型中, 第一层模型假定是线性的 (14.1.1)。在这种情况下, 均值条件响应函数为 $\mu(x) = E(Y_{ij}|X_{ij} = x) = x^T \beta_i (j = 1, \cdots, n_i)$, 它的一阶偏导向量定义如下

$$\nabla \mu(x) = \left[\partial \mu(x)/\partial x_1, \cdots, \partial \mu(x)/\partial x_d \right]^T = (\beta_{i1}, \cdots, \beta_{id})^T$$

式中: $\beta_{ik} \ (k = 1, \cdots, d)$ 为给定其他的协变量后, 第 i 个协方差均值相应变化的测量。

　　事实上, $\nabla \mu(x)$ 通常在经济学中被叫作边际效应, 比如 Chaudhuri, Doksum & Samarov (1997)。例如, 在线性模型中, $Y_{ij} = \sum_{k=1}^{d} \gamma_{ik} X_{ijk} + \epsilon_{ij}$, 有 $E(\epsilon_{ij}) = 0$, 向量 $(\gamma_{i1}, \cdots, \gamma_{id})^T$ 是一阶偏导向量 $\mu(x) = E(Y_{ij}|x_1, \cdots, x_d) = \gamma_{i1}x_1 + \cdots + \gamma_{id}x_d$。

　　然而, 模型线性的假设并不实际。在文章中, 我们在第一层考虑下面的半参数模型

$$Y_{ij} = m(X_{ij}; \beta_i) + \epsilon_{ij} \quad (i = 1, \cdots, n; \ j = 1, \cdots, n_i) \tag{14.2.1}$$

式中：$m(\cdot)$ 为一个未知函数，控制个体内部的行为；而 ϵ_{ij} 是不可观测的随机误差变量，有均值 $E(\epsilon_{ij}) = 0$ 和方差 $E(\epsilon_{ij}^2) = \sigma_i^2(X_{ij})$，它允许出现组内误差异方差；$\beta_i$ 为一个 $d \times 1$ 的随机向量，不可直接观测到，但是可以从高一层的变量中观测到或者直接测量到。

β_i 也被叫作隐形变量，模型参数或者临时参数。用 β_i 的好处包括数据维数的减少和高水平变量效应的识别。大量观测变量可以让读者更容易理解数据。

我们现在考虑式 (14.2.3) 中的非参数模型。假设 $m(\cdot)$ 有 1 阶顺序偏导在 x 点处连续。对于 x 周围的样本点 X_{ij}，我们通过泰勒线性展开估计 $m(X_{ij}; \beta_i)$，如

$$m(X_{ij}; \beta_i) \approx m(x; \beta_i) + (X_{ij} - x)^T \nabla m(x; \beta_i)$$

从而

$$m(X_{ij}; \beta_i) \approx \widetilde{X}_{ij}^T \theta_i \tag{14.2.2}$$

式中：$\widetilde{X}_{ij} = [1, (X_{ij} - x)^T]^T \theta_i = [m(x; \beta_i); \nabla m(x; \beta_i)^T]^T = (\theta_{i0}, \theta_{i1}, \cdots, \theta_{id})^T$。

模型 (14.2.2) 是非参数估计中基于局部拟合的思想。模型 (14.2.2) 并不是全新提出的模型，别的文章也考虑了这种情况，如 Fan & Farmen (1998)。

类似于式 (14.1.2) 中的第二层，我们提出了新的第二层模型

$$\theta_i = W_i \gamma(x) + \boldsymbol{U}_i \tag{14.2.3}$$

式中：$\boldsymbol{W}_i$ 为 $(d+1) \times f$ 维第二层解释变量矩阵；$\gamma(x)$ 为一个 $f \times 1$ 维固定效应函数；$\boldsymbol{U}_i$ 为 $(d+1) \times 1$ 维第二层的随机向量，和 ϵ_{ij} 相互独立，有均值 $E(\boldsymbol{U}_i) = 0$ 和协方差矩阵 $\text{cov}(\boldsymbol{U}_i) = T$。

注：显而易见，传统的分层线性模型 (14.1.1)～ 模型 (14.1.2) 是 (14.2.3)～ 模型 (14.2.5) 的特殊形式。同样，在这篇文章中我们只考虑边际效应 θ_i 和指标 j 相互独立的情形。也就是说，梯度向量 θ_i 是 j 的常值函数，从而 θ_i 可以和下标 j 无关。更多的背景研究可以在很多文献中找到，下面用两个实例来说明。

14.2.1　研究 J 所学校 SES 成绩之间的关系

我们在整个学校内考虑研究单个学生层面解释变量，社会地位 (SES)，学生层面的因变量，数学成绩之间的关系。假设我们有 J 个学校的随机样本。我们用一个简单的两层线性模型来说明任何一所学校之间的这种关系

$$\begin{aligned} \text{Level I (如学生)} \quad & Y_{ij} = \beta_{i0} + \beta_{i1} X_{ij} + r_{ij} \\ \text{Level II (如学校)} \quad & \beta_{i0} = \gamma_{00} + \gamma_{01} W_i + u_{i0} \\ & \beta_{i1} = \gamma_{10} + \gamma_{11} W_i + u_{i1} \end{aligned}$$

式中：Y_{ij} 和 X_{ij} 分别为数学成绩和 SES。

在这个例子中，我们称学生 j 嵌套在学校 i 中。更多细节可以在 Bryk & Rausendenbush (1992) 的第二章中找到 (注意 i 和 j 在那里是颠倒的)。在上面模型中，所有的参数有一个实质性的意义。斜率 β_{i0} 是 SES 为 0 的学生的数学成绩期望。斜率 β_{i1} 则是在固定其他解释变量的情况下 SES 每增加一个单位，数学成绩期望的增加量。通常 β_{i0} 和 β_{i1} 分别代表一个学校的"有效性"和"公平性"。在这个例子中，$\theta_i = (\beta_{i0}, \beta_{i1})^T$ 和下标 j 相互独立。

14.2.2　母亲讲话对孩子词汇量的影响

Hunttenlocher *et al.* (1991) 研究外界对于孩子早期词汇量增加的影响。他们研究了 22 个孩子中每个人从 14 个月到 26 个月词汇量的增长率。对孩子词汇量增长率的直观检验可以看出，这个增长是非线性的。实际上，所有孩子的词汇量都呈上升的趋势，这启发他们考虑如下形式的第一层模型：

$$Y_{it} = \pi_{i0} + \pi_{i1}(a_{it} - \mathrm{L}) + \pi_{i2}(a_{it} - \mathrm{L})^2 + e_{it}$$

式中：Y_{it} 为在每个测量点测量孩子词汇量大小的观测；L 为第一层中具体的常数或者是解释变量的先验中心化常数，这些预测变量是 a_{it} 的幂函数。

这里有一个中心化参数 L 故意设定为 12 个月，因为大多数孩子大概是在那个时候开口说第一个单词。截距项 π_{i0} 表现的是第 i 个学生在第 L 时间点的状态。线性部分 π_{i1} 是第 i 个学生在第 L 时间点上的瞬间增长率。在这个例子中，我们可以看到

$$\begin{aligned}\theta_i = (\theta_{i0}, \theta_{i1})^T = [&\pi_{i0} + \pi_{i1}(x - \mathrm{L}) + \pi_{i2}(x - \mathrm{L})^2 \pi_{i1}(x - \mathrm{L}) \\ &+ 2\pi_{i2}(x - \mathrm{L})]^T\end{aligned}$$

在第二层，我们考虑 θ_i 一个单独的等式

$$\theta_{ik} = \gamma_{0k} + \sum_{q=1}^{Q_k} \gamma_{qk} w_{iq} + u_{ik}$$

式中：$k = 0, 1$。

在这个例子中，θ_i 和 t 相互独立。t 是第一层预测变量的标记。

在这篇文章中，我们希望量化 Y 的 τ 阶分位数和协变量 (X, W) 之间的关系。为此，我们假设条件分布 $F(\cdot \mid x, w)$ 递增，且在点 (x, w) 处连续。从而给定 $X = x$ 和 $W = w$ 后 Y 的 τ 阶分位数为

$$q_\tau(x, w) = \inf[t \in R : F(t \mid x, w) \geqslant \tau]$$

式中：$0 < \tau < 1$。

下面的引理描述了 Y_{ij} 的 τ 阶分位数和协变量 (X_{ij}, W_i) 之间的关系。

引理 14.2.1 令 $\{(X_{ij}, W_i, Y_{ij}), i = 1, \cdots, n; j = 1, \cdots, n_i\}$ 来自于总体 (X, W, Y)，满足式 (14.2.3)、式 (14.2.4) 和式 (14.2.5)，Y_{ij} 为响应变量，X_{ij} 为已知的 $d \times 1$ 第一层的解释变量，W_i 为第二层已知的 $(d+1) \times f$ 维解释变量矩阵。令 $\xi_{ij} = \tilde{X}_{ij}^T U_i + \epsilon_{ij}$，且有 $\xi_{ij} \sim G_{ij}$ 以及 $F(y)$ 为 Y 的分布函数。从而对于所有定义域中的 y 有 $F(y)$，给定 (X_{ij}, W_i) 后，Y_{ij} 的 τ 阶条件分位数是

$$F_{ij}^{-1}(\tau) = \tilde{X}_{ij}^T W_i \gamma_\tau(x) + e_{ij}(\tau)$$

式中：$\gamma_\tau(x)$ 依赖于 τ，为固定效应函数；$e_{ij}(\tau)$ 为 G_{ij} 的 τ 阶分位数。

证明 见附录。

注：如果 $\epsilon_{ij} \overset{i.i.d}{\sim} N(0, \sigma^2)$，$U_i \sim N(0, T)$ 和 U_i 与 ϵ_{ij} 对于所有的 $i = 1, \cdots, n; j = 1, \cdots, n_i$ 相互独立，那么 $e_{ij}(\tau) = (\tilde{X}_{ij}^T T \tilde{X}_{ij} + \sigma^2)^{1/2} \Phi^{-1}(\tau)$。其中，$\Phi(\cdot)$ 为标准正态分布。

这里我们需要对于任意给定的 x 估计 T，$\sigma_i^2(x)$ $(i = 1, \cdots, n)$ 和 $\gamma_\tau(x)$。

对于 $\gamma_\tau(x)$ 的估计，我们考虑下面的目标函数

$$R_n(\mathbf{b}_n) \equiv \sum_{i=1}^n \sum_{j=1}^{n_i} \rho_\tau \left[Y_{ij} - \tilde{X}_{ij}^T W_i \mathbf{b}_n - e_{ij}(\tau) \right] K_H(X_{ij} - x) \tag{14.2.4}$$

式中：$\rho_\tau(z) = \tau z I_{[0, \infty)}(z) - (1-\tau)z I_{(-\infty, 0)}(z)$；$K_H(\mathbf{z}) = \dfrac{1}{det(H)} K(H^{-1}\mathbf{z})$；$K(\cdot)$ 为高斯核函数，如 Silverman (1986) 与 Scott (1992)。

我们可以对于相应的 $\mathbf{b}_n$ 通过最小化 $R_n(\mathbf{b}_n)$ 得到 $\gamma_\tau(x)$ 的估计，定义为 $\hat{\gamma}_\tau(x)$。即

$$\hat{\gamma}_\tau(x) = \arg \min_{\mathbf{b}_n \in \mathbb{R}^f} R_n(\mathbf{b}_n) \tag{14.2.5}$$

式中：$\rho_\tau(\cdot)$ 为"检验函数"；$I(\cdot)$ 为常见的标识函数；$K_H(\cdot)$ 为核函数，控制着第一层解释变量的波动程度；H 为带宽。

通过设定 $H = h\mathbf{I}_d$，其中 $\mathbf{I}_d$ 为 $d \times d$ 维单位矩阵，我们得到等带宽的核函数，即 $K_d(X_{ij} - x) = \dfrac{1}{h^d} K\left(\dfrac{X_{ij1} - x_1}{h}, \cdots, \dfrac{X_{ijd} - x_d}{h} \right)$。对于不等带宽，我们令 $H = \mathrm{diag}(h_1, \cdots, h_d)$ 和相应的带宽 $K_d(X_{ij} - x) = \dfrac{1}{h_1 \cdots h_d} K\left(\dfrac{X_{ij1} - x_1}{h_1}, \cdots, \dfrac{X_{ijd} - x_d}{h_d} \right)$。

总的来说，介绍核函数 $K_H(\cdot)$ 的优势是：①$F(y)$ 定义域内平滑函数；②估计 $\hat{\gamma}_\tau(x)$ 不容易收异常点或者 $F(y)$ 的尾部特征影响；③ 在一些例子中，它减少了非参数平滑的边际效应。

本节中, 我们采用了高斯核函数, 下面对于平滑条件分位数用下面选择窗宽的方法, 参见 Yu & Jones (1998)。

第 1 步: 用已有的和复杂的方法来选择 h_{mean}, 如 Ruppert, Sheather & Wand (1995)。

第 2 步: 用 $h_\tau = h_{mean}\{\tau(1-\tau)/\phi[\Phi^{-1}(\tau)]^2\}^{1/5}$ 从 h_{mean} 中得到其他的 h_τ, 其中 ϕ 和 Φ 为标准正态的密度和分布函数。

对于非自动带宽选择, 我们可以参照 Gooijer & Zerom (2003)。对于最优化问题一阶偏导条件由下式给出

$$\nabla R_n(\mathbf{b}_n)|_{\mathbf{b}_n = \widehat{\gamma}_\tau(x)} = 0$$

而

$$\nabla R_n(\mathbf{b}_n) = -\sum_{i=1}^{n} \sum_{j=1}^{n_i} \psi_\tau \left[Y_{ij} - \widetilde{X}_{ij}^T \boldsymbol{W}_i \mathbf{b}_n + e_{ij}(\tau) \right] K_H(X_{ij} - x) \boldsymbol{W}_i^T \widetilde{X}_{ij}$$

$$= -\sum_{i=1}^{n} \sum_{j=1}^{n_i} \psi_\tau \left\{ Y_{ij} - \widetilde{X}_{ij}^T \boldsymbol{W}_i [\mathbf{b}_n - \gamma_\tau(x)] - F_{ij}^{-1}(\tau) \right\} K_H(X_{ij} - x) \boldsymbol{W}_i^T \widetilde{X}_{ij}$$

式中: $\psi_\tau(z) = \tau - I(z < 0)$。

为了解决最小化问题, 我们需要计算 100τ 阶分位数。通常估计分位数计算上比估计均值和方差更加困难。这里我们用顺序统计量计算 $e_{ij}(\tau)$ 的点估计, 参见 Hogg & Craig (1995)。在我们的例子中, 样本的 τ 阶分位数 $\widetilde{e}_{ij}(\tau)$ 由下式给定

$$\widetilde{e}_{ij}(\tau) = \left[Y_{ij} - \widetilde{X}_{ij}^T \boldsymbol{W}_i \widehat{\gamma}_\tau(X_{ij}) \right]_{([n_i\tau])} \tag{14.2.6}$$

式中: $[a]$ 为最大的等于或者略小于真实值的整数 a; $[Y_{ij} - \widetilde{X}_{ij}^T \boldsymbol{W}_i \widehat{\gamma}_\tau(X_{ij})]_{([n_i\tau])}$ 定义了 $\left\{ Y_{i1} - \widetilde{X}_{i1}^T \boldsymbol{W}_i \widehat{\gamma}_\tau(X_{i1}), \cdots, Y_{in_i} - \widetilde{X}_{in_i}^T \boldsymbol{W}_i \widehat{\gamma}_\tau(X_{in_i}) \right\}$ 的第 $n_i\tau$ 个最小值; $\widehat{\gamma}_\tau(\cdot)$ 为任何 $\gamma(\cdot)$ 的合理估计。

在实际中, 估计 $\widehat{\gamma}_\tau(x)$ 和 $\widehat{e}_{ij}(\tau)$ 可以通过下面的 Guass-Seidel 型迭代得到。

第 1 步: 初始估计。$\widehat{e}_{ij}^{(0)}(\tau) = [Y_{ij} - \widetilde{X}_{ij}^T \boldsymbol{W}_i \widehat{\theta}_i^{(0)}]_{([n_i\tau])}$, 其中 $\widehat{\theta}_i^{(0)}$ 由式 (14.2.9) 给出。

第 2 步: 迭代。

$$\widehat{\gamma}_\tau^{(l+1)}(x) = \arg \min_{\mathbf{b} \in \mathbb{R}^f} \sum_{i=1}^{n} \sum_{j=1}^{n_i} \rho_\tau \left[Y_{ij} - \widetilde{X}_{ij}^T \boldsymbol{W}_i \mathbf{b}_n - \widehat{e}_{ij}^{(l)}(\tau) \right] K_H(X_{ij} - x)$$

$$\widehat{e}_{ij}^{(l+1)}(\tau) = \arg \min_{a \in \mathbb{R}} \sum_{i=1}^{n} \sum_{j=1}^{n_i} \rho_\tau \left[Y_{ij} - \widetilde{X}_{ij}^T \boldsymbol{W}_i \widehat{\gamma}_\tau^{(l+1)}(X_{ij}) - a \right]$$

式中: $l = 0, 1, \cdots$。

第 3 步: 重复第 2 步直到满足收敛准则 (如直到任何参数的最大变化都充分小)。

这里我们用均值回归 $E(\theta_i)$ 作为 θ_i 的初始值。系数向量 θ_i 可以通过一些合适的平滑技术得到, 这个直观的估计就是其均值

$$\widehat{\theta}_i^{(0)} = [\widehat{\theta}_{i0}^{(0)}, \ \widehat{\theta}_{i1}^{(0)}, \ \cdots, \ \widehat{\theta}_{id}^{(0)}]^T \equiv E[m(x), \ \nabla m(X)^T]^T \tag{14.2.7}$$

式中: $\widehat{\theta}_{i0}^{(0)}$ (响应变量的初始状态) 为所有协变量的边际效应为零的情况下的期望值, $\widehat{\theta}_{ik}^{(0)}$ ($k = 1, \cdots, d$) 为在其他变量固定的情况下, 第 k 个协变量的扰动对于响应变量的影响。

等价地, 我们想估计

$$\int [m(x), \ \nabla m(t)^T]^T f(t) \mathrm{d}t$$

显然, 直接的 Plug-in 估计可以用于初始估计

$$n_i^{-1} \sum_{j=1}^{n_i} [\widehat{m}(x), \ \nabla \widehat{m}(X_{ij})^T]^T \tag{14.2.8}$$

式中: $\widehat{m}(x)$ 为任何 $m(x)$ 合理的非参数估计, 参见 Chaudhuri $et\ al.$ (1997)。

对于估计 $\mathbf{T}$ 和 $\sigma_i^2(x)$, 我们采用了下面的 E − M 型算法, 参见 Smith (1973) 与 Dempster $et\ al.$ (1981):

(1) M步: 最大化。$\mathbf{T}$ 和 $\sigma_i^2(x)$ 的最大似然估计可以直接得到

$$\widehat{\mathbf{T}} = \frac{1}{n} \sum_{i=1}^{n} U_i U_i^T$$

和

$$\widehat{\sigma}_i^2(x) = \frac{1}{n_i} \sum_{j=1}^{n_i} [Y_{ij} - \widetilde{X}_{ij}^T \boldsymbol{W}_i \widehat{\gamma}_\tau(x) - \widetilde{X}_{ij}^T U_i]^2$$

(2) E步: 取期望。$\widehat{\sigma}_i^2(x)$ 和 $\widehat{\mathbf{T}}$ 的条件期望 (给定数据 Y 和其他参数) 可以看作

$$E\left[\widehat{\mathbf{T}}\Big| Y, \ \gamma_\tau(x), \ \sigma_i^2(x), \ \mathbf{T}\right] = \frac{1}{n} \sum_{i=1}^{n} \sum_{j=1}^{n_i} (U_i^* U_i^{*T} + \mathbf{T}_i^*)$$

和

$$E\left[\widehat{\sigma}_i^2(x)\Big| Y, \ \gamma_\tau(x), \ \sigma_i^2(x), \ \mathbf{T}\right] = \frac{1}{n_i} \sum_{j=1}^{n_i} \left[Y_{ij} - \widetilde{X}_{ij}^T W_i \gamma_\tau(x) - \widetilde{X}_{ij}^T U_i^*\right]^2 + tr(\widetilde{X}_{ij} \mathbf{T}_i^* \widetilde{X}_{ij}^T)$$

式中：$\mathbf{T}_i^* = \sigma_i^2(x)\big[\widetilde{X}_{ij}\widetilde{X}_{ij}^T + \sigma_i^2(x)\mathbf{T}^{-1}\big]^{-1}$；$U_i^* = \sigma_i^{-2}(x)\mathbf{T}_i^*\widetilde{X}_i^T\big[Y_{ij} - \widetilde{X}_{ij}^T\mathbf{W}_i\gamma_\tau(x)\big]$

这个 E–M 型算法反复迭代下去，直到所有参数的绝对变化小于一个预先给定的充分小的数为止。由于数据假设第一层是异方差的，即 $E(\epsilon_{ij}^2) = \sigma_i^2(X_{ij})$ 有一个平滑函数 $\sigma_i^2(\cdot)$，所以我们可以考虑一类在 x 点局部方差估计作为 $\sigma_i^2(x)$ 的一个初始估计，即 $\widetilde{\sigma}_i^2(x) = \left(\sum\limits_{j=j_1}^{j_2} \omega_j Y_{ij}\right)^2$。其中，$j_1 = -[m/2]$；$j_2 = [m/2 - 1/4]$；$\sum\limits_{j=j_1}^{j_2} \omega_j = 0$；$\sum\limits_{j=j_1}^{j_2} \omega_j^2 = 1$；$m \geqslant 2$ 是一个固定的整数。参见 Müller & Stadtmüller (1987)。

14.3　渐 近 结 果

在这节中，我们调查研究了在不同水平误差项为异方差的分层非参数分位回归模型中 $\sqrt{n \cdot \det(H)}\,[\widehat{\gamma}_\tau(x) - \gamma_\tau(x)]$ 的渐近性质。整个这一节，我们给出了下面一些较弱的假设。

假设 14.3.1　令 $\{Y_{ij}\}$ $(i = 1, \cdots, n;\ j = 1, \cdots, n_i)$ 为一系列独立的随机变量，有绝对连续的分布函数 $F_{ij}(\cdot)$ 且具有有限的、正的和绝对连续的密度函数 $F_{ij}'(\cdot)$，对于所有的 z 有 $0 < F_{ij}(z) < 1$，且二阶偏导 $F_{ij}''(\cdot)$ 在 $F_{ij}^{-1}(\tau)$，$\tau \in (0, 1)$ 的邻域有界。

假设 14.3.2　令 $e_k = (0, \cdots, 0, 1, 0, \cdots, 0)^T$，其第 k 个元素都为 1。当 $n \to \infty$ 时，$\max\limits_{1 \leqslant i \leqslant n} \sum\limits_{k=1}^{f} \left|\widetilde{X}_{ij}^T W_i e_k\right| = O(1/n^4)$。

假设 14.3.3　$\dfrac{1}{n} \sum\limits_{i=1}^{n} \left|\widetilde{X}_{ij}^T W_i e_k\right|^4 = O(1)$，　$as\ n \to \infty,\ k = 1, \cdots, f$。

假设 14.3.4　这个 d 维核函数 $K(\cdot)$ 是有界的密度函数，且该密度函数在 $f(x)$ 的定义域内有紧支撑 $\mathbf{C}^d$，使得 $\int K(u)\mathrm{d}u = 1$，$\int uK(u)\mathrm{d}u = 0_d$，$\int uu^T K(u)\mathrm{d}u > 0_{d \times d}$。

假设 14.3.5　核函数的带宽 H 满足 $\det(H) \to 0$ 和 $n \cdot \det(H) \to \infty$，当 $n \to \infty$。

注：注意到假设 14.3.1 涵盖了 $n_i = 1$ 和 $Y_{ij} = Y_i$ 这一特殊形式，而假设 14.3.2 和假设 14.3.3 是来自于 Tian & Chen (2006)，Jurečková & Sen (1984) 以及 Hendricks & Koenker (1992) 的常规假设。相合性也由假设 14.3.1~14.3.5 保证。

令 $H(\mathbf{b}_n) = -\dfrac{1}{\sqrt{n \cdot \det(H)}} \sum\limits_{i=1}^{n} \sum\limits_{j=1}^{n_i} \psi_\tau\{Y_{ij} - [n \cdot \det(H)]^{-1/2}\widetilde{X}_{ij}^T W_i \mathbf{b}_n - F_{ij}^{-1}(\tau)\}$

$K_H(X_{ij} - x)W_i^T \widetilde{X}_{ij}$。

定理 14.3.1   在假设 14.3.1~14.3.5 下，我们有下面的 Bahadur 表达

$$\sqrt{n \cdot \det(H)}\Big[\widehat{\gamma}_\tau(x) - \gamma_\tau(x)\Big]$$

$$=\frac{1}{\sqrt{n \cdot \det(H)}}\Delta_n^{-1}\left\{\sum_{i=1}^n \sum_{j=1}^{n_i}\psi_\tau[Y_{ij} - F_{ij}^{-1}(\tau)]K_H(X_{ij} - x)W_i^T \widetilde{X}_{ij}\right\} + o_P(1)$$

式中：$\Delta_n = [n \det(H)]^{-1/2}\sum_{i=1}^n \sum_{j=1}^{n_i} F_{ij}'[F_{ij}^{-1}(\tau)]W_i^T \widetilde{X}_{ij}K_H(X_{ij} - x)\widetilde{X}_{ij}^T W_i$

下面的定理描述了 $\widehat{\gamma}_\tau(x)$ 的渐近分布。

定理 14.3.2   在假设 14.3.1~14.3.5 下，假设 Δ_n 和 Θ_n 趋于正定矩阵。
$\sqrt{n \cdot \det(H)}[\widehat{\gamma}_\tau(x) - \gamma_\tau(x)]$ 收敛于一个多元高斯向量分布。具体地讲，有

$$\sqrt{n \cdot \det(H)}[\widehat{\gamma}_\tau(x) - \gamma_\tau(x)] \xrightarrow{D} N\Big[0,\ \tau(1 - \tau)\Delta_n^{-1}\Theta_n\Delta_n^{-1}\Big]$$

式中：$\Theta_n = [n \det(H)]^{-1}\sum_{i=1}^n \sum_{j=1}^{n_i} W_i^T \widetilde{X}_{ij}K_H^2(X_{ij} - x)\widetilde{X}_{ij}^T W_i$

定理 14.3.2 的假设和 Koenker & Machado (1999) 中 A.4 和 Hendricks & Koenker (1992) 附录中假设类似。幸运的是，这里有大量针对估计 $\{F_{ij}'[F_{ij}^{-1}(\tau)]\}^{-1}$ 的文献。这里的方法类似于 Koenker & Machado (1999) 中 A.4。

下面的定理描述了 $\widetilde{e}_{ij}(\tau) \equiv \Big[Y_{ij} - \widetilde{X}_{ij}^T W_i\widehat{\gamma}_\tau(X_{ij})\Big]([n_i\tau])$ 的渐近分布。

定理 14.3.3   在假设 14.3.1 下，我们有

$$\sqrt{n}\left\{\widetilde{e}_{ij}(\tau) - e_{ij}(\tau) + \frac{\tau(1 - \tau)G_{ij}''[e_{ij}(\tau)]}{2(n_i + 2)G_{ij}'^3[e_{ij}(\tau)]}\right\} \xrightarrow{D} N\{0,\ \tau(1 - \tau)/G_{ij}'^2[e_{ij}(\tau)]\}$$

式中：$G_{ij}[e_{ij}(\tau)] = F_{ij}\big[\widetilde{X}_{ij}^T W_i\gamma_\tau(x) + e_{ij}(\tau)\big]$。

14.4   模 拟 分 析

在这个部分，我们做了两个模拟分析来评价我们提出的方法。为了简便，我们只考虑一个解释变量的模型。第一个基于误差为多元柯西分布的层次线性模型的分析显示，我们提出的方法对于非正态性和异常点具有稳健性。第二个分析研究了在层次非参分位回归中的边际效应。

14.4.1   误差为多元柯西分布的层次线性模型

假设第一层模型是线性的且具有柯西误差项，即

$$Y_{ij} = \beta_{i0} + \beta_{i1}X_{ij} + \epsilon_{ij}$$

式中：$\epsilon_{ij} \sim Cauchy(\text{mode} = 0; \text{scale} = 1)$。

第二层模型如式 (14.1.2) 中定义，即 $\beta_{i0} = \gamma_0 + u_{i0}$，$\beta_{i1} = \gamma_1 + u_{i1}$，其中

$$\begin{pmatrix} u_{i0} \\ u_{i1} \end{pmatrix} \sim Cauchy\left[mode = \begin{pmatrix} 0 \\ 0 \end{pmatrix}, \Sigma = \frac{1}{9} \begin{pmatrix} 1 & -0.25 \\ -0.25 & 1 \end{pmatrix} \right]$$

以上所有的比较都是基于 200 次重复实验的平均值。

接下来我们会比较由普通的均值回归得到的结果和由基于中位数的分层非参分位回归得到的结果 ($\tau = 0.5$)。样本的数量被设定为 $n = 11$，$n_1 = 290$，$n_2 = 270$，$n_3 = 260$，$n_4 = 290$，$n_5 = 290$，$n_6 = 290$，$n_7 = 270$，$n_8 = 310$，$n_9 = 250$，$n_{10} = 290$，$n_{11} = 270$。我们令 $X_{ij} \sim U(0, 1)$，$\gamma_0 = 60$ 和 $\gamma_1 = 12$。对于平滑条件分位函数，这里使用了高斯核函数以及自动带宽选择的方法，细节见本节第 14.2 部分。在图 14-1 中，我们只画出了估计的 γ_1 的边际效应值。需要注意的是，图 14-1 中的两个子图的量级并不一样。实际上，图 14-1 中的两个子图的 γ_1 的边际效应值的最大值和真实值 (即 12) 的差异是很大的，即 $\max(|\widehat{\gamma}_1^* - 12|) = 451.75$ 和 $\max(|\widehat{\gamma}_1^{**} - 12|) = 1.13$。其中，$\widehat{\gamma}_1^*$ 和 $\widehat{\gamma}_1^{**}$ 分别是基于普通均值回归方法和基于中位数的方法对 γ_1 的边际效应的估计值。显然，我们的方法对于离群点来说更具有稳健性。

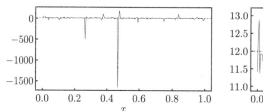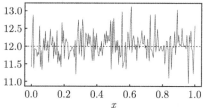

图 14-1   估计的 γ_1 的边际效应值

注: 水平方向的虚线表示真实的边际效应；左图的实线是基于普通均值回归得到的拟合边际效应函数，右图的实线是基于所提出的分层半参数分位回归得到的拟合中位数边际效应函数 ($\tau = 0.5$)。

14.4.2   具有异方差的层次非参分位回归模型

假设异方差的第一层模型定义为

$$Y_{ij} = m(X_{ij}) + [\sin(2\pi X_{ij}) + 1]^{1/2} \epsilon_{ij} \tag{14.4.1}$$

式中：$m(x) = \phi_{0i} + \phi_{1i} \sin(2\pi \phi_{2i} x) + \phi_{3i} \cos(2\pi \phi_{2i} x)$；$\epsilon_{ij} \sim N(0; 1)$。

并且第二层模型定义为

$$\theta_i(x) = [m(x), m'(x)]^T = A_i \varphi(x) \tag{14.4.2}$$

其中

$$A_i = \begin{pmatrix} \phi_{0i} & \phi_{1i} & \phi_{3i} \\ 0 & -2\pi\phi_{2i}\phi_{3i} & 2\pi\phi_{1i}\phi_{2i} \end{pmatrix}, \quad \varphi(x) = \begin{bmatrix} 1 \\ \sin(2\pi\phi_{2i}x) \\ \cos(2\pi\phi_{2i}x) \end{bmatrix}$$

我们的一个主要兴趣就是估计整个总体中的固定效应。因此我们令式 (14.4.2) 为 $\theta_i(x) = \theta(x) + U_i$，其中的固定效应函数给定如下

$$\theta(x) = A\varphi(x) = \begin{pmatrix} \phi_0 & \phi_1 & \phi_3 \\ 0 & -2\pi\phi_2\phi_3 & 2\pi\phi_1\phi_2 \end{pmatrix} \begin{bmatrix} 1 \\ \sin(2\pi\phi_2 x) \\ \cos(2\pi\phi_2 x) \end{bmatrix}$$

并且, $U_i = \begin{pmatrix} u_{0i} \\ u_{1i} \end{pmatrix} \sim N(\mu, \boldsymbol{\Sigma})$。其中, $\mu = (0, 0)^T$; $\boldsymbol{\Sigma} = \begin{pmatrix} 4 & 1 \\ 1 & 2 \end{pmatrix}$。

在这里，我们考虑了 $\tau = 0.05, 0.25, 0.5, 0.75$ 和 0.95 这 5 个不同的值。样本量为 $n = 11$, $n_1 = 29$, $n_2 = 27$, $n_3 = 26$, $n_4 = 29$, $n_5 = 29$, $n_6 = 29$, $n_7 = 27$, $n_8 = 31$, $n_9 = 25$, $n_{10} = 29$, $n_{11} = 27$。令 $X_{ij} \sim U(0, 1)$, 和 $\phi_0 = 12$, $\phi_1 = -3$, $\phi_2 = 1$, 以及 $\phi_3 = -1(i = 1, \cdots, 11; j = 1, \cdots, n_i)$。我们仅仅在图 14-2 中报告了 $\tau = 0.05$ 的情况，省略了其他基于不同分位数的情况。图 14-2(a) 是异方差模型 (14.4.1) 的散点图。图 14-2(b) 中的实线表明了 $\gamma_{0.5}^{(1)}(x)$ 在分位点 0.5 处的真实固定效应函数，而虚线则表示其相应的估计值 $\widehat{\gamma}_{0.5}^{(1)}(x)$。由图可以得知，基于我们方法得到的固定效应的估计非常接近其真实值。对于非参的情形，不是只看在特定点 x 处的估计，而可能更值得去计算整个估计拟合优度度量。基于这个目的，我们使用了积分绝对误差(IAE)，即 $\int_x |\gamma_\tau^{(1)}(x) - \widehat{\gamma}_\tau^{(1)}(x)| f(x) \mathrm{d}x$。我们基于 500 次重复实验计算了平均 IAE，对于 $\tau = 0.05, 0.25, 0.5, 0.75$ 和 0.95，分别得到的结果是 1.02，0.65，0.68，0.59 以及 1.02。

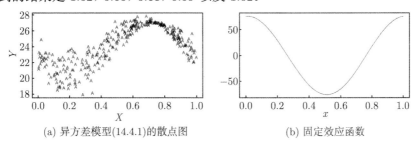

(a) 异方差模型(14.4.1)的散点图   (b) 固定效应函数

图 14-2

注: 图 (b) 中的实线表示分位点 0.5 的真实的固定效应函数; 图 (b) 中的点线是估计出的在分位点 0.5 的固定效应函数。

14.5   实际数据例子

在这一节，我们将说明所提出模型的应用。采用的是 S-PLUS 软件中自带的有关像素密度的数据集。具体地说，在注射了显影剂后，10 只狗在 14 天期间内左右腋下淋巴结的平均密度值被 CT 扫描记录下来。我们所关心的变量包括：①Pixel(即 CT 扫描得到的两个淋巴结的平均像素密度)；②Day(从注射显影剂开始的天数)；③Dog(用来唯一标识每只狗的因子)；④Side(标识测量是在狗哪边的腋下进行的因子)。实验者们首先给 10 只狗注射显影剂；在接下来的 21 天内，实验者会每天通过 CT 扫描记录每只狗在不同场景内的左右腋下淋巴结的平均密度值。我们在图 14-3 中展示了这 10 只狗的左右淋巴结的平均密度值随着时间变化的情况。

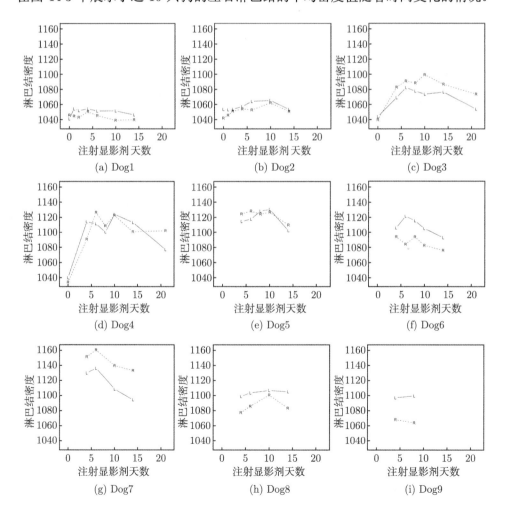

(a) Dog1   (b) Dog2   (c) Dog3

(d) Dog4   (e) Dog5   (f) Dog6

(g) Dog7   (h) Dog8   (i) Dog9

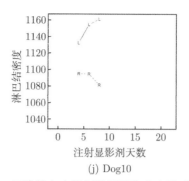

(j) Dog10

图 14-3   10 只狗的左右淋巴结的平均密度随时间变化情况

注: CT 扫描出的左淋巴结像素密度用带字母 "L" 的虚线表示, 而右边的则用带字母 "R" 的点线表示。

在本实验中, 期望左右两边是不同的。在接下来的分析中, Dog 和 Side 被认为是嵌套分类变量。

首先, 我们会说明第一层模型的线性假设是不足的。为了简便起见, 我们只考虑第一层模型包含协变量 Day 之和, 且第二层模型代表 Dog 的随机效应这一特殊情况。具体地, 我们用 $Y_{ijk}(i = 1, \cdots, 10; \ j = 1, 2; \ k = 1, \cdots, n_{ij})$ 来表示在第 k 种情况下第 i 只狗的第 j 边的淋巴结的像素密度, 并且我们用 X_{ik} 来表示对第 i 只狗的第 k 次扫描的时间。于是, 我们得到了如下的线性模型

第一层模型: $Y_{ijk} = \beta_{0k} + \beta_{1k}X_{ik} + \epsilon_{ijk}$

第二层模型:

$$\beta_{0k} = \gamma_{00} + u_{0k} \tag{14.5.1}$$
$$\beta_{1k} = \gamma_{10} + u_{1k}$$

式中: $\epsilon_{ijk} \sim N(0, \sigma^2)$; $E[(u_{0k}, u_{1k})^T] = (0, 0)^T$; $\mathrm{var}[(u_{0k}, u_{1k})^T] = T_{2\times2}$ 和 $\mathrm{cov}(u_{0k}, \epsilon_{ijk}) = \mathrm{cov}(u_{1k}, \epsilon_{ijk}) = 0$。

需要注意的是, 第 i 只狗的第 j 边的观测数依赖于 j 而不是 i。因此, 第一层模型的 Y_{ijk} 和 ϵ_{ijk} 可以分别被简化为 Y_{ik} 和 ϵ_{ik}。我们可以用 S 的**nlme** 库中的**lme** 函数去拟合式 (14.5.1)。在此处, $\hat{\sigma} = 14.53$, $\hat{\gamma} = (1093.22, -0.15)^T$, $\hat{T} = \begin{pmatrix} 31.49 & -0.79 \\ -0.79 & 1.07 \end{pmatrix}$。在这种情况下, Day 变量在统计意义上并不显著 (其 p 值为 0.76)。

在图 14-3 中, 我们可以观察到像素密度大体上随着时间的变化而增加, 然后减少, 并且一般在第 10 天达到高峰。另外, 在这些图中我们可以看到狗之间差异很大。这个激发我们考虑用式 (14.2.3) 中的分层非参数分位模型。也就是说, 式

(14.5.1) 中的第一层模型可以表示为 $Y_{ik} = m(X_{ik}) + \epsilon_{ik}$。图 14-4 展示了基于普通均值回归的 $\widehat{\gamma}^{(1)}(x)$，以及基于我们提出的分层非参分位模型在 5 个不同分位 ($\tau = 0.05, 0.25, 0.50, 0.75, 0.95$) 的 $\widehat{\gamma}_\tau^{(1)}(x)$。我们首先注意到时间因子 ($Day$ 变量) 的固定效应在回应变量 $pixel$ 的低分位 (如 $\tau = 0.05, 0.25$) 的时候是单调递减的。相反地，时间因子的固定效应在回应变量 $pixel$ 的高分位 (如 $\tau = 0.75, 0.95$) 的时候是单调递增的。只是对于 $pixel$ 中位数的时候，固定效应函数才保持为一个常数 (即 $\widehat{\gamma}_{0.5}^{(1)}(x) = 2.28$)。尽管通常认为基于普通均值回归的结果应该接近于基于中位数的分位回归，但是我们观察到 $\widehat{\gamma}_{0.5}^{(1)}(x)$ 和 $\widehat{\gamma}^{(1)}(x)$ 之间的差别是 $\sum\limits_x |\widehat{\gamma}_{0.5}^{(1)}(x) - \widehat{\gamma}^{(1)}(x)| = 2.43$。这个显著的差别很容易从不正确地在公式 5.1 的第一层中使用了线性模型得到解释。为了证明这个，我们在第一层模型使用关于 Day 变量的二次函数去拟合数据，并且得到 $\widehat{\gamma}^{(1)}(x) = 3.38$，这使得区别不像刚才那么大了。实际上，我们可以用模型比较的准则 AIC(Akaike 信息准则) 和 BIC(贝叶斯信息准则) 来比较式 (14.5.1) 中第一层模型是线性模型和二次函数模型的情形。在线性模型下，AIC 和 BIC 值分别为 840.41 和 860.56。在二次函数下，AIC 和 BIC 分别显著地增加到了 889.43 和 901.13。显然，AIC 和 BIC 都支持第一层模型是二次函数。然而，这两个模型都不能正确地描述像素密度在时间上的潜在行为。基于此，我们提出的分层非参分位模型为实践者提供了一个强有力的工具去探索复杂的隐藏关系。

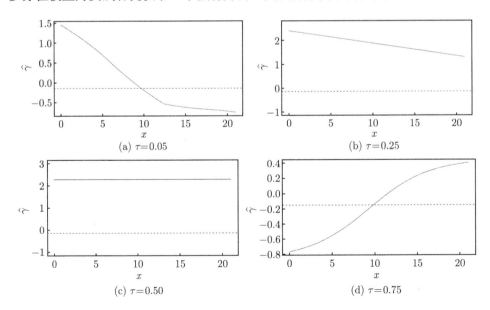

(a) τ=0.05　　　　　　　　　　(b) τ=0.25

(c) τ=0.50　　　　　　　　　　(d) τ=0.75

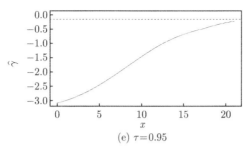

(e) $\tau = 0.95$

图 14-4　基于普通均值回归的 $\widehat{\gamma}^{(1)}(x)$

注: 实线表示估计出来的不同分位点上的固定效应函数, 水平点线表示基于分层线性模型得到的均值回归
结果。

14.6　文献介绍

有大量研究分层数据的文献, 如 Lindly & Smith (1972) 以及 Smith (1973), Koenker & Bassett (1978) 提出了分位回归, 利用线性和非线性模型来估计条件分位数, 现在被认为是一个对经典均值回归最理想的改变。非参数的方法被引进到分位回归分析中, 参见 Bhattacharya & Gangopadhyay (1990); Chaudhuri (1991); Fan, Hu & Truong (1994); Koenker, Ng & Portnoy (1994); Yu & Jones (1998); De Gooijer, Gannoun & Zerom (2002)。Tian & Chen (2006) 提出了分层线性分位回归模型, 它结合了分位线性模型和分位回归二者的优点。在本节中, 我们主要参考了 Tian, Tang & Chan (2009), 提出了分层半参数分位回归模型, 讨论了估计的问题, 给出了渐近性质, 用简单的模拟实验来说明方法的优劣, 最后用一个动物的实验数据来说明方法的应用。

第15章 复合分层线性分位回归模拟

15.1 介 绍

多水平结构数据在日常生活中很普遍，比如研究公司中的员工 (两个水平) 以及研究学校班级中的学生 (三个水平)。在这样一个结构中，个体观测由一些特征来描述，这些特征可以分成随机部分和固定部分。换句话说，我们在意的不仅是个体，还有个体所在的大的单元。

多水平结构模型从 1970 年就开始研究。Lindley & Smith (1972) 与 Smith (1973) 第一次提出了 "多水平模型" 这一术语，这可算作是他们对线性模型的贝叶斯估计的学术贡献。自此，多水平模型就开始流行了，并以各种名字被提出。比如多水平模型 (Goldstein，1995；Mason $et~al.$，1983)，混合效应模型和随机效应模型 (Elston & Grizzle，1962；Singer，1998)，随机参数回归模型 (Rosenberg，1973) 以及协方差分量模型 (Dempster $et~al.$，1977，1981)。有一些专门的研究中心和出版的许多书籍也是关于这一话题的。虽然多水平线性模型技术被广泛应用，但应用到实际中并不是那么简单。我们需要考虑数据的误差项结构，以及由于误差项分布和离群点导致的点估计以及方差估计可能的偏差。例如分布的均值很容易被离群点影响，而条件分位数则可以克服这个缺点。

用分布的条件分位数来刻画的分位回归 (Longford，1987)，在误差项非正态的条件下，比均值回归更加有效。Zou & Yuan (2008) 介绍了复合分位回归 (CQR)，它是把目标函数设为 K 个分位函数的平均。而通过最小化目标函数，我们可以得到稳健的估计。CQR 则在分位回归的基础上改进了传统的最小二乘估计。这里 CQR 可以看作是 (Konker，2005) 中提到的加权函数和的一个特例，即每个分位函数有一个同样的权重。Zou & Yuan (2008) 进一步建立了局部 CQR 平滑来估计回归函数的非参数部分以及其导数。渐近理论显示局部二次 CQR 估计不管误差项如何，都是有效性较好的估计。然而对于多水平建模分位回归的方法没有太多研究，仍有研究的空间。本节中我们结合了多水平线性模型以及复合分位回归的优点，提出了一种新的方法叫作复合多水平分位回归模型 (CMQRM)。模型的特征包括。

(1) 被称为边际效应的估计的系数向量，对于响应变量观测的离群点是稳健的。

(2) 新的方法有着多水平模型的所有优良性质。

(3) CQR 的相对有效性和最小二乘相比，不论误差项分布如何，都大于 70%。

15.2　模　　　型

为了简化表达，我们考虑两水平的多水平模型。结果很容易延伸到三水平或者多水平。我们考虑 J 个单元，每个有 n_j 个元素。我们定义 Y_{ij} 是第 j 个单元的第 i 个元素。Y_{ij} 是实值响应变量。X_{ij} 是第一层 $1 \times d$ 的解释变量。W_j 是第二层 $d \times f$ 的设计阵。

考虑第一层的模型

$$Y_{ij} = X_{ij}\boldsymbol{\beta}_j + \varepsilon_{ij}, \quad \varepsilon_{ij} \sim N(0, \sigma^2) \ (i=1, \cdots, n_j; j=1, \cdots, J) \qquad (15.2.1)$$

式中：$\boldsymbol{\beta}_j$ 为第一层未知的 $d \times 1$ 参数向量；ε_{ij} 为独立同分布的、不可观测的随机效应变量。

假设 ε_{ij} 和 X_{ij} 相互独立，并且服从均值为 0、方差为 σ^2 的正态分布。

第二层将第一层的系数作为因变量

$$\boldsymbol{\beta}_j = W_j\gamma + u_j \quad u_j \sim N(0, T) \quad (j=1, \cdots, J) \qquad (15.2.2)$$

式中：γ 为一个 $f \times 1$ 的固定效应向量；u_j 为一个 $d \times 1$ 的第二层随机效应。

假设 u_j 与 W_j 和 ε_{ij} 独立，u_j 服从均值向量为 0、协方差阵为 $\mathbf{T}$ 的多元正态分布。合并两层，我们得到模型

$$Y_{ij} = X_{ij}W_j\gamma + X_{ij}u_j + \varepsilon_{ij}, \quad \varepsilon_{ij} \sim N(0, \sigma^2), \quad u_j \sim N(0, \mathbf{T}) \qquad (15.2.3)$$

为了在给定 $(X, W) = (x, w)$ 的条件下，考虑响应变量 Y 的条件分布函数 $F(y|x, w)$，我们考虑 Y 的分位函数。假设 $F(y|x, w)$ 是 y 的递增函数，且在 x 和 w 处连续。在点 x 和 w 给定的条件下，Y 的 τ 阶分位数定义为 $q_\tau(x, w)$，使得

$$q_\tau(x, w) = \inf\{t \in \mathbb{R} : F(t|x, w) \geqslant \tau\} \ (0 < \tau < 1)$$

给定模型 (15.2.3)，我们有

$$q_\tau(x, w) = xw\gamma + (xTx' + \sigma^2)^{1/2}\Phi^{-1}(\tau) \qquad (15.2.4)$$

式中：$\Phi(\cdot)$ 为标准正态累积分布函数。

当误差项方差无限的情况下，均值回归不能得到结果。如果误差项无限，参数的估计不再是 $\sqrt{n}$ 相合估计，且不是参数估计的理想方法。为了进一步改进多水平情况下经典均值回归的一些性质，我们提出了将几个 τ 阶分位数合并。在不同的分位回归模型中，回归系数是假定不变的。通常我们取等分的分位点 $\tau_k(k = 1, 2, \cdots, K)$ 为合并的分位数，我们后面会建议选择 K 的选择。

15.3 估　　计

　　EM 算法被广泛地应用于估计多水平模型的系数, 其中随机部分可以看成是不完整数据。E 步表示期望, 用来得到未知部分的充分统计量的期望, M 步表示最大化, 用来得到极大似然估计。

　　为了代替 EM 算法, 我们提出了 E-CQ 算法。两者之间的差异是我们利用复合分位回归代替均方期望来作为检验函数。凭直觉, E-CQ 算法会稳健些, 因为分位数可以避免由于离群点的影响造成的误差, 而均值则不能。下面我们来说明 E-CQ 算法。

15.3.1　CQ 步

　　固定效应 γ 通过最小化下式得到

$$\hat{\gamma} = \arg \min_{\gamma \in \mathbb{R}^f} \sum_{k=1}^{K} \left\{ \sum_{j=1}^{J} \sum_{i=1}^{n_j} \rho_{\tau_k} [Y_{ij} - X_{ij} W_j \gamma - (X_{ij} T X'_{ij} + \sigma^2)^{1/2} \Phi^{-1}(\tau_k)] \right\}$$

$$(15.3.1)$$

式中: $\rho_\tau = \tau z I_{[0, \infty)}(z) - (1 - \tau) z I_{(-\infty, 0)}(z)$, 叫作 "检验函数"。

　　由于检验函数在零点不可导, 所以式 (15.3.1) 没有一个显式解, 但是我们可以通过迭代的算法来解最小化问题。

　　首先, 我们可以直接得到 T 和 σ^2 的极大似然估计

$$\hat{T} = \frac{1}{J} \sum_{j=1}^{J} u_j u'_j \tag{15.3.2}$$

式中: J 为第二层的单元个数

$$\hat{\sigma}^2 = \frac{1}{N} \sum_{j=1}^{J} \sum_{i=1}^{n_j} (Y_{ij} - X_{ij} W_j \hat{\gamma} - X_{ij} u_j)^2 \tag{15.3.3}$$

式中: $N = n_1 + n_2 + \cdots + n_J$。

　　然而, u_j 是不可观测的。给定数据 y_{ij}, 我们考虑用条件期望来估计参数 $\hat{\sigma}^2$ 和 $\hat{T}$, 在下面的迭代算法里我们会具体介绍。

15.3.2　E 步

　　我们把所有的元素合并到一个矩阵里, 并且定义

$$\boldsymbol{Y}_j = \begin{pmatrix} Y_{1j} \\ Y_{2j} \\ \vdots \\ Y_{n_j j} \end{pmatrix}, \quad \boldsymbol{X}_j = \begin{pmatrix} X_{1j} \\ X_{2j} \\ \vdots \\ X_{n_j j} \end{pmatrix}, \quad \boldsymbol{\varepsilon}_j = \begin{pmatrix} \varepsilon_{1j} \\ \varepsilon_{2j} \\ \vdots \\ \varepsilon_{n_j j} \end{pmatrix}$$

$$\begin{pmatrix} \boldsymbol{Y}_j \\ u_j \end{pmatrix} \sim N \left[\begin{pmatrix} \boldsymbol{X}_j W_j \gamma \\ 0 \end{pmatrix}, \begin{pmatrix} \boldsymbol{X}_j T \boldsymbol{X}'_j + \sigma^2 I & \boldsymbol{X}_j T \\ T X'_j & T \end{pmatrix} \right]$$

现在，我们考虑 $(\boldsymbol{Y}_j, u_j)$ 的联合分布

$$\begin{pmatrix} \boldsymbol{Y}_j \\ u_j \end{pmatrix} \sim N \left[\begin{pmatrix} \boldsymbol{X}_j W_j \gamma \\ 0 \end{pmatrix}, \begin{pmatrix} \boldsymbol{X}_j T \boldsymbol{X}'_j + \sigma^2 I & \boldsymbol{X}_j T \\ T \boldsymbol{X}'_j & T \end{pmatrix} \right]$$

显而易见

$$u_j | \boldsymbol{Y}_j, \gamma, T, \sigma^2 \sim N(u_j^*, T_j^*)$$

式中：$T_j^* = \sigma^2 (\boldsymbol{X}'_j \boldsymbol{X}_j + \sigma^2 T^{-1})^{-1} = \sigma^2 \left(\sum_{i=1}^{n_j} \boldsymbol{X}'_{ij} \boldsymbol{X}_{ij} + \sigma^2 T^{-1} \right)^{-1}$；

$u_j^* = \sigma^{-2} T_j^* \boldsymbol{X}'_j (\boldsymbol{Y}_j - \boldsymbol{X}_j W_j \gamma)$。

我们给出 $\hat{T}$ 和 $\hat{\sigma}^2$ 的条件期望

$$E(\hat{T} | Y, \gamma, \sigma^2, T) = J^{-1} \sum (u_j^* u_j^{*'} + T_j^*) \tag{15.3.4}$$

和

$$E(\hat{\sigma}^2 | Y, \gamma, \sigma^2, T) = N^{-1} \sum_{j=1}^{J} \sum_{i=1}^{n_j} [(Y_{ij} - X_{ij} W_j \gamma - X_{ij} u_j^*)^2 + tr(X_{ij} T_j^* X'_{ij})]$$

15.3.3 迭代

这些条件期望激发我们考虑如下的牛顿迭代方法。

(1) 迭代初始值 $(\sigma^2, T) = [\sigma_{(0)}^2, T_{(0)}]$。

(2) 从

$$\min_{\gamma \in \mathbb{R}^f} \sum_{k=1}^{K} \left(\sum_{j=1}^{J} \sum_{i=1}^{n_j} \rho_{\tau_k} \{ Y_{ij} - X_{ij} W_j \gamma - [X_{ij} T_{(q)} X'_{ij} + \sigma_{(q)}^2]^{1/2} \Phi^{-1}(\tau_k) \} \right)$$

中估计 $\gamma_{(q+1)}$。

(3) 从

$$E[\hat{T} | Y_{ij}, \gamma_{(q+1)}, \sigma_{(q)}^2, T_{(q)}] = J^{-1} \sum_{j=1}^{J} \left[u_{j(q)}^* u_{j(q)}^{*'} + T_{j(q)}^* \right]$$

中估计 $T_{(q+1)}$，其中

$$T_{j(q)}^* = \sigma_{(q)}^2 [X'_j X_j + \sigma_{(q)}^2 T_{(q)}^{-1}]^{-1} \text{ 且 } u_{j(q)}^* = T_{j(q)}^* X'_j [Y_j - X_j W_j \gamma_{(q+1)}] / \sigma_{(q)}^2$$

(4) 从

$$E[\hat{\sigma}^2|Y_i,\ \gamma_{(q+1)},\ \sigma^2_{(q)},\ T_{(q+1)}]$$

$$= N^{-1}\left(\sum_{j=1}^{J}\sum_{i=1}^{n_j}\left\{\left[Y_{ij}-X_{ij}W_j\gamma_{(q+1)}-X_{ij}u^*_{j(q+1)}\right]^2+tr[X_{ij}T^*_{j(q+1)}X'_{ij}]\right\}\right)$$

中估计 $\sigma^2_{(q+1)}$。

式中：$T^*_{j(q+1)}=\sigma^2_{(q)}[X'_jX_j+\sigma^2_{(q)}T^{-1}_{(q+1)}]^{-1}$；$u^*_{j(q+1)}=T^*_{j(q+1)}X'_j[Y_j-X_jW_j\gamma_{(q+1)}]/\sigma^2_{(q)}(q=0,\ 1,\ \cdots)$

(5) 重复步骤 (2)-(4)，直到任何参数的最大变化都充分地小。

注： 本节提出的 E-CQ 算法，正如用到多水平线性模型的最大似然那样，有很多优点：①它可信地收敛到参数空间内的局部最大值，该算法肯定能产生正的方差矩阵和协方差矩阵，其收敛性的证明也是很直接的，这有点像 EM 算法与 E-Q 算法的收敛性证明那样；②计算很容易推导和验证；③每次迭代所做的努力相对较小。

当然，E-CQ 算法也有不足：收敛速度较慢，在很多情况下很耗时间，但并非绝大多数情况都是如此。

15.4　渐　近　性　质

15.4.1　误差项为正态分布

为了研究估计的性质，我们需要下面的假定。

假设 15.4.1　存在一个 $d \times d$ 维矩阵 $\boldsymbol{\Omega}$，使得

$$\lim_{N\to\infty}\frac{1}{N}\sum_{j=1}^{J}\sum_{i=1}^{n_j}W'_jX'_{ij}X_{ij}W_j=\boldsymbol{\Omega}$$

式中：$N=n_1+n_2+\cdots+n_J$。

这个假设被认为是单个分位回归或者单个复合分位回归渐近性质的推广。

定理 15.4.1　假定观测 $(\boldsymbol{X}_{ij},\ \boldsymbol{W}_j,\ Y_{ij})(i=1,\ \cdots,\ n_j;\ j=1,\ \cdots,\ J)$ 来自总体 $(X,\ W,\ Y)$，且设计矩阵 $\boldsymbol{X}_{ij}$ 和 $\boldsymbol{W}_j$ 满足假定 15.4.1。令 $\hat{\gamma}$ 为式 (15.3.1) 的解。则有

$$\sqrt{n}(\hat{\gamma}-\gamma)\xrightarrow{d}N\left(0,\ \Omega^{-1}\frac{\displaystyle\sum_{k,\ k'=1}^{K}\min(\tau_k,\ \tau_{k'})[1-\max(\tau_k,\ \tau_{k'})]}{\left\{\displaystyle\sum_{k=1}^{K}f[xTx'+\Phi^{-1}(\tau_k)]\right\}^2}\right)$$

式中: $\tilde{\sigma} = xTx' + \sigma^2$; $f(x) = \dfrac{1}{\sqrt{2\pi\tilde{\sigma}}}e^{-\frac{x^2}{2\tilde{\sigma}^2}}$, 为随机变量 $\xi = xU + \varepsilon$ 的密度函数。

定理 15.4.1 的证明参见 Chen, Tian, Yu & Pan (2014)。

15.4.2 误差项分布非正态

推广渐近性质到其他误差项分布的情况, 特别是那些方差为无限的误差项。为了下面的讨论, 需要一些记号。令 $F_\varepsilon(\cdot)$ 和 $f_\varepsilon(\cdot)$ 分别为误差项分布的密度函数和累计分布函数。令 $G(\cdot)$ 和 $g(\cdot)$ 分别为随机部分 $xU + \varepsilon$ 的密度函数和累计分布函数, 如果 $xU \sim N(0, xTx')$, 则从假设 U 和 ε 相互独立, 我们可以得到

$$g(z) = \int_{-\infty}^{\infty} \frac{1}{\sqrt{2\pi}(xTx')^{1/2}} e^{-\frac{t^2}{2(xTx')}} f_\varepsilon(z-t)\mathrm{d}t$$

更一般的情况, 如果 U 服从非正态分布, 令 $F_{xU}(\cdot)$ 和 $f_{xU}(\cdot)$ 分别为 xU 的密度函数和累计分布函数, 则 $xU + \varepsilon$ 的密度函数是 F_{xU} 和 F_ε 的卷积。

$$G(z) = F_{xU} * F_\varepsilon = \int_{-\infty}^{z} \int_{-\infty}^{\infty} f_{xU}(t) f_\varepsilon(u-t)\mathrm{d}t\mathrm{d}u$$

相应地, Y 的条件分位函数变成

$$q_{\tau_k}(x, w) = xw\gamma + G^{-1}(\tau_k) \tag{15.4.1}$$

固定效应 γ 可以通过解下面最小化的问题得到

$$\hat{\gamma} = \arg\min_{\gamma \in \mathbb{R}^f} \sum_{k=1}^{K} \left\{ \sum_{j=1}^{J} \sum_{i=1}^{n_j} \rho_{\tau_k}[Y_{ij} - X_{ij}W_j\gamma - G^{-1}(\tau_k)] \right\} \tag{15.4.2}$$

为了研究渐近性质, 我们需要进行下面的假设。

假设 15.4.2 令 $F(\cdot)$ 和 $f(\cdot)$ 分别为误差项 ε 的密度函数和累计分布函数, 对于每个 p 向量 u, 有

$$\lim_{n\to\infty} \frac{1}{N} \sum_{j=1}^{J} \sum_{i=1}^{n_j} \int_{0}^{v_k + X_{ij}W_j u} \sqrt{N}\left[G\left(\frac{t}{\sqrt{N}} + b_{\tau_k} \right) - G(b_{\tau_k}) \right]\mathrm{d}t$$

$$= \frac{1}{2}g(b_{\tau_k})(v_k, u') \begin{pmatrix} 1 & 0 \\ 0 & \Omega \end{pmatrix} (v_k, u')^T$$

和假设 15.4.1 一样, 假设 15.4.2 也是一个建立 s 所提出的估计量的渐近正态性的基本假设。

定理 15.4.2 在定理 15.4.1 的条件和假设 15.4.1 下, 如果误差项为柯西或者其他方差无限的分布, 则 $\sqrt{n}(\hat{\gamma} - \gamma)$ 的渐近性质转化为

$$\sqrt{n}(\hat{\gamma} - \gamma) \xrightarrow{d} N \left(0, \quad \Omega^{-1} \frac{\sum\limits_{k,\,k'=1}^{K} \min(\tau_k,\,\tau_{k'})[1 - \max(\tau_k,\,\tau_{k'})]}{\left\{ \sum\limits_{k=1}^{K} g[G^{-1}(\tau_k)] \right\}^2} \right)$$

15.5   模   拟

这个部分，我们通过和多水平均值回归比较来评价 CMQRM 的表现。这里 CMQRM 和多水平均值回归的算法分别是 E-CQ 和 EM。为了通过评估估计量的表现性能，我们计算均方误差

$$\text{MSE} = \frac{1}{n} \sum_{i=1}^{n} \| \widehat{\gamma}_i - \gamma \|^2$$

15.5.1   误差项为正态分布

不失一般性，我们通过下面的模型模拟 500 次，每次有 100 个观测值。

$$Y_{ij} = X_{ij}W_j\gamma + X_{ij}u_j + \varepsilon_{ij}, \quad \varepsilon_{ij} \sim N(0,\,\sigma^2), \quad u_j \sim N(0,\,T) \qquad (15.5.1)$$

式中：$\gamma = (7,\,0,\,-3)$。

随机效应通过 $u \sim N(0,\,T)$ 来模拟，其中 $T = |T_{ij}| = 0.5^{|i-j|} * 0.5$，误差项也服从正态分布 $\varepsilon_{ij} \sim N(0,\,0.5)$。设计阵 X 维数为 100×4，且每个元素由正态分布 $N(3,\,0.3)$ 生成。设计阵 W_j 是 $(100 * 4) \times 3$，其每个元素服从 $U(0,\,1)$。

表 15-1 给出了用 E-CQ 算法计算的 CMQRM 和用 EM 算法得到的均值回归的数值结果比较。首先表 15-1 很清楚地告诉我们复合多水平分位回归给出了合理的估计。固定效应基本是无偏的。估计的 MSE 等于 0.6323。随机效应方差的后验均值也基本是无偏的。其次，基于表 15-1，我们可以发现用 E-CQ 估计的参数 MSE 要比 EM 算法大一些，但是差异很小。因此我们可以得到结论：在误差项为正态分布的情况下，多水平复合分位回归和多水平均值回归一样有效。

表 15-1   误差项是正态分布的均值回归数值结果比较

方法	$\gamma = 7$	$\gamma = 0$	$\gamma = -3$	MSE
CMQRM	6.9915	0.0249	-3.0230	0.6323
均值回归	6.9948	0.0043	-3.0002	0.5757

15.5.2   误差项为柯西分布

当误差项的方差无限，CMQRM 仍然可以得到有效估计。所以在这个小节中，我们选择柯西分布来进行模拟。数据的生成和上面一样，除了误差项 $\varepsilon_{ij} \sim Cauchy(0,\,1)$。

众所周知,当误差项方差无限时,用多水平均值回归得到的系数估计不收敛。而用 CMQRM 仍然可以得到有效估计。表 15-2 列出了用 E-CQ 算法得到的 CMQRM 估计。显然,CMQRM 估计精确、有效。

表 15-2　误差项是柯西正态分布的均值回归数值结果比较

方法	$\gamma = 7$	$\gamma = 0$	$\gamma = -3$	MSE
CMQRM	6.9831	-0.0152	-2.9623	0.6657

15.5.3　离群点

稳健的统计量为经典统计方法提供了另一个选择方法,其目的是使估计量不至于因较小地偏离模型假设而受到过分的影响。现在我们通过不同场合下与多水平回归做比较,考虑不同类型的离群点情况来证实 CMQRM 具有稳健性。

15.5.3.1　构造 Y 的离群点

Y 由式 (15.5.1) 计算得到,我们在 Y 中加入固定比例 5% 的服从 $N(50, 1)$ 分布的污染值。图 15-1 为 Y 有离群点时的散点图。表 15-3 列出了用 E-CQ 算法的 CMQRM 和多水平均值回归的比较。从表中可以看出,就 Y 的离群点而言,这里提出的方法比基于 EM 算法的多水平均值回归更加稳健。

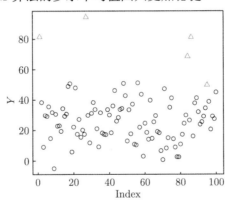

图 15-1　Y 有离群点的散点图

表 15-3　Y 的观测值中有 5% 是离群点

方法	$\gamma = 7$	$\gamma = 0$	$\gamma = -3$	MSE
CMQRM	7.0345	0.0302	-2.9344	0.7243
均值回归	6.5243	-0.5775	-3.4895	2.2051

15.5.3.2　构造 X 和 Y 的离群点

对于上面被污染的 Y,我们替换掉 5% 的服从 $N(10 \times 1, I)$ 分布的 X,这里的 1

是 $p \times 1$ 的向量。在图 15-2 中，圆圈表示正常的点，三角形表示离群点。表 15-4 也列出了两种方法在 X, Y 都污染的情况下的比较，显然我们提出的 CMQRM 更优。

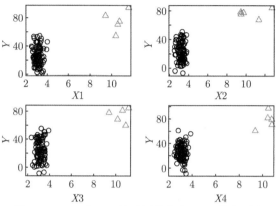

图 15-2　X 与 Y 的观测值中有 5% 是离群点

表 15-4 给出了用 E-CQ 算法的 CMQRM 和用 EM 算法的多水平均值回归的比较。前者的优点再一次得到体现。

表 15-4　X 与 Y 的观测值中有 5% 是离群点

方法	$\gamma = 7$	$\gamma = 0$	$\gamma = -3$	MSE
CMQRM	7.0583	0.0307	-2.9739	0.6835
均值回归	6.4380	-0.5910	-3.6130	1.6998

15.5.4　选择最优 K

实际中，我们尝试了低分位点、中分位点以及高分位点，如 25%，50%，75%。我们发现 $K = 3$ 是一个很好的选择，我们从 $K = 2$ 到 $K = 25$ 尝试一下，发现并没有一个随着 K 的增加而递增或者递减的规律，表 15-5 中展示了一些结果。

表 15-5　比较不同的 K

K	τ_k	$\gamma = 10$	$\gamma = 2$	$\gamma = 6$	MSE
$K=3$	$\tau_k = \dfrac{1}{4}, \dfrac{2}{4}, \dfrac{3}{4}$	9.918 8	2.037 7	6.090 1	0.463 3
$K=7$	$\tau_k = \dfrac{1}{8}, \dfrac{2}{8}, \cdots, \dfrac{7}{8}$	10.013 7	1.983 2	6.014 6	0.613 4
$K=15$	$\tau_k = \dfrac{1}{16}, \dfrac{2}{16}, \cdots, \dfrac{15}{16}$	9.963 1	2.035 3	6.008 3	0.520 2
$K=19$	$\tau_k = \dfrac{1}{20}, \dfrac{2}{20}, \cdots, \dfrac{19}{20}$	10.107 4	1.998 1	5.899 7	0.545 9

从表 15-5 中，我们可以发现当 $K = 3$，$\hat{\gamma}$ 的 MSE 是最小的。所以在这种情况下，最好的选择是 $K = 3$。

15.6 实 证 部 分

15.6.1 描述数据

数据来自加拿大国家数据库高等研究中心,研究题目是"加拿大艾伯塔数学成绩纵向数据研究"。Tian *et al.* (2009) 中用经典的均值回归方法研究了高中学生 (10~12 年级) 的数学成绩和其他影响因素 (包括社会、经济以及文化等) 的关系。

从 2000 年到 2002 年,每年一次 (5 月或者其他安排的时间),通过一个 30 分钟的学生问卷收集数据。结果包括 34 所学校 1472 个学生的调查结果。加拿大国家数据库高等研究中心定义的变量可以描述如下。

(1) 学生这一层选出的变量包括双亲数量 (0= 孤儿;1= 单亲家庭;2= 父母都在),兄弟姐妹的个数 (1=1 个兄弟姐妹;···;9=9 个兄弟姐妹),性别 (0= 男性;1= 女性),是否出生在加拿大 (0= 出生在加拿大;1= 不是出生在加拿大),语言问题 (0= 没有语言问题;1= 有语言问题),是不是本地人 (0= 不是本地人;1= 本地人) 以及是否为少数民族 (0= 不是少数民族;1= 少数民族)。其中,父亲和母亲的社会地位由国际社会学指标 (ISEI) 度量,这是基于家庭收入、父母教育水平、父母的职业和社团中的社会地位的测量标准。通常,父母的社会地位是一个国际教育指标。研究表明有着较高社会地位的家庭更能成功地支持孩子的教育,因为他们拥有大量的资源来保护和支持孩子的发展。

(2) 选择的学校层面因素包括是不是在郊区 (0= 不在郊区;1= 在郊区),学校规模 (注册的学生数),教师数量。

数据的其他信息在前面的研究中已经涉及,这里就省略了,如果有兴趣可以向作者索取。

15.6.2 多水平模型中的数据分析

将上面定义的多水平模型用于这个数据中。在第一层,我们描述了第 j 所学校中第 i 个学生的数学成绩和上面提到的 4 个个体影响因素之间的关系。

$$Y_{ij} = \beta_{0j} + \sum_{k=1}^{4} \beta_{kj} X_{kij} + \varepsilon_{ij}, \quad \varepsilon_{ij} \sim N(0, \sigma^2)$$

式中:Y_{ij} 为第 j 所学校中第 i 个学生的数学成绩;$X_{kij}(k = 1, \cdots, 4)$ 分别为女性、有语言问题、少数民族以及父社会地位。

为了简单,我们假定 ε_{ij} 是正态分布且各个学校的方差齐性。

然后,我们建立第二层的模型

$$\beta_{kj} = \gamma_{k0j} + \sum_{m=1}^{3} \gamma_{kmj} Z_{mij} + u_{kij}, \qquad u_{kij} \sim (0, T)$$

式中：$k = 0$，$\cdots$，4；Z_{1ij}，Z_{2ij} 和 Z_{3ij} 为学校层面的变量：郊区、学校规模以及老师数量。

显然，我们将 Y，X，W 记为下式可以简化模型的形式

令 $\mathbf{Y} = (Y_{1,1}$，$\cdots$，$Y_{19,1}$，$\cdots$，$Y_{1,34}$，$\cdots$，$Y_{13,34})'_{1472 \times 1}$；$\gamma = (\gamma_{00}$，$\gamma_{01}$，$\gamma_{02}$，$\gamma_{03}$，$\gamma_{10}$，$\gamma_{11}$，$\gamma_{12}$，$\gamma_{13}$，$\gamma_{20}$，$\gamma_{21}$，$\gamma_{22}$，$\gamma_{23}$，$\gamma_{30}$，$\gamma_{31}$，$\gamma_{32}$，$\gamma_{33}$，$\gamma_{40}$，$\gamma_{41}$，$\gamma_{42}$，$\gamma_{43})'_{20 \times 1}$。此时 β_j 的分量参数是不同的。于是有

$$\mathbf{X}_{1472 \times 170} = \begin{pmatrix} 1 & X_{1,1,1} & \cdots & X_{4,1,1} & \cdots & 0 & 0 & \cdots & 0 \\ \vdots & \vdots & \cdots & \vdots & \cdots & \vdots & \vdots & \cdots & \vdots \\ 1 & X_{1,19,1} & \cdots & X_{4,19,1} & \cdots & 0 & 0 & \cdots & 0 \\ & & & & & & & & \\ \cdots & \cdots & \cdots & \cdots & \ddots & \cdots & \cdots & \cdots & \cdots \\ & & & & & & & & \\ 0 & 0 & \cdots & 0 & \cdots & 1 & X_{1,1,34} & \cdots & X_{4,1,34} \\ \vdots & \vdots & \cdots & \vdots & \cdots & \vdots & \vdots & \cdots & \vdots \\ 0 & 0 & \cdots & 0 & \cdots & 1 & X_{1,13,34} & \cdots & X_{4,13,34} \end{pmatrix}$$

$$\mathbf{W}_{170 \times 20} = \begin{pmatrix} 1 & W_{11} & W_{21} & W_{31} & \cdots & 0 & 0 & 0 & 0 \\ \vdots & \vdots & \vdots & \vdots & \cdots & \vdots & \vdots & \vdots & \vdots \\ 0 & 0 & 0 & 0 & \cdots & 1 & W_{11} & W_{21} & W_{31} \\ & & & & & & & & \\ \cdots & \cdots & \cdots & \cdots & \ddots & \cdots & \cdots & \cdots & \cdots \\ & & & & & & & & \\ 1 & W_{1,34} & W_{2,34} & W_{3,34} & \cdots & 0 & 0 & 0 & 0 \\ \vdots & \vdots & \vdots & \vdots & \cdots & \vdots & \vdots & \vdots & \vdots \\ 0 & 0 & 0 & 0 & \cdots & 1 & W_{1,34} & W_{2,34} & W_{3,34} \end{pmatrix}$$

从而我们得到模型

$$\mathbf{Y} = \mathbf{X}\mathbf{W}\gamma + \mathbf{X}\mathbf{U} + \varepsilon$$

15.6.3 结果

通过应用 E-CQ 算法，我们在表 15-6 中报告了最终结果，模型汇总如下。

15.6.3.1 第一层模型

$$Y = \beta_0 + \beta_1 * FEMALE + \beta_2 * LANGPR + \beta_3 * MINORI + \beta_4 * SES + \varepsilon$$

15.6.3.2 第二层模型

$$\beta_0 = \gamma_{00} + \gamma_{01} * SUBURB + \gamma_{02} * SIZE + \gamma_{03} * NUMTCH + U_0$$

$$\beta_1 = \gamma_{10} + \gamma_{11} * SUBURB + \gamma_{12} * SIZE + \gamma_{13} * NUMTCH + U_1$$

$$\beta_2 = \gamma_{20} + \gamma_{21} * SUBURB + \gamma_{22} * SIZE + \gamma_{23} * NUMTCH + U_2$$

$$\beta_3 = \gamma_{30} + \gamma_{31} * SUBURB + \gamma_{32} * SIZE + \gamma_{33} * NUMTCH + U_3$$

$$\beta_4 = \gamma_{40} + \gamma_{41} * SUBURB + \gamma_{42} * SIZE + \gamma_{43} * NUMTCH + U_4$$

表 15-6　基于多水平模型的复合分位回归与均值回归的固定效应比较

系数	CMQR	MEANs
INTRCPT1，β_0		
INTRCPT2，γ_{00}	22.2998	21.9966
SUBURB，γ_{01}	1.0658	1.3920
SIZE，γ_{02}	0.0058	0.0068
NUMTCH，γ_{03}	−0.0793	−0.0954
FEMALE slope，β_1		
INTRCPT2，γ_{10}	0.2189	0.3493
SUBURB，γ_{11}	−0.6365	0.2973
SIZE，γ_{12}	0.0028	−0.0026
NUMTCH，γ_{13}	−0.0200	0.0615
LANGPR slope，β_2		
INTRCPT2，γ_{20}	0.3238	0.0410
SUBURB，γ_{21}	−0.8762	−0.4937
SIZE，γ_{22}	−0.0068	−0.0048
NUMTCH，γ_{23}	0.1054	0.0701
MINORI slope，β_3		
INTRCPT2，γ_{30}	−5.0476	−2.3541
SUBURB，γ_{31}	4.2426	4.1987
SIZE，γ_{32}	−0.0025	0.0010
NUMTCH，γ_{33}	0.0587	−0.0793
SES slope，β_4		
INTRCPT2，γ_{40}	−4.6406	−1.8132
SUBURB，γ_{41}	0.2751	1.5669
SIZE，γ_{42}	0.0034	−0.0008
NUMTCH，γ_{43}	−0.0159	0.0078
STANDARD ERROR	7.7914	33.9669

注: INTRCPT 为截距; SIZE 为学校规模; NUMTCH 为教师人数; LANGPR 为语言问题; MINORI 为少数民族; SES 为社会经济地位, SES=(母亲的社会经济地位 + 父亲的社会经济地位)/2; "MEANs" 代表"均值回归"; "CMQR"代表"复合多水平分位回归"。

在第一层，模型的截距 β_0 为第 ij 个学生的初始状态，即是对于一个出生在加拿大、父母社会地位值为 0 的白人小孩的数学成绩的期望值。而参数 β_1，β_2，β_3 和 β_4 分别为学生背景因素：女性，有语言问题，少数民族，社会地位的边际效应。第二层模型代表了各个效应的波动性。

在这个应用中，γ_{00} 表示一个白人男孩的预测状况，其父母社会地位值为 0，且没有语言问题。他在一所没有学生没有老师的城市学校里 (这只是一个初始状态，没有实际意义)。对于这个学生，他的数学成绩期望值是 22.3，而均值估计得到的结果是 21.997。

从表 15-6 中我们很容易发现，处于郊区的学校对于 CMQR 的截距以及多水平回归有正影响，且两种方法的结果一致。学校的规模对于截距的影响很小。粗略地说，学校位于郊区对于少数民族学生的成绩有较大的影响。另外，众所周知，学校的规模和班级的大小一直是政客和政策制定者鼓吹的最常见的教育改革对象。而我们的研究表明学校规模对于数学成绩的影响不大。

15.7　文献介绍

多水平结构模型从 1970 年就开始研究。Lindley & Smith (1972) 与 Smith (1973) 提出了"多水平模型"这一术语，另外还有多水平模型 (Goldstein，1995；Mason，*et al.*，1983)，混合效应模型和随机效应模型 (Elston & Grizzle，1962；Singer，1998)，随机参数回归模型 (Rosenberg，1973) 以及协方差分量模型 (Dempster，*et al.*，1977，1981)。用分布的条件分位数来刻画的分位回归 (Longford，1987)。Zou & Yuan (2008) 介绍了复合分位回归。本节主要参考 Tian *et al.* (2009) 以及 Chen，Tian，Yu & Pan (2013)，定义了复合多水平分位回归模型，提出了估计的算法，研究了渐近性质，给出了模拟以及用一个实际数据来检验估计的有效性。

第16章 复合分层半参数分位回归模拟

16.1 介 绍

半参数回归模型由于结合了参数模型的易于解释性和非参数模型的灵活性而被广泛地应用。偏线性模型作为非参数回归模型中最常见的一个模型,被研究者们津津乐道,比如 Härdle *et al.* (2000),Yatchew (2003) 和其他一些研究文章。现有的建模过程许多都是基于最小二乘或者似然的方法。两种方法都对异常值和误差项的分布很敏感。当误差分布非正态的时候,比如柯西分布,两种方法都会失效。分层结构的数据在日常生活中常见,比如研究公司里的员工 (两水平) 和研究学校班级里的学生 (三水平)。在这种结构中,我们感兴趣的不仅仅是个体,也有包含个体的大的单元。而描述个体特征或者包含个体单元的特征可以被分成随机部分和固定部分。

自 1970 年开始被研究后,分层结构模型以很多名字出现在人们的视野里。在社会学研究中,它通常被叫作分层线性模型 (Goldstein,1995;Mason *et al.*,1983)。生物学中,固定效应模型和随机效应模型比较常见(Elston & Grizzle,1962;Laird & Ware,1982;Singer,1998)。在经济学中,通常被叫作随机系数回归模型 (Rosenverg,1973;Longford,1993)。在统计学中,通常被称为协方差分量模型 (Dempster,*et al.*,1981;Longford,1987),等等。由于分层线性模型被广泛应用,研究者也意识到实际应用中远非这么简单。我们需要考虑分层误差的结构并关注由于误差项分布和异常值可能出现的有偏点估计和方差估计。例如,分布的均值通常会被异常值影响,但是条件分位数可以克服这个问题。

分位回归 (Koenker,2005) 描述了分布的条件分位数,被认为是均值回归的一个转化形式。比如 He & Shi (1996);He *et al.* (2002);Lee (2003);Tian *et al.* (2008)。Tian *et al.* (2008) 将分位回归引入分层模型,放宽了误差项正态性的假设。Zou & Yuan (2008) 最近介绍了复合分位回归 (CQR),是令估计的目标函数是 K 个分位函数的平均。通过最小化目标函数,我们可以得到一个稳健的估计。CQR 利用分位回归的稳健性来改进传统的最小二乘估计。这里 CQR 可以看作是 (Koenker,2005) 提到的加权方程的一种特殊形式,每个分位函数都有相同的权重。Kai *et al.* (2010) 进一步建立了局部 CQR 平滑来估计非参数函数和它的一阶导数。同年,Kai *et al.* (2010) 提出了半参数复合分位回归估计来估计偏线性模型。他们推得半参 CQR 估计有最优的收敛率，且证明了半参 CQR 估计的渐近正态性。渐近性质证明，和半参最小二乘估计相比，半参 CQR 估计对很多非正态性的误差具有显著的有效性，对于正态性误差会损失一些有效性。且估计变系数函数的相对有效率至少 88.9%，而参数部分至少 86.4%。

16.2　模　　型

为了简化陈述，我们只考虑两层的分层模型。结果很容易推广到三层或者更多层。假设有 J 个单元，每个单元有 n_j 个元素，我们定义 Y_{ij} 是第 j 个单元的第 i 个个体。Y_{ij} 是一个实值随机变量，X_{ij} 是第一层 $d_1 \times 1$ 的非参数部分的解释向量，Z_{ij} 是 $d_2 \times 1$ 参数部分解释向量。

16.2.1　第一层单元内部模型

$$Y_{ij} = m(X_{ij}^T) + Z_{ij}^T \boldsymbol{\beta}_j + \varepsilon_{ij} \quad (j=1, \cdots, J; \ i=1, \cdots, n_j)$$

式中，$m(\cdot)$ 为一个未知的函数；ε_{ij} 为不可观测的随机误差项，其分布未知；$\boldsymbol{\beta}_j = (\beta_{j1}, \beta_{j2}, \cdots, \beta_{jd_2})^T$ 为一个 d_2 维的系数向量。

对于 x 点周围的 X_{ij}，我们由下面的局部线性展开

$$m(X_{ij}) \approx m(x) + (X_{ij} - x)^T \nabla m(x)$$

从而

$$Y_{ij} \approx m(x) + (X_{ij} - x)^T \nabla m(x) + Z_{ij}^T \beta_j + \varepsilon_{ij} \stackrel{\triangle}{=} \tilde{X}_{ij}^T \theta_j + \varepsilon_{ij}$$

式中：$\tilde{X}_{ij} = [1, (X_{ij} - x)^T, Z_{ij}^T]^T$；$\theta_j(x) = [m(x), \nabla m(x)^T, \beta_j^T]^T$

16.2.2　第二层单元之间模型

$$\theta_j(x) = \boldsymbol{W}_j \boldsymbol{\gamma}(x) + \boldsymbol{U}_j$$

式中：$\boldsymbol{W}_j$ 为 $(1 + d_1 + d_2) \times f$ 维第二层的解释变量矩阵；$\boldsymbol{\gamma}(x)$ 为 $f \times 1$ 维固定效应向量；$\boldsymbol{U}_j$ 为 $(1 + d_1 + d_2) \times 1$ 维第二层的随机误差向量，和 ε_{ij} 相互独立，有均值向量 $E(\boldsymbol{U}_j) = 0$，它与协方差阵 $\mathrm{cov}(\boldsymbol{U}_j) = T$。

合并两层，我们得到

$$Y_{ij} = \tilde{X}_{ij}^T \boldsymbol{W}_j \boldsymbol{\gamma}(x) + \tilde{X}_{ij}^T \boldsymbol{U}_j + \varepsilon_{ij} \tag{16.2.1}$$

令 $\xi_{ij} = \tilde{X}_{ij}^T \boldsymbol{U}_j + \varepsilon_{ij}$，其中 $\xi_{ij} \sim G_{ij}$。

计 $F(y)$ 为 Y 的分布函数。为了得到给定条件 $(X, Z, W) = (x, z, w)$ 下响应变量 Y 的分布 $F(y|x, z, w)$,我们考虑 Y 的分位函数。假定 $F(y|x, z, w)$ 是 y 的增函数,且在 x 和 w 处连续,于是在条件 $(X, Z, W) = (x, z, w)$ 下 Y 的 τ 阶分位数定义为 $q_\tau(x, z, w)$,使得

$$q_\tau(x, z, w) = \inf\{t \in \mathbb{R} : F(t|x, z, w) \geqslant \tau\}, \quad 0 < \tau < 1$$

根据模型 (16.2.1),很容易证明有

$$F_{Y|x, z, w}^{-1}(\tau) = \tilde{X}^T \boldsymbol{W}_j \boldsymbol{\gamma}(x) + G^{-1}(\tau) \tag{16.2.2}$$

16.3 估计与算法

在本节里,我们对估计给定任意点 x 的固定效应向量 $\gamma(x)$ 感兴趣。为此,我们考虑下面的目标函数,它是基于复合分位回归的。该目标函数是

$$R_n = \sum_{k=1}^{K} \sum_{j=1}^{J} \sum_{i=1}^{n_j} \rho_{\tau_k}[Y_{ij} - \tilde{X}_{ij}^T W_j \gamma(x) - G_{ij}^{-1}(\tau_k)] K_{\boldsymbol{H}}(X_{ij} - x) \tag{16.3.1}$$

式中: $K_{\boldsymbol{H}}(x) = \dfrac{1}{\det(\boldsymbol{H})} K(\boldsymbol{H}^{-1}x)$; $K(\cdot)$ 为给定的核函数。

于是,我们可以获得 $\gamma(x)$ 的估计,记为 $\hat{\gamma}(x)$。这通过关于 b_n 最小化 $R_n(b_n)$ 得到,即 b_n 代表未知的 $\gamma(x)$。也就是,

$$\hat{\gamma}(x) = \arg \min_{b_n \in \mathbb{R}^f} R_n(b_n) \tag{16.3.2}$$

设定 $\boldsymbol{H} = h\boldsymbol{I}_d$,其中 $\boldsymbol{I}_d$ 为 $d \times d$ 维单位矩阵,我们得到等宽的核函数。比如,

$$K_d(X_{ij} - x) = \frac{1}{h^d} \left[K\left(\frac{X_{ij1} - x_1}{h}\right), \cdots, K\left(\frac{X_{ijd} - x_d}{h}\right) \right]$$

对于不等窗宽的和函数,我们可以设 $\boldsymbol{H} = \operatorname{diag}(h_1, \cdots, h_d)$,其相应核函数

$$K_d(X_{ij} - x) = \frac{1}{h_1 \cdots h_d} \left[K\left(\frac{X_{ij1} - x_1}{h_1}\right), \cdots, K\left(\frac{X_{ijd} - x_d}{h_d}\right) \right]$$

于是,通过最小化 R_n,即 $\hat{\gamma}(x) = \arg\min R_n$,我们可以得到 $\gamma(x)$ 的最小化子。我们称为半参 HCQR 估计量。为了这一目的,我们采用 Hunter (2000) 提出的 Majorization-Minimization (MM) 算法。该算法的执行包括下面 3 步。

(1) 给定 x,初始值 $\gamma^0(x)$ 以及较小的常数 ϵ。令 $q = 0$,其中 q 代表迭代次数。

(2) 定义 $\gamma^{(q+1)}(x)$ 为

$$\gamma^{(q+1)}(x) = \gamma^{(q)}(x) + \alpha^{(q)}\Delta_\epsilon^{(q)}$$

其中

$$\alpha^{(q)} = \max\{2^{-\nu} : Q_\epsilon[\gamma^{(q)}(x) + 2^{-\nu}\Delta_\epsilon^{(q)}|\gamma^{(q)}(x)] < Q_\epsilon[\gamma^{(q)}(x)|\gamma^{(q)}(x),$$
$$\nu \in N]\}$$

$$\Delta_\epsilon^{(q)} = -\{\mathrm{d}f[\gamma^{(q)}(x)]^t W_\epsilon[\gamma^{(q)}(x)]\mathrm{d}f[\gamma^{(q)}(x)]\}^{-1}\mathrm{d}f[\gamma^{(q)}(x)]^t \nu_\epsilon[\gamma^{(q)}(x)]^t$$

$$f_i[\gamma^{(q)}(x)] = \tilde{X}_{ij}^T W_j \gamma(x) + G_{ij}^{-1}[\tau_q]$$

式中：$df[\gamma(x)]$ 为 $n \times p$ 维矩阵，其 i 行 j 列元素为 $\dfrac{\partial}{\partial \theta_j} f_i[\gamma(x)]$；$W_\epsilon[\gamma^{(q)}(x)]$ 为一个 $n \times n$ 维对角矩阵，其第 i 个对角元为 $\{\epsilon + |m_i^{(q)}[\gamma(x)]|\}^{-1}$。

$$Q_\epsilon[\gamma(x)|\gamma^{(q)}(x)] = \sum_{k=1}^{K}\sum_{j=1}^{J}\sum_{i=1}^{n_j} \frac{1}{4}\left[\frac{m^2}{\epsilon + |m^{(q)}|} + (4\tau_k - 2)m + c\right] K_H(X_{ij} - x)$$

式中：$m = Y_{ij} - \tilde{X}_{ij}^T W_j \gamma(x) - G_{ij}^{-1}(\tau_k)$；c 为常数，它来自方程

$$\frac{1}{4}\left[\frac{m^2}{\epsilon + |m^{(q)}|} + (4\tau_k - 2)m + c\right] = \rho_{\tau_k}[Y_{ij} - \tilde{X}_{ij}^T W_j \gamma^{(q)}(x) - G_{ij}^{-1}(\tau_k)]$$

(3) 用 $q+1$ 替换 q；如果收敛准则不满足，则返回到第 2 步。

16.4　渐　近　性　质

这　节，我们研究 $\sqrt{J \cdot \det(\boldsymbol{H})}[\hat{\gamma}(x) - \gamma(x)]$ 的渐近性质。我们给出如下较弱的假设。

假设 16.4.1　令 $e_q = (0, \cdots, 0, 1, 0, \cdots, 0)^T$，其第 q 个元素为 1，且

$$\max_{1 \leqslant j \leqslant J} \sum_{q=1}^{f} |\tilde{X}_{ij}^T W_j e_q| = O(1/J^4), \quad J \to \infty$$

假设 16.4.2　当 $J \to \infty$ 时，$\dfrac{1}{J}\sum_{j=1}^{J} |\tilde{X}_{ij}^T W_j e_q|^4 = O(1)$ $(q = 1, 2, \cdots, f)$。

假设 16.4.3　当 $n \to \infty$ 时，核函数的窗宽矩阵 $\boldsymbol{H}$ 满足 $\det(\boldsymbol{H}) \to 0$ 和 n，$\det(\boldsymbol{H}) \to \infty$。其中，$n = n_1 + n_2 + \cdots + n_J$。

令

$$\boldsymbol{H}(b_n)$$
$$= -\frac{1}{\sqrt{J \cdot \det(\boldsymbol{H})}} \sum_{k=1}^{K} \sum_{j=1}^{J} \sum_{i=1}^{n_j} \psi_{\tau_k} \left\{ Y_{ij} - [n \cdot \det(\boldsymbol{H})]^{-1/2} \widetilde{X}_{ij}^T W_j b_n - F_{ij}^{-1}(\tau_k) \right\} \cdot$$
$$K_{\boldsymbol{H}}(X_{ij} - x) W_i^T \widetilde{X}_{ij}$$

我们首先提出定理 16.4.1 的一些引理。所有的证明都在附录中给出。

引理 16.4.1   在假设 16.4.1~16.4.3 之下, 有

$$E[\boldsymbol{H}(b_n)]$$
$$= \left\{ [J \det(\boldsymbol{H})]^{-1/2} \sum_{k=1}^{K} \sum_{j=1}^{J} \sum_{i=1}^{n_j} f_{ij}[F_{ij}^{-1}(\tau_k)] W_j^T \widetilde{X}_{ij} K_{\boldsymbol{H}}(X_{ij} - x) \widetilde{X}_{ij}^T W_j \right\} b_n + o(1)$$

引理 16.4.2   如果 F_{ij} 的二阶导数在 $F_{ij}^{-1}(\tau)$ 的某个邻域内有界, $\tau \in (0, 1)$, 那么有

$$\sup_{\|b_n\| \leqslant C} \|\boldsymbol{H}(b_n) - \boldsymbol{H}(0) - \Delta_n b_n\|_\infty = O_P(1), \quad \text{当 } n \to \infty \text{时} \tag{16.4.1}$$

对于某个固定常数 C 和任何向量序列使得 $\|b_n\|_\infty = O_P(1)$。

引理 16.4.3   在假设 16.4.1~16.4.3 下, 有

$$\sqrt{J \cdot \det(\boldsymbol{H})}\,[\hat{\gamma}(x) - \gamma(x)] = O_P(1), \quad \text{当 } \det(\boldsymbol{H}) \to 0, \; J \det(\boldsymbol{H}) \to \infty \tag{16.4.2}$$

定理 16.4.1   在假设 16.4.1~16.4.3 之下, 有

$$\sqrt{J \cdot \det(\boldsymbol{H})}\,[\hat{\gamma}(x) - \gamma(x)]$$
$$= \frac{1}{\sqrt{[J \det(\boldsymbol{H})]}} \Delta_n^{-1} \left\{ \sum_{k=1}^{K} \sum_{j=1}^{J} \sum_{i=1}^{n_j} \psi_{\tau_k}[Y_{ij} - F^{-1}(\tau_k)] K_{\boldsymbol{H}}(X_{ij} - x) W_j^T \widetilde{X}_{ij} \right\} + o_p(1)$$

式中: $\Delta_n = \dfrac{1}{\sqrt{J \det(\boldsymbol{H})}} \sum_{k=1}^{K} \sum_{j=1}^{J} \sum_{i=1}^{n_j} f_{ij}[F_{ij}^{-1}(\tau_k)] W_j^T \widetilde{X}_{ij} K_{\boldsymbol{H}} X_{ij} - x) \widetilde{X}_{ij}^T W_j$。

定理 16.4.2   在假设 16.4.1~16.4.3 之下, 有

$$\sqrt{J \cdot \det(\boldsymbol{H})}\,[\hat{\gamma}(x) - \gamma(x)] \xrightarrow{D} N(0, \, \Delta^{-1} \Theta \Delta^{-1}) \tag{16.4.3}$$

其中

$$
\Delta = \lim_{J \to \infty} \frac{1}{\sqrt{J \det(\boldsymbol{H})}} \sum_{k=1}^{K} \sum_{j=1}^{J} \sum_{i=1}^{n_j} f_{ij}[F_{ij}^{-1}(\tau_k)] W_j^T \widetilde{X}_{ij} K_H(X_{ij} - x) \widetilde{X}_{ij}^T W_j
$$

$$
\Theta = \lim_{J \to \infty} \frac{1}{J \det(\boldsymbol{H})} \mathbf{t} \left[\sum_{k=1}^{K} \sum_{j=1}^{J} \sum_{i=1}^{n_j} W_j^T \widetilde{X}_{ij} K_H^2(X_{ij} - x) \widetilde{X}_{ij}^T W_j^T \right]
$$

$$
\tau_{kk'} = \tau_k \wedge \tau_k' - \tau_k \tau_{k'}
$$

$$
\mathbf{t} = \mathbf{1}^T T \mathbf{1}
$$

式中: $\boldsymbol{T}$ 为一个 $K \times K$ 维矩阵, 其 (k, k') 元为 $\tau_{kk'}$。

16.5　模 拟 研 究

在这节中, 我们给出了几个模拟研究来比较这里提出的半参数分层复合分位回归 (semi-HCQR) 方法与最小二乘方法 (LS), 为 semi-HCQR 采用 Magorization-Minimization (MM) 算法。根据式 (16.2.1), 模型 $Y_{ij} = \widetilde{X}_{ij}^T W_j \gamma(x) + \widetilde{X}_{ij}^T U_j + \varepsilon_{ij} (i = 1, 2 \cdots, n_j; \ j = i, 2, \cdots, J)$, 同时结合了分层模型所有层的信息。我们模拟了 1000 次, 包括 8 个单元。每个单元有着不同的个体, 其中 $J = 8$, $n_1 = 100$, $n_2 = 120$, $n_3 = 90$, $n_4 = 110$, $n_5 = 150$, $n_6 = 170$, $n_7 = 130$, $n_8 = 130$。设第一层设计矩阵 $\widetilde{\boldsymbol{X}}$ 的维数是 $n \times d_1$, 且它的每个 $\widetilde{X}_{ij}$ 来自于正态分布 $N(0, 1)$。第二层的设计矩阵 $\boldsymbol{W}$ 的维数是 $J * d \times f$, 并且它的每一个元素 W_j 来自于均匀分布 $U(0, 3)$。为了简化问题, 我们令 $d_1 = 1$, $d_2 = 3$, $d = 1 + d_1 + d_2 = 5$, $f = 5$。接下来, 参数设计矩阵 $\boldsymbol{Z}$ 是一个 $n \times d_2$ 维的矩阵, 且其每个 $Z_{ij} \sim N(4, 1)$。这里随机部分 $U_j \sim N(0, T)$, 其中 $T = |T_{pq}| = 0.5^{|p-q|} * 0.5 (p = 1, 2 \cdots, d; \ q = 1, 2, \cdots, d)$。我们令 $\gamma(x) = [\sin(2\pi x), 2\pi \cos(2\pi x), 7, 0, -3]$, 其中 $x \in [-2, 2]$。这里对于光滑条件分位所用的是高斯核权函数与自动窗宽选择方法。为了评估 semi-HCQR 方法与最小二乘方法 (LS) 各自的表现, 我们计算如下定义的均方误差

$$
MSE = \frac{1}{m} \sum_{i=1}^{m} \| \widehat{\gamma}_i - \gamma \|^2
$$

式中: m 为重复的次数。

16.5.1　对于不同的误差项分布

在这一节中, 我们考虑 4 个不同的误差项分布, 它们分别是: ① 柯西分布, 即 $f(\varepsilon) = 1/[\pi(1 + \varepsilon^2)]$, $-\infty < \varepsilon < +\infty$; ② 双指数分布, 即 $f(\varepsilon) = \frac{1}{2} e^{-2|\varepsilon|}$; ③ 正

态分布 $[N(0,3)]$；④ 混合正态分布，即 $\varepsilon \sim (1-r)N(0,1) + rN(0,r^6)$。其中，$r$ = 0.001，0.01，0.1，0.3，0.5]。这 4 种分布在金融与医学等领域很常用。基于 m = 500 模拟数据集，计在 $x=2$ 处，有 $\gamma(2) = (0, 6.28, 7, 0, -3)$，计算出 $\hat{\gamma}(x)$ 平均值以及 MSE，在表 16-1 中进行汇总。这里，$K = 3$，5，7，9，11。根据表 16-1，我们得到下面的观测。

(1) 在柯西分布之下，这里提出的 semi-HCQR 要比 LS 方法有效，因为前者给出了合理的参数估计，具有显著较小的 MSE。这进一步证实了众所周知的 LS 方法当随机变量不存在有限矩的时候可能会失效。相反，semi-HCQR 方法保留了较好的渐近性质，即使随机变量不存在有限矩。

(2) 在双指数分布之下，semi-HCQR 和 LS 方法二者都能产生合理的参数估计。然而，对任何 K 值，LS 方法的 MSE 至少是 semi-HCQR 的 MSE 的 2 倍。

(3) 在正态分布之下，我们发现 semi-HCQR 与 LS 方法没有显著差异。

(4) 在混合正态分布之下，我们发现 semi-HCQR 与 LS 方法没有显著差异，除了当 r 接近 0 时，semi-HCQR 的 MSE 要比 LS 方法的 MSE 小之外。

总之，这里提出的 semi-HCQR 能产生近似无偏参数估计，并且它比 LS 方法有效。根据模拟的结果，在这里 semi-HCQR 取 $K=3$ 就很令人满意了，并且所需的计算时间较少。500 次试验结果的平均值列在表 16-1 中，设定 $x=2$。

表 16-1　在不同误差分布下比较 semi-HCQR 和 LS 方法

误差分布		$\hat{\gamma}(2)$ 平均值					MSE
柯西分布	$k=3$	−0.183	6.2042	7.018	−0.170 8	−2.825 4	172.010 6
	$k=5$	−0.134 4	5.912 1	7.203 5	0.212 7	−2.921 6	306.833 9
	$k=7$	−0.121 5	5.935 3	6.793 7	0.475 4	−3.396 3	213.182 7
	$k=9$	0.302 2	6.059 5	7.325 4	0.200 7	−2.532 2	357.604 8
	$k=11$	−0.227 6	6.196 7	7.100 6	−0.513 5	−2.464 6	535.814 3
	LS	2	1	5	5	−3	31 299
双指数分布	$k=3$	0.028 5	6.236 3	7.012 1	0.047 1	−2.959 1	1.587 8
	$k=5$	0.018	6.265 7	7.011 5	0.032	−2.960 1	1.674 5
	$k=7$	0.018 8	6.261 9	7.012 7	0.025 8	−2.959 8	1.675 1
	$k=9$	0.023 6	6.224 6	7.051	0.053 7	−2.969 8	1.527 4
	$k=11$	0.031 8	6.295 1	7.040 5	0.010 1	−2.993 4	1.518
	LS	−0.122 3	6.266 9	7.018 7	−0.003 9	−2.879 6	3.369 4
正态分布	$k=3$	0.036 5	6.236	6.997 5	0.030 5	−3.006 8	1.599 6
	$k=5$	0.014 7	6.208 7	6.981 8	0.0483	−2.986 9	1.719 4
	$k=7$	−0.000 2	6.296 6	6.990 1	−0.029 9	−2.99	1.532 3
	$k=9$	0.007 2	6.275 6	6.982	0.017 9	−3.014 2	1.675 5
	$k=11$	−0.000 4	6.312 5	7.001 5	−0.026 6	−3.013 3	1.649 2
	LS	0.005 3	6.294 7	6.992 3	−0.008 6	−3.006 2	1.656

续表

误差分布			$\hat{\gamma}(2)$ 平均值					MSE
混合正态分布	r=0.001	k=3	0.027	6.269 4	7.011 7	0.043 9	−2.978	2.836 5
		LS	0.081	6.271 7	7.119 3	−0.037 2	−3.155 9	3.425 3
	r=0.01	k=3	0.048 3	6.283 7	7.011 3	0.017 4	−3.036	3.194 8
		LS	0.047 9	6.277 7	7.054 2	0.005 4	−3.110 7	3.252 6
	r=0.1	k=3	−0.040 3	6.220 5	7.026 7	−0.008 7	−2.905 1	3.149 8
		LS	−0.074 7	6.187 9	7.087 9	−0.043 7	−2.865 2	3.588 7
	r=0.3	k=3	−0.031 4	6.320 4	7.049	−0.059 6	−3.043 2	3.242 4
		LS	0.0331	6.357 1	7.096 9	−0.083 6	−3.133 8	3.449 5
	r=0.5	k=3	−0.001 9	6.302 4	6.840 4	0.036 8	−2.891 7	3.502 5
		LS	−0.004 5	6.284 7	6.906 9	0.009 7	−2.91 8	3.558 5

16.5.2　对于 Y 存在异常值的情况

在这一节中，通过将一些来自非中心 t 分布的值参入到向相变量值 Y 中去 (按照 5% 比例参入)，我们来比较半参数分层复合分位回归 (semi-HCQR) 方法与最小二乘方法 (LS)。该非中心 t 分布的非中心参数是 100，自由度是 $s=1$，2，$\cdots$，15。相应结果呈现在表 16-2 中。随着自由度的增加，我们发现与小二乘方法 LS 比较，semi-HCQR 在绝大多数情况下不太受离群点的影响，特别当自由度很小的时候 (如等于 1)。当自由度很大 (如 30)，则误差项来自的分布基本和正态分布类似。此时两种方法的 MSE 基本一样。值得注意的是在一些情况下 LS 方

表 16-2　semi-HCQR 和 LS 方法的离群点效应

自由度	semi-HCQR					LS				
	$\hat{\gamma}(2)$ 平均值				MSE	$\hat{\gamma}(2)$ 平均值				MSE
1	0.08	6.10	6.85	0.06	−2.86	45.37	0.2	6.5	7.3	0.1	−3	84.36
2	0.11	7.03	7.00	−0.39	−2.84	164.05	0.2	5.8	7.2	0.4	−2.5	173.2
3	−0.68	6.61	6.63	−1.20	−2.98	356.92	0.4	5.7	7.2	0.7	−2.9	398.7
4	−0.05	6.25	7.00	−0.28	−3.00	33.60	0.3	5.6	7.4	0.8	−2.8	123.2
5	−0.23	7.09	7.06	−0.74	−2.65	34.01	0.1	6.2	7.1	0.2	−2.6	48.3
6	0.63	6.08	7.28	0.75	−2.88	286.00	0.3	5.8	7.1	0.6	−2.4	253.3
7	−0.17	6.76	7.10	−0.56	−2.59	59.00	−0.1	9.8	6.8	−2.9	−2.5	2694.8
8	0.39	5.69	6.72	0.62	−3.00	164.47	−0.1	6.7	7.4	−0.2	−2.6	57.6
9	−0.14	5.93	6.78	0.60	−3.40	71.65	−0.1	6.2	7.3	0.3	−2.4	60.8
10	0.21	6.24	6.76	0.25	−3.24	111.25	0	5.9	7.2	0.3	−2.2	54.8
11	−0.02	6.48	7.00	−0.43	−2.89	67.19	−0.2	6.8	7.5	−0.7	−2.4	74.7
12	0.16	5.71	7.16	0.43	−2.65	81.80	0.1	10.6	6.2	−3.5	−2.3	8252.7
13	−0.15	6.43	6.84	−0.26	−2.88	43.84	0.5	5.1	7.1	1.2	−2.8	154.6
14	−0.04	6.43	7.23	−0.03	−2.96	68.63	0	6.2	7.1	0.3	−2.4	46.7
15	−0.19	6.23	7.00	0.16	−2.85	58.05	0.3	5.7	7.1	0.8	−2.8	58.4

法再一次产生了相当大的 MSE。根据表 16-1 中对每一个 K 所对应的 MSE 做比较, 我们选取 $K = 3$, 因为它简单有效。

16.5.3 函数及其导数估计

在这一节中, 我们给出了函数 $m(x)$ 和一阶微分 $m'(x)$ 的 semi-HCQR 和 LS 两种估计结果的比较。图 16-3 和图 16-4 分别是误差项分布是柯西分布下函数 $m(x)$ 与其一阶微分 $m'(x)$ 的 semi-HCQR 估计和 LS 估计拟合图。而图 16-1、图 16-2 分别为误差项分布是正态分布下函数 $m(x)$ 与其一阶微分 $m'(x)$ 的 semi-HCQR 估计和 LS 估计拟合图。从图中可以得到以下结论: 当误差项分布为柯西分布时, semi-HCQR 黑色的估计曲线和红色的真实曲线更为贴近, 且不存在异常的估计值, 与 LS 估计相比较更优。当误差项分布为正态分布时, semi-HCQR 的区间估计效果基本和 LS 不相上下。

16.5.3.1 误差项分布是柯西分布

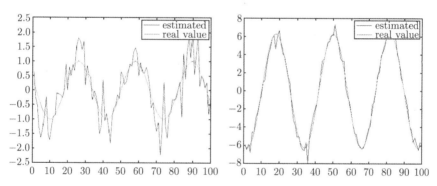

图 16-1 柯西分布下函数 $m(x)$ 与一阶微分 $m'(x)$ 的 semi-HCQR 估计

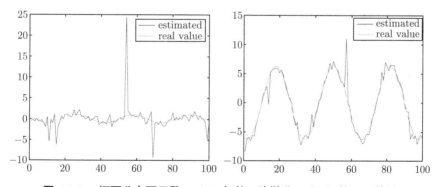

图 16-2 柯西分布下函数 $m(x)$ 与其一阶微分 $m'(x)$ 的 LS 估计

16.5.3.2　误差项分布是正态分布

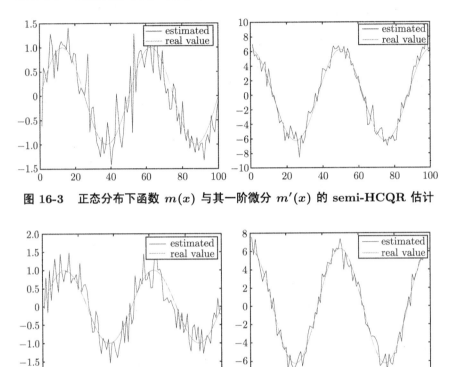

图 16-3　正态分布下函数 $m(x)$ 与其一阶微分 $m'(x)$ 的 semi-HCQR 估计

图 16-4　正态分布下函数 $m(x)$ 与其一阶微分 $m'(x)$ 的 LS 估计

16.6　实际数据分析

为了解释半参数复合分位回归模型如何运用, 我们将 Semi-HCQR 方法应用到来自 Multi-center AIDS Cohort Study (MACS) 的部分 HIV 控制数据。这部分数据包含 26 个同性恋男性感染 HIV 的状况。这些人在跟踪期自 1984~1991 年之间感染过 HIV。共有 175 个观测值, Kaslow *et al.* (1987) 对原初研究和完整数据有详细的说明, 包括相关设计阵、方法和医学背景。图 16-5 是每个个体 CD4 百分含量的散点图, 放在同一张图上。因为艾滋病病毒 (HIV) 会破坏 CD4 细胞 (T- 淋巴细胞, 一种免疫系统的重要组成部分), 所以在感染 HIV 以后 CD4 细胞的数量百分比会大大减少。因此, CD4 的水平是评价 HIV 感染个体生病程度的一个重要生物标志物。在研究新的抗病毒疗法或者监测个体的健康状况过程中, 为了有效地利用 CD4 生物标志物, 我们为 CD4 细胞数或百分比建模很重要。在本例中, 响应变量是个体在感染艾滋病病毒后在许多设计的时间点上的 CD4 细胞百分比。在第一层中有 3 个协变量：①Smoking，表示是否吸烟 (1= 吸烟；0= 不吸烟)；②Age，代表年纪，即感染 HIV 的年龄；③PreCD4，即感染 HIV 之前最后一次测量的 CD4 细胞百分比。这 3 个变量假设和时间独立，且因个体不同而异。所有参加研究的病患每半年都会测一次 CD4 的百分值和其他临床状况，但是在这个纵向数据研究中，很多病人由于没有准时参加复诊而导致他们的观测数不相等，且每个病患的观测数并不一致。

这个研究的目的是评估吸烟、感染年龄和初始 CD4 的含量是否会影响男性感染 HIV 后的 CD4 百分含量的耗减。

图 16-6 是分离的每个艾滋病患者在不同时间点的 CD4 百分比含量散点图。总的来说，CD4 的值是随时间推移而下降的。在我们的分析中，我们假设变量 Age Smoking 和 PreCD4 为参数部分，时间为非参部分，建立模型：

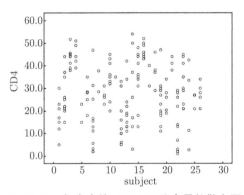

图 16-5　每个个体 CD4 百分含量的散点图

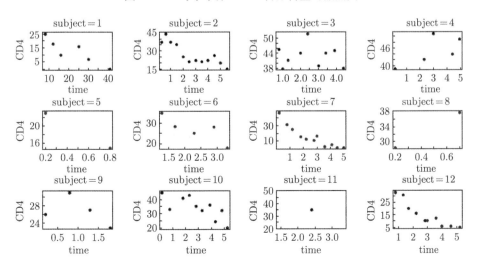

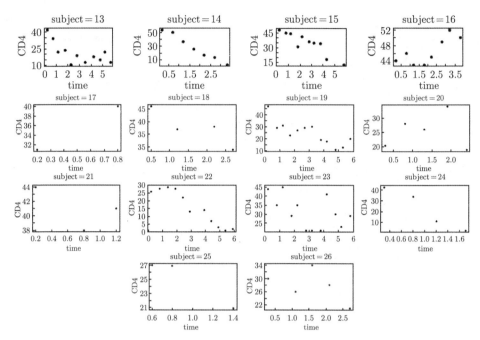

图 16-6　每个艾滋病患者在不同时间点的 CD4 百分比含量散点图

16.6.1　第一次层模型

$$y_{ij} = \text{Age}G_{ij}^{-1}\beta_{1j} + \text{Smoking}_{ij}\beta_{2j} + \text{PreCD4}_{ij}\beta_{3j} + m(\text{Tim}G_{ij}^{-1}) + \varepsilon_{ij}$$
$$\approx \text{Age}G_{ij}^{-1}\beta_{1j} + \text{Smoking}_{ij}\beta_{2j} + \text{PreCD4}_{ij}\beta_{3j} + m(t_0) + m'(t_0)\cdot$$
$$(\text{Tim}G_{ij}^{-1} - t_0) + \varepsilon_{ij}$$

16.6.2　第二次层模型

$$\beta_{1j} = \beta_1 + U_{1j}$$
$$\beta_{2j} = \beta_2 + U_{2j}$$
$$\beta_{3j} = \beta_3 + U_{3j}$$

在表 16-5 中，我们给出了基因数据实证结果。

表 16-3　基因数据实证结果

方法	估计					RSS
	Age	Smoking	PreCD4	$m(t)$	$m'(t)$	
semi-HCQR	0.2442	−0.3396	8.5319	23.0625	6.1232	361.7698
LS	−0.0400	−0.3506	22.4706	12.5466	−9.0585	451.0589

我们利用 MM 算法做估计，并将基于 semi-HCQR 和 LS 方法所得的结果 (在 $t_0 = \pi/2$) 列在表 16-3 中。这里，RSS 计算如下

$$
\begin{aligned}
\text{RSS} = \sum_{j=1}^{J} \sum_{i=1}^{n_j} [\text{CD4}_{ij} - \text{Age}_{ij}\hat{\beta}_1 - \text{Smoking}_{ij}\hat{\beta}_2 - \text{PreCD4}_{ij}\hat{\beta}_3 - \hat{m}(t_0) - \\
\hat{m}'(t_0)(\text{Time}_{ij} - t_0)]^2
\end{aligned}
$$

由于 semi-HCQR 方法的 RSS 要比 LS 方法的 RSS 小得多，所以可以得出结论: 在本例子中 semi-HCQR 要优越于 LS 估计方法，尤其是在小样本的情况下。从参数部分的估计来看，我们知道年龄对 CD4 的百分比有正效应。也就是说，CD4 百分比水平年龄随着年龄的增长而增加。和 LS 估计做比较，semi-HCQR 更合理一些。如果病人吸烟，CD4 的比例也会高。而初始 CD4 的值 PreCD4 对于 CD4 的影响也是正显著的。

表 16-4　基于 semi-HCQR 和 LS 方法的参数估计

方法	估计					RSS
	Age	Smoking	PreCD4	$m(t_0)$	$m'(t_0)$	
semi-HCQR	0.2442	−0.3396	8.5319	23.0625	6.1232	361.7698
LS	−0.0400	−0.3506	22.4706	12.5466	−9.0585	451.0589

从结果中，我们可以得到，我们的方法比 LS 有优势，尤其是在小样本的情况下。从参数的估计来看，我们知道年龄起到一个正的作用。随着年纪的增长，CD4 含量会相应地高一点。如果病人吸烟，CD4 的比例也会高。PreCD4 的影响也是正的显著的。

16.7　文献介绍

半参数回归模型由于其灵活性而被广泛地应用。比如 Härdle *et al.* (2000)，Yatchew (2003) 和其他一些研究文章。分层结构模型从 1970 年开始被研究，参见 Goldstein(1995)，Mason *et al.* (1983)，Elston & Grizzle(1962)，Laird & Ware(1982)，Singer(1998)，Rosenverg(1973)，Longford(1993)，Dempster *et al.* (1981)，Longford (1987)，等等。分位回归 (Koenker，2005) 描述了分布的条件分位数，被认为是均值回归的一个转化形式。参见 He & Shi (1996)，He *et al.* (2002)，Lee (2003)，Tian *et al.* (2008)。Tian *et al.* (2008) 将分位回归引入分层模型，放宽了误差项正态性的假设。Zou & Yuan (2008) 最近介绍了复合分位回归 (CQR)，它可以看作是 (Koenker，2005) 提到的加权方程的一种特殊形式，每个分位函数都有相同的权重。Kai *et al.* (2010) 进一步建立了局部 CQR 平滑来估计非参数函数和它的一

阶导数。同年，Kai *et al.* (2010) 提出了半参数复合分位回归估计来估计偏线性模型。本节主要参考的文章包括 Chen，Tang & Tian (2013) 以及 Tian *et al.* (2008)等，结合了分层线性模型和半参复合分位回归模型，提出了一个新的模型，叫作半参复合分层分位回归模型 (SCMQRM)，定义了半参复合分层分位回归模型，提出了估计的算法，得到了渐近性质，并给出了模拟。最后通过一个实际数据来检验估计的有效性和效率。

参 考 文 献

[1]   ABADIE A, ANGRIST J, IMBENS G. 2001. Instrumental Variables Estimation of Quantile Treatment Effects [J]. Econometrica forthcoming.

[2]   ABREVEYA J. 2001. The effects of demographics and maternal behavior on the distribution of birth outcomes [J]. Empirical Economics, 6: 247-257.

[3]   AITKIN M, ANDERSON D, HINDE J. 1981. Statistical modelling of data on teaching styles [J]. J. R. Statist., 144: 419-461.

[4]   AITKIN M, LONGFROD N. 1986. Statistical Modelling Issues in School Effectiveness Studies [J]. Journal of the Royal Statistical Society, 149: 1-43.

[5]   ALLEN D M. 1974. The Relationship between Variable Selection and Data Augmentation and a Method for Prediction [J]. Technometrics, 16: 125-127.

[6]   ALTMAN N S. 1990. Kernel smoothing of data with correlated errors [J]. Journal of the American Statistical Association, 85:749-759.

[7]   AN L T H, TAO P D. 2005. The DC (Difference of Convex Functions) Programming and DCA Revisited with DC Models of Real World Nonconvex Optimization Problems [J]. Annals of Operations Research, 133:23-46.

[8]   ANDERSEN E B. 1970. Asymptopic properties of conditional maximum-likelihood estimator [J]. J. R. Statist., 32: 283-301.

[9]   ANDERSON D A, AITKIN M. 1985. Variance Component Models With Binary Responses: InterviewerVariability [J]. Journal of the Royal Statistical Society, 47: 203-210.

[10] ANTOCH J, JANSSEN P. 1989. Nonparametric Regression M-Quantiles [J]. Statistics and Probability Letters, 8: 355-362.

[11] ARIAS O, HALLOCK K. SOSA-ESCUDERO W. 2001. Indidividual heterogeneity in the returns to schooling: instrumental variables quantile regression using Twins data [J]. Empirical Economics, 26: 7-40.

[12] ATKINSON A C. 1981. Two graphical displays for outlying and influential observations in regression [J]. Biometrika, 68: 13-20.

[13] ATKINSON A C. 1985. Plots,Transformations and Regression[M].Oxford: Oxford University Press.

[14] AYDELOTIB W O. 1966. Quantification in history [J]. Amer, Hist. Rev., 71: 814-833.

[15] BAI Z, WU Y. 1994. Limiting Behavior of M-estimators of Regression Coefficients in High Dimensional Linear Models, I. Scale-Dependent Case [J]. Journal of Multivariate Analysis, 51:211-239.

[16] BAILAR B. 1991. Salary survey of U.S. colleges and universities offering degrees in statistics [J]. Amstat News, 182: 3-10.

[17] BALKE N, FOMBY T. 1997. Threshold Cointegration [J]. International Economic

Review, 38: 627-645.

[18]   BARD Y. 1974. Nonlinear Parameter Estimation [M]. New York: Academic Press.

[19]   BARGMANN N, MIMEO R. 1957. A study of independence and dependence in multivariate normal analysis [M]. Raleigh: University of North Carolina.

[20]   BARNDORFF-NIELSEN O E, COX D R. 1989. Asymptotic Techniques for Use in Statistics [M]. New York: Chapman and Hall.

[21]   BARRODALE I, ROBERTS F. 1974. Solution of an overdetermined system of equations in the ℓ_1 norm [J]. Communications of the ACM, 17: 319-320.

[22]   BARTHOLOMEW D J. 1987. Latent Variable Models and Factor Analysis [M]. New York: Oxford University Press.

[23]   BASSETT G, KOENKER R. 1982. An Empirical Quantile Function for Linear Models With iid Errors [J]. Journal of the American Statistical Association, 77: 407-415.

[24]   BASSETT G W, CHEN H. 2001. Portfolio style:return-based attribution using quantile regression [J]. Emp.Econ, 26: 293-305.

[25]   BASSETT G, KOENKER R. 1982. An Empirical Quantile Function for Linear Models With iid Errors [J]. Journal of the American Statistical Association, 77: 407-415.

[26]   BASSETT G, KOENKER R. 1986. Strong Consistency of Regression Quantiles and Related Empirical Processes [J]. Econometric Theory, 2: 191-201.

[27]   BASSETT G, KOENKER R, KORDAS G. 2004. Pessimistic Portfolio Allocation and Choquet Expected Utility [J]. Journal of Financial Econometrics, 4: 477-492.

[28]   BATES D M, LINDSTROM M J. 1986. Nonlinear Least Squares With Conditionally Linear Parameters, in Proceedings of the Statistical Computing Section [C]. American Statistical Association.

[29]   BATES D M, WATTS D G. 1981. A Relative Offset Orthogonality Convergence Criterion for Nonlinear Least Squares [J]. Technometrics, 23: 179-183.

[30]   BATSCHELET E. 1960. Über eine Kontingenztagel mit fehlenden Daten [J]. Biometr. Zeitschr, 2: 236-243.

[31]   BEAL S L, SHEINER L B. 1992. Nonmem User's Guide [M]. San Francisco: University of California.

[32]   BEAL S L, SHEINER L B. 1982. Estimating Population Kinetics [J]. CRC Critical Reviews in Biomedical Engineering, 8: 195-222.

[33]   BEAUDRY P, KOOP G. 1993. Do Recessions Permanently Change Output [J]. Journal of Monetary Economics, 31: 149-163.

[34]   BECKER R, CHAMBERS J, WILKS, A. 1988. The New S Language: A Programming Environment for Data Analysis and Graphics [M]. Wadsworth: Pacific Grove.

[35]   BECKMAN R J, NACHTSHEIM C J, COOK R D. 1987. Diagnostics for mixed-model analysis of variance [J]. Technometrics, 29: 413-426.

[36]   BELLONI A, CHERNOZHUKOV V. 2011. L1-Penalized Quantile Regression in High-

Dimensional Sparse Models [J]. The Annals of Statistics, 39: 82-130.

[37] BENTLER P. 1983. Some contributions to efficient statistics in structural models: Specification and estimation of moment structures [J]. Psychometrika, 48: 493-518.

[38] BERLINET A, GANNOUN A, MATZNER-LEBER E. 2001. Asymptotic Normality of Convergent Estimates of Conditional Quantiles [J]. Statistics, 35: 139-169.

[39] BERTAIL P, POLITIS D N, ROMANO J P. 1999. On Subsampling Estimators With Unknown Rate of Convergence [J]. Journal of the American Statisticl Association, 94: 569-579.

[40] BERTSEKAS D P. 2008. Nonlinear Programming [M]. 3rd ed. Belmont, MA:Athena Scientific.

[41] BESAG J. 1974. Spatial interaction and the statistical analysis of lattice systems [J]. Journal of the Royal Statistical Society, 36(2): 192-236.

[42] BESAG J, HIGDON D. 1999. Bayesian analysis of agricultural field experiments [J]. Journal of the Royal Statistical Society, 61: 691-746.

[43] BESAG J. 1986. On the statistical analysis of dirty pictures [J]. J. R. Statist. , 48: 259-302.

[44] BHATTACHARYA P K, GANGOPADHYAY A K. 1990. Kernel and nearest-neighbor estimation of a conditional quantile [J]. Ann. Statist, 18: 1400-1415.

[45] BHATTACHARYA P K, Gangopadhyay A K. 1990. Kernel and nearest-neighbor estimation of a conditional quantile [J]. Annals of Statistics, 18: 1400-1415.

[46] BILLINGSLEY P. 1961. The Lindeberg-Levy Theorem for Martingales [J]. Proceedings of the American Mathematical Society, 12: 788-792.

[47] BILLINGSLEY P. 1968. Convergence of Probability Measures [M]. New York: J. Wiley.

[48] BILLINGSLEY P. 1999. Convergence of Probability Measures [M]. New York: John Wiley & Sons, Inc.

[49] BISHOP Y M M, FIENBERG S E, HOLLAND P W. 1975. Discrete Multivariate Analysis: Theory and Practice[M]. Cambridge, Mass.: M.I.T. Press.

[50] BOFINGER E. 1975. Estimation of a Density Function Using Order Statistics [J]. Australian Journal of Statistics, 17: 1-7.

[51] BOSCARDIN W J, GELMAN A. 1996. Bayesian regression with parametric models for heteroscedasticity [J]. Adv.Econometr, 11: 87-109.

[52] BOX G E P, TIAO G C. 1968. Bayesian estimation of means for the random effects model [J]. Journal of the American Statistical Association, 63: 174-181.

[53] BOX G E P, TIAO G C. 1973. Bayesian Inference in Statistical Analysis, Reading [M]. MA: Addison-Wesley.

[54] BOX G E P. 1980. Sampling and Bayes' inference in scientific modelling robustness [J]. J. R. Statist. , 143:383-430.

[55] BRADLEY M D, JANSEN D W. 1997. Nonlinear Business Cycle Dynamics: Cross-Country Evidence on the Persistence of Aggregate Shocks [J]. Economic Inquiry, 35: 495-509.

[56] BRADLEY R A, GART J J. 1962. The Asymptotic Properties of ML Estimators When Sampling From Associated Populations [J]. Biometrika, 49: 205-214.

[57] BRANDT A. 1986. The Stochastic Equation $Y_{n+1} = A_n Y_n + B_n$ With Stationary Coefficients [J]. Advances in Applied Probability, 18: 211-220.

[58] BREIMAN L, FRIEDMAN J H. 1985. Estimating Optimal Transformations for Multiple Regression and Correlation [J]. Journal of the American Statistical Association, 80: 580-598.

[59] BREIMAN L. 1995. Better subset regression using the nonnegative garrote [J]. Technometrics, 37: 373-384.

[60] BRESLOW N E, CLAYTON D G. 1993. Approximate inference in generalized linear mixed models [J]. J. Am. Statist. Ass, 88: 9-25.

[61] BRESLOW N E, LIN X. 1995. Bias correction in generalised linear models with a single component of dispersion [J]. Biometrika, 82: 81-92.

[62] BRESLOW N E. 1984. Extra-Poisson Variation in Log-Linear Models [J]. Applied Statistics, 33: 38-44.

[63] BRESLOW N E, CLAYTON D G. 1993. Approximate Inference in Generalized Linear Mixed Models [J]. Journal of the American Statistical Association, 88: 9-25.

[64] BRINKMAN N D. 1981. Ethanol fuel − a single − cylinder engine study of efficiency and exhaust emissions [J]. SAE transactions, 90: 1410-1424.

[65] BROCKMANN M, GASSER T, HERRMANN E. 1993. Locally Adaptive Bandwidth Choice for Kernel Regression Estimators [J]. Journal of the American Statistical Association, 88(5):1302-1309.

[66] BROWNE M W. 1974. Generalized least squares estimators in the analysis of covariance structures [J]. S. Afr. Statist. , 8: 1-24.

[67] BRYK A S, RAUDENBUSH S W, SELTZER M, CONGDON R. 1988. An Introduction to HLM: Computer Program and User's Guide [J]. Chicago: University of Chichago.

[68] BRYK A S., RAUSENDENBUSH S W. 1992. Hierarchical Linear Models [M]. Los Angeles: SAGE Publications, Inc.

[69] BUCHINSKY M. 1994. Changes in US Wage Structure 1963-1987: An Application of Quantile Regression [J]. Econometrica, 62: 405-458.

[70] BUCHINSKY M. 1995. Quantile regression,Box-Cox transformation model, and the U.S.wage structure, 1963-1987 [J]. J. Econometr, 65: 109-154.

[71] BUCHINSKY M. 1997. Women's return to education in the U.S.: Exploration by Quantile Regression [J]. Journal of Applied Econometrics, 13: 1-30.

[72] BUJA A, HASTIE T, TIBSHIRANI R. 1989. Linear Smoothers and Additive Models [J]. The Annals of Statistics, 17: 453-555.

[73] STONE C J. 1977. Consistent nonparametric regression [J]. Ann.Statisti, 5: 595-645.

[74] STONE, C J. 1980. Optimal rates of convergence for nonparametric estimators [J]. Ann.Statist., 8: 1348-1360.

[75] CAI Z, MASRY E. 2000. Nonparametric Estimation of Additive Nonlinear ARX lime Series: Local Linear Fitting and Projection [J]. Econometric Theory, 16: 465-501.

[76] CAI Z. 2002. Regression quantiles for time series [J]. Econometr.Theory, 18: 169-192.

[77] CAI Z C, XU X. 2008. Nonparametric Quantile Estimations for Dynamic Smooth Coefficient Models [J]. Journal of the American Statistical Association, 103: 1595-1608.

[78] CAI Z, FAN J. 2000. Average Regression Surface for Dependent Data [J]. Journal of Multivariate Analysis, 75: 112-142.

[79] CAI Z, FAN J, LI Z. 2000. Efficient estimation and inferences for varying-coefficient models [J]. J. Amer. Statist., 95: 888-902.

[80] CAI Z, FAN J, YAO Q. 2000. Functional-coefficient regression models for nonlinear time series models [J]. J. Statist. Ass, 92: 477-489.

[81] CANDES E J, TAO T. 2007. The Dantzig Selector: Statistical Estimation When p is Much Larger Than n [J]. The Annals of Statistics, 35: 2313-2351.

[82] CANDES E J, WAKIN M, BOYD S. 2007. Enhancing Sparsity by Reweighted L1 Minimization [J]. Journal of Fourier Analysis and Applications, 14:877-905.

[83] CANER M, HANSEN B. 2001. Threshold Autoregression With a Unit Root [J]. Econometrica, 69: 1555-1596.

[84] CARROLL R J, FAN J, GIJBELS M P. 1990. Generalized partially linear single-index model [J]. Journal of the American Statistical Association, 92: 477-489.

[85] CARROLL R J, RUPPERT D, WELSH A H. 1998. Local estimating equations [J]. J. Am. Statist. Ass, 93: 214-227.

[86] CHAMBERLAIN G. 1994. Quantile regression, censoring and the structure of wages, In Advances in Econometrics [M]. New York: Elevier.

[87] CHAMBERS J M. 1977. Computational Methods for Data Analysis [M]. New York: John Wiley.

[88] CHAUDHURI P. 1991. Global Nonparametric Estimation of Conditional Quantile Functions and Their Derivatives [J]. Journal of Multivariate Analysis, 16: 246-269.

[89] CHAUDHURI P. 1991. Estimates of Regression Quantiles and Their Local Bahadur Representation [J]. The Annals of Statistics, 19: 760-777.

[90] CHAUDHURI P. 1991. Nonparametric estimates of Regression Quantiles and their local Bahadur Representation [J]. The Annals of Statistics, 2: 760-777.

[91] CHAUDHURI P, DOKSUM K, SAMAROY. 1997. On average derivative quantile

regression [J]. The Annals of Statistics, 25: 715-744.

[92] CHEN E J, KELTON W D. 1999. Simulation-based estimation of quantiles [C]. Proceedings of the 1999 Winter Simulation Conference: 428-434.

[93] CHEN Y L, TIAN M Z, Yu K M, PAN J X. 2012. Composite Multilevel Quantile Regression [M].

[94] CHERNOZHUKOV V, UMANTSWV L. 2001. Conditional Value at Risk: Aspects of Modeling and Estimation [J]. Empirical Economics, 26: 271-292.

[95] CHIANG C T, RICE J A, WU C O. 2001. Smoothing Spline Estimation for Varying Coefficient Models With Repeatedly Measured Dependent Variables [J]. Journal of the American Statistical Association, 96: 605-619.

[96] CHOW Y S, TEICHER H. 1988. Probability Theory [M]. 2nd ed. New York: Springer.

[97] CHRISTIANSEN C L, MORRIS C. N. 1995. Hierarchical Poisson regression modelling [R]. Cambrige: Harvard University.

[98] CHU C K, MARRON J S. 1991. Choosing a kernel regression estimator [J]. Statistical Science, 6: 404-436.

[99] CIZEK P. 2000. Quantile regression, In Xplore Application Guide [M]. Heidelberg Springer-Verlag.

[100] CLAYTON D G. 1989. A Monte Carlo Method for Bayesian Inference in Frailty Models [R]. Leicester: University of Leicester.

[101] CLAYTON D, BERNARDINELLI L. 1992. Bayesian methods for mapping disease risk. In Geographical and Environmental Epideniology:Methods for Small-area Studies[M]. Oxford : Oxford University Press: 205-220.

[102] CLAYTON D, KALDOR J. 1987. Empirical Bayes estimates of age-standardized relative risks for use in disease mapping [J]. Biometrics, 43: 671-681.

[103] CLEVELAND W, DEVLIN S J. 1988. Locally Weighted Regression and Smoothing Scatterplots [J]. Journal of the American Statistical Association, 83: 597-610.

[104] CLEVELAND W, Loader C. 1996. Smoothing by Local Regression: Principles and Methods, in Statistical Theory and Computational Aspects of Smoothing [M]. Heidelberg: Physica-Verlag.

[105] CLEVELAND W S. 1979. Robust locally weighted regression and smoothing scatterplots [J]. Journal of the American Statistical Association, 74: 829-836.

[106] CLEVELAND W S, GROSSE E, SHYU W M. 1992. Local regression models, In Statistical Models in S [M]. Pacific Grove: Wadsworth and Brooks.

[107] COLE T J. 1988. Fitting Smoothed Centile Curves to Reference Data [J]. Journal of the Royal Statistical Society, 151: 385-418.

[108] COLE T J, GREEN P J. 1992. Smoothing Reference Centile Curves: The LMS Method and Penalized Likelihood [J]. Statistics in Medicine, 11: 1305-1319.

[109] COLLOBERT R, SINZ F, WESTON J, BOTTOU L. 2006. Large Scale Transductive

SVMs [J]. Journal of Machine Learning Research, 7: 1687-1712.

[110]   COMMONWEALTH EDISON COMPANY. 1985. Residual Unit Energy Consumption:A Conditional Energy Demand Approach, Xerox [J]. Strategic Analysis Department,Load Forecasting Section.

[111]   CONLEY T, GALENSON D. 1998. Nativity and Wealth in Mid-Nineteenth-Century Cities [J]. J. of Economic History, 58: 468-493.

[112]   COOK R D, WEISBERG S. 1982. Residuals and Influence in Regression [M]. London: Chapman and Hall.

[113]   COPAS J B. 1969. Compound decisions and empirical Bayes [J]. Journal of the Royal Statistical Society, 31: 397-425.

[114]   COX D. 1985. A Penalty Method for Nonparametric Estimation of the Logarithmic Derivative of a Density Function [J]. Annals of the Institute of Mathematical Statistics, 37: 271-288.

[115]   COX D D. 1983. Asymptotics for M-type Smoothing Splines [J]. The Annals of Statistics, 2: 530-551.

[116]   COX D R. 1970. Analysis of Binary Data [M]. London: Chapman and Hall.

[117]   CROWDER, M. 1995. On the Use of a Working Correlation Matrix in Using Generalized Linear Models for Repeated Measurements [J]. Biometrika, 82: 407-410.

[118]   CROWDER M J. 1978. Beta-binomial Anova for proportions [J]. Appl. Statist, 27: 34-37.

[119]   CROWDER M J. 1985. Gaussian Estimation for Correlated Binary Data [J]. Journal of the Royal Statistical Society, 47: 229-237.

[120]   CROWLEY J, HU M. 1977. Covariance analysis of heart transplant data [J]. Journal of the American Statistical Association, 72: 27-36.

[121]   DANIEL C. 1983. Half-normal plots[J]. second edn. In Encyclopedia of Statistical Sciences, 3: 565-568.

[122]   DAVID H A. 1981. Order Statistics [M]. New York: Wiley.

[123]   DAVIDIAN M, GILTINAN D M. 1993. Some General Estimation Methods for Nonlinear Mixed Effects Models [J]. Journal of Biopharmaceutical Statistics, 3: 23-55.

[124]   DAVIDIAN M, GILTINAN D M. 1995. Nonlinear Models for Repeated Measurement Data [M]. London: Chapman and Hall.

[125]   DAVISON A C, TSAI C L. 1992. Regression model diagnostics [J]. Int.Statist.Rev., 60: 337-353.

[126]   DE JONG P, SHEPHARD N. 1995. The simulation smoother for time series models [J]. Biometrika, 82: 339-350.

[127]   DE GOOIJER J G, ZEROM D. 2003. On Additive Conditional Quantiles With High-Dimensional Covariates [J]. Journal of the American Statistical Association, 98: 135-146.

[128] DE GOOIJER J G, GANNOUN A, ZEROM D. 2001. Multi-Stage Conditional Quantile Prediction in Time Series [J]. Communications in Statistics: Theory and Methods, 30: 2499-2515.

[129] DE GOOIJER J G, GANNOUN A, ZEROM D. 2002. Mean square error properties of the kernel-based multistage median predictor for time series [J]. Statistics & Probability letters, 56: 51-56.

[130] DEATON. 1997. The Analysis of Household Surveys [M]. Baltimore: Johns Hopkins.

[131] DEBOOR C. 1978. A Practical Guide to Splines [M]. New York: Springer Verlag.

[132] DELONG J B, SUMMERS L H. 1986. Are Business Cycles Symmetrical in American Business Cycle [M]. Gordon, Chicago: University of Chicago Press.

[133] DEMIDENKO E. 1997. Asymptotic Properties of Nonlinear Mixed-Effects Models, in Modeling Longitudinal and Spatially Correlated Data: Methods, Applications, and Future Directions [M]. New York: Springer.

[134] DEMPSTER A P, MONAJEMI A. 1976. An algorithmic approach to estimating variances [M]. Cambridge Harvard University.

[135] DEMPSTER A P. 1971. Model searching and estimations in the logic of inference [J]. Toronto: Holt, Rinehart and Winston.

[136] DEMPSTER A P, LAIRD N M, RUBIN D B. 1977. Maximum Likelihood from Incomplete Data via the EM Algorithm [J]. Journal of the Royal Statistical Society. , 39: 11-38.

[137] DEMPSTER A P, Rubin D B, TSUTAKAWA R K. 1981. Estimation in covariance components models [J]. Journal of the American Statistical Association, 76: 341-353.

[138] DEMPSTER A P, LAIRD N M, RUBIN D B. 1977. Maximum likelihood from incomplete data via the EM algorithm [J]. J.Roy.Statist., 39: 1-38.

[139] DENNEBERG D. 1994. Non-Additive Measure and Integral [M]. Dordrecht: Kluwer.

[140] ENDERS W, GRANGER C. 1998. Unit Root Tests and Asymmetric Adjustment With an Example Using the Term Structure of Interest Rates [J]. Journal of Business & Economic Statistics, 16: 304-311.

[141] DICKEY J M. 1968. Three multidimensional-integral identities with Bayesian applications [J]. Ann. Math. Statist., 39: 1615-1627.

[142] DIGGLE P J, GRATTON R J. Monte Carlo Methods of Inference for Implicit Statistical Models [J]. Journal of the Royal Statistical Society, 46: 193-227.

[143] DIGGLE P J, VERBYLA A P. 1998. Nonparametric Estimation of Covariance Structure in Longitudinal Data [J]. Biometrics, 54: 403-415.

[144] DIGGLE P J, HEAGERTY P J, LIANG K Y, ZEGER S L. 2002. Analysis of Longitudinal Data [M]. Oxford, U.K.: Oxford University Press.

[145] DIGGLE P J, LIANG K Y, ZEGER S L. 1994. Analysis of Longitudinal Data [M]. Oxford, UK: Oxford University Press.

[146] DOKSUM K, KOO J Y. 2000. On Spline Estimators and Prediction Intervals in Nonparametric Regression [J]. Computational Statistics Data Analysis, 35: 76-82.

[147] DOKSUM K. SARNAROV A. 1995. Nonparametric Estimation of Global Functionals and a Measure of the Explanatory Power of Covariates in Regression [J]. The Annals of Statistics, 23: 1443-1473.

[148] DONGARRA J J, BUNCH J R, MOLER C B, STEWART G W. 1979. Linpack Users' Guide [J]. Philadelphia: Society for Industrial and Applied Mathematics.

[149] 'DONOHO D L, JOHNSTONE I M. 1995. Adapting to unknown smoothness via wavelet shrinkage [J]. Journal of the American Statistical Association, 90: 1200-1224.

[150] DONOHO D L, JOHNSTONE I M. 1994. Ideal spatial adaptation by wavelet shrinkage [J]. Biometrika, 81: 425-455.

[151] DOOB J. 1953. Stochastic Processes [M]. New York: Wiley.

[152] DRAPER D. 1995. Inference and hierarchical medeling in the social sciences [J]. J.Educ.Behav.Statist., 20: 115-147, 228-233.

[153] DRAPER N R. GUTTMAN I. 1968. Some Bayesian stratified two-phase sampling results [J]. Biometrika, 55: 131-140, 587-588.

[154] DUNCAN D B, HORN S D. 1972. Linear Dynamic Recursive Estimation From the Viewpoint of Regression Analysis [J]. Journal of the American Statistical Association, 67: 815-821.

[155] DURBIN J, KOOPMAN S J. 1992. Filtering,smoothing and estimation for time series models when the observations come from exponetial family distributions [R]. London: London School of Economics and Political Science.

[156] EDWARD F VONESH, HAO WANG, LEI NIE, DIBYEN MAJUMDAR. 2002. Conditional Second-Order Generalized Estimating Equations for Generalized Linear and Nonlinear Mixed-Effects Models [J]. Journal of the American Statistical Association, 97:271-283.

[157] EDWARD F VONESH. 1996. A Note on the Use of Laplace's Approximation for Nonlinear Mixed-Effects Models [J]. Biometrika, 83: 447-452.

[158] EDWARDS A W F. 1969. Statistical methods in scientific inference [J]. Nature, Lond, 222: 1233-1237.

[159] EDWARS A W F. 1970. Estimation of the branch points of a branching diffusion process [J]. J. R. Statist., 32: 155-174.

[160] EFRON B, MORRIS C. 1972. Empirical Bayes on vector observations [J]. Biometrika, 59.

[161] EFRON, BRADLEY, MORRIS, CARL. 1975. Data Analysis Using Stein's Estimator and Its Generalization [J]. Journal of the American Statistical Association, 70: 311-319.

[162] EIDE E, SHOWALTER M. 1998. The Effect of School Quality on Student Perfomance:

A Quantile Regression Approach [J]. Economics Letters, 58: 345-50.

[163]   EKHOLM A, SMITH P W F, MCDONALD J W. 1995. Marginal regression analysis of a mutivariate binary response [J]. Biometrika, 82: 847-854.

[164]   ELSTON R C, GRIZZLE J E. 1962. Estimation of time responsecurves and their confidence bands [J]. Biometrics, 18: 148-159.

[165]   ENGEL B, BUIST W. VISSCHER A. 1995. Inference for threhold models with vatiance components from the generalized linear mixed model perspective [J]. Genet.Select.Evoln, 27: 15-32.

[166]   ENGEL B, BUIST W. 1995. Bias reduction of heritability estimates in threhold models. To be published.

[167]   ENGEL B, KEEN A. 1994. A simple approach for the analysis of generalized linear mixed models [J]. Statist. Neerland., 48: 1-22.

[168]   ENGLE R. MANGANELLI S. 1999. CaViaR: Conditional Autoregressive Value Risk by Regression Quantiles. preprint.

[169]   ENGLE R F, GRANGER C, RICE J, WEISS A. 1986. Semiparametric Estimates of the Relation Between Weather and Electricity Sales [J]. Journal of the American Statistical Association, 81: 310-320.

[170]   EPRI. 1989. Residential End-Use Energy Consumption: A Survey of Conditional Demand Estimates [M]. CA: Electric Power Research Institute.

[171]   ERICSON W A. 1969. Subjective Bayesian models in sampling finite populations [J]. Journal of the Royal Statistical Society, 31: 195-233.

[172]   EVANS M, WACHTEL P. 1993. Inflation Regions and the Sources of Inflation Uncertainty [J]. Journal of Money, Credit and Banking, 25: 475-511.

[173]   EVERITT B S, HAND D J. 1981. Finite Mixture Distributions [M]. London: Chapman & Hall.

[174]   EVERSON P. 1995. Inference for multivariate normal hierarchical models [D]. Cambridge: Harvard University.

[175]   FAHRMEIR L, TUTZ G. 1994. Multivariate Statistical Modelling Based on Generalized Linear Models [M]. New York: Springer-Verlag.

[176]   FAHRMEIR L. 1992. Posterior mode estimation by extended Kalman filering for multivatiate dynamic generalised linear models [J]. J.Am.Statist.Ass., 87: 501-509.

[177]   FAN J. 1992. Design-adaptive nonparametric regression [J]. J. Amer. Statist. Assoc., 87: 998-1004.

[178]   FAN J. 1993. Local linear regression smoothers and their minimax efficiencies [J]. Ann. Statist, 21: 196-216.

[179]   FAN J, GIJBELS I. 1992. Variable bandwidth and local linear regression smoothers [J]. Ann. Statist, 20: 2008-2036.

[180]   FAN J, GIJBELS I. 1996. Local Polynomial Modelling and Its Application [M].

London: Chapman and Hall.

[181] FAN J, HU T C, TROUNG Y K. 1994. Robust nonparametric function estimation [J]. Scandinavian Journal of Statistics, 21: 433-446.

[182] FAN J. 1992. Design-Adaptive Nonparametric Regression [J]. Journal of the American Statistical Association, 87: 998-1004.

[183] FAN J. 1993. Local Linear Regression Smoothing and Their Minimax Efficiencies [J]. The Annals of Statistics, 21:196-216.

[184] FAN J, GIJBELS I. 1992. Variable Bandwidth and Local Linear Regression Smoothers [J]. The Annals of Statistics, 20: 2008-2036.

[185] FAN J, GIJBELS I. 1995. Data-Driven Bandwidth Selection in Local Polynomial Fitting: Variable Bandwidth and Spatial Adaptation [J]. Journal of the Royal Statistical Society, Series B, 57: 371-394.

[186] FAN J, GIJBELS. 1996. Local Polynomial Modelling and its Applications [M]. London: Chapman and Hall.

[187] FAN J, WU Y. 2008. Semiparametric Estimation of Covariance Matrices for Longitudinal Data [J]. Journal of the American Statistical Association, 103: 1520-1533.

[188] FAN J, ZHANG W. 1999. Statistical estimation in varying coefficient models [J]. The Annals of Statistics, 27: 1491-1518.

[189] FAN J, ZHANG W. 2000. Simultaneous confidence bands and hypothesis testing in varying-coefficient models [J]. Scand. J. Statist., 27: 715-731.

[190] FAN J, ZHANG W. 2008. Statistical methods with varying coefficient models [J]. Statistics and Its Interface, 1: 179-195.

[191] FAN J, LI R. 2001. Variable Selection Via Nonconcave Penalized Likelihood and Its Oracle Properties [J]. Journal of the American Statistical Association, 96: 1348-1360.

[192] FAN J, LV J. 2008. Sure Independence Screening for Ultra-High Dimensional Feature Space [J]. Journal of Royal Statistical Society, 70: 849-911.

[193] FAN J, LV J. 2011. Non-Concave Penalized Likelihood With NPDimensionality [J]. IEEE Transactions on Information Theory, 57:5467-5484.

[194] FAN J, PENG H. 2004. Nonconcave Penalized Likelihood With a Diverging Number of Parameters [J]. The Annals of Statistics, 32: 928-961.

[195] FAN J, FAN Y, LV J. 2008. High Dimensional Covariance Matrix Estimation Using a Factor Model [J]. Journal of Econometrics, 147: 186-197.

[196] FAN J, FARMEN M. 1998. Local maximum likelihood estimation and inference [J]. Journal of the Royal Statistical Society, 60: 591-608.

[197] FAN J, HÄRDLE W, MAMMEN E. 1998. Direct estimation of low dimensional components in additive models [J]. Ann. Statist, 26: 943-971.

[198] FAN J, HU T C, TRUONG Y K. 1994. Robust Nonparametric Function Estimation [J]. Scandinavian Journal of Statistics, 21: 433-446.

[199] FAN J, HUANG T, LI R Z. 2007. Analysis of Longitudinal Data With Semiparametric Estimation of Covariance Function [J]. Journal of the American Statistical Association, 35: 632-641.

[200] FAN J, YAO Q, TONG H. 1996. Estimation of Conditional Densities and Sensitivity Measures [J]. Biometrika, 83: 189-206.

[201] FAN J, LI R. 2001. Variable selection via nonconcave penalized likelihood and its oracle properties [J]. J. Amer. Statist. Assoc, 96: 1348-1360.

[202] FEDOROV V V. 1972. Theory of Optimal Experiments [M]. New York: Academic Press.

[203] FELLER W. 1968. An Introduction to Probability Theory and Its Applications [J]. New York: Wiley.

[204] FELLMAN J. 1974. On the allocation of linear observations [J]. Commentations Phys.Math, 44: No. 2-3.

[205] FISHER R A. 1925. Theory of statistical estimation [J]. Proc. Camb. Phil. , 22: 700-725.

[206] FISK P R. 1967. Models of the second kind in regression analysis [J]. J. R. Statist. , 29: 266-281.

[207] FITZENBERGER B. 1999. Wages and employment across skill groups [M]. Physica-Verlag: Heidleberg.

[208] FMNBERO S F. 1967. Cell estimates for one-way and two-way analysis of variance tables [D]. Cambridge: Harvard University.

[209] H O HARTLE, R R. 1971. Hocking on incomplete data analysis [J]. Biometrics, 27: 813-817.

[210] FOLLMANN D, WU M. 1995. An Approximate Generalized Linear Model With Random Effects for Informative Missing Data [J]. Biometrics, 51: 151-168.

[211] FOULLEY J L, IM S, GIANOLA D, HOESCHELE I. 1987. Empirical estimation of parameters for n polygenic binary traits [J]. Genet.Select.Evoln, 19: 197-224.

[212] FULLER W A, HIDIROGLOU M A. 1978. Regression estimation after correcting for attenuation [J]. J. Am.Statist. Assoc, 73: 99-104.

[213] FULLER W A, BATTESE G E. 1973. Transformations for estimation of linear models with nested error structure [J]. J. Am. Statist. Assoc, 68: 626-632.

[214] COLLOMB G. 1977. Quelques proprietes de la methode du noyau pourl' estimation nonparametrique de la regression en un point fixe [J]. C.R.Acad.Sci., 285: 289-292.

[215] GANNOUN A, SARACCO J, YU K. 2003. Nonparametric prediction by conditional median and quantiles [J]. Journal of Statistical Planning and Inference.

[216] GARCIA J, HERNANDEZ P, LOPEZ A. 2001. How wide is the gap? An investigation of gender wage differences usng quantile regression [J]. Empirical Economics, 26: 149-167.

[217]　GASSER T, MULLER H G. 1979. Kernel estimation of regression functions In Smoothing techniques for curve estimation[J]. Lecture Notes in Mathematics, 757: 23-68.

[218]　GASSER T, KNEIP A. 1995. Searching for Structure in Curve Samples [J]. Journal of the American Statistical Association, 90: 1179-1188.

[219]　GELFAND A E. SMITH A F M. 1990. Sampling Based Approaches to Calculating Marginal Densities [J]. Journal of the American Statistical Association, 85: 398-409.

[220]　GELFAND A E. HILLS S I, RACINE-POON A. SMITH A F.M. 1990. Illustration of Bayesian Inference in Normal Data Models Using Gibbs Sampling [J]. Journal of the American Statistical Association, 90: 972-985.

[221]　GELMAN A. BOIS F, JIANG J. 1996. Physiological pharmacokinetic analysis using population modeling and informative prior distributions [J]. J. Am. Statist. Assoc., 91: 1400-1412.

[222]　GELMAN A, CARLIN J B, STERN H S, RUBIN D N. 1995. Bayesian Data Analysis [J]. London: Chapman and Hall.

[223]　GEMAN S, GEMAN D. 1984. Stochastic Relaxation,Gibbs Distributions and the Bayesian Restoration of Images [J]. IEEE Transactions on Pattem Analysis and Machine Intelligence, 6: 721-741.

[224]　GEPPERT M P. 1961. Erwartungstreue plausibelste Schutzen aus dreieckig gestutzen Kontingenstafeln [J]. Biometr. Zeitschr, 3: 54-67.

[225]　GERALD C F. 1970. Applied Numerical Analysis, Reading [M]. MA: Addison-Wesley.

[226]　GEWEKE J. 1989. Bayesian Inference in Econometric Models Using Monte Carlo Integration [J]. Econometrica, 57: 1317-1339.

[227]　GEYER C J, THOMPSON E A. 1992. Constrained maximum likelihood for dependent data [J]. J. R. Statist. , 39: 657-699.

[228]　GIESBRECHT F G, BURROWS P M. 1978. Estimating variance components in hierarchical structures using MINQUE and restricted maximum likelihood [J]. Comm. Statist A, 7: 891-904.

[229]　GILKS W R, THOMAS A, SPIEGELHALTER D J. 1994. A language and program for complex Bayesian modelling [J]. Statistician, 43: 169-178.

[230]　GILKS W R, WILD P. 1992. Adaptive rejection sampling for Gibbs sampling [J]. Appl.Statist., 41: 337-348.

[231]　GILMOUR A R, ANDERSON R D, RAE A L. 1985. The Analysis of Binomial Data by a Generalized Linear Mixture Model [J]. Biometrika, 72: 593-599.

[232]　GODAMBE V P. 1966. A new approach to sampling from finite populationsv L Sufficiency and linear estimation [J]. Journal of the Royal Statistical Society, 28: 310-319.

[233]　GOLDENSHLUGER A, NEMIROVSKI A. 1997. On spatial adaptive estimation of nonparametric regression [J]. Mathematical Methods of Statistics, 6: 135-170.

[234]   GOLDSTEIN H. 1995. Multilevel Statistical Models [M]. New York: John Wiley.

[235]   GOLDSTEIN H. 1979. The Design and Analysis of Longitudinal Studies [M]. London:
        Academic Press.

[236]   GOLDSTEIN H. 1986. Multilevel mixed linear model analysis using iterative gener-
        alized least squares [J]. Biometrika, 73: 43-56.

[237]   GOLDSTEIN H. 1991. Nonlinear Multilevel Models, With an Application to Discrete
        Response Data [J]. Biometrika, 78: 45-51.

[238]   GOLDSTEIN H. 1995. Multilevel statistical models [M]. New York: John Wiley.

[239]   GOLDSTEIN H. 1995. Multilevel Statistical Models [M]. London: Arnold.

[240]   GOLDSTEIN H. 1986. Multilevel Mixed Linear Model Analysis Using Iterative Gen-
        eralized Least Squares [J]. Biometrika, 73: 43-56.

[241]   GOLDSTEIN H, HEALY M J R, RASBANSH J. 1994. Multilevel time series models
        with applications to repeated measuress data [J]. Statist.Med., 13: 1643-1655.

[242]   GONZALO P L, LINTON O B. 2001. Testing Additivity in Generalized Nonpara-
        metric Regression Models With Estimated Parameters [J]. Journal of Econometrics,
        104: 1-48.

[243]   GOODMAN L A. 1968. The analysis of cross-classified data [M]. Independence, quasi-
        independence and interaction in contingency tables with or without missing entries[J].
        J. Amer. Statist. Ass., 63: 1091-1131.

[244]   GOODMAN L A. 1974. Exploratory latent-structure analysis using both identifiable
        and unidentifiable models [J]. Biometrika, 61: 215-231.

[245]   GOOIJER, ZEROM. 2003. On additive conditional quantiles with high-dimensional
        covariates [J]. Journal of the American Statistical Association, 98: 135-146.

[246]   GREEN P J, SILVERMAN B W. 1994. Nonparameteric Regression and Generalized
        Linear Models: a Roughness Penalty Approach [M]. London: Chapman and Hall.

[247]   GU C. 1993. Structural Multivariate Function Estimation: Some Automatic Density
        and Hazard Estimates [J]. Journal of the American Statistical Association, 88: 495-
        504.

[248]   GU C. 1996. Smoothing Spline Density Estimation: Response-Based Sampling [M].
        University of Michigan.

[249]   GU C, QIU C. 1993. Smoothing Spline Density Estimation: Theory[J].The Annals of
        Statistics, 21: 217-234.

[250]   GU C, WAHBA G. 1993. Semiparametric Anova With Tensor Product Thin Plate
        Spline [J]. Journal of the Royal Statistical Society, 55:353-368.

[251]   GUO J, TIAN M Z, ZHU K. 2012. New Efficient And Robust Estimation In Varying-
        Coefficient Models With Heteroscedasticity [J]. Statistica Sinica, 22: 1075-1101.

[252]   GUTENBRUNNER C, JUREČKOVÁ J. 1992. Regression Rank Scores and Regres-
        sion Quantiles [J]. The Annals of Statistics, 20: 305-330.

[253] GUTENBRUNNER C, JURECKOVA J, KOENKER R, PORTNOY S. 1990. A New Approach to Rank Tests for the Linear Model [R]. Urbana Champaign The University of Illinois.

[254] GUTTMAN I. 1971. A remark on the optimal regression designs with previous observations of Covey-Crump and Silvey [J]. Biometrika, 58: 683-685.

[255] HÄRDDLE W, LIANG H, GAO J. 2000. Partially Linear Models [M]. Berlin, Germany: Springer-Verlag.

[256] HÄRDLE W. 1990. Applied nonparametric regression [M]. Cambridge: Cambridge University Press.

[257] HÄRDLE W, GASSER T. 1984. Robust non-parametric function fitting [J]. J. Roy. Statist. Soc. , 46: 42-51.

[258] HÄRDLE W, LIANG H, GAO J. 2000. Partially Linear Models [J]. Physica Verlag.

[259] HABERMAN S J. 1971. Tables based on imperfect observation [C]. Invited paper at the 1971 ENAR meeting,Pennsylvania State University.

[260] HABERMAN S J. 1974. Log-linear models for frequency tables derived by indirect observation: maximum likelihood equations [J]. Ann. Statist, 2: 911-924.

[261] HALL P, JONES M C. 1990. Adaptive M-estimation in nonparametric regression [J]. Ann. Statist, 18: 1712-1728.

[262] HALL P, WEHRLY T E. 1991. A geometrical method for removing edge effects from kernel-type nonparametric regression estimators [J]. J. Amer. Statist. Assoc, 86: 665-672.

[263] HALL P, SHEATHER S. 1988. On the Distribution of a Studentized Quantile [J]. Journal of the Royal Statistcal Society, 50: 381-391.

[264] HALL P, WOLFF R C L, YAO Q. 1999. Methods for Estimating a Conditional Distribution Function [J]. Journal of the American Statistical Association, 94: 154-163.

[265] HALLIN M JUREČKOVÁ J. 1999. Optimal Tests for Autoregressive Models Based on Autoregression Rank Scores [J]. The Annals of Statistics, 27:1385-1414.

[266] HAMILTON J. 1989. A New Approach to the Economic Analysis of Nonstationary Time Series and the Business Cycle [J]. Econometrica, 57:357-384.

[267] HAMPEL F R. RONCHETTI E M, ROUSSEEUW P J, STAHEL W A. 1986. Robust statistics: the approach based on influence functions [M]. New York: Wiley.

[268] HANSEN B. 2000. Sample Splitting and Threshold Estimation [J]. Econometrica, 68: 575-603.

[269] HARDLE W, STOKER T. 1989. Investigating smooth multiple regression by the method of average derivatives [J]. Journal of the American Statistical Association, 84: 986-995.

[270] HARDLE W. 1990. Applied nonparametric regression [M]. Cambridge: Cambridge

University Press.

[271]   HARDLE W, HALL P, ICHIMURA H. 1993. Optimal Smoothing in Single-Index
        Models [J]. Annals of Statistics, 21: 157-178.

[272]   HARNEY A C. 1989. Forecasting,Structural Time Series Models and the Kalman
        FIlter [M]. Cambiridge:Cambridge University Press.

[273]   HARRISON J, WEST M. 1991. Dynamic linear model diagnostics [J]. Biometrika,
        78: 797-808.

[274]   HARTLEY H O, RAO J N K. 1967. Maximum Likelihood Estimation for the Mixed
        Analysis of Variance Model [J]. Biometrika, 54: 93-108.

[275]   HARVILLE D A. 1974. Bayesian Inference for Variance Components Using Only Error
        Contrasts [J]. Biometrika, 61: 383-385.

[276]   HARVILLE D A. 1976. Extension of the Gauss-Markov theorem to include the esti-
        mation of random effects [J]. Ann. Statist., 4: 384-395.

[277]   HARVILLE D A. 1977. Maximum likelihood approaches to variance component esti-
        mation and to related problems [J]. J. Am. Statist. Assoc., 72: 320-340.

[278]   HARVILLE D A, MEE R W. 1984. A Mixed-Model Procedure for Analyzing Ordered
        Categorical Data [J]. Biometrics, 40: 393-408.

[279]   HARVILLE DAVID A. 1978. Football Ratings and Predictions via Linear Models [J].
        Proceedings of the American Statistical Association (Social Statistics Section).

[280]   HASAN M N, KOENKER R. 1997. Robust Rank Tests of the Unit Root Hypothesis
        [J]. Econometrica, 65: 133-161.

[281]   HASTIE T, LOADER C. 1993. Local Regression: Automatic Kernel Carpentry [J].
        Statistical Science, 8: 120-143.

[282]   HASTIE T J, TIBSHIRANI R J. 1990. Generalized Additive Models [M]. London:
        Chapman and Hall.

[283]   HASTIE T J, TIBSHIRANI R J. 1993. Varying-coefficient Models [J]. Journal of the
        Royal Statistical Society., 55: 757-796.

[284]   HASTIE T, TIBSHIRANI R. 1986. Generalized Additive Models [J]. Statistical Sci-
        ence, 1: 297-318.

[285]   HASTINGS W K. 1970. Monte Carlo Sampling Methods Using Markov Chains and
        Their Applications [J]. Biometrika, 57: 97-109.

[286]   HE X. 2009. Modeling and Inference by Quantile Regression [R]. Urbana — Cham-
        paign:University of Illinois.

[287]   HE X, PORTNOY S. 2000. Some Asymptotic Results on Bivariate Quantile Splines
        [J]. Journal of Statistical Planning and Inference, 91: 341-349.

[288]   HE X, SHAO Q M. 2000. On Parameters of Increasing Dimensions [J]. Journal of
        Multivariate Analysis, 73: 120-135.

[289]   HE X, SHI P. 1994. Convergence Rate of B-Spline Estimators of Nonparametric Con-

ditional Quantile Functions [J]. Journal of Nonparametric Statistic, 3: 299-308.

[290] HE X, SHI P. 1996. Bivariate tensor-product B-splines in a partly linear model [J]. Journal of Multivariate Analysis, 58: 162-181.

[291] HE X, SHI P. 1998. Monotone B-Spline Smoothing [J]. Journal of the American Statistical Association, 93: 643-650.

[292] HE X, SHAO Q M. 2000. On Parameters of Increasing Dimensions [J]. Journal of Multivariate Analysis, 73: 120-135.

[293] HE X, FUNG W K, ZHU Z Y. 2005. Robust Estimation in Generalized Partial Linear Models for Clustered Data [J]. Journal of the American Statistical Association, 472: 1176-1184.

[294] HE X, NG P, PORTNOY S. 1998. Bivariate quantile smoothing splines [J]. Journal of the Royal Statistical Society, 60: 537-550.

[295] HE X, ZHU Z Y, FUNG W K. 2002. Estimating in a Semiparametric Model for Longitudinal Data With Unspecified Dependence Structure [J]. Biometrika, 89: 579-590.

[296] HEAGERTY P J. PEPE M S. 1999. Semiparametric estimation of regression quantiles with application to standardizing weight for height and age in US children [J]. Journal of Applied Statistics, 48: 533-551.

[297] HECKMAN J J. 1979. Sample Selection Bias As a Specification Error [J]. Econometrica, 47: 153-161.

[298] HECKMAN N E. 1986. Spline Smoothing in a Partly Linear Model [J]. Journal of the Royal Statistical Society, 48: 244-248.

[299] HEDEKER D, GIBBONS R D. 1994. A Random Effects Ordinal Regression Model for Multilevel Analysis [J]. Biometrics, 50: 933-944.

[300] HEMMERLE J O. 1976. Improved algorithm for the W-transform in variance component W. J. and LORENS, estimation [J]. Technometrics, 18: 207-212.

[301] HEMMERLE W J, HARTLEY H O. 1973. Computing maximum likelihood estimates for the mixed A.O.V. model using the W transformation[J] . Technometrics, 15, 819-831.

[302] HEMMERLE W J. 1974. Nonorthogonal analysis of variance using iterative improvement and balanced residuals [J]. J. Amer. Statist. Ass, 69: 772-778.

[303] HENDERSON C R. 1973. Sire Evaluation and Genetic Trends [J]. Proceedings of the Animal Breeding and Genetics Symposium in Honor of Dr. Jay L. Lush.

[304] HENDERSON C.R. 1975. Best linear unbiased estimation and prediction under a selection model [J]. Biometrics, 31: 423-447.

[305] HENDERSON C R, KEMPTHORNE O, SEARLE S R, KROSIGK C M. 1959. The estimation of environmental and genetic trends fromrecords subject to culling [J]. Biometrics, 15: 192-218.

[306] HENDERSON C R, KEMPTHORNE O, SEARLE S R, VON KROSIOK C M. 1959. The estimation of environmental and genetic trends from records subject to culling [J]. Biometrics, 15: 192-218.

[307] HENDERSON H V, SEARLE S R. 1981. Vec-Permutation Matrix, the Vec Operator and Kronecker Products: A Review [J]. Linear and Multilinear Algebra, 9: 271-288.

[308] HENDRICKS, KOENKE. 1992. Hierarchical spline models for conditional quantiles and the demand for electricity [J]. Journal of the American statistical Association, 87: 58-68.

[309] HENDRICKS W O, KOENKER R, PODLASEK R. 1977. Consumption Patterns for Electricity [J]. Journal of Econometrics, 5: 135-153.

[310] HENDRICKS W, KOENKER R. 1991. Hierarchical spline models for conditional quantiles and the demand for electricity [J]. J. of Am. Stat. Assoc, 87: 58-68.

[311] HENDRICKS W, KOENKER R. 1992. Hierarchical spline models for conditional quantiles and the demand for electricity [J]. Journal of the American Statistical Association, 93: 58-68.

[312] HENDRICKS W, KOENKER R, POIRIER D. 1979. Stochastic Parameter Models for Panel Data: An Application to the Connecticut Peak Load Pricing Experiment [J]. International Economic Review, 20: 707-724.

[313] HERCÉ M. 1996. Asymptotic Theory of LAD Estimation in a Unit Root Process With Finite Variance Errors [J]. Econometric Theory, 12:129-153.

[314] HESS G D, IWATA S. 1997. Asymmetric Persistence in GDP? A Deeper Look at Depth [J]. Journal of Monetary Economics, 40: 535-554.

[315] HIDIROGLOU M A. 1981. Computerization of complex survey estimates [J]. In Proc. Statist. Comp. Sect.Am. Statist. Assoc.

[316] HILL B M. 1969. Foundations for the theory of least squares [J]. Journal of the Royal Statistical Society, 31: 89-97.

[317] HJORT N L, POLLARD D. 1993. Asymptotics for minimisers of convex processes. Preprint.

[318] HOADLEY B. 1971. Asymptotic properties of maximum likelihood estimators for the independent not identically distributed case [J]. Ann. Math. Statist., 42: 1977-1991.

[319] HOBERT J P. 2000. Hierarchical models: a current computational perspective [J]. Journal of the American Statistical Association, 95: 1312-1316.

[320] HODGES J, LEHMANN E. 1956. The efficiency of some nonparametric competitors of the t-test [J]. Annals of Mathematical Statistics, 27: 324-335.

[321] HOGG R V. 1975. Estimates of percentile regression lines using salary data [J]. J. Amer. Statist. Assoc, 70: 56-59.

[322] HOGG R V, CRAIG A. T. 1995. Introduction to Mathematical Statistics [M]. New York: Macmillan.

[323] HOLD D, SMITH T M F, WINTER P D. 1980. Regression analysis of data from complex surveys [J]. J. R. Statist. , 142: 474-487.

[324] HONDA T. 2004. Quantile regression in varying coefficient models [J]. J. Statist. Plann. Inference., 121: 113-125.

[325] HOOVER D R. RICE J A, WU C O, YANG L P. 1998. Nonparametric Smoothing Estimates of Time-Varying Coefficient Models With Longitudinal Data [J]. Biometrika, 85: 809-822.

[326] HOROWITZ J L. 1993. Semiparametric Estimation of a Work-Trip Mode Choice-Model [J]. Journal of Econometrics, 58: 49-70.

[327] HOROWITZ J L. 1998. Semiparametric Methods in Econometrics [M]. New York: Springer.

[328] HOROWITZ J L, HARDLE W. 1996. Direct Semiparametric Estimation Of Single-Index Models With Discrete Covariates [J]. Journal of the American Statistical Association, 91: 1632-1640.

[329] HOROWITZ J L, LEE S. 2002. Semiparametric Methods in Applied Econometrics: Do the Models Fit the Data [J]. Statistical Modelling, 2: 3-22.

[330] HOROWITZ J L, LEE S. 2005. Nonparametric Estimation of an Additive Quantile Regression Model [J]. Journal of the American Statistical Association, 100: 1238-1249.

[331] HOROWITZ J L, MAMMEN E. 2004. Nonparametric Estimation of an Additive Model With a Link Function [J]. The Annals of Statistics, 32: 2412-2443.

[332] HOROWITZ J L, SAVIN N E. 2001. Binary Response Models: Logits, Probits,and Semiparametrics [J]. Journal of Economic Perspectives, 15: 43-56.

[333] HOROWITZ J L, SPOKOINY V G. 2002. An Adaptive, Rate-Optimal Test of Linearity for Median Regression Models [J]. Journal of the American Statistical Association, 97: 822-835.

[334] HOWE W G. 1955. Some contributions to factor analysis [R]. Oak Ridge National Laboratory.

[335] HRISTACHE M, JUDITSKY A, SPOKOINY V. 2001. Direction Estimation of the Index Coefficients in a Single-Index Model [J]. The Annals of Statistics, 39: 595-623.

[336] HUANG J Z. 2003. Local Asymptotics for Polynomial Spline Regression [J]. The Annals of Statistics, 31: 1600-1635.

[337] HUANG J, MA S G, ZHANG C H. 2008. Adaptive Lasso for Sparse High-Dimensional Regression Models [J]. Statistica Sinica, 18:1603-1618.

[338] HUANG J Z, WU C O, ZHOU L. 2002. Varying-Coefficient Models and Basis Function Approximations for the Analysis of Repeated Measurements [J]. Biometrika, 89: 111-128.

[339] HUBER P J. 1981. Robust statistics [M]. New York: Wiley.

[340] HULL J, WHITE A. 1998. Value at risk when daily changes in market variables are

not normally distributed [J]. J.Deriv., 5: 9-19.

[341]　HUNTER D R, LANGE K. 2000. Quantile regression via an MM algorithm [J]. J.Computnl Graph. Statist., 9: 60-77.

[342]　HUTTENLOCHER J E, HAIGHT W, BRYK A S, SELTZER M. 1991. Early vocabulary growth: relation to language input and gender [J]. Developmental Psychology, 27: 236-249.

[343]　ICHIMURA H. 1993. Serniparametric Least Squares(SLS)and Weighted SLS Estimation of Single-Index Models [J]. Journal of Econometrics, 58: 71-120.

[344]　INNER LONDON EDUCATION AUTHORITY. 1969. Literacy Survey: Summary of Interim Results [M]. London: I.L.E.A. Research & Statistics Division.

[345]　ISAACS D, ALTMAN D G, TIDMARSH C E, VALMAN H B, WEBSTER A D B. 1983. Serum Immunoglobin concentrations in preschool children measured by laser nephelometry:reference ranges for IgG,IgA and IgM [J]. J.Clin.Path., 36: 1193-1196.

[346]　JACKSON P H, NOVICK M R, THAYER, DOROTHY T. 1971. Estimating regressions in m-groups [J]. Brit. J. Math. Statist. Psychol., 24: 129-153.

[347]　JAMES W, STEIN, CHARLES. 1960. Estimation With Quadratic Loss [J]. Proceedings of the Fourth Berkeley Symposium on Mathematical Statistics and Probability, 1: 361-379.

[348]　JANSSEN P, VERAVERBEKE N. 1987. On nonparametric regression estimators based on regression quantiles [J]. Commun. Statist. Theory Methods, 16: 383-396.

[349]　JENNRICH R I, SCHLUCHTER M D. 1986. Unbalanced Repeated Measures Models With Structural Covariance Matrices [J]. Biometrics, 42: 805-820.

[350]　JENNRICH R L, SAMPSON P F. 1976. Newton-Raphson and related algorithms for maximum likelihood variance component estimation [J]. Technometrics: 11-18.

[351]　JIANG J. 2000. A Non-Linear Gauss-Seidel Algorithm for I nference About GLMM [J]. Computational Statistics, 15: 229-241.

[352]　JOBSON J D, FULLER W A. 1980. Least squares estimation when the covariance matrix and parameter vector are functionally related [J]. J. Am. Statist. Assoc, 75: 176-181.

[353]　JOHANSEN S. 1984. Functional Relations, Random Coefficients and Nonlinear Regression with Application to Kinetic Data [M]. New York: Springer.

[354]　JOHNSON N L, KOTZ S, BALAKRISHNAN N. 1995. Continuous Univariate Distributions [M]. New York: Wiley.

[355]　JOHNSON N L, KOTZ S. 1970. Continuous Univariate Distributions [M]. Boston: Houghton Mifflin.

[356]　JONES R G. 1980. Best linear unbiased estimation in repeated surveys [J]. J. R. Statist. , 42: 2216.

[357]　JONES M C, MARRON J S. SHEATHER S J. 1996. A Brief Survey of Bandwidth

Selection for Density Estimation [J]. Journal of the American Statistical Association, 91: 401-407.

[358]   JORESKOG K, SORBOM D. 1979. Advances in Factor Analysis and Structural Equation Models [M]. Cambridge, Massachusetts: Abt Books.

[359]   JUREČKOVÁ J. 1977. Asymptotic relations of M-estimates and R-estimates in linear regression model [J]. Annals of Statistics, 5: 464-472.

[360]   JUREČKOVÁ J. 1984. Regression quantiles and trimmed least squares estimator under a general design [J]. Kybernetika, 20: 345-356.

[361]   JUREČkOVÁ J, SEN P K. 1984. On adaptive scale-equivariant M-estimators in linear models [J]. Statistics & Decisions, Supplement Issue, 1: 31-46.

[362]   JUREČKOVÁ J. 1984. Regression quantiles and trimmed least squares estimator under a general design [J]. Kybernetika, 20: 345-356.

[363]   YU K, JONES M C. 1998. Local Linear Quantile Regression [J]. Journal of the American Statistical Association, 93:228-237.

[364]   YU K, LU Z, STANDER J. 2003. Quantile regression: applications and current research areas [J]. The Statistician, 52:331-350.

[365]   KAHN L. 1998. Collective Bargaining and the Interindustry Wage Structure: International Evidence [J]. Economica, 65: 507-534.

[366]   KAI B, LI R, ZOU H. 2010a. New efficient estimation and variable selection methods for semiparametric varying-coefficient partially linear models [J]. Annals of Statistics.

[367]   KAI B, LI R, ZOU H. 2009. Supplementary materials for "local cqr smoothing: an efficient and safe alternative to local polynomial regression"[R]. Pennsylvania: Pennsylvania State University, University Park.

[368]   KAI B, LI R, ZOU H. 2010b. Local composite quantile regression smoothing: an efficient and safe alternative to local polynomial regression [J]. Journal of the Royal Statistical Society, 72: 49-69.

[369]   KAI B, LI R, ZOU H. 2011. New Efficient Estimation and Variable Selection Methods for Semiparametric Varying-Coefficient Partially Linear Models [J]. The Annals of Statistics, 39: 305-332.

[370]   KARLSEN H A. 1990. Existence of Moments in a Stationary Stochastic Difference Equation [J]. Advances in Applied Probability, 22:129-146.

[371]   KASLOW R A, OSTROW D G, DETELS R, PHAIR J P, POLK B F, RINALDO C R, JR. 1987. The Multicenter AIDS Cohort Study: rationale, organization, and selected characteristics of the participants [J]. Am J Epidemiol, 126(2): 310-318.

[372]   KASS R E, STEFFEY D. 1989. Approximate Bayesian inference in conditionally independent hierarchical models [J]. Journal of the American Statistical Association, 84: 717-726.

[373]   KAUERMANN G, TUTZ G. 1999. On model diagnostics using varying-coefficient

models [J]. Biometrika, 86: 119-128.

[374] KE C, WANG Y. 2000. Semi-Parametric Nonlinear Mixed Effects Models and Their Applications [R]. Sata Barbara: University of California Santa Barbara.

[375] KE C L, WANG Y D. 2001. Semiparametric Nonlinear Mixed-Effects Models And Their Applications [J]. Journal of the American Statistical Association, 96:456, 1272-1298.

[376] KELLEY T L. 1927. The interpretation of Educational Measurements [M]. New York: World Books.

[377] KEMPTHORNE O. 1957. An Introduction to Genetic Statistics [M]. New York: Wiley.

[378] KENNEDY W J, GENTLE J E. 1980. Statistical Computing [M]. New York: Marcel Dekker.

[379] KHAN S. 2001. Two-Stage Rank Estimation of Quantile Index Models [J]. Journal of Econometrics, 100: 319-355.

[380] KHMALADZE E. 1981. Martingale Approach to the Goodness of Fit Tests [J]. Theory of Probability and Its Applications, 26: 246-265.

[381] KIM M O. 2007. Quantile regression with varying coefficients [J]. The Annals of Statistics, 35: 92-108.

[382] KIM Y, CHOI H, OH H S. 2008. Smoothly Clipped Absolute Deviation on High Dimensions [J]. Journal of the American Statistical Association, 103:1665-1673.

[383] KNIGHT K. 1989. Limit Theory for Autoregressive-Parameter Estimates in an Infinite-Variance Random Walk [J]. Canadian Journal of Statistics, 17:261-278.

[384] KNIGHT K. 1998. Limiting distributions for l1 regression estimators under general conditions [J]. The Annals of Statistics, 26: 755-770.

[385] KNIGHT K, G BASSETT, TAM M. 2000. Comparing Quantile Estimators for the linear model. preprint.

[386] KOENKER R, BASSETT G. 1978. Regression quantiles [J]. Econometrica, 46: 33-50.

[387] KOENKER R. 1987. A Comparison of Asymptotic Testing Methods for L_1 Regression [J]. Statistical Data Analysis Based on the l_1-Norm and Related Methods.

[388] KOENKER R, BASSETT G S. 1978. Regression Quantiles [J]. Econometrica, 46: 33-50.

[389] KOENKER R. 1984. A note on l-estimates for linear models [J]. Statistics and Probability Letters, 2: 323-325.

[390] KOENKER R. 1994. Confidence Intervals for Regression Quantiles, in Proceedings of the 5th Prague Symposium on Asymptotic Statistics [M]. Berlin: Springer-Verlag.

[391] KOENKER R. 1995. Quantile Regression Software[EB/OL]. www.econ.uiuc.edu/ ~roger/research/rq/rq. html.

[392] KOENKER R. 2000. Galton, Edgeworth, Frisch and Prospects for Quantile Regression

in Econometris [J]. Journal of Econometrics, 95: 347-374.

[393] KOENKER R. 2004. Unit Root Quantile Regression Inference [J]. Journal of the American Statistical Association, 99: 775-787.

[394] KOENKER R. 2005. Quantile Regression [M]. Cambridge: Cambridge University Press.

[395] KOENKER R. 2005. Quantile Regression: Econometric Society Monograph Series [M]. Cambridge: Cambridge University Press.

[396] KOENKER R, D'OREY V. 1993. A remark on computing regression quanitles [J]. Applied Statistics, 36: 383-393.

[397] KOENKER R, BASSETT G. 1982. Robust tests for heteroscedasticity based on regression quantiles [J]. Econometrica, 50: 43-61.

[398] KOENKER R, GELING R. 2001. Reappraising medfly longevity: a quantile regression survival analysis [J]. Journal of the American Statistical Association, 96: 458-468.

[399] KOENKER R, MACHADO J A F. 1999. Goodness of fit and related inference processes for quantile regression [J]. Journal of the American statistical Association, 94: 1296-1310.

[400] KOENKER R, MIZERA PENALIZED I. 2004. Penalized triograms: total variation regularization for bivariate smoothing [J]. Journal of the Royal statistical, 66(1): 145-163.

[401] KOENKER R, PARK B J. 1996. An interior point algorithm for nonlinear quantile regression [J]. J. Econometr., 71: 265-283.

[402] KOENKER R W, D'OREY V. 1987. Algorithm AS 229:Computing regression quantiles [J]. Journal of Applied Statistics, 36: 383-393.

[403] KOENKER R, BILIAS Y. 2001. Quantile Regression for Duration Data: A Reappraisal of the Pennsylvania Reemployment Bonus Experiments [J]. Empirical Economics, 26: 199-220.

[404] KOENKER R, HALLOCK K. 2000. Quantile Regression: An Introduction [EB/OL]. www.econ.uiuc.edu/~roger/research/intro/intro.html.

[405] KOENKER R, MACHADO J. 1999. Goodness of fit and related inference processes for quantile regression [J]. J. of Am. Stat. Assoc., 94: 1296-1310.

[406] KOENKER R, BASSETT G. 1978. Regression Quantiles [J]. Econometrica, 46: 33-49.

[407] KOENKER R, BASSETT G W. 1978. Regression Quantiles [J]. Econometrica, 46: 33-50.

[408] KOENKER R, MACHADO J. 1999. Goodness of Fit and Related Inference Processes for Quantile Regression [J]. Journal of the American Statistical Association, 81: 1296-1310.

[409] KOENKER R, PORTNOY S. 1987. L-Estimation of Linear Models [J]. Journal of the American Statistical Association, 82: 851-857.

[410] KOENKER R, PORTNOY S. 1990. M Estimation of Multivariate Regressions [J].
       Journal of the American Statistical Association, 85: 1060-1068.

[411] KOENKER R, XIAO Z. 2002. Inference on the Quantile Regression Processes [J].
       Econometrica, 70: 1583-1612.

[412] KOENKER R, NG P, PORTNOYS S. 1994. Quantile smoothing splines [J].
       Biometrika, 81: 673-680.

[413] KOENKER R, PORTNOY S, NG P. 1992. Nonparametric Estimation of Conditional
       Quantile Functions: L_1 Statistical Analysis and Related Methods [M]. Amsterdam:
       Elsevier.

[414] KOENKER R, BASSETT G. 1978. Regression quantiles [J]. Econometrica, 46: 33-50.

[415] KOENKER R.O, d'OREY V. 1987. Computing Regression Quantiles [J]. Applied
       Statistics, 36: 383-393.

[416] KOENKER R, GELING R. 2001. Reappraising medfly longevity: A quantile regres-
       sion survival analysis [J]. J. Amer. Statist.Assoc, 96: 458-468.

[417] KOENKER R, HALLOCK K. 2001. Quantile regression [J]. J. Economic Perspectives,
       15: 143-156.

[418] KONG E, XIA Y. 2010. Quantile estimation of a general single-index model [EB/OL].
       http://arxiv.org/abs/0803.2474.

[419] KOTTAS A, GELFAND A E. 2001. Bayesian semiparametric median regression model
       [J]. Journal of the American Statistical Association, 96: 1458-1468.

[420] KOUL H, MUKHERJEE K. 1994. Regression Quantiles and Related Processes Under
       Long Range Dependent Errors [J]. Journal of Multivariate Analysis, 51: 318-317.

[421] KOUL H, SALEH A K. 1995. Autoregression Quantiles and Related Rank-Scores
       Processes [J]. The Annals of Statistics, 23: 670-689.

[422] KUAN C M, HUANG Y L. 2001. The Semi-Nonstationary Process:Model and Em-
       pirical Evidence [R].Hong Kong: Univ. Hong Kong.

[423] KUX A Y C, CHENG Y W. 1999. Pointwise and functional approximations in Monte
       Carlo maximum likelihood estimation [J]. Statist. Comp., 9: 91-99.

[424] WANG L, WU Y C, LI R. 2012. Quantile Regression for Analyzing Heterogene-
       ity in Ultra-High Dimension [J]. Journal of the American Statistical Association,
       107(497):214-222.

[425] LAI T L, SIMI M C. 2003. Nonparametric estimation in nonlinear mixed effects models
       [J]. Biometrika, 90:1-13.

[426] LAIRD N M, WARE H. 1982. Random-effects models for longitudinal data [J]. Bio-
       metrics, 38: 963-974.

[427] LAIRD N M. 1975. Log-linear models with random parameters [D]. Cambridge: Har-
       vard University.

[428] LAIRD N M, LOUIS T A. 1982. Approximate Posterior Distributions for Incomplete

Data Problems [J]. Journal of the Royal Statistical Society, 44: 190-200.

[429] LAIRD N M. 1976. Nonparametric maximum-likelihood estimation of a distribution function with mixtures of distributions [D]. Cambridge: Harvard University.

[430] LAIRD N M, LANGE N, STRAM D. 1987. Maximum Likelihood Computations With Repeated Measures: Application of the EM Algorithm [J]. Journal of the American Statistical Association, 82: 97-105.

[431] LAIRD N M, WARE J H. 1982. Random effects models for longitudinal data [J]. Biometrics, 38: 963-974.

[432] LAM C, FAN J. 2008. Profile-Kernel Likelihood Inference With Diverging Number of Parameters [J]. The Annals of Statistics, 36: 2232-2260.

[433] LAMOTTE L R. 1972. Notes on the Covariance Matrix of a Random, Nested ANOVA Model [J]. Ann. Math. Statist., 43: 659-662.

[434] LAURIDSEN S. 2000. Estimation of value of risk by extreme value methods [J]. Extremes, 3: 107-144.

[435] LAVINE M. 1992. Some aspects of Polya tree distributions for statistical modelling [J]. Ann. Statist., 20: 1222-1235.

[436] LAVINE M. 1994. More aspects of Polya tree distributions for statistical modelling [J]. Ann. Statist., 22: 1161-1176.

[437] LAWLEY D N, MAXWELL A E. 1971. Factor Analysis as a Statistical Method [M]. London: Butterworth.

[438] LAWRENCE D. BROWN, T TONY CAI, HARRISON H ZHOU. 2008. Robust nonparametric estimation via wavelet median regression [J]. The Annals of Statistics, 36: 2055-2084.

[439] LEE L F. 1992. On efficiency of methods of simulated moments and maximum simulated likelihood estimation of discrete response models [J]. Economet. Theory, 8: 518-552.

[440] LEE L F. 1995. Asymptotic bias in simulated maximum likelihood estimation of discrete choice models [J]. Economet. Theory, 11: 437-483.

[441] LEE S. 2003. Efficient semiparametric estimation of a partially linear quantile regression model [J]. Econometric Theory, 19: 1-31.

[442] LEE Y. 1996. Robust variance estimator for fixed effect estimates in hierarchical generalized linear models. To be published.

[443] LEE Y, NELDER J. A. 1996. Hierarchical Generalized Linear Models [J]. Journal of the Royal Statistical Society, 58: 619-678.

[444] LEJEUNE M G, SARDA, P. 1988. Quantile regression: a nonparametric approach [J]. Comput. Statist. Data Anal, 6: 229-281.

[445] LENG C, ZHANG W, PAN J. 2009. Semiparametric Mean-Covariance Regression Analysis for Longitudinal Data [J]. Journal of the American Statistical Association,

105: 181-193.

[446]   LENTH R. 1977. Robust Splines, Communicationsin Statistics [J]. Theory and Methods, 6: 847-854.

[447]   LEONARD T. 1975. Bayesian Estimation Methods for Two-Way Contingency Tables [J]. Journal of the Royal Statistical Society, 37: 23-37.

[448]   LEVIN J. 2001. Where the reductions count: A quantile regression analysis of effects of class size on scholastic achievement [J]. Empirical Economics, 26: 221-246.

[449]   LI K H. 1988. Imputation Using Markov Chains [J]. Journal of Statistical Computing and Simulation, 30: 57-79.

[450]   LI Y J, ZHU J. 2008. L1-Norm Quantile Regression [J]. Journal of Computational and Graphical Statistics, 17: 163-185.

[451]   LIANG K Y, ZEGER S L. 1986. Longitudinal Data Analysis Using Generalized Linear Models [J]. Biometrika, 73: 13-22.

[452]   LIANG K Y, ZEGER S L, QAQISH B. 1992. Multivariate regression analyses for categorical data [J]. J. R. Statist., 54, 3-40.

[453]   LIN W, KULASEKERA K B. 2007. Indentifiability of single-index models and additive-index models [J]. Biometrica, 94: 496-501.

[454]   LIN X, BRESLOW N E. 1996. Bias Correction in Generalized Linear Mixed Models With Multiple Components of Dispersion [J]. Journal of the American Statistical Association, 91: 1007-1016.

[455]   LIN X, CARROLL R J. 2001. Semiparametric Regression for Clustered Data Using Generalized Estimating Equations [J]. Journal of the American Statistical Association, 96:1045-1056.

[456]   LIN X, BRESLOW N E. 1996. Bias correction in generalized linear mixed models with multiple components of dispersion [J]. J. Am. Statist. Ass., 91.

[457]   LINDLEY D V, SMITH A F M. 1972. Bayes estimates for the linear model [J]. Journal of the Royal Statistical Society, 34: 1-41.

[458]   LINDSTROM M J. 1999. Penalized Estimation of Free-Knots Splines[J]. Journal of Computational and Graphical Statistics, 8:333-352.

[459]   LINDSTROM M J, BATES D M. 1988. Newton-Raphson and EM Algorithms for Linear Mixed-Effects Models for Repeated Measure Data [J]. Journal of the American Statistical Association, 83: 1014-1022.

[460]   LINDSTROM M J, BATES D M. 1990. Nonlinear Mixed Effects Models for Repeated Measures Data [J]. Biometrics, 46: 673-687.

[461]   LINTON O B, NIELSEN J P. 1995. A Kernel Method of Estimating Structured Nonparametric Regression Based on Marginal Integration [J]. Biometrika, 82: 93-100.

[462]   LIPSITZ S R, FITZMAURICE G M, MOLENBERGHS G, ZHAO L P. 1997. Quantile regression methods for lonitudinal data with drop-outs: application to CD4

cell counts of patients infected with the human immunodeficiency virus [J]. Journal of Applied Statistics, 46: 463-476.

[463] LITTELL R C, MILLIKEN G A, STROUP W W, WOLFINGER R D. 1996. SAS System for Mixed Models [R]. Cary, NC: SAS Institute.

[464] LITTLE R J A. 1974. Missing values in multivariate statistical analysis [D]. University of London.

[465] LIU Q, PIERCE D A. 1994. A Note on Gauss-Hermite Quadrature [J]. Biometrika, 81: 624-629.

[466] LIU Y F, SHEN X, DOSS H. 2005. Multicategory Psi-Learning and Support Vector Machine: Computational Tools [J]. Journal of Computational and Graphical Statistics, 14: 219-236.

[467] LONGFORD N. 1987. A fast scoring algorithm for maximum likelihood estimation in unbalanced models with nested random effects [J]. Biometrika, 74: 817-827.

[468] LONGFORD N. 1993. Random Coefficient Models [M]. Oxford: Clarendon.

[469] LONGFORD N T. 1985. Statistical modelling of data from hierarchical structures using variance component analysis [M]. Berlin: Springer-Verlag.

[470] LONGFORD N T. 1994. Logistic Regression With Random Coefficients [J]. Computational Statistics and Data Analysis, 17: 1-15.

[471] LOUIS T A. 1982. Finding the observed information matrix when using the EM algorithm [J]. J.R.Statist., 44: 226-233.

[472] LOWER W R, TSUTAKAWA R K. 1978. Statistical Analysis of Urinary 8-Aminolevulinic' Acid Excretion in the White Footed Mouse Associated With Lead Smelting [J]. Journal of Environmental Pathology and Toxicology, 1: 551-560.

[473] LUO Z, W AHBA G. 1997. Hybrid Adaptive Splines [J]. Journal of the American Statistical Association, 92: 107-116.

[474] LUSH J L. 1937. Animal Breeding Plans [M]. Ames, Iowa: Iowa State University Press.

[475] M M VAINBERG. 1972. Variational Method and Method of Monotonic Operators in the Theory of Nonlinear Equations [M].Mosco: Nauka.

[476] TIAN M Z, TANG M L, CHAN P S. 2009. Semiparametric Quantile Modelling of Hierarchical Data [J]. Acta Mathematica Sinica, 4: 597-616.

[477] MACHADO J, MATA J. 2001. Counterfactual decomposition of changes in wage distributions using quantile regression [J]. Empirical Economics, 26: 115-134.

[478] MANNING W, BLUMBERG L., MOULTON L. 1995. The demand for alcohol: the differential response to price [J]. Journal of Health Economics, 14: 123-148.

[479] MARQUARDT, DONALD W. 1970. Generalized Inverses, Ridge Regression, Biased Linear Estimation, and Nonlinear Estimation [J]. Technometrics, 12: 591-612.

[480] MASON W M, WONG G M, ENTWISTLE B. 1983. Contextual analysis through the

multilevel linear model [J]. Sociological methodology, San francisco, Jossey-Bass, 83: 72-103.

[481] MASON W M, WONG G Y, ENTWISLE B. 1984. The multilevel linear model: A better way to do contextual analysis In Sociological Methodology [M]. London: Jossey Press.

[482] MASRY E, TJESTHEIM D. 1997. Additive Nonlinear ARX Time Series and Projection Estimates [J]. Econometric Theory, 13: 241-252.

[483] MAZUMDER R, FRIEDMAN J, HASTIE T. 2011. SparseNet: Coordinate Descent With Nonconvex Penalties [J]. Journal of the American Statistical Association, 106: 1125-1138.

[484] MCCABE B, TREMAYNE A. 1993. Elements of Modern Asymptotic Theory with Statistical Applications [M]. Manchester, UK: Manchester University Press.

[485] MCCLACHLAN G J. 1975. Iterative reclassification procedure for constructing an asymptotically optimal rule of allocation in discriminant analysis [J]. J. Amer. Statist. Ass, 70: 365-369.

[486] MCCULLAGH P, NEIDER J A. 1989. Generalized Linear Models [M]. London: Chapman and Hall.

[487] MCCULLOCH C E. 1997. Maximum Likelihood Algorithms for Generalized Linear Mixed Models [J]. Journal of the American Statistical Association, 92: 162-170.

[488] MCFADDEN D. 1989. A method of simulated moments for estimation of discrete response models without numerical integration [J]. Econometrica, 57: 995-1026.

[489] MCGILCHRIST C A, AISBETT C. W. 1991. Regression with frailty in survival analysis [J]. Biometrics, 47: 461-466.

[490] METROPOLIS N, ROSENBLUTH A W, ROSENBLUTH M N, TELLER A H. 1953. Equations of State Calculations by Fast Computing Machines [J]. Journal of Chemical Physics, 21: 1087-1091.

[491] MOLER C. 1981. Matlab Users' Guide [R]. Mexico: University of New Mexico.

[492] MORGAN B J T, TITTERINGTON D M. 1977. A comparison of iterative methods for obtaining maximum-likelihood estimates in contingency tables with a missing diagonal [J]. Biometrika, 64.

[493] MORILLO D. 2000. Income mobility with nonparametric quantiles: A comparison of the U.S. and Germany. preprint.

[494] MORRISON D F. 1967. Multivariate Statistical Methods [M]. New York: McGraw-Hill.

[495] MOSTELLER F, WALLACB D. L. 1964. Inference and Disputed Authorship: the Federalist Papers, Chapter 4. Reading [M]. Mass.: Addison-Wesley.

[496] MOSTELLER F, TUKEY J. 1977. Data Analysis and Regression: A Second Course in Statistics [M]. New Jersey: Addison-Wesley, Reading Mass.

[497] MUELLER R. 2000. Public and Private Wage Differentials in Canada Revisited [J]. Industrial Relations, 39: 375-400.

[498] MULLER H G, STADTMULLER U. 1987. Estimation of Heteroscedasticity in Regression Analysis [J]. The Annals of Statistics, 15: 610-625.

[499] MULLER P, ROSNER G L. 1997. A Bayesian population model with hierarchical mixture priors applied to blood count data [J]. J. Am. Statist. Assoc., 92: 1279-1292.

[500] NADARAYA E A. 1964. On estimating regression [J]. Theory Probab. Appl, 9: 141-142.

[501] NEFTCI S. 1984. Are Economic Time Series Asymmetric Over the Business Cycle? [J]. Journal of Political Economy, 92: 307-328.

[502] NELDER J A. 1972. Discussion of Paper by Lindley and Smith [J]. Journal of the Royal Statistical Society., 24: 1-41.

[503] NELDER J A, WEDDERBURN R W M. 1972. Generalized Linear Models [J]. Journal of the Royal Statistical Society., 135: 370-384.

[504] NELSON C R, PLOSSER C I. 1982. Trends and Random Walks in Macroeconomic Time Series: Some Evidence and Implications [J]. Journal of Monetary Economics, 10: 139-162.

[505] NEMIROVSKII A S, POLYAK B T, TSYBAKOV AB. 1984. Signal processing by the nonparametric maximum-likelihood method [J]. Probl.Peredachi Inform, 20: 29-46.

[506] NEUHAUS J M, SEGAL M R. 1997. An Assessment of Approximate Maximum Likelihood Estimators in Generalized Linear Mixed Models, in Modeling Longitudinal and Spatially Correlated Data: Methods, Applications, and Future Directions [M]. New York: Springer.

[507] NEUHAUS J M, HAUCK W W, KALBFLEISCH J D. 1992. The effects of mixture distribution misspecification when fitting mixed-effects logistic models [J]. Biometrika, 79: 755-762.

[508] NEUHAUS J M, KALBFLEISCH J D, HAUCK W W. 1994. Conditions for consistent estimation in mixed- effects models for binary matched-pairs data [J]. Can. J. Statist., 22: 139-148.

[509] NEWEY W K. 1995. Kernel Estimation of Partial Means [J]. Econometric Theory, 10: 233-253.

[510] NEWEY W K. 1997. Convergence Rates and Asymptotic Normality for Series Estimators [J]. Journal of Econometrics, 79: 147-168.

[511] NG P. 1994. Smoothing Spline Score Estimation [J]. SIAM Journal of Scientific and Statistical Computing, 15: 1003-1025.

[512] NICHOLLS D F, QUINN B G. 1982. Random Coefficient Autoregressive Models: An Introduction [M]. Berlin: Springer-Verlag.

[513] NOVICK M R, JACKSON P H. 1970. Bayesian guidance technology [J]. Rev. Educ,

Res., 40: 459-494.

[514] NOVICK M R, JACKSON P H, THAYER, DOROTHY T. 1971. Bayesian inference and the classical test theory model: reliability and true scores [J]. Psychometrika, 36: 207-328.

[515] NOVICK M R, JACKSON P H, THAYER, DOROTHY T, COLE, NANCY S. 1972. Estimating multiple regressions in m-groups; a cross-validation study [J]. Brit. J. Math. Statist. Psychol., 25.

[516] NOVICK MELVIN R, JACKSON, PAUL H, THAYER, DORO THY T, COLE, NANCY S. 1972. Estimating Multiple Regressions in m Groups: A Cross-Validation Study [J]. British Journal of Mathematical and Statistical Psychology, 25: 33-50.

[517] O' SULLIVAN F. 1990. Convergence Characteristics of Methods of Regularization Estimators for Nonlinear Operator Equations [J]. SIAM Journal on Numerical Analysis, 27:1635-1649.

[518] OCHI Y, PRENTICE R L. 1984. Likelihood Inference in a Correlated Probit Regression Model [J]. Biometrika, 71: 531-543.

[519] ODELL P L, FEIVESON A H. 1966. A Numerical Procedure to Generate a Sample Covariance Matrix[J].Journal of the American Statistical Association, 61: 198-203.

[520] OPSOMER J D, RUPPERT D. 1998. A Fully Automated Bandwidth Selection for Additive Regression Model [J]. Journal of the American Statistical Association, 93: 605-618.

[521] OPSOMER J, WANG Y, YANG Y. 2001. Nonparametric Regression With Correlated Errors [J]. Statistical Science.

[522] OSBORNE M. 1989. An Effective Method for Computing Regression Quantiles [R].Canberra: Australian National University.

[523] P HUBER. 1984. Robustness in Statistics [M].Moscow: Mir.

[524] PAKES A, POLLARD D. 1989. Simulation and asymptotics of optimization estimators [J]. Econometrica, 57: 1027-1057.

[525] PAN J, MACKENZIE G. 2003. Model Selection for Joint Mean-Covariance Structures in Longitudinal Studies [J]. Biometrika, 90: 239-244.

[526] PANDEY G R, NGUYEN V T. 1999. A comparative study of regression based methods in regional flood frequency analysis [J]. J.Hydrol., 225: 92-101.

[527] PARZEN E. 1962. On estimation of a probability density function and model [J]. Journals of Mathematical Statistics, 33: 1065-1076.

[528] PARZEN E. 1979. Nonparametric Statistical Modeling [J]. Journal of the American Statistical Association, 74: 105-131.

[529] PATTERSON H D, THOMPSON R. 1971. Recovery of interblock information when block sizes are unequal [J]. Biometrika, 58: 545-554.

[530] PEARCE S C. 1965. Biological Statistics: an Introduction [M]. New York: McGraw-

Hill.

[531] PEARCE S C, JEFFERS J N R. 1971. Block designs and missing data [J]. J.R. Statist., 33: 131-136.

[532] PETERSON A V. 1975. Nonparametric estimation in the competing risks problem [D]. Palo Alto: Stanford University.

[533] PIERSON R A, GINTHER O J. 1987. Follicular Population Dynamics During the Estrous Cycle of the Mare [J]. Animal Reproduction Science, 14: 219-231.

[534] PINHEIRO J C, BATES D M. 1995. Approximations to the Log- Likelihood Function in the Nonlinear Mixed-Effects Model [J]. Journal of Computational and Graphical Statistics, 4: 12-35.

[535] PLACKETT R L. 1950. Some theorems in least squares [J]. Biometrika, 37: 149-157.

[536] POIRIER D. 1973. Piecewise Regression Using Cubic Splines [J]. Journal of the American Statistical Association, 68: 515-524.

[537] POIRIER D. 1987. Individual Household Demand for Electricity in the Ontario Time-of-Use Pricing Experiment[R]. Toronto:University of Toronto.

[538] POLLARD D. 1991. Asymptotics for Least Absolute Deviation Regression Estimators [J]. Econometric Theory, 7: 186-199.

[539] POLZEHL J, SPOKOINY V. 2000. Adaptive Weights Smoothing with applications to image restoration [J]. Journal of the Royal Statistical Society, 62: 335-354.

[540] POLZEHL J, SPOKOINY V. 2003. Varying coefficient regression modelling by adaptive weights smoothing. WIAS-preprint.

[541] PORTNOY S, KOENKER R. 1997. The Gaussian hare and the Laplacian tortoisc: computability of square-error versus absolute-error estimators [J]. Statistical Sciences, 12: 279-300.

[542] PORTNOY S. 1984. Tightness of the Sequence of Empiric cdf Processes Defined From Regression Fractiles, in Robust and Nonlinear Time Series Analysis [M]. New York: Springer-Verlag.

[543] PORTNOY S. 1990. Asymptotic Behavior of Regression Quantiles in Non-Stationary, Dependent Cases [J]. Journal of Multivariate Analysis, 38: 100-113.

[544] PORTNOY S, KOENKER R. 1997. The Gaussian Hare and the Laplacian Tortoise: Computability of squared-error versus absolte-error estimators, with discusssion [J]. Stat. Science, 12: 279-300.

[545] PORTNOY S, KOENKER R. 1989. Adaptive L-Estimation of Linear Models [J]. The Annals of Statistics, 17: 362-381.

[546] PORTNOY S. 1997. Local Asymptotics for Quantile Smoothing Splines [J]. The Annals of Statistics, 25: 414-434.

[547] POTERBA J, RUEBEN K. 1995. The Distribution of Public Sector Wage Premia: New Evidence Using Quantile Regression Methds [R].

[548]   POURAHMADI M. 1986. On Stationarity of the Solution of a Doubly Stochastic
        Model [M]. Journal of Time Series Analysis, 7: 123-131.

[549]   POURAHMADI M. 1999. Joint Mean-Covariance Models With Applications to Lon-
        gitudinal Data: Unconstrained Parameterisation [J]. Biometrika, 86: 677-690.

[550]   POWELL J. 1989. Estimation of Monotonic Regression Models Under Quantile
        Restrictions, in Nonparametric and Semiparametric Methods in Econometrics [M].
        Cambridge, U.K.: Cambridge University Press.

[551]   POWELL J L, STOCK J H, STOKER T M. 1989. Semiparametric Estimation of
        Index Coefficients [J]. Econometrica, 57: 1403-1430.

[552]   PREECE D A. 1971. Iterative procedures for missing values in experiments [J]. Tech-
        nometrics, 13: 743-753.

[553]   PRENTICE R L. 1988. Correlated Binary Regression With Covariates Specific to
        Each Binary Observation [J]. Biometrics, 44: 1033-1048.

[554]   PRENTICE R L, ZHAO L P. 1991. Estimating Equations for Parameters in Means
        and Covariances of Multivariate Discrete and Continuous Responses [J]. Biometrics,
        47: 825-839.

[555]   PRESS W H, TEUKOLAKY S A, VETTERLING W T, FLANNERY B P. 1992.
        Numerical Recipes in C. The Art of Scientific Computing [M]. Cambridge: Cambridge
        University Press.

[556]   QUINTANA F A, LIU J S, DEL PING G E. 1999. Monte Carlo EM with importance
        reweighting and its applications in random effects models [J]. Comp. Statist. Data
        Anal., 29: 429-444.

[557]   RAMSAY J O. 1998. Estimating Smooth Monotone Functions [J]. Journal of the
        Royal Statistical Society, 60: 365-375.

[558]   RAMSAY J O, SILVERMAN B W. 1997. The Analysis of Functional Data [M]. New
        York: Springer.

[559]   RAMSEY J O. 1988. Monotone Regression Splines [J]. Statistical Science, 3: 425-461.

[560]   RAO C R. 1965. The theory of least squares when the parameters are stochastic and
        its application to the analysis of growth curves [J]. Biometrika, 52: 447-458.

[561]   RAO C R. 1973. Linear Statistical Inference and Its Applications [M]. New York:
        Wiley.

[562]   RAO C R. 1955. Estimation and tests of significance in factor analysis[J]. Psychome-
        trika, 20: 93.

[563]   RASBASH J, WOODHOUSE G. 1995. MLn Command Reference [M]. London: In-
        stitute of Education.

[564]   RICE J A. 1984. Bandwidth choice for nonparametric regression [J]. Ann. Statist, 12:
        1215-1230.

[565]   RIPLEY B. 1987. Stochastic Simulation [M]. New York: John Wiley.

[566] RISSANEN J. 1978. Modelling by Shortest Data Description [J]. Automatica, 14:465-471.

[567] ROBERTSON A. 1955. Prediction equations in quantitative genetics [J]. Biometrics, 11: 95-98.

[568] ROBINSON D L, THOMPSON R, DIGBY P G N. 1982. REML-A program for the analysis of non-orthogonal data by restricted maximum likelihood [M]. Wien: Physica Verlag.

[569] ROBINSON P.M. 1988. Root-N-Consistent Semiparametric Regression [J]. Econometrica, 56: 931-954.

[570] RODRIGUEZ G, GOLDMAN N. 1995. An Assessment of Estimation Procedures for Multilevel Models With Binary Response [J]. Journal of the Royal Statistical Society, 158: 73-89.

[571] ROE D J. 1997. Comparison of Population Pharmacokinetic Modeling Methods Using Simulated Data [J]. Statistics in Medicine, 16: 1241-1262.

[572] ROGER KOENKER，ZHIJIE XIAO. 2006. Quantile autoregression [J]. Journal of the American Statistical Association, 101:980-990.

[573] ROSENBERG B. 1973. Linear regression with randomly dispersed parameters [J]. Biometrika, 60: 61-75.

[574] ROSENBLATT M. 1956. A Central Limit Theorem and a Strong Mixing Condition [J]. Proceedings of the National Academy of Science of the United States of America, 42: 43-47.

[575] ROSNER, BERNARD. 1976. An Analysis of Professional Football Scores, Management Science in Sports [M]. Amsterdam: North Holland.

[576] ROYSTON P, ALTMAN D G. 1994. Regression using fractional polynomials of continuous covariates: parsimonious parametric modelling [J]. Journal of Applied Statistics, 43: 429-467.

[577] ROYSTON P, WRIGHT E M. 2000. Goodness-of-fit statistics for age specific reference intervals [J]. Statist.Med., 19: 2943-2962.

[578] RUBIN D.B. 1981. Estimation in parallel randomized experiments [J]. J. Educ. Statist. 6: 377-401.

[579] RUBIN D. 1987. Comment on paper by Tanner and Wong [J]. Journal of the American Statistical Association, 82: 543-546.

[580] RUBIN, DONALD B. 1980. Using Empirical Bayes Technique in the Law School Validity Studies [J]. Journal of the American Statistical Association, 75: 801-816.

[581] RUBIN D R. 1972. A non-iterative algorithm for least squares estimation of missing values in any analysis of variance design [J]. Appl. Statist, 21: 136-141.

[582] RUDAN J W, SEARLE S R. 1971. Large sample variances of maximum likelihood estimators of variance components in the 3-way nested classification, random model,

with unbalanced data [J]. Biometrics, 27: 1087-1091.

[583] RUPPERT D, CARROLL RJ. 1980. Trimmed least squares estimation in the linear regression model [J]. Journal American Statistical Association, 75: 828-838.

[584] RUPPERT D, WAND M P. 1994. Multivariate Locally Weighted Least Squares Estimation [J]. The Annals of Statistics, 22: 1346-1370.

[585] RUPPERT D, SHEATHER S J, WAND M P. 1995. An effective bandwidth selector for local least squares regression [J]. Journal of the American Statistical Association, 90: 1257-1270.

[586] SAMANTA M. 1989. Non-Parametric Estimation of Conditional Quantiles [J]. Statistics and Probability Letters, 7: 407-412.

[587] SCHALL R. 1991. Estimation in generalized linear models with random effects [J]. Biometrika, 78: 719-728.

[588] SCHEETZ T E, KIM KY A, SWIDERSKI R E, PHILP A R, BRAUN T A, KNUDTSON K L, DORRANCE A M, DIBONA G F, HUANG J, CASAVANT T L, SHEFFIELD V C, STONE E M. 2006. Regulation of Gene Expressionin the Mammalian Eye and Its Relevance to Eye Disease [J]. Proceedings of the National Academy of Sciences, 103: 14429-14434.

[589] SCHMEIDLER D. 1986. Integral Representation Without Additivity [J]. Proceedings of the American Mathematical Society, 97: 255-261.

[590] SCHULTZ T, MWABU G. 1998. Labor unions and the distribution of wages and employment in South Africa [J]. Industrial and Labor Relations Review, 51: 680-703.

[591] SCHUMAKER L L. 1981. Spline Functions [M]. New York: Wiley.

[592] SCHWARZ, G. 1978. Estimating the Dimension of a Model [J]. The Annals of Statistics, 6: 461-464.

[593] SCOTT L ZEGER, M REZAUL KARIM. 1991. Generalized Linear Models With Random Effects: A Gibbs Sampling Approach[J]. Journal of the American Statistical Association, 86:79-86.

[594] SCOTT D W. 1992. Multivariate Density Estimation: Theory, Practice, and Visualization [M]. New York, Chichester: John Wiley & Sons.

[595] SEARLE S R. 1970. Large sample variances of maximum likelihood estimates of variance components using unbalanced data [J]. Biometrics, 26: 505-524.

[596] SEARLE S R. 1971. Linear Models [M]. New York: John Wiley.

[597] SEARLE S R, CASELLA G. MCCULLOCH C E. 1992. Variance Components [M]. New York: Wiley.

[598] SEN P K. 1996. Generalized linear models in biomedical applications [J]. In Proc. Applied Statistical Science Conf.

[599] SEN P K., SINGER J M. 1993. Large Sample Methods in Statistics: an Introduction with Applications [M]. London: Chapman and Hall.

[600] SEN P K. 1972. On the Bahadur Representation o sample quantiles for sequences of ϕ-mixing random variables [J]. Journal of Multivariate analysis, 2: 77-95.

[601] SERFLING R J. 1980. Approximation Theorems of Mathematical Statistics [M]. New York: Wiley.

[602] SHEATHER S J, MARITZ J S. 1983. An Estimate of the Asymptotic Standard Error of the Sample Median [J]. Australian Journal of Statistics, 25: 109-122.

[603] SHEINER L B, BEAL S L. 1980. Evaluation of Methods for Estimating Population Pharmacokinetic Parameters. I. Michaelis-Menten Model: Routine Clinical Pharmacokinetic Data [J]. Journal of Pharmacokinetics and Biopharmaceutics, 8: 553-571.

[604] SHEPHARD N, PITT M. 1995. Parameter-driven exponential family models [D]. Oxford: Nuffield College.

[605] SHUN Z, MCCULLAGH P. 1995. Laplace approximation of high dimensional integrals [J]. J. R. Statist., 57: 749-760.

[606] SIDDIQUI M. 1960. Distribution of quantiles from a bivariate population [J]. Journal of Research of the National Bureau of standards, 64: 145-150.

[607] SILVERMAN B. 1986. Density Estimation for Statistics and Data Analysis [M]. London: Chapman & Hall.

[608] SILVERMAN B W. 1985. Some aspects of the spline smoothing approach to nonparametric regression curve fitting [J]. Journal of the Royal Statistical Society, 47: 1-52.

[609] SILVERMAN B W. 1986. Density Estimation for Statistics and Data Analysis. Vol. 26 of Monographs on Statistics and Applied Probability [M]. London: Chapman and Hall.

[610] SILVEY S D, TITTERINGTON D M, TORSNEY B. 1976. An algorithm for Doptimal designs on a hite space [R].

[611] SINGER J D. 1998. Using SAS PROC MIXED to fit multilevel models, hierarchical models and individual growth models [J]. Journal of Educational and Behavioral Statistics, 23: 323-355.

[612] SMITH A F M. 1973. A general Bayesian linear model [J]. Journal of the Royal Statistical Society, 35:67-75.

[613] SMITH C A B. 1969. Biomathematics [M]. London: Griffin.

[614] SMITH C A B. 1970. Discussion of a paper by A. W. F. Edwards [J]. Journal of the Royal Statistical Society, 32: 165-166.

[615] SMITH E L, SEMPOS C T, SMITH P E, GILLIGAN C. 1988. Calcium Supplementation and Bone Loss in Middle-Aged Women [J]. the American Journal of Clinical Nutrition.

[616] SNEDECOR G W, COCHRAN W G. 1967. Statistical Methods [M]. Ames, Iowa: Iowa State University Press.

[617] SOLOMON P J, COX D R. 1992. Nonlinear components of variance models [J]. Biometrika, 79:1-11.

[618] SOMMER A, KATZ J, TARWOTJO I. 1983. Increased Mortality in Children With Mild Vitamin A Deficiency [J]. American Journal of Clinical Nutrition, 40: 1090-1095.

[619] SPECKMAN P. 1988. Kernel Smoothing in Partly Linear Models [J]. Journal of the Royal Statistical Society, 50: 413-436.

[620] SPERLICH S, LINTON O B, HARDIE W. 1997. Integration and BackFitting Methods in Additive Models: Finite Sample Properties and Comparison [J]. Test, 8: 419-458.

[621] SPIEGELHALTER D, THOMAS A, BEST N, GILKS W. 1994. BUGS Reference Manual Version 0.30 [R]. Cambridge: Medical Research Council Biostatistics Unit.

[622] STEFANSKI L A. 1985. The Effect of Measurement Error on Parameter Estimation [J]. Biometrika, 72: 583-592.

[623] STEIN C. 1966. An approach to the recovery of inter-block information in balanced incomplete block designs [M]. New York: Wiley.

[624] STEWART G W. 1973. Introduction to Matrix Computations [M]. New York: Academic Press.

[625] STIRATELLI R, LAIRD N M. WARE J H. 1984. Random-Effects Model for Several Observations With Binary Response [J]. Biometrics, 40: 961-971.

[626] STONE C J. 1977. Consistent nonparametric regression [J]. Ann. Statist, 5: 595-620.

[627] STONE C. 1977. Consistent Nonparametric Regression [J]. The Annals of Statistics, 5: 595-645.

[628] STONE C. 1985. Additive Regression and Other Nonparametric Models [J]. The Annals of Statistics, 13: 689-705.

[629] STONE C. 1986. Comments on "Generalized Additive Models", by T. Hastie and R. Tibshirani [J]. Statistical Science, I: 312-314.

[630] STONE C J. 1986. The Dimensionality Reduction Principle for Generalized Additive Models [J]. The Annals of Statistics, 14: 590-606.

[631] STONE C J. 1997. Consistent Nonparametric Regression [J]. The Annals of Statistics, 5: 595-645.

[632] STRAM D O, LAIRD N M, WARE J H. 1986. An Algorithmic Approach for the Fitting of a General Mixed ANOVA Model Appropriate in Longitudinal Settings, in Computer Science and Statistics: Proceedings of the Seventeenth Symposium on the Interface [M]. Amsterdam: North-Holland.

[633] SU Y N, TIAN M Z. 2010. Adaptive Local Linear Quantile Regression [J]. Acta Mathematica Applicate Sinica, 27: 509-516.

[634] TANNER M, WONG W. 1987. The Calculation of Posterior Distributions by Data Augmentation [J]. Journal of the American Statistical Association, 82: 528-550.

[635] TANNURI M. 2000. Are the assimilation processes of low and high income immigrants distinct [J]. A Quantile Regression Approach.

[636] TAO P D, AN L T. 1997. Convex Analysis Approach to D.C. Programming: Theory, Algorithms and Applications [J]. Acta Mathematica Vietnamica, 22: 289-355.

[637] TAYLOR J. 1999. A Quantile Regression Approach to Estimating the Distribution of Multiperiod Returns [J]. Journal of Derivatives.

[638] TEN HAVE T R, LOCALIO A R. 1999. Empirical Bayes Estimation of Random Effects Parameters in Mixed Effects Logistic Regression Models [J]. Biometrics, 55: 1022-1029.

[639] THALL P F, VAIL S C. 1990. Some Covariance Models for Longitudinal Count Data With Overdispersion [J]. Biometrics, 46: 657-671.

[640] THOMAS D C. 1989. A Monte Carlo Method for Genetic Linkage Analysis [D].Los Angeles: University of Southern California.

[641] THOMPSON R. 1979. Sire evaluation [J]. Biometrics, 35: 339-353.

[642] THOMPSON R. 1990. Generalized linear models and applications to animal breeding [M]. Berlin: Springer.

[643] THOMPSON E A. 1975. Human Evolutionary Trees [M]. Cambridge: Cambridge University Press.

[644] THOMPSON R. 1980. Maximum likelihood estimation of variance components [J]. Math. Oper. Statist., ser. Statist., II: 545-561.

[645] TIAN M Z, CHAN N H. 2010. Saddle point approximation and volatility estimation of value-at-risk [J]. Sinica, 20: 1239-1256.

[646] TIAN M Z, CHEN G M. 2006. Hierarchical linear regression models for conditional quantiles [J]. Science in China: Series A Mathematics 2006, 49(12): 1800-1815.

[647] TIAN M Z, WU X, LI Y, ZHOU P. 2008. Longitudinal study of the external pressure effects on children's mathematics and science achievements using nonparametric quantile regression [J]. Chinese Journal of Applied Probability and Statistics, 24: 327-336

[648] TIAO G C, ZELLNER, A. 1964. Bayes's theorem and the use of prior knowledge in regression analysis [J]. Biometrika, 51: 219-230.

[649] TIBSHIRANI R. 1996. Regression shrinkage and selection via the lasso [J]. J. Roy. Statist. Soc., 58: 267-288.

[650] TJeSTHEIM D, AUESTAD B. H. 1994. Nonparametric Identification of Nonlinear Time Series: Projections [J]. Journal of the American Statistical Association, 89: 1398-1409.

[651] TJe THEIM D. 1986. Some Doubly Stochastic Time Series Models [J]. Journal of Time Series Analysis, 7: 51-72.

[652] TONG H. 1990. Nonlinear Time Series: A Dynamical Approach [M]. Oxford, U.K.:

Oxford University Press.

[653]   TREDE M. 1998. Making Mobility Visible:A Graphical Device [J]. Economics Letters, 59:77-82.

[654]   TROUNG Y K. 1989. Asymptotic Properties of Kernel Estimators Based on Local Medians [J]. The Annals of Statistics, 17: 606-617.

[655]   TSAY R. 1997. Unit Root Tests With Threshold Innovations [D]. University of Chicago.

[656]   TSIANS A. 1975. A nonidentifiability aspect of the problem of competing risks [J]. Proc. Nut. Acad. Sci. USA, 71: 20-22.

[657]   TSUTAKAWA R K. 1988. Mixed Models for Analyzing Geographic Variability in Mortality Rates [J]. Journal of the American Statistical Association, 83: 37-42.

[658]   TSYBAKOV A B. 1982. Nonparametric signal estimation in the case of incomplete information on noise distribution [J]. Probl. Peredachi Inform, 18:44-60.

[659]   TSYBAKOV A B. 1982. Robust estimates of nonparametric robust algrithms for function reconstruction [J]. Probl. Peredachi Inform, 18:39-52.

[660]   TSYBAKOV A B. 1983. Convergence of nonparametric robust algorithms for function reconstruction [J]. Avtomat.i Telemekhan, 12:66-76.

[661]   TSYBAKOV A B. 1986. Robust Reconstruction of Functions by the Local-Approximation Method [J]. Probl. Peredachi Inf, 2:69-84.

[662]   TSYBAKOV A B. 1986. Robust reconstruction of functions by the local-approximation methods [J]. Problems of Information Transmission, 22: 133-146.

[663]   TUKEY J W. 1962. The future of data analysis [J]. Ann. Math. Statist, 33: 1-67.

[664]   TURNBULL B W. 1976. The empirical distribution function with arbitrarily grouped censored and truncated data [J]. J. R. Statist., 38: 290-295.

[665]   TURNBULL B W, WEISS L. 1976. A likelihood ratio statistic for testing goodness of fit with randomly censored data [D]. Cornell University.

[666]   TZE L L, SHIH M C. 2003. A Hybrid Estimator in Nonlinear and Generalised Linear Mixed Effects Models [J]. Biometrika, 90: 859-879.

[667]   ALEKSEEV V M TIKHOMOROV V M, FOMIN S V. 1979.   Optimal control [R].Mosco: Nauka.

[668]   PETROV V V. 1972. Sums of independent Random Variables [R]. Mosco: Nauka.

[669]   KATKOVNIK V Y. 1979. Linear an nonlinear methods of nonparametric regression analysis [J]. Avtomatika, 5: 35-46.

[670]   KATKOVNIK V Y. 1983. Convergence of linear and nonlinear nonparametric estimates of kernel type [J]. Avotmat.i Telemekhan., 4:108-120.

[671]   VISCUSI W, HAMILTON J. 1999. Are Risk Regulators Rational? Evidence from Hazardous Waste Cleanup Decisions[J].American Economic Review, 89: 1010-1027.

[672]   VONESH E F. 1996. A Note on the Use of Laplace's Approximation for Nonlinear

Mixed-Effects Models [J]. Biometrika, 83: 447-452.

[673]   VONESH E F. 1992. Nonlinear Models for the Analysis of Longitudinal Data [J]. Statistics in Medicine, 11: 1929-1954.

[674]   VONESH E F, CARTER R L. 1992. Mixed-Effects Nonlinear Regression for Unbalanced Repeated Measures [J]. Biometrics, 48: 1-17.

[675]   VONESH E F, CHINCHILLI V M. 1997. Linear and Nonlinear Models for the Analysis of Repeated Measurements [M]. New York: Marcel Dekker.

[676]   VONESH E F, WANG H, MAJUMDAR D. 2001. Generalized Least Squares, Taylor Series Linearization, and Fisher's Scoring in Multivariate Nonlinear Regression [J]. Journal of the American Statistical Association, 96: 282-291.

[677]   HARDLE W. 1984. Robust regression function estimation [J]. J. Multivar. Analysis, 14:169-180.

[678]   CLEVELAND W S. 1979. Robust locally weighted regression and smoothing scatter-plots [J]. J. Amer. Statist. Assoc., 74:829-836.

[679]   WADDINGTON D, WELHAM S J, GILMOUR A R, THOMPSON, R. 1994. Compar-isons of some GLMM estimators for a simple binomial model [J]. Genstat Newslett., 30:13-24.

[680]   WAHBA G. 1990. Spline Models for Observational Data [J]. Society for Industrial and Applied Mathematics, Philadelphia.

[681]   WAHBA G, WANG Y. 1993. Behavior Near Zero of the Distribution of GCV Smooth-ing Parameter Estimates for Splines [J]. Statistics and Probability Letters, 25: 105-111.

[682]   WAHBA G, WANG Y, GU C, KLEIN R, KLEIN,B. 1995. Smoothing Spline ANOV A for Exponential Families, With Application to the Wisconsin Epidemiological Study of Diabetic Retinopathy [J]. The Annals of Statistics, 23: 1865-1895.

[683]   WAKEFIELD J, BENNETT J. 1996. The Bayesian modeling of covariates for popu-lation pharmacokinetic models [J]. J. Am. Statist. Assoc., 91: 917-927.

[684]   WAKEFIELD J C, SMITH A F M, RACINE-POON A, GELFAND A E. 1994. Bayesian Analysis of Linear and Non-Linear Population Models by Using the Gibbs Sampler [J]. Applied Statistics, 43: 201-221.

[685]   WALKER S G, MALLICK B K. 1995. Hierarchical generalised linear models and frailty models with Bayesian nonparametric mixing [R]. London: Imperial College of Science, Technology and Medicine.

[686]   WAND M P, JONES M C. 1995. Kernel Smoothing [M]. New York: Chapman and Hall.

[687]   WANG H J, ZHU Z, ZHOU J. 2009. Quantile Regression In Partially Linear Varying-Coefficient Models [J]. Ann. Statist., 37: 3841-3866.

[688]   WANG H. 2009. Forward Regression for Ultra-Highdimensional Variable Screening [J]. Journal of the American Statistical Association, 104:1512-1524.

[689]   WANG N. 2003. Marginal Nonparametric Kernel Regression Accounting Within-Subject Correlation [J]. Biometrika, 90: 29-42.

[690]   WANG N, CARROLL R J, LIN X. 2005. Efficient Semiparametric Marginal Estimation for Longitudinal/Clustered Data [J]. Journal of the American Statistical Association, 100: 147-157.

[691]   WANG Y. 1997. GRKPACK: Fitting Smoothing Spline Analysis of Variance Models to Data From Exponential Families [J]. Communications in Statistics:Simulation and Computation, 26:765-782.

[692]   WANG Y, WAHBA G. 1998. Discussion of Smoothing Spline Models for the Analysis of Nested and Crossed Samples of Curves by Brumback and Rice [J]. Journal of the American Statistical Association, 93: 976-980.

[693]   WANG Y G, CAREY V. 2003. Working Correlation Structure Misspecification, Estimation and Covariate Design: Implications for Generalised Estimating Equations Performance [J]. Biometrika, 90: 29-41.

[694]   WARE J H. 1985. Linear Models for the Analysis of Longitudinal Studies [J]. The American Statistician, 39: 95-101.

[695]   WARREN R D, WHITE J K., FULLERULLER W A. 1974. An errors in variables analysis of managerial role performance [J]. J. Am. Statist. Assoc, 69: 886-893.

[696]   WATSON G S. 1964. Smooth regression analysis [J]. Sankhyā Ser. A, 26: 359-372.

[697]   WEDDERBURN, R. 1974. Quasi-likelihood functions, generalized linear models, and the Gauss-Newton method [J]. Biometrika, 61:439-447.

[698]   WEI Y, HE X. 2006. Conditional Growth Charts [J]. The Annals of Statistics, 34: 2069-2097, 2126-2131.

[699]   WEINBERG C R, GLADEN B C. 1986. The beta-geometric distribution applied to comparative fecundability studies [J]. Biometrics, 42:547-560.

[700]   WEISS A. 1987. Estimating Nonlinear Dynamic Models Using Least Absolute Error Estimation [J]. Econometric Theory, 7: 46-68.

[701]   WELSH A. 1987. Kernel estimates of the sparsity function, in Statistical Data Analysis Based on the L_1-norm and Related Methods [M]. New York: Elsevier.

[702]   WELSH A H. 1989. On M-Processes and M-Estimation [J]. The Annals of Statististics, 17: 337-361.

[703]   WELSH A H. 1996. Robust estimation of smooth regression and spread functions and their derivatives [J]. Statist. Sin., 6: 347-366.

[704]   WELSH A H, LIN X, CARROLL R J. 2002. Marginal Longitudinal Nonparametric Regression: Locality and Efficiency of Spline and Kernel Methods [J]. Journal of the American Statistical Association, 97: 482-493.

[705]   WEST M, HARRISON J P, MIGON H S. 1985. Dynamic Generalized Linear Models and Bayesian Forecasting [J]. Journal of the American Statistical Association, 80:

73-97.

[706] WHITE H. 1990. Nonparametric Estimation of Conditional Quantiles Using Neural Networks [D]. San Diego: The University of California.

[707] WILLIAMS D A. 1987. Generalized linear model diagnostics using the deviance and single case deletions [J]. Appl. Statist., 36:181-191.

[708] WILLIAMS D A. 1982. Extra-Binomial Variation in Logistic Linear Models [J]. Applied Statistics, 31: 144-148.

[709] WOLFINGER R. 1993. Laplace's Approximation for Nonlinear Mixed Models [J]. Biometrika, 80: 791-795.

[710] WOLFINGER R D, LIN X. 1997. Two Taylor-Series Approximation Methods for Nonlinear Mixed Models [J]. Computational Statistics and Data Analysis, 25: 465-490.

[711] WOODHOUSE G, RASBASH J, GOLDSTEIN H, YANG M, HOWARTH J, PLEWIS I. 1995. A Guide to MLn for New Users [M]. London: Institute of Education.

[712] WU X, TIAN M Z. 2008. A longitudinal study of the effects of family background factors on mathematics achievements using quantile regression [J]. Acta Mathematicae Applicatae Sinica, 24: 85,98.

[713] WU CO, CHIANG T, HOOVER DR. 1998. Asymptotic Confidence Regions for Kernel Smoothing of a Time-Varying Coefficient Model With Longitudinal Data [J]. Journal of the American Statistical Association, 88: 1388-1402.

[714] WU H, ZHANG J. 2006. Nonparametric Regression Methods for Longitudinal Data Analysis: Mixed-Effects Modeling Approaches [M]. New York: Wiley.

[715] WU T Z, YU K, YU Y. 2010. Single-index Quantile Regression[J].Journal of Multivariate Analysis, 101: 1607-1621.

[716] WU W. POURAHMADI M. 2003. Nonparametric Estimation of Large Covariance Matrices of Longitudinal Data[J]. Biometrika, 90: 831-844.

[717] WU Y C, LIU Y F. 2009. Variable Selection in Quantile Regression [J]. Statistica Sinica, 19: 801-817.

[718] XIA Y, TONG H, lI W K, ZHU L X. 2002. An Adaptive Estimation of Optimal Regression Subspace [J]. J. Roy. Statist., 64: 363-410.

[719] XIA Y, HARDLE W. 2006. Semi-parametric Estimation of Partially Linear Single Index Models [J]. Journal of Multivariat Analysis, 97: 1162-1184.

[720] XIE M. YANG Y. 2003. Asymptotics for Generalized Estimating Equations With Large Cluster Sizes [J]. The Annals of Statistics, 31: 310-347.

[721] YA Z. 1984. Fundamentals of the Informational Theory of Identification [R].Moscow: Nauka.

[722] YAFEH Y, YOSHA O. 2003. Large Shareholders and Banks: Who Monitors and How? [J]. Economic Journal, 113: 128-146.

[723]　YANG S. 1999. Censored median regression using weighted empirical survival and hazard functions [J]. Journal of the American Statistical Association, 94: 137-145.

[724]　YATCHEW A. 2003. Semiparametric Regression for the Applied Econometrician [M]. Cambridge: Cambridge University Press.

[725]　YE H. PAN J. 2006. Modelling Covariance Structures in Generalized Estimating Equations for Longitudinal Data [J]. Biometrika, 93: 927-941.

[726]　TRYONG Y K. 1989. Asymptotic properties of kernel estimators based on local medians [J]. The Annals of Statistics, 17: 606-617.

[727]　YU K, JONES M. C. 1998. Local linear quantile regression [J]. Journal of the American Statistical Association, 93: 228-237.

[728]　YU K. 1997. Smooth Regression Quantile Estimation [D]. The Open University.

[729]　YU K. 1999. Smoothing regression quantile by combining k-NN with local linear fitting [J]. Statist.Sin., 9: 759-771.

[730]　YU K. 2002. Quantile regression using RJMCMC algorithm [J]. Computational Statistics and Data Analysis, 40: 303-315.

[731]　YU K, JONES M C. 1997. A Comparison of Local Constant and Local Linear Regression Quantile Estimation [J]. Computational Statistics and Data Analysis, 25: 159-166.

[732]　YU K, JONES M C. 1998. Local Linear Quantile Regression [J]. Journal of the American Statistical Association, 93: 228-237.

[733]　YU K, JONES M C. 2003. Quantile regression: applications and current research areas [J]. Statist., 52: 331-350.

[734]　YU K, LU Z. 2004. Local linear additive quantile regression [J]. Scandinavian Journal of Statistics, 31: 333-346.

[735]　YU K, MOYEED R A. 2001. Bayesian quantile regression [J]. Statistics And Probability Letters, 54: 437-447.

[736]　YU Y, RUPPERT D. 2002. Penalized Spline Estimation for Partially Linear Single-Index Models [J]. Journal of the American Statistical Association, 97: 1042-1054.

[737]　ZEGER S L, KARIM M R. 1991. Generalized Linear Models With Random Effects; A Gibbs Sampling Approach [J]. Journal of the American Statistical Association, 86: 79-86.

[738]　ZEGER S L. 1988. A regression Model for Time Series of Counts [J]. Biometrika, 75: 621-629.

[739]　ZEGER S L, DIGGLE P J. 1994. Semiparametric Models for Longitudinal Data With Application to CD4 Cell Numbers in HIV Seroconverters [J]. Biometrics, 50: 689-699.

[740]　ZEGER S L, LIANG K Y, ALBERT P S. 1988. Models for Longitudinal Data: A Generalized Estimating Equation Approach [J]. Biometrics, 44: 1049-1060.

[741]　ZEGER S L, SEE L C, DIGGLE P J. 1988. Statistical Methods for Monitoring the

AIDS Epidemic [J]. Statistics in Medicine, 8: 3-22.

[742] ZHANG C H. 2010. Nearly Unbiased Variable Selection Under Minimax Concave Penalty [J]. The Annals of Statistics, 38: 894-942.

[743] ZHANG W, LEE S Y. 2000. Variable bandwidth selection in varying coefficient models [J]. J. Multivariate Anal, 74: 116-134.

[744] ZHAO L P, PRENTICE R L. 1989. Correlated Binary Regression Using a Quadratic Exponential Model [J]. Biometrika, 77: 642-648.

[745] ZHAO Q 2001. Asymptotically efficient median regression in the presence of heteroscedasticity of unknown form [J]. Econometric Theory, 17: 765-784.

[746] ZHOU H, YUAN M. 2008. Composite Quantile Regression and The Oracle Model Selection Theory [J]. The Annals of Statistics, 36: 1108-1126.

[747] ZOU H. 2006. The Adaptive Lasso and its Oracle Properties [J]. Journal of the American Statistical Association, 101: 1418-1429.

[748] ZOU H, YUAN M. 2008. Composite quantile regression and the oracle model selection theory [J]. Ann. Statist., 36: 1108-1126.

[749] ZOU H, LI R. 2008. One-Step Sparse Estimates in Nonconcave Penalized Likelihood Models [J]. The Annals of Statistics, 36: 1509-1533.

[750] ZOU H, YUAN M. 2008. Composite Quantile Regression and the Oracle Model Selection Theory [J]. The Annals of Statistics, 36: 1108-1126.

[751] 田茂再, 陈歌迈. 2006. 条件分位中的分层线性回归模型 [J]. 中国科学: A 辑数学, 36(10): 1103-1118.

[752] 张园园, 邓文礼, 田茂再. 2012. 基于变系数模型的自适应分位回归方法 [J]. 数学年刊, 33A(5):539-556.